新文京開發出版股份有限公司
NEW WCDP
新世紀 · 新視野 · 新文京 — 精選教科書 · 考試用書 · 專業參考書

New Wun Ching Developmental Publishing Co., Ltd.

New Age · New Choice · The Best Selected Educational Publications—NEW WCDP

生物統計

實習手冊

國立屏東科技大學
生物統計小組 編著

Handbook of Biostatistics Practice

Third Edition

序言
PREFACE

《生物統計實習手冊（第三版）》是國立屏東科技大學農學院生物統計教學小組全體同仁共同努力之下，專供生物統計實習教學時的操作教材。目的在於提升技專院校（尤其是農學院）學生對於數據整理分析的基礎軟體操作能力，並學習如何使用工程用計算機的統計功能，希望能藉此在教學上改善多數技專院校同學面對數據分析時之恐懼與困擾，進而提升教學效果。過往的版本選用 MS EXCEL 為輔助分析的工具，主要是讓技專院校學生或農業從業人員可以利用隨手可得的工具即可進行分析。而此版本主要新增的部分為免費開放源碼統計分析軟體 R 的分析工具。主要由於近年來，在生物資訊、智慧農業、設施栽培，以及無人飛行載具的圖資處理中，越來越多研究人員利用免費開放源碼軟體 R 進行分析，甚而建立系統。因此，期望透過實習手冊的教學與練習，一方面厚實技專院校同學的就業能力，另一方面則是在農業智慧化、數位化日漸蓬勃發展之際，農業從業人員也可以透過資料收集後的數據分析，提升栽培管理的效能，增加數據管理的能力。

感謝生物統計教學小組所有成員多年來的合作與相互支援，並經由定期聚會凝聚共識，共同討論生物統計教學上之問題，因而促使本書得以出版，以作為授課時的實習教材。若使用者在使用上對於內文整體架構有任何建議，也請不吝提出，我們將全力修正以祈本書更臻完善。希望此次修正出版，能吸引更多讀者，惠予我們更多寶貴的意見，使本書能更符合技專院校生物統計學之教學與學習的需求，甚而提供農業從業人員所用。此次改版修正特別感謝蔡添順老師、吳立心老師，以及徐敏恭老師協助審閱斧正，特此感謝。

召集人 / 林汶鑫 謹序

編者簡介

ABOUT THE AUTHORS

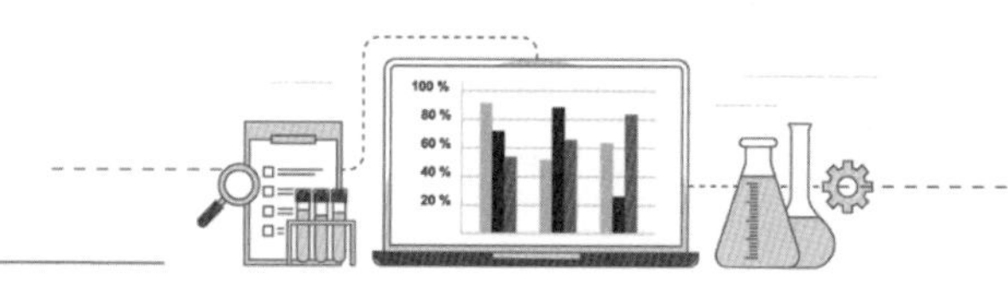

林汶鑫

現　職　國立屏東科技大學農園生產系 教授
國立屏東科技大學生物統計教學小組 召集人
國立屏東科技大學校務研究辦公室 執行長

學經歷　國立中興大學農藝學系生物統計組 博士
國立中興大學農藝學系生物統計組 碩士
國立中興大學應用數學系 學士
國立屏東科技大學農園生產系 副教授
國立屏東科技大學農園生產系 助理教授
行政院農業委員會農業試驗所
作物組生物統計與生物資訊研究室 研究助理

專　長　生物統計、回歸分析、試驗設計、多變量統計

顏才博

現　職　國立屏東科技大學熱帶農業暨國際合作系 教授

學經歷　美國蒙大拿大學森林暨保育學院 博士
美國蒙大拿大學森林暨保育學院 碩士
國立屏東科技大學熱帶農業暨國際合作系 系主任
國立屏東科技大學熱帶農業暨國際合作系 副教授
國立屏東科技大學熱帶農業暨國際合作系 助理教授
國立屏東科技大學國際事務處 外籍學生組 組長

專　長　植物活性天然物應用、木材科學、電子顯微鏡、生物統計

羅凱安

現　職 國立屏東科技大學森林系 副教授
高雄市政府特定紀念樹木及保護樹木保護會 委員
屏東縣政府縣政顧問
中華林學會 監事
臺灣森林生態學經營學會 理事

學經歷 國立中興大學森林學研究所林業經濟 博士
國立中興大學森林學研究所森林經營 碩士
國立中興大學森林學系 學士
國立屏東科技大學景觀暨遊憩管理研究所 所長
國立屏東科技大學森林系 系主任
樹德科技大學休閒事業管理系 助理教授
國立中山大學企業管理系 兼任助理教授
臺灣省交通處旅遊局八卦山風景區管理所 薦任技士
中華林學會 常務監事
台灣休閒與遊憩學會理事會 理事

專　長 森林政策與法規、生態旅遊、森林療癒、森林資源經濟分析

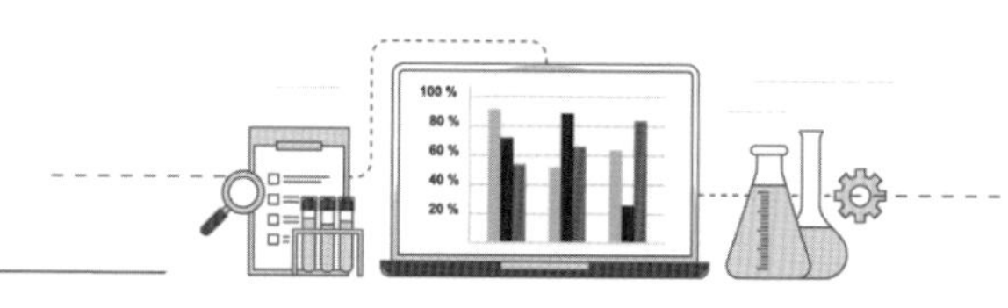

陳英男

現　職　國立屏東科技大學水產養殖系　教授兼系主任

學經歷　國立臺灣大學海洋研究所海洋生物及漁業組 博士

國立臺灣大學漁業科學研究所 碩士

國立臺灣海洋大學水產養殖學系 學士

國立澎湖科技大學水產養殖系 副教授兼系主任

國立澎湖科技大學海洋創意產業研究所 所長

國立澎湖科技大學水產養殖系 助理教授兼進修推廣部主任

中央研究院動物研究所 博士後研究

臺北縣政府水產種苗繁殖場 高考技佐

中華民國專門職業及技術人員 水產技師

專　長　水族生理學、生殖內分泌、蛋白質化學、水產養殖

蔡添順

現　職　國立屏東科技大學生物科技系 教授

學經歷　國立臺灣師範大學生命科學系 博士

國立屏東科技大學野生動物保育研究所 合聘教師

國立屏東科技大學生物科技系 副教授

國立屏東科技大學生物科技系 助理教授

國立宜蘭大學森林暨自然資源學系 兼任助理教授

國立臺灣師範大學生命科學系 博士後研究員

國立臺灣師範大學生命科學系 專任助教

專　長　兩生爬行動物、生理化學生態、生物多樣性、蛇毒學

林素汝

現　職　國立屏東科技大學農園生產系　副教授

學經歷　國立中興大學農藝學系　博士

國立中興大學農藝學系　碩士

國立中興大學農藝學系　學士

國立屏東科技大學農園生產系　助理教授

國立屏東科技大學農園生產系　助教

私立同濟中學　生物教師

專　長　作物育種、特藥用作物、作物栽培與多元化利用

吳立心

現　職　國立屏東科技大學植物醫學系　副教授

國立屏東科技大學跨領域特色發展中心　跨域教學組組長

學經歷　澳洲墨爾本大學生命科學院　博士

國立臺灣大學昆蟲學系　碩士

國立臺灣大學昆蟲學系　學士

國立屏東科技大學植物醫學系　助理教授

專　長　物種分布模型、應用昆蟲生態、氣候變遷對生物防治的影響

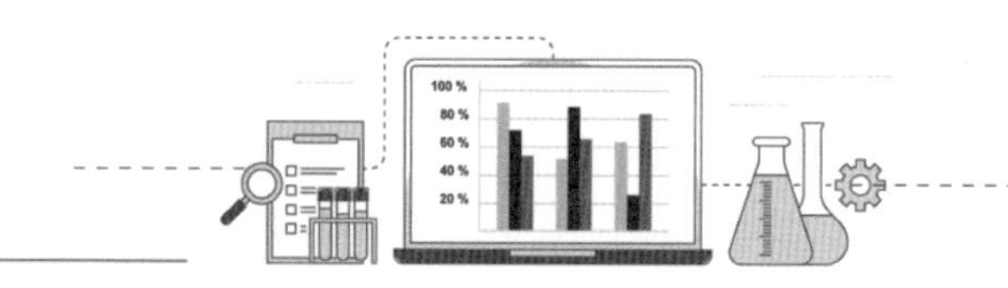

姜中鳳

現　職　國立屏東科技大學動物科學與畜產系　助理教授

學經歷　University of Nebraska-Lincoln, USA　博士

國立中興大學畜產學研究所　碩士

國立中興大學畜牧系　學士

國興畜產股份有限公司　育種研發中心　協理

大成長城企業股份有限公司　動物營養中心　資深經理

專　長　動物育種、動物試驗設計、豬隻飼養管理、動物行為

徐敏恭

現　職　國立屏東科技大學研究總中心　助理教授級研究員

學經歷　國立陽明交通大學生物科技學系　博士

國立中央大學生物物理研究所　碩士

國立臺灣大學昆蟲學系　學士

中國醫藥大學癌症生物研究中心　博士後研究員

專　長　生物資訊、大數據分析、次世代定序處理、序列分析、蛋白結構預測、比較基因體學、轉錄體分析、族群遺傳學、演化生物學

目錄
CONTENTS

CHAPTER 01 Microsoft Excel 基本功能介紹

林汶鑫　國立屏東科技大學農園生產系

一、組成介面介紹

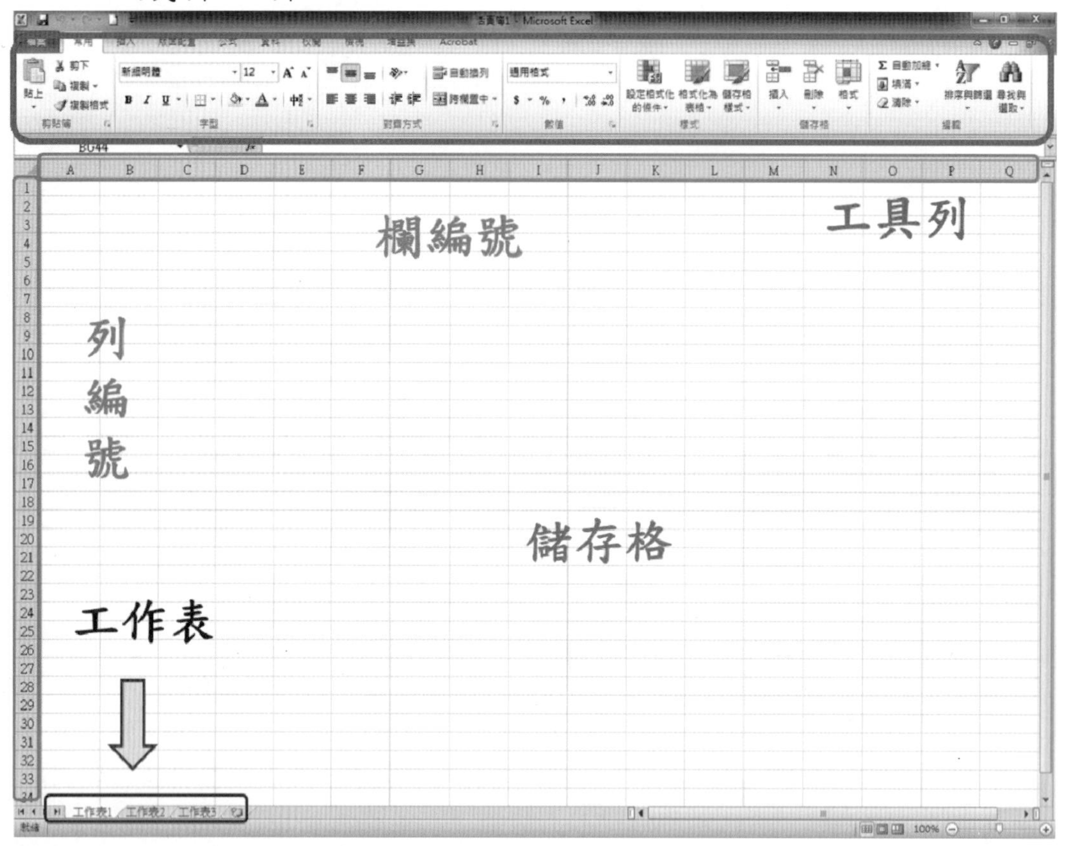

圖一、Microsoft Excel 組成介面

(一) 工具列：Excel 將功能表的功能選項製作成可執行的工具鍵，且按照工具鍵的特性分組成多個工具列。

(二) 儲存格與儲存格位址：由欄與列所組成，儲存格 A1 為**欄編號 A＋列編號 1**。

(三) 工作表：又稱為試算表。每次開啟一個新 Excel 檔時，會先以工作表 1 (Sheet1)、工作表 2 (Sheet2)、工作表 3 (Sheet3)，為工作表命名。如需重新命名則將游標移至工作表 1 處，按滑鼠右鍵選擇重新命名，且可新增任意數目的工作表。

二、建立新活頁簿

Excel 文件稱為活頁簿，可在活頁簿上輸入資料及操作所需要的計算工具。

(一) 按一下【檔案】>【新增】。

(二) 在【新增】下，按一下【空白活頁簿】，即可建立新的活頁簿。

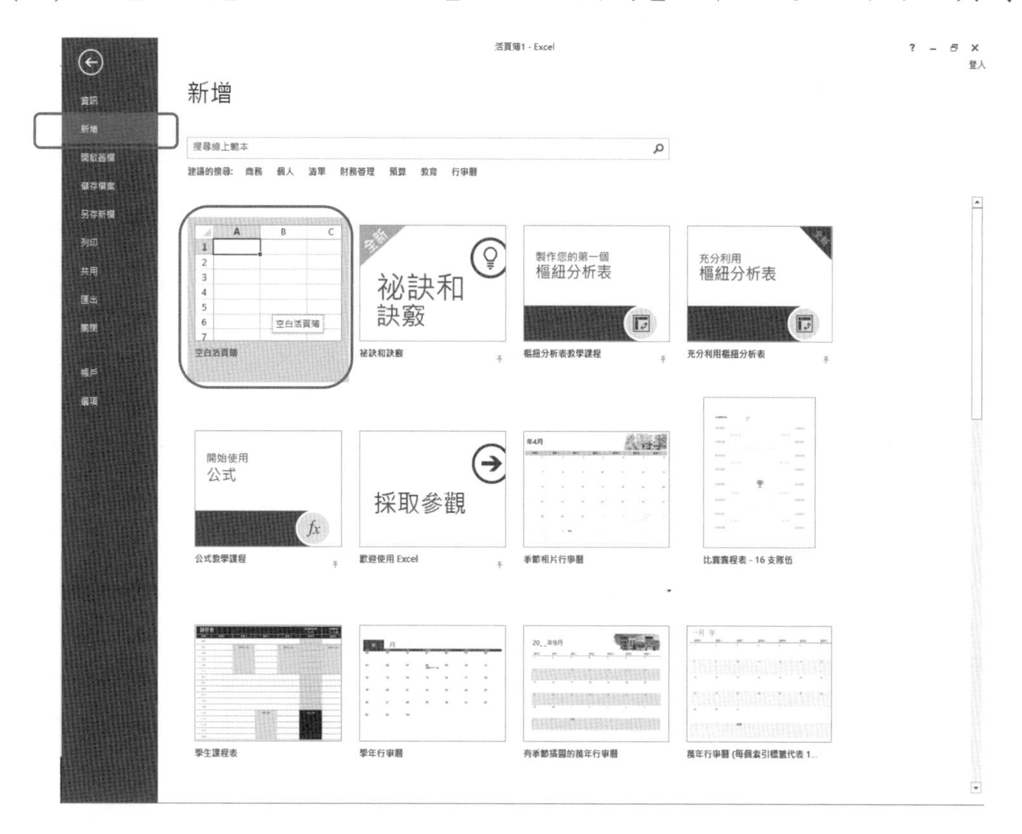

三、輸入資料

(一) 按一下空白儲存格。例如：新工作表上的儲存格 A1。(儲存格：以列和欄的位置進行描述，所以儲存格 A1 表示欄 A 第一列。)

(二) 在儲存格中輸入文字或數值。

(三) 按下 Enter 鍵或 Tab 鍵可移至下一個儲存格。

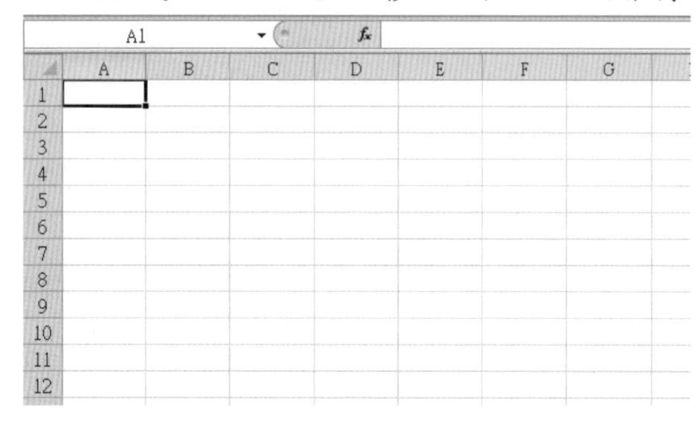

四、使用【自動加總】新增資料

在工作表上輸入數字後，如需加總其數值，點選【自動加總】，並在您選取的儲存格中顯示結果。

(一) 選取要加總之數字右側或下方的儲存格。

(二) 按一下【常用】 > 【自動加總】，或按下 Alt 鍵加上= 鍵。

例：欲算全台灣蓬萊稻的收穫總面積，點選收穫面積下方的儲存格，按下【自動加總】之工具（或按下 Alt 鍵加上= 鍵）後，Excel 會自動選取上方儲存格之數值，呈現=SUM(E2:E21)之公式，最後按下 Enter 鍵，即完成計算。

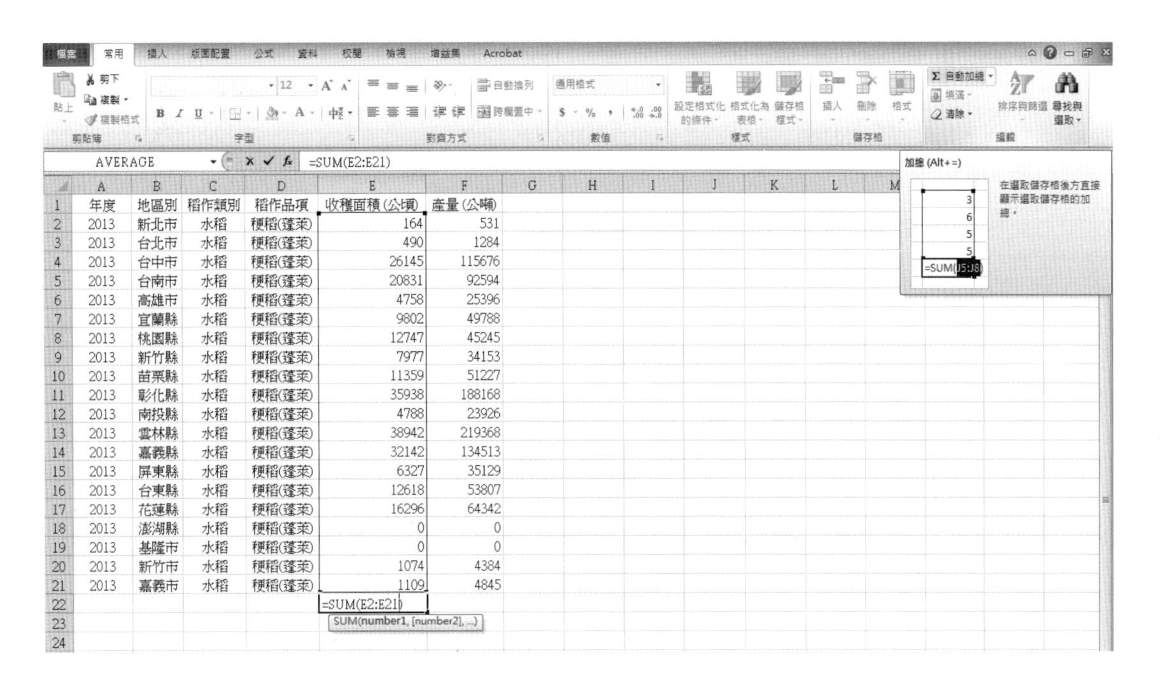

	A	B	C	D	E	F
1	年度	地區別	稻作類別	稻作品項	收穫面積(公頃)	產量(公噸)
2	2013	新北市	水稻	稉稻(蓬萊)	164	531
3	2013	台北市	水稻	稉稻(蓬萊)	490	1284
4	2013	台中市	水稻	稉稻(蓬萊)	26145	115676
5	2013	台南市	水稻	稉稻(蓬萊)	20831	92594
6	2013	高雄市	水稻	稉稻(蓬萊)	4758	25396
7	2013	宜蘭縣	水稻	稉稻(蓬萊)	9802	49788
8	2013	桃園縣	水稻	稉稻(蓬萊)	12747	45245
9	2013	新竹縣	水稻	稉稻(蓬萊)	7977	34153
10	2013	苗栗縣	水稻	稉稻(蓬萊)	11359	51227
11	2013	彰化縣	水稻	稉稻(蓬萊)	35938	188168
12	2013	南投縣	水稻	稉稻(蓬萊)	4788	23926
13	2013	雲林縣	水稻	稉稻(蓬萊)	38942	219368
14	2013	嘉義縣	水稻	稉稻(蓬萊)	32142	134513
15	2013	屏東縣	水稻	稉稻(蓬萊)	6327	35129
16	2013	台東縣	水稻	稉稻(蓬萊)	12618	53807
17	2013	花蓮縣	水稻	稉稻(蓬萊)	16296	64342
18	2013	澎湖縣	水稻	稉稻(蓬萊)	0	0
19	2013	基隆市	水稻	稉稻(蓬萊)	0	0
20	2013	新竹市	水稻	稉稻(蓬萊)	1074	4384
21	2013	嘉義市	水稻	稉稻(蓬萊)	1109	4845
22					=SUM(E2:E21)	

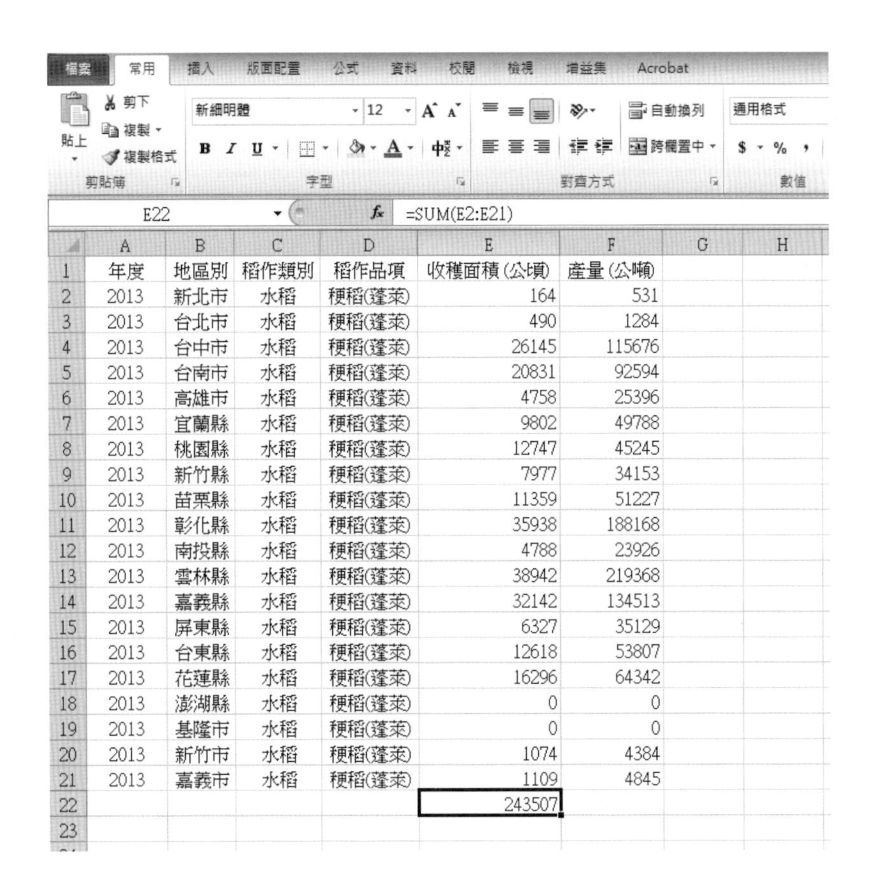

	A	B	C	D	E	F
1	年度	地區別	稻作類別	稻作品項	收穫面積(公頃)	產量(公噸)
2	2013	新北市	水稻	稉稻(蓬萊)	164	531
3	2013	台北市	水稻	稉稻(蓬萊)	490	1284
4	2013	台中市	水稻	稉稻(蓬萊)	26145	115676
5	2013	台南市	水稻	稉稻(蓬萊)	20831	92594
6	2013	高雄市	水稻	稉稻(蓬萊)	4758	25396
7	2013	宜蘭縣	水稻	稉稻(蓬萊)	9802	49788
8	2013	桃園縣	水稻	稉稻(蓬萊)	12747	45245
9	2013	新竹縣	水稻	稉稻(蓬萊)	7977	34153
10	2013	苗栗縣	水稻	稉稻(蓬萊)	11359	51227
11	2013	彰化縣	水稻	稉稻(蓬萊)	35938	188168
12	2013	南投縣	水稻	稉稻(蓬萊)	4788	23926
13	2013	雲林縣	水稻	稉稻(蓬萊)	38942	219368
14	2013	嘉義縣	水稻	稉稻(蓬萊)	32142	134513
15	2013	屏東縣	水稻	稉稻(蓬萊)	6327	35129
16	2013	台東縣	水稻	稉稻(蓬萊)	12618	53807
17	2013	花蓮縣	水稻	稉稻(蓬萊)	16296	64342
18	2013	澎湖縣	水稻	稉稻(蓬萊)	0	0
19	2013	基隆市	水稻	稉稻(蓬萊)	0	0
20	2013	新竹市	水稻	稉稻(蓬萊)	1074	4384
21	2013	嘉義市	水稻	稉稻(蓬萊)	1109	4845
22					243507	

五、篩選及排序

數據資料執行篩選後，僅顯示所需的資料；及將數據資料從最大到最小或最小到最大排序數值之功能。

(一) 【常用】 > 【排序與篩選】。

(二) 篩選

若要篩選資料，點選【篩選】，再選擇所需呈現的資料，取消已勾選【全選】之方塊，然後針對要顯示在表格中的資料，勾選其方塊。

例：欲選擇澎湖縣的資料，圈選所欲篩選的資料範圍後，點選【篩選】，選擇『地區別』，先取消已勾選【全選】之方塊，再勾選澎湖縣，呈現只有澎湖地區的資料。

	A	B	C	D	E	F
1	年度	地區別	稻作類別	稻作品項	收穫面積 (公頃)	產量 (公噸)
				稉稻(蓬萊)	164	531
				稉稻(蓬萊)	490	1284
				稉稻(蓬萊)	26145	115676
				稉稻(蓬萊)	20831	92594
				稉稻(蓬萊)	4758	25396
				稉稻(蓬萊)	9802	49788
				稉稻(蓬萊)	12747	45245
				稉稻(蓬萊)	7977	34153
				稉稻(蓬萊)	11359	51227
				稉稻(蓬萊)	35938	188168
				稉稻(蓬萊)	4788	23926
				稉稻(蓬萊)	38942	219368
				稉稻(蓬萊)	32142	134513
				稉稻(蓬萊)	6327	35129
				稉稻(蓬萊)	12618	53807
				稉稻(蓬萊)	16296	64342
				稉稻(蓬萊)	0	0
				稉稻(蓬萊)	0	0
20	2013	新竹市	水稻	稉稻(蓬萊)	1074	4384
21	2013	嘉義市	水稻	稉稻(蓬萊)	1109	4845
22				總	243507	1144376

從 A 到 Z 排序(S)
從 Z 到 A 排序(O)
依色彩排序(T)
清除 "地區別" 的篩選(C)
依色彩篩選(I)
文字篩選(F)
搜尋
高雄市
基隆市
雲林縣
新北市
新竹市
新竹縣
嘉義市
嘉義縣
彰化縣
澎湖縣
(空格)
確定
取消
年度
地區別
稻作類別
稻作品項
收穫面積 (公頃)
產量 (公噸)
G22

G22
年度
地區別
稻作類別
稻作品項
收穫面積 (公頃)
產量 (公噸)
2013
澎湖縣
水稻
稉稻(蓬萊)

(三) 排序

若欲排序資料，選取所需資料後，再按一下 【從 A 到 Z 排序】(數值小至數值大)或【從 Z 到 A 排序】(數值大至數值小)，資料即可由大到小，或由小到大排序。例：欲將產量資料由數值大至數值小排列，先選取產量資料的數值儲存格，再點選【從 Z 到 A 排序】。

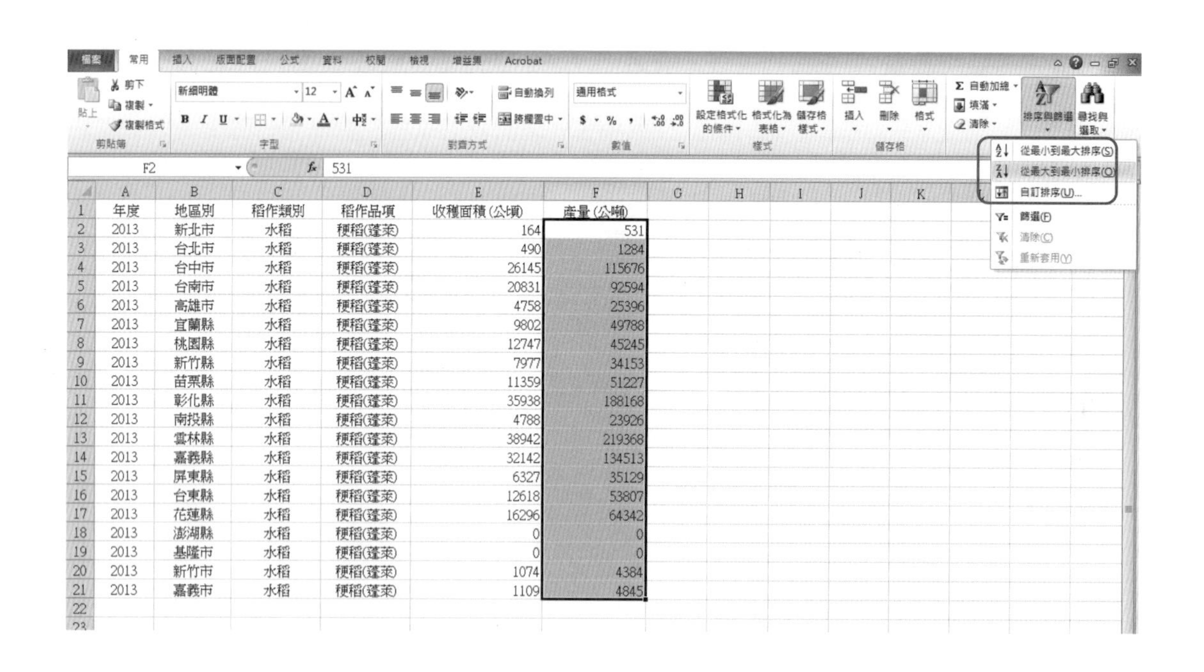

	A	B	C	D	E	F
1	年度	地區別	稻作類別	稻作品項	收穫面積 (公頃)	產量 (公噸)
2	2013	新北市	水稻	粳稻(蓬萊)	164	531
3	2013	台北市	水稻	粳稻(蓬萊)	490	1284
4	2013	台中市	水稻	粳稻(蓬萊)	26145	115676
5	2013	台南市	水稻	粳稻(蓬萊)	20831	92594
6	2013	高雄市	水稻	粳稻(蓬萊)	4758	25396
7	2013	宜蘭縣	水稻	粳稻(蓬萊)	9802	49788
8	2013	桃園縣	水稻	粳稻(蓬萊)	12747	45245
9	2013	新竹縣	水稻	粳稻(蓬萊)	7977	34153
10	2013	苗栗縣	水稻	粳稻(蓬萊)	11359	51227
11	2013	彰化縣	水稻	粳稻(蓬萊)	35938	188168
12	2013	南投縣	水稻	粳稻(蓬萊)	4788	23926
13	2013	雲林縣	水稻	粳稻(蓬萊)	38942	219368
14	2013	嘉義縣	水稻	粳稻(蓬萊)	32142	134513
15	2013	屏東縣	水稻	粳稻(蓬萊)	6327	35129
16	2013	台東縣	水稻	粳稻(蓬萊)	12618	53807
17	2013	花蓮縣	水稻	粳稻(蓬萊)	16296	64342
18	2013	澎湖縣	水稻	粳稻(蓬萊)	0	0
19	2013	基隆市	水稻	粳稻(蓬萊)	0	0
20	2013	新竹市	水稻	粳稻(蓬萊)	1074	4384
21	2013	嘉義市	水稻	粳稻(蓬萊)	1109	4845

◎因選定的範圍旁邊還有其他資料，可擴大排序範圍，其他欄位資料則以產量資料的排序而變更其排列。如點選【依照目前的選取範圍排序】，僅排序產量欄位的資料，其他欄位則不更動儲存格。

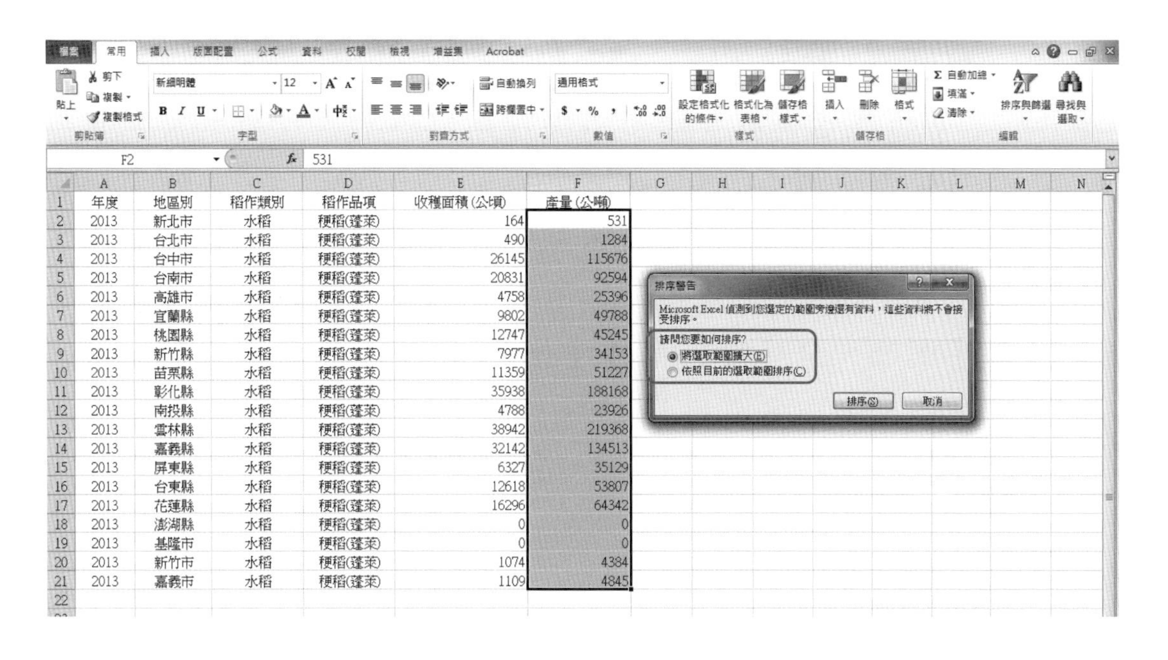

	A	B	C	D	E	F
1	年度	地區別	稻作類別	稻作品項	收穫面積(公頃)	產量(公噸)
2	2013	新北市	水稻	稉稻(蓬萊)	164	531
3	2013	台北市	水稻	稉稻(蓬萊)	490	1284
4	2013	台中市	水稻	稉稻(蓬萊)	26145	115676
5	2013	台南市	水稻	稉稻(蓬萊)	20831	92594
6	2013	高雄市	水稻	稉稻(蓬萊)	4758	25396
7	2013	宜蘭縣	水稻	稉稻(蓬萊)	9802	49788
8	2013	桃園縣	水稻	稉稻(蓬萊)	12747	45245
9	2013	新竹縣	水稻	稉稻(蓬萊)	7977	34153
10	2013	苗栗縣	水稻	稉稻(蓬萊)	11359	51227
11	2013	彰化縣	水稻	稉稻(蓬萊)	35938	188168
12	2013	南投縣	水稻	稉稻(蓬萊)	4788	23926
13	2013	雲林縣	水稻	稉稻(蓬萊)	38942	219368
14	2013	嘉義縣	水稻	稉稻(蓬萊)	32142	134513
15	2013	屏東縣	水稻	稉稻(蓬萊)	6327	35129
16	2013	台東縣	水稻	稉稻(蓬萊)	12618	53807
17	2013	花蓮縣	水稻	稉稻(蓬萊)	16296	64342
18	2013	澎湖縣	水稻	稉稻(蓬萊)	0	0
19	2013	基隆市	水稻	稉稻(蓬萊)	0	0
20	2013	新竹市	水稻	稉稻(蓬萊)	1074	4384
21	2013	嘉義市	水稻	稉稻(蓬萊)	1109	4845

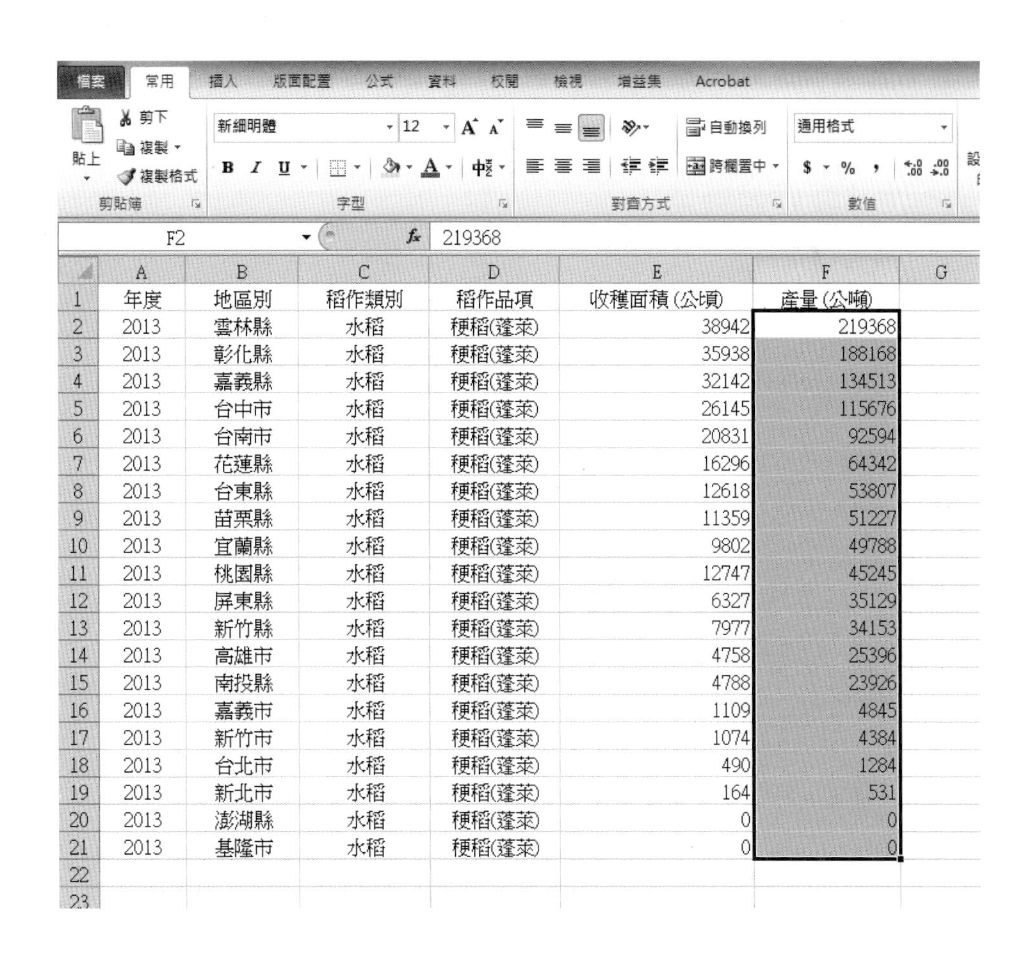

	A	B	C	D	E	F
1	年度	地區別	稻作類別	稻作品項	收穫面積(公頃)	產量(公噸)
2	2013	雲林縣	水稻	稉稻(蓬萊)	38942	219368
3	2013	彰化縣	水稻	稉稻(蓬萊)	35938	188168
4	2013	嘉義縣	水稻	稉稻(蓬萊)	32142	134513
5	2013	台中市	水稻	稉稻(蓬萊)	26145	115676
6	2013	台南市	水稻	稉稻(蓬萊)	20831	92594
7	2013	花蓮縣	水稻	稉稻(蓬萊)	16296	64342
8	2013	台東縣	水稻	稉稻(蓬萊)	12618	53807
9	2013	苗栗縣	水稻	稉稻(蓬萊)	11359	51227
10	2013	宜蘭縣	水稻	稉稻(蓬萊)	9802	49788
11	2013	桃園縣	水稻	稉稻(蓬萊)	12747	45245
12	2013	屏東縣	水稻	稉稻(蓬萊)	6327	35129
13	2013	新竹縣	水稻	稉稻(蓬萊)	7977	34153
14	2013	高雄市	水稻	稉稻(蓬萊)	4758	25396
15	2013	南投縣	水稻	稉稻(蓬萊)	4788	23926
16	2013	嘉義市	水稻	稉稻(蓬萊)	1109	4845
17	2013	新竹市	水稻	稉稻(蓬萊)	1074	4384
18	2013	台北市	水稻	稉稻(蓬萊)	490	1284
19	2013	新北市	水稻	稉稻(蓬萊)	164	531
20	2013	澎湖縣	水稻	稉稻(蓬萊)	0	0
21	2013	基隆市	水稻	稉稻(蓬萊)	0	0

(四) 自訂排序

資料欄位不只一欄時，選擇自訂排序，可將其他欄位的資料一起變更排列。

例：欲將各縣市的蓬萊稻收穫面積由小到大排序，點選自訂排序後，Excel 會自動選取所有欄位的資料，以收穫面積為主要排序欄位，排序對象選擇【值】，排序順序為由小到大排序，按下確定後，即完成排序。

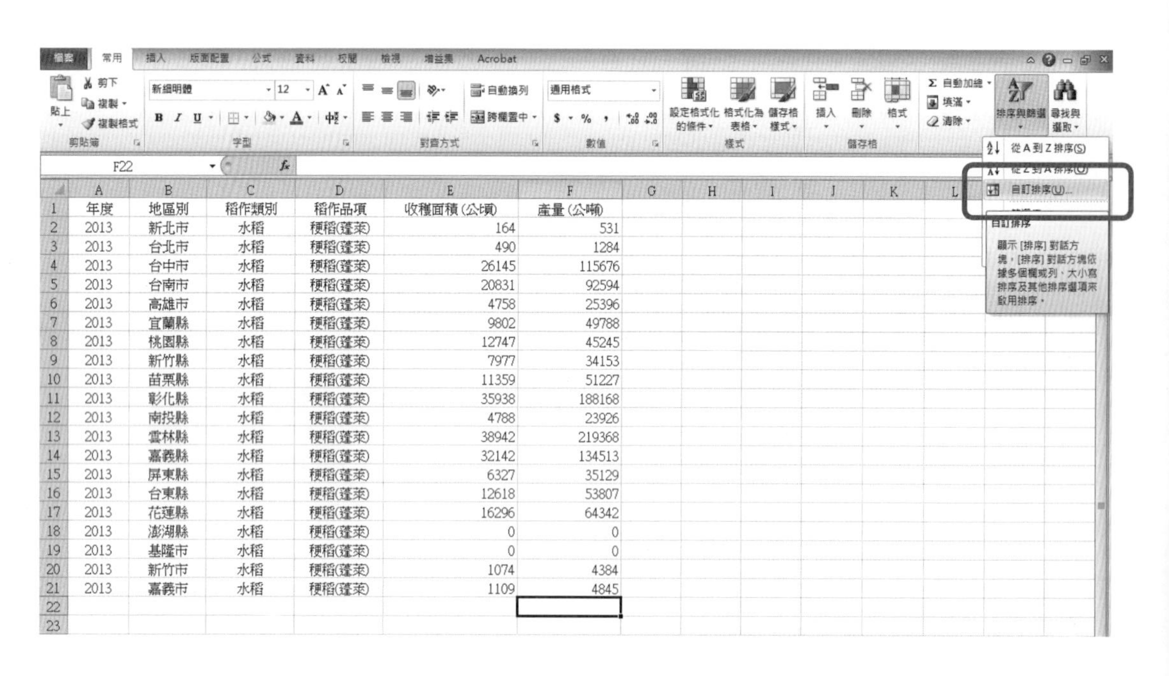

年度	地區別	稻作類別	稻作品項	收穫面積(公頃)	產量(公噸)
2013	新北市	水稻	粳稻(蓬萊)	164	531
2013	台北市	水稻	粳稻(蓬萊)	490	1284
2013	台中市	水稻	粳稻(蓬萊)	26145	115676
2013	台南市	水稻	粳稻(蓬萊)	20831	92594
2013	高雄市	水稻	粳稻(蓬萊)	4758	25396
2013	宜蘭縣	水稻	粳稻(蓬萊)	9802	49788
2013	桃園縣	水稻	粳稻(蓬萊)	12747	45245
2013	新竹縣	水稻	粳稻(蓬萊)	7977	34153
2013	苗栗縣	水稻	粳稻(蓬萊)	11359	51227
2013	彰化縣	水稻	粳稻(蓬萊)	35938	188168
2013	南投縣	水稻	粳稻(蓬萊)	4788	23926
2013	雲林縣	水稻	粳稻(蓬萊)	38942	219368
2013	嘉義縣	水稻	粳稻(蓬萊)	32142	134513
2013	屏東縣	水稻	粳稻(蓬萊)	6327	35129
2013	台東縣	水稻	粳稻(蓬萊)	12618	53807
2013	花蓮縣	水稻	粳稻(蓬萊)	16296	64342
2013	澎湖縣	水稻	粳稻(蓬萊)	0	0
2013	基隆市	水稻	粳稻(蓬萊)	0	0
2013	新竹市	水稻	粳稻(蓬萊)	1074	4384
2013	嘉義市	水稻	粳稻(蓬萊)	1109	4845

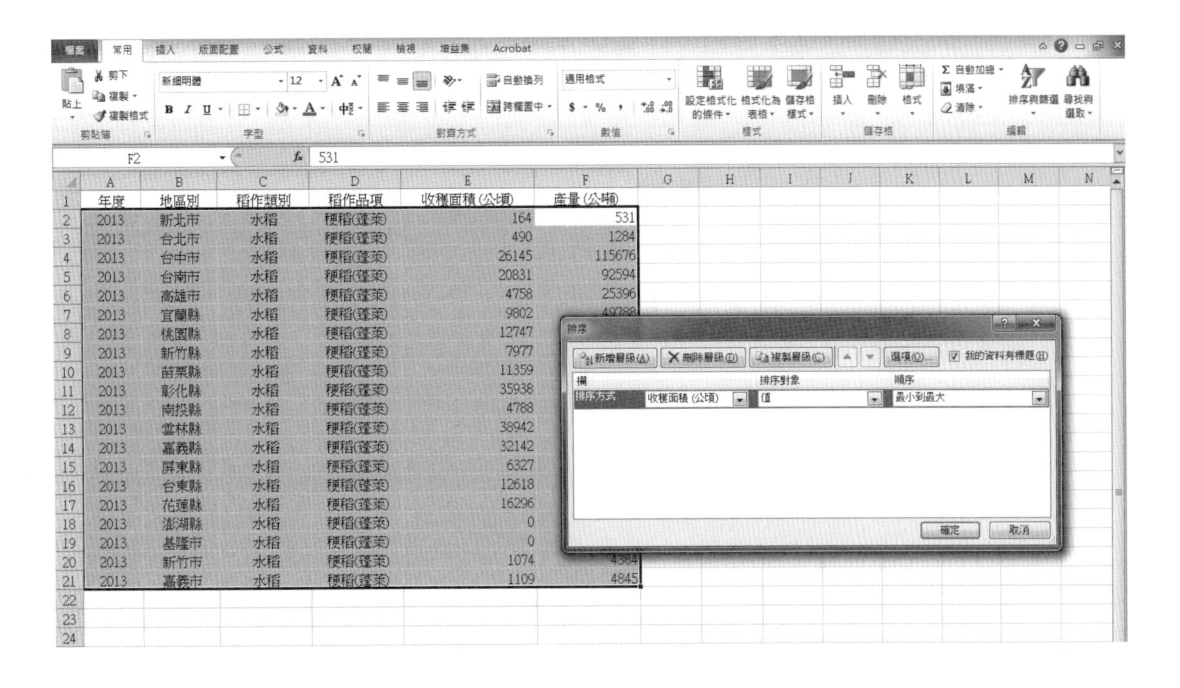

年度	地區別	稻作類別	稻作品項	收穫面積(公頃)	產量(公噸)
2013	新北市	水稻	稉稻(蓬萊)	164	531
2013	台北市	水稻	稉稻(蓬萊)	490	1284
2013	台中市	水稻	稉稻(蓬萊)	26145	115676
2013	台南市	水稻	稉稻(蓬萊)	20831	92594
2013	高雄市	水稻	稉稻(蓬萊)	4758	25396
2013	宜蘭縣	水稻	稉稻(蓬萊)	9802	49788
2013	桃園縣	水稻	稉稻(蓬萊)	12747	
2013	新竹縣	水稻	稉稻(蓬萊)	7977	
2013	苗栗縣	水稻	稉稻(蓬萊)	11359	
2013	彰化縣	水稻	稉稻(蓬萊)	35938	
2013	南投縣	水稻	稉稻(蓬萊)	4788	
2013	雲林縣	水稻	稉稻(蓬萊)	38942	
2013	嘉義縣	水稻	稉稻(蓬萊)	32142	
2013	屏東縣	水稻	稉稻(蓬萊)	6327	
2013	台東縣	水稻	稉稻(蓬萊)	12618	
2013	花蓮縣	水稻	稉稻(蓬萊)	16296	
2013	澎湖縣	水稻	稉稻(蓬萊)	0	
2013	基隆市	水稻	稉稻(蓬萊)	0	
2013	新竹市	水稻	稉稻(蓬萊)	1074	4384
2013	嘉義市	水稻	稉稻(蓬萊)	1109	4845

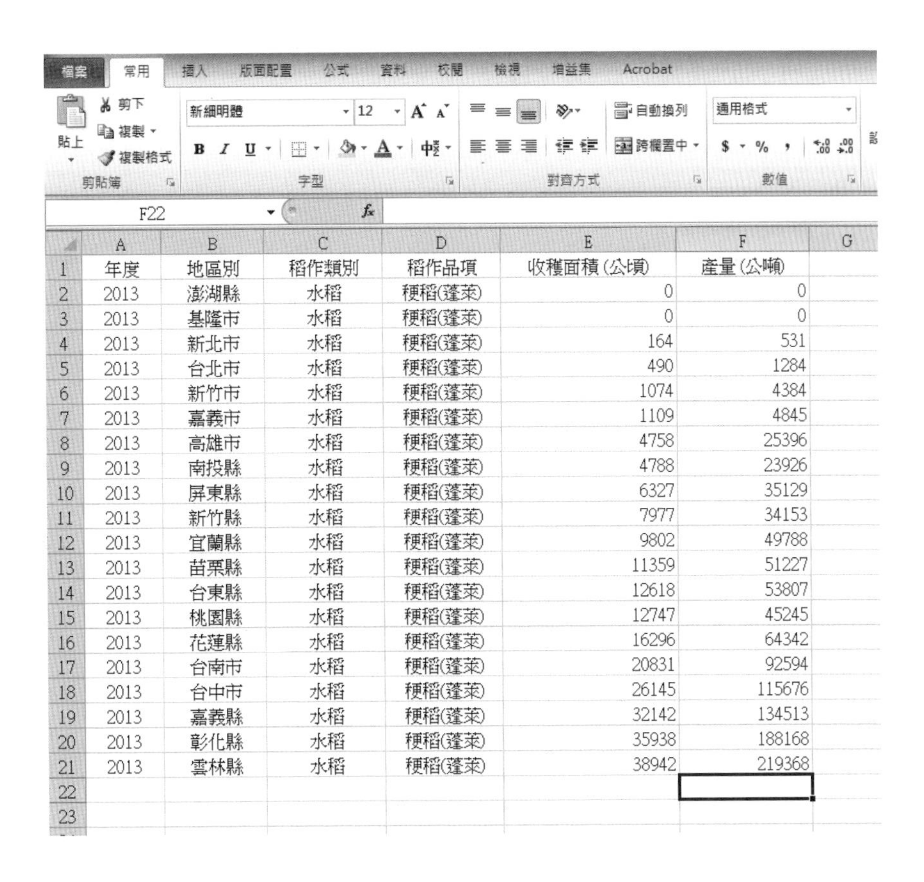

年度	地區別	稻作類別	稻作品項	收穫面積(公頃)	產量(公噸)
2013	澎湖縣	水稻	稉稻(蓬萊)	0	0
2013	基隆市	水稻	稉稻(蓬萊)	0	0
2013	新北市	水稻	稉稻(蓬萊)	164	531
2013	台北市	水稻	稉稻(蓬萊)	490	1284
2013	新竹市	水稻	稉稻(蓬萊)	1074	4384
2013	嘉義市	水稻	稉稻(蓬萊)	1109	4845
2013	高雄市	水稻	稉稻(蓬萊)	4758	25396
2013	南投縣	水稻	稉稻(蓬萊)	4788	23926
2013	屏東縣	水稻	稉稻(蓬萊)	6327	35129
2013	新竹縣	水稻	稉稻(蓬萊)	7977	34153
2013	宜蘭縣	水稻	稉稻(蓬萊)	9802	49788
2013	苗栗縣	水稻	稉稻(蓬萊)	11359	51227
2013	台東縣	水稻	稉稻(蓬萊)	12618	53807
2013	桃園縣	水稻	稉稻(蓬萊)	12747	45245
2013	花蓮縣	水稻	稉稻(蓬萊)	16296	64342
2013	台南市	水稻	稉稻(蓬萊)	20831	92594
2013	台中市	水稻	稉稻(蓬萊)	26145	115676
2013	嘉義縣	水稻	稉稻(蓬萊)	32142	134513
2013	彰化縣	水稻	稉稻(蓬萊)	35938	188168
2013	雲林縣	水稻	稉稻(蓬萊)	38942	219368

六、填滿數列

如需等差級數之數值，或是等比級數之數值時，可使用【常用】功能表上【填滿】之工具。

(一) 於儲存格內打上所需要的初始數字。

(二) 點選【常用】中【填滿】之【數列】。

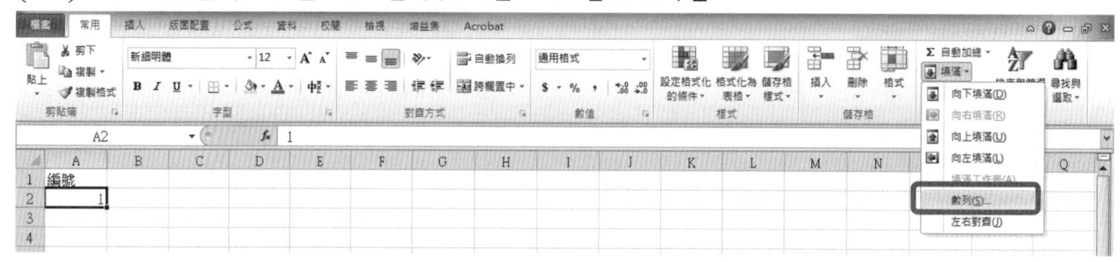

(三) 選擇**欄**或**列**之排列方式，點選所需類型，再填選間距值及終止值，即可完成。

例：欲快速填入編號 1-10。

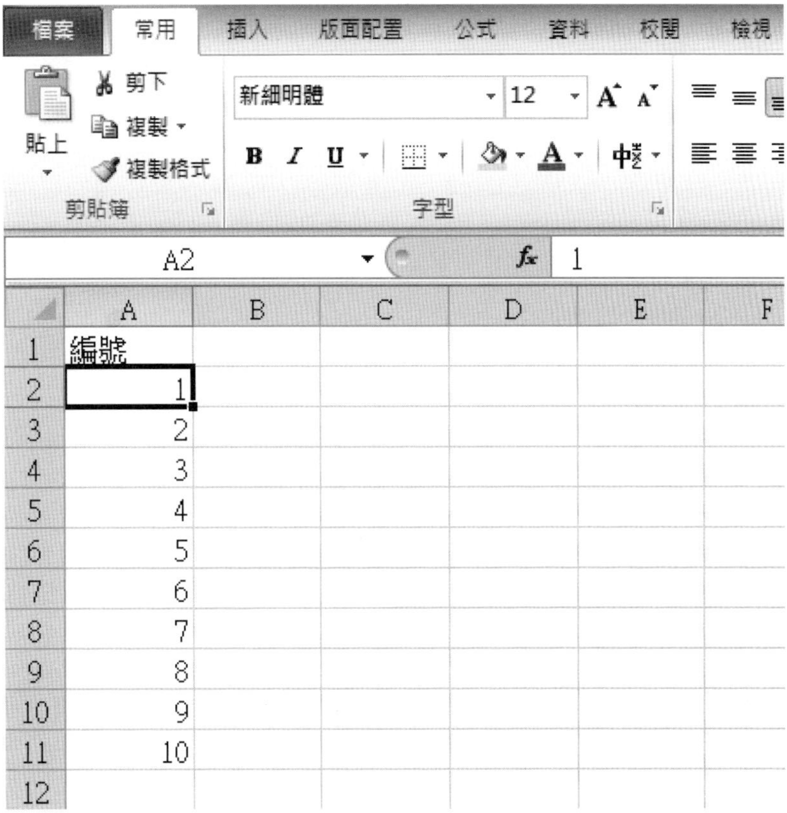

七、建立簡單公式

(一) 在儲存格中輸入等號 (=)，即可開始公式。

(二) 輸入數字和運算符號的組合，例如=3+6、=6-3、=3*6、=6/3（加法 (+)、減法 (-)、乘法(*) 或除法 (/)）

(三) 使用滑鼠來選取其他儲存格（在儲存格之間插入運算公式）。例如，選取 B1，接著輸入加號 (+)，選取 C1 並輸入 +，然後再選取 D1。

(四) 按下 Enter 鍵執行計算。

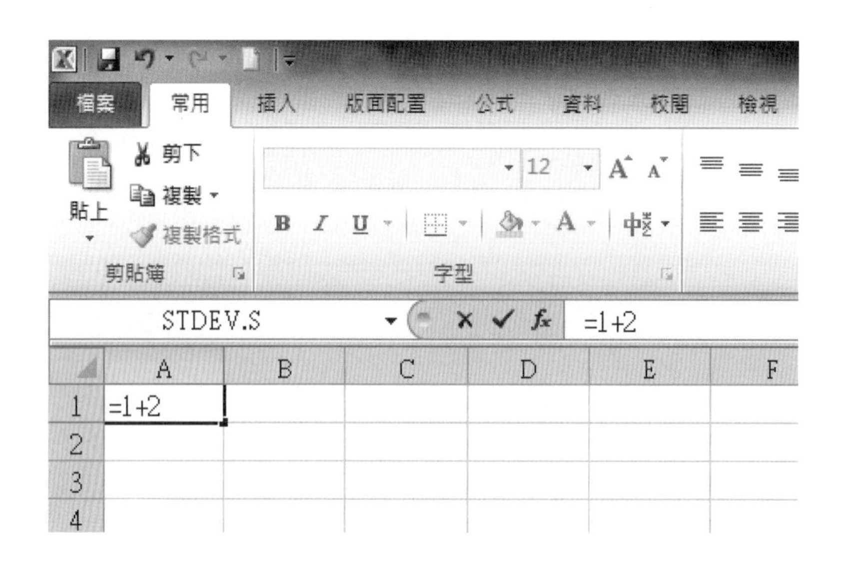

八、插入函數

(一) 函數的格式：包括 3 個部分：**函數名稱、引數（由參照位址組成）**和**小括號**，例如：AVERAGE(number1, number2)；AVERAGE 為函數名稱，引數為 number1, number2。

(二) 函數為 Excel 因應各種計算需求，預先設計好的運算公式。

插入函數方法為：選擇欲設立公式的儲存格，游標移至=位置會出現編輯公式或按工具列之 ***fx*** 出現插入函數或執行【插入/***fx*** 函數】。

(三) 點選功能表上的【公式】，點選其工具列上的【插入函數】，再選擇計算所需之函數，例如：計算資料中之算術平均數，先點選功能表上之【公式】，再選擇需計算函數儲存格後，點選【插入函數】中的 AVERAGE（算術平均值），選取欲計算之數值範圍(A1:A10)。

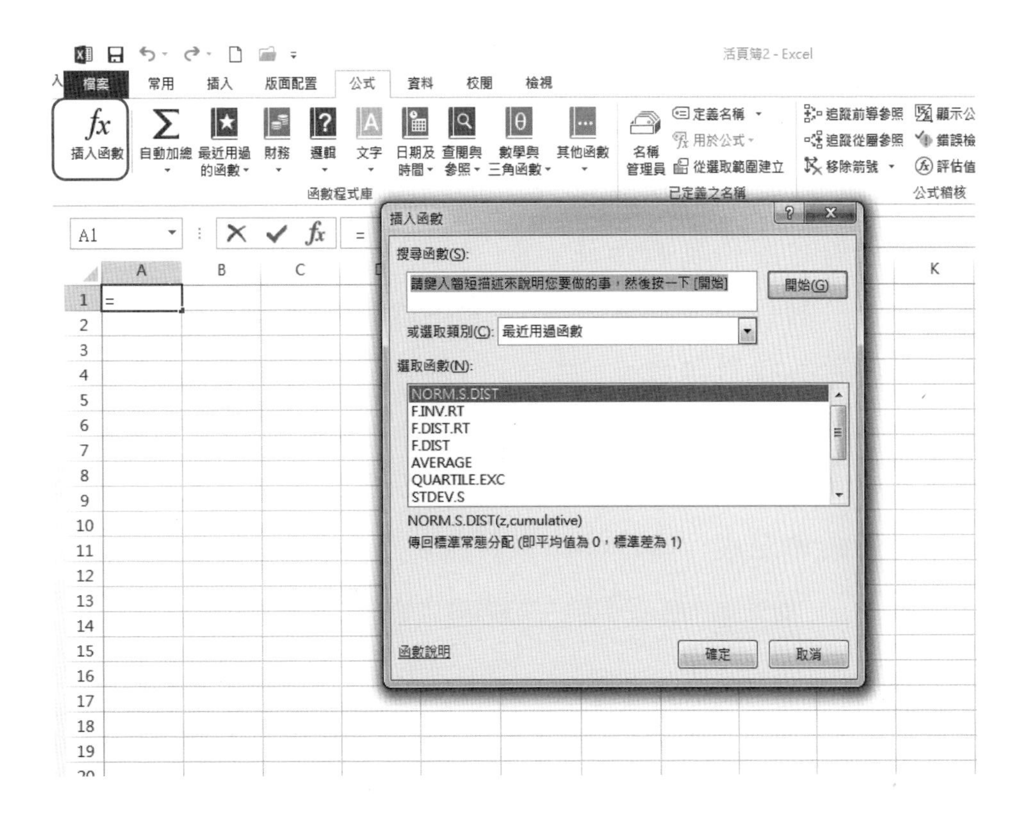

(四) 點選想要計算算術平均數之儲存格後，輸入 =AVERAGE(number1, number2, …)，按 Enter 鍵即可完成。如下圖：= AVERAGE(A1：A10)

九、相對參照位址與絕對參照位址

依據計算過程的系統性變化或常數儲存格的使用，可考慮使用相對參照位址或絕對參照位址。

(一) 相對參照位址表示法

儲存格之欄或列座標皆不含$號，則計算公式會隨儲存格而改變其相對位址。

例：C1 儲存格輸入公式=A1+B1，則於 C1 儲存格會得到 A1 與 B1 數字加總，如果把 C1 公式拷貝到 C2 儲存格中，C2 公式會變成=A2+B2。

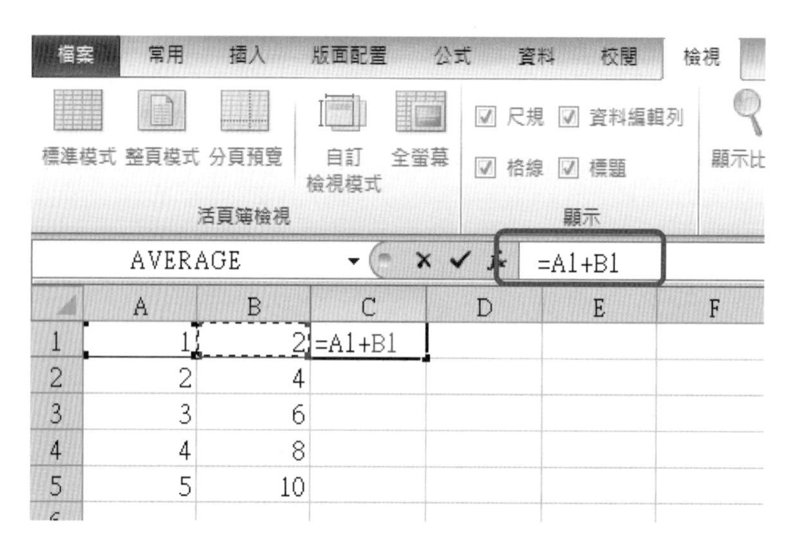

(二) 絕對參照位址表示法

依照對應欄名及對應列名設定固定的位址表示法，固定欄則在欄名前加上$，如：$A1；固定列則在列名前加上$；如：A$1；也可同時加上$來固定欄名及列名，如：$A$1。

例：C1 儲存格公式為=$A$1+B1，拷貝 C1 儲存格於 C2 儲存格，則 C2 儲存格公式為=$A$1+B2，因公式或函數中含有絕對參照位址，不會因複製公式時移動儲存格位置，而改變其公式內容。

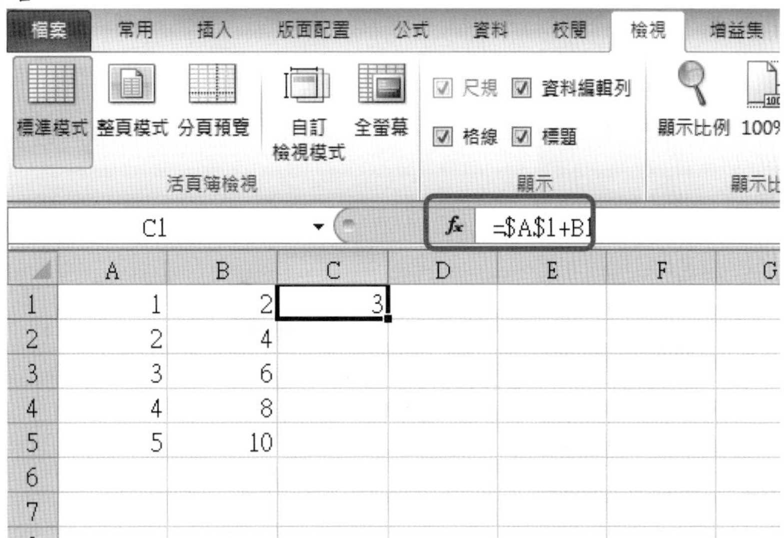

	A	B	C	D	E	F	G
1	1	2	3				
2	2	4					
3	3	6					
4	4	8					
5	5	10					
6							
7							

	A	B	C	D	E	F	G
1	1	2	3				
2	2	4	5				
3	3	6	7				
4	4	8	9				
5	5	10	11				
6							
7							

十、載入分析工具箱

(一) 點選【檔案】索引標籤中的【選項】，然後再點選【增益集】類別。

(二) 選取【管理】方塊中的【Excel 增益集】，然後按一下【執行】。

(三) 在【現有的增益集】方塊中，勾選【分析工具箱】功能，最後按下【確定】。

活頁簿2 - Exc

資訊
新增
開啟舊檔
儲存檔案
另存新檔
列印
共用
匯出
關閉
帳戶
選項

資訊

保護活頁簿

控制人員能對此活頁簿所做的變更類型。

檢查活頁簿

在發佈此檔案前，請注意此檔案包含:

- 印表機路徑、作者名稱和絕對路徑
- 殘障人士難以閱讀的內容

版本

沒有此檔案的舊版本。

瀏覽器檢視選項

瀏覽器檢視選項

挑選使用者在網路上檢視此活頁簿時可以看到的內容。

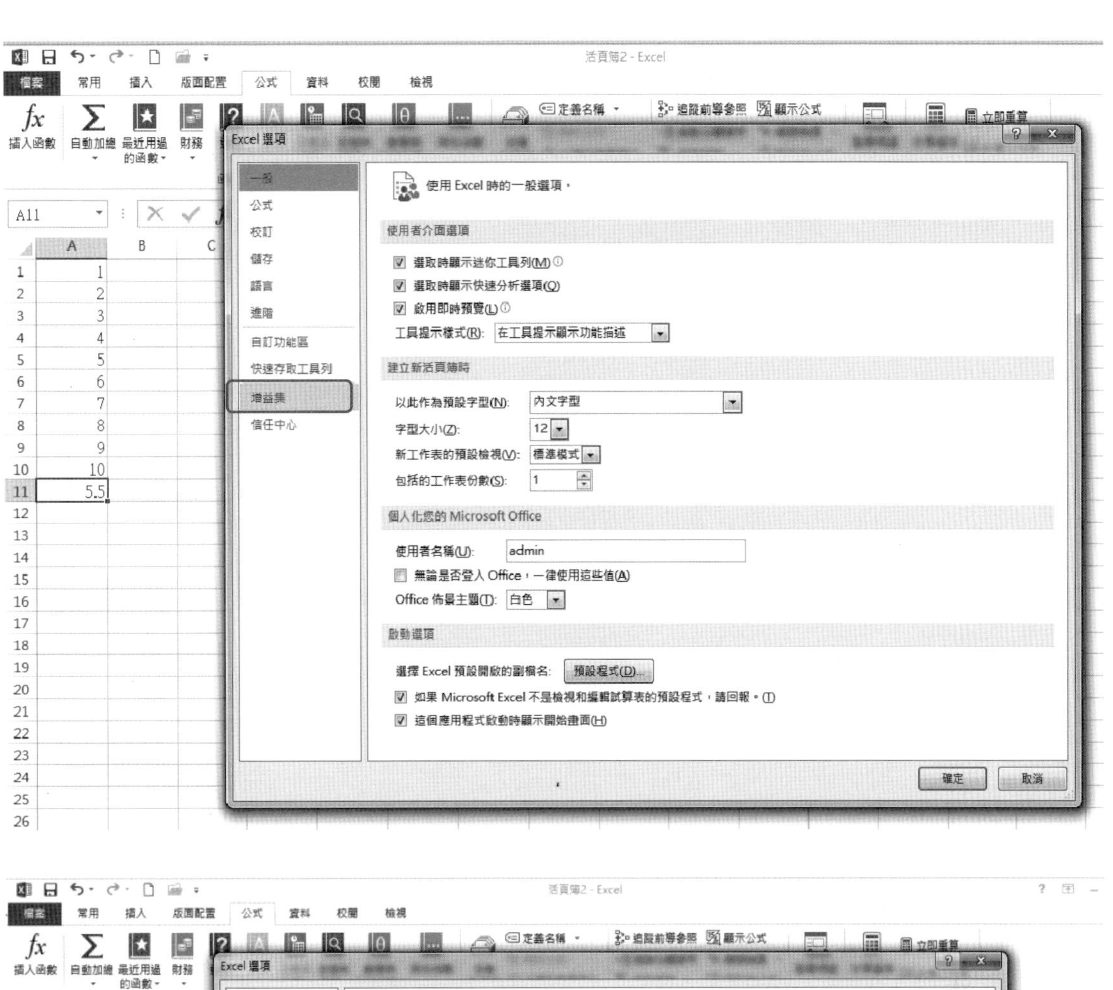
Excel 選項
一般
公式
校訂
儲存
語言
進階
自訂功能區
快速存取工具列
增益集
信任中心
使用 Excel 時的一般選項。
使用者介面選項
選取時顯示迷你工具列(M)
選取時顯示快速分析選項(Q)
啟用即時預覽(L)
工具提示樣式(R): 在工具提示顯示功能描述
建立新活頁簿時
以此作為預設字型(N): 內文字型
字型大小(Z): 12
新工作表的預設檢視(V): 標準模式
包括的工作表份數(S): 1
個人化您的 Microsoft Office
使用者名稱(U): admin
無論是否登入 Office，一律使用這些值(A)
Office 佈景主題(T): 白色
啟動選項
選擇 Excel 預設開啟的副檔名: 預設程式(D)...
如果 Microsoft Excel 不是檢視和編輯試算表的預設程式，請回報。(T)
這個應用程式啟動時顯示開始畫面(H)
確定
取消

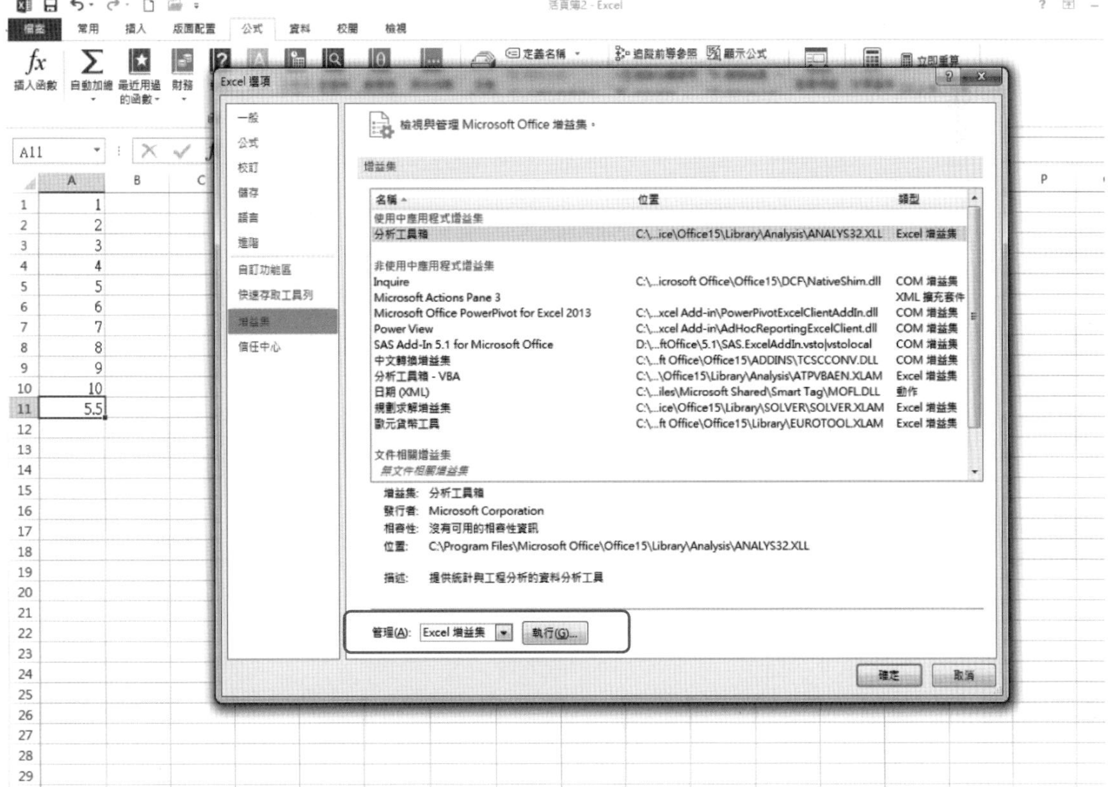
Excel 選項
檢視與管理 Microsoft Office 增益集。
增益集
名稱
位置
類型
使用中應用程式增益集
分析工具箱
C:\...ice\Office15\Library\Analysis\ANALYS32.XLL
Excel 增益集
非使用中應用程式增益集
Inquire
Microsoft Actions Pane 3
Microsoft Office PowerPivot for Excel 2013
Power View
SAS Add-In 5.1 for Microsoft Office
中文轉換增益集
分析工具箱 - VBA
日期 (XML)
規劃求解增益集
歐元貨幣工具
文件相關增益集
無文件相關增益集
增益集: 分析工具箱
發行者: Microsoft Corporation
相容性: 沒有可用的相容性資訊
位置: C:\Program Files\Microsoft Office\Office15\Library\Analysis\ANALYS32.XLL
描述: 提供統計與工程分析的資料分析工具
管理(A): Excel 增益集
執行(G)...
確定
取消

增益集
現有的增益集(A):
分析工具箱
分析工具箱 - VBA
規劃求解增益集
標籤列印精靈
歐元貨幣工具
確定
取消
瀏覽(B)...
自動化(U)...
分析工具箱
提供統計與工程分析的資料分析工具

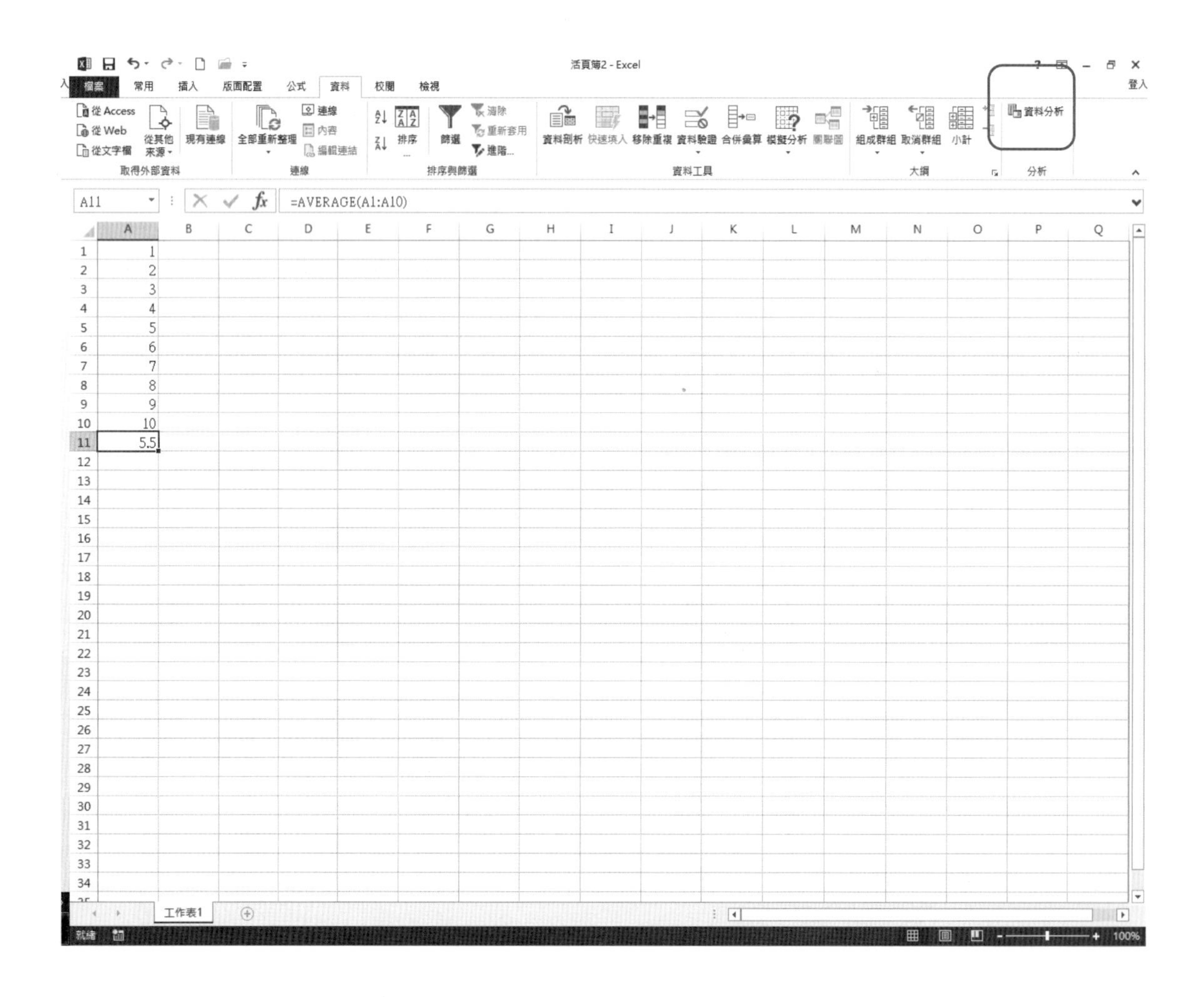
活頁簿2 - Excel
檔案
常用
插入
版面配置
公式
資料
校閱
檢視
登入
從 Access
從 Web
從文字檔
從其他來源
現有連線
全部重新整理
連線
內容
編輯連結
排序
篩選
清除
重新套用
進階...
資料剖析
快速填入
移除重複
資料驗證
合併彙算
模擬分析
關聯圖
組成群組
取消群組
小計
資料分析
取得外部資料
連線
排序與篩選
資料工具
大綱
分析
A11
=AVERAGE(A1:A10)
1
2
3
4
5
6
7
8
9
10
5.5
工作表1
就緒
100%

CHAPTER 02 R 介面與基本功能介紹

吳立心　國立屏東科技大學植物醫學系
林汶鑫　國立屏東科技大學農園生產系

一、R 與 Rstudio 介面基本介紹

R 是一個免費開放源碼的統計分析軟體，最初是由 Ross Ihaka 和 Robert Gentleman 開發，目的是提供統計分析和繪圖功能。R 大體上可以視為 S 語言的改進版本，很多 S 語言的代碼都可以直接或稍微修改後在 R 上運行。R 語言是一種程式語言，而 Rstudio 則是一個專門為 R 語言設計的整合式開發環境(Integrated Development Environment, IDE)。主要在於協助使用者可同時進行編輯程式碼、測試結果、利用輔助工具標註問題、偵錯、預覽結果等，撰寫程式的環境。

而與商業統計軟體如 SAS、SPSS 等相比，R 最大的優勢在於它是完全免費開源的。R 由一支國際志願者組成的核心開發團隊進行維護和更新，並且應用範圍也在不斷擴大，已經不僅僅是統計學家的工具，也成為資料科學領域中廣泛使用的重要工具之一(R core-development team)，近年來由於 R 的優勢，其使用者的數量快速地成長。台灣也有至少兩個團體在做類似的事情，一個是 Taiwan R User Group，一個是 R-Ladies Taipei。

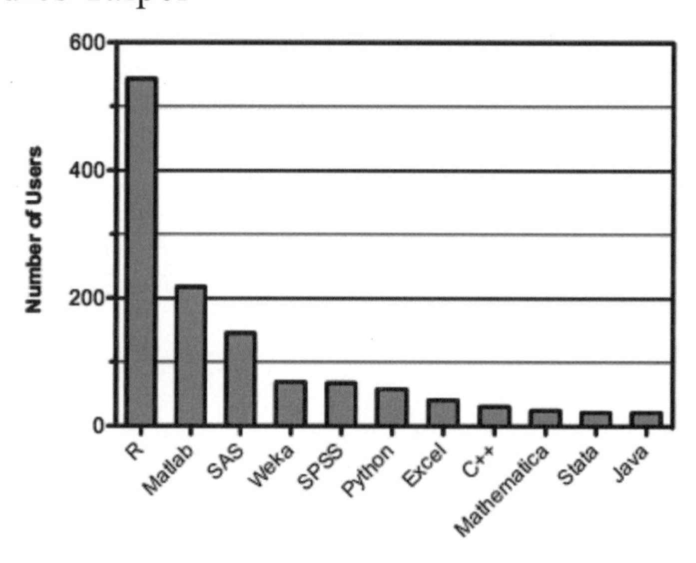

二、下載與安裝 R 與 Rstudio

R 有各種版本，可以在 Microsoft Window，Unix/Linux，Apple Mac OS 等作業性系統運行，以下則以 windows 作業系統為主要說明。安裝前請確認，若你的 windows 使用者名稱或帳號為中文，請先進入控制台，新增或變更使用者名稱 (User)，更改使用者名稱為英文，然後才進行以下安裝。任何與 R 的檔案名稱或路徑名稱，請勿使用中文，空格或特殊符號，以免程式運作上出現不必要的錯誤。

以系統管理員身份運行安裝程式，初學者請請讓軟體內設的路徑 (PATH) 自動安裝，不要任意更動 PATH 與安裝位置。安裝任何與 R 相關軟體，請按滑鼠右鍵以系統管理員身分執行。R 時常有更新版本，下載與安裝 R 與 Rtools 簡述如下：

1. 上網至 http://www.r-project.org。

2. 按滑鼠點選網頁左邊連結(Link)下載區 Download CRAN。

[Home]

Download

CRAN

R Project

About R
Logo
Contributors
What's New?
Reporting Bugs
Development Site
Conferences
Search

R Foundation

Foundation
Board
Members
Donors
Donate

Help With R

Getting Help

Documentation

Manuals

The R Project for Statistical Computing

Getting Started

R is a free software environment for statistical computing and graphics. It compiles and runs on a wide variety of UNIX platforms, Windows and MacOS. To **download R**, please choose your preferred CRAN mirror.

If you have questions about R like how to download and install the software, or what the license terms are, please read our answers to frequently asked questions before you send an email.

News

- **R version 3.4.2 (Short Summer) prerelease versions** will appear starting Monday 2017-09-18. Final release is scheduled for Thursday 2017-09-28.
- **The R Journal Volume 9/1** is available.
- **R version 3.4.1 (Single Candle)** has been released on Friday 2017-06-30.
- **R version 3.3.3 (Another Canoe)** has been released on Monday 2017-03-06.
- **The R Journal Volume 8/2** is available.
- **useR! 2017** (July 4 - 7 in Brussels) has opened registration and more at http://user2017.brussels/
- Tomas Kalibera has joined the R core team.
- The R Foundation welcomes five new ordinary members: Jennifer Bryan, Dianne Cook, Julie Josse, Tomas Kalibera, and Balasubramanian Narasimhan.
- **The R Journal Volume 8/1** is available.
- The **useR! 2017** conference will take place in Brussels, July 4 - 7, 2017.
- **R version 3.2.5 (Very, Very Secure Dishes)** has been released on 2016-04-14. This is a rebadging of the quick-fix release 3.2.4-revised.

3. 點選網頁 CRAN Mirrors 中臺灣 Taiwan 的任一鏡像網址 (CRAN Mirrors)，https://cran.csie.ntu.edu.tw/

Sweden
https://ftp.acc.umu.se/mirror/CRAN/ — Academic Computer Club, Umeå University
Switzerland
https://stat.ethz.ch/CRAN/ — ETH Zürich
Taiwan
https://cran.csie.ntu.edu.tw/ — National Taiwan University, Taipei
Thailand
http://mirrors.psu.ac.th/pub/cran/ — Prince of Songkla University, Hatyai
Turkey
https://cran.pau.edu.tr/ — Pamukkale University, Denizli
https://cran.gedik.edu.tr/ — Istanbul Gedik University

4. 點選上述鏡像網址內網頁中的 Download R for Windows。

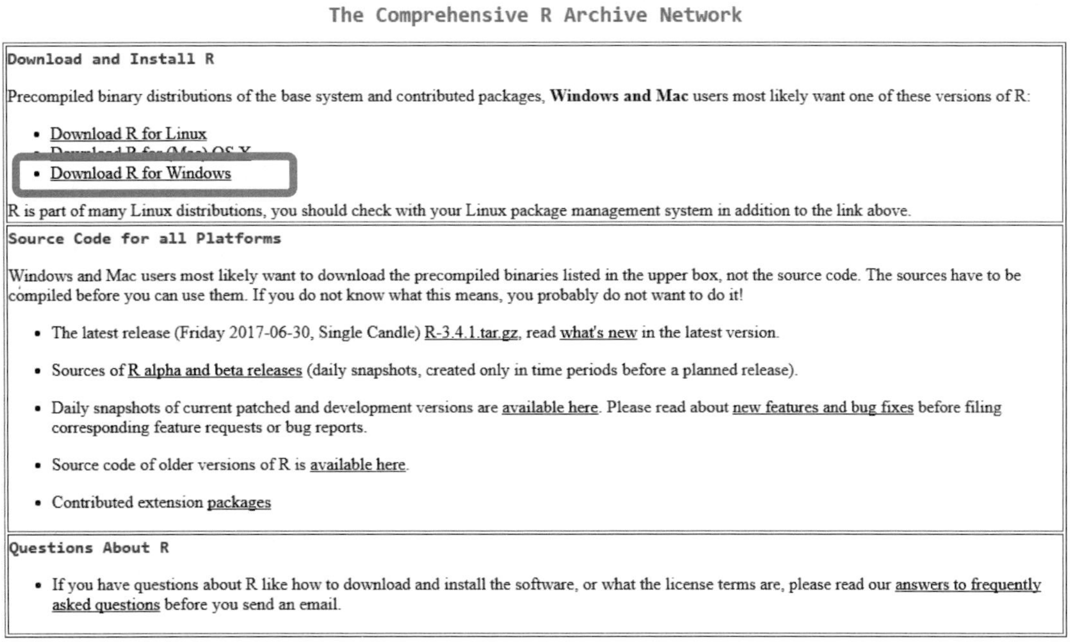

The Comprehensive R Archive Network

Download and Install R

Precompiled binary distributions of the base system and contributed packages, **Windows and Mac** users most likely want one of these versions of R:

- Download R for Linux
- Download R for (Mac) OS X
- Download R for Windows

R is part of many Linux distributions, you should check with your Linux package management system in addition to the link above.

Source Code for all Platforms

Windows and Mac users most likely want to download the precompiled binaries listed in the upper box, not the source code. The sources have to be compiled before you can use them. If you do not know what this means, you probably do not want to do it!

- The latest release (Friday 2017-06-30, Single Candle) R-3.4.1.tar.gz, read what's new in the latest version.
- Sources of R alpha and beta releases (daily snapshots, created only in time periods before a planned release).
- Daily snapshots of current patched and development versions are available here. Please read about new features and bug fixes before filing corresponding feature requests or bug reports.
- Source code of older versions of R is available here.
- Contributed extension packages

Questions About R

- If you have questions about R like how to download and install the software, or what the license terms are, please read our answers to frequently asked questions before you send an email.

5. 點選網頁 R for Windows 中的 base（基本程式）。

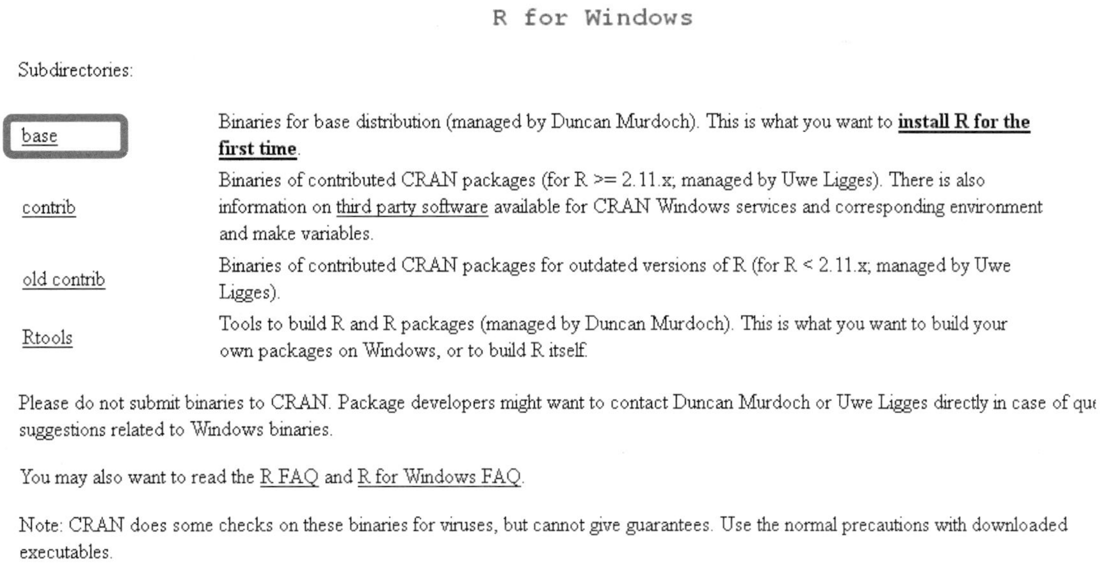

R for Windows

Subdirectories:

base	Binaries for base distribution (managed by Duncan Murdoch). This is what you want to **install R for the first time**.
contrib	Binaries of contributed CRAN packages (for R >= 2.11.x; managed by Uwe Ligges). There is also information on third party software available for CRAN Windows services and corresponding environment and make variables.
old contrib	Binaries of contributed CRAN packages for outdated versions of R (for R < 2.11.x; managed by Uwe Ligges).
Rtools	Tools to build R and R packages (managed by Duncan Murdoch). This is what you want to build your own packages on Windows, or to build R itself.

Please do not submit binaries to CRAN. Package developers might want to contact Duncan Murdoch or Uwe Ligges directly in case of que suggestions related to Windows binaries.

You may also want to read the R FAQ and R for Windows FAQ.

Note: CRAN does some checks on these binaries for viruses, but cannot give guarantees. Use the normal precautions with downloaded executables.

6. 按滑鼠右鍵, 點選檔案網址 Download R X.Y.Z for Windows，其中 X.Y.Z 為 R 版本代碼，下載儲存至個人檔案夾內。
7. 至下載的檔案夾內，按滑鼠右鍵點擊 R-X.Y.Z-win.exe，以系統管理員身分執行安裝。
8. 可選擇中文或英文進行安裝，只要安裝 64 位元系統。

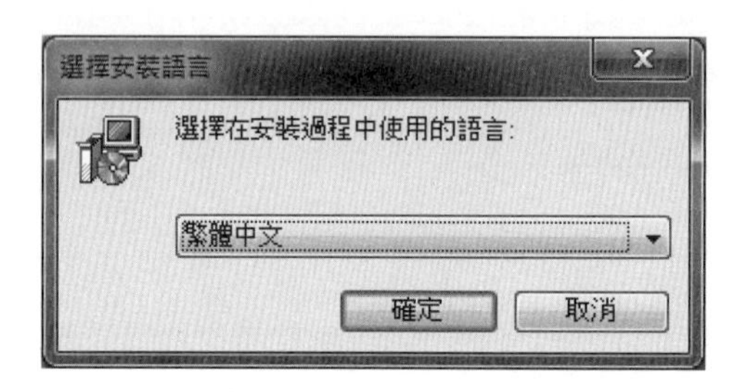

9. 詳細安裝 Windows，Mac 或 Linux 作業系統，利用 google 或 Youtube 等，搜尋相關訊息。

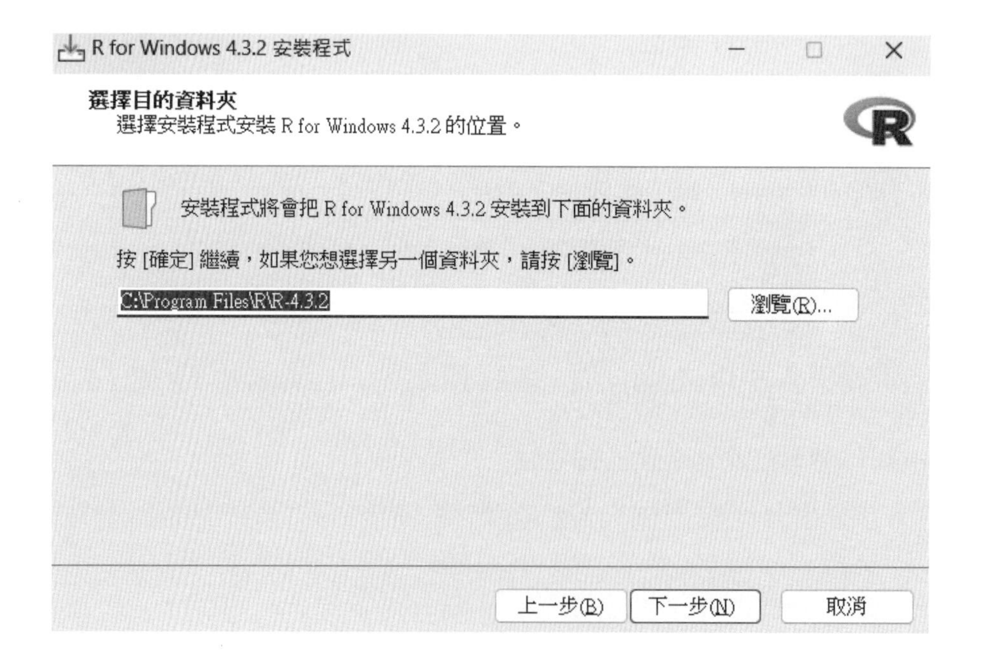

◎Rstudio 平台

則是 R 語言的開發環境，提供一個更友好的圖形界面，讓初學者更容易上手使用 R。在 Rstudio 界面中可以更方便地編寫代碼、查看數據、繪製圖表等。主要的操作界面包括：

1. Source 窗格：編寫和運行 R 代碼的主要區域。
2. Workspace/History/Connections 窗格：主要查看工作空間中的变量、命令歷史等。
3. Console 窗格：可以直接輸入 R 命令，並查看計算結果和輸出信息。
4. Files/Plots/Packages/Help 窗格：查看文件、繪圖輸出、添加擴展包等。

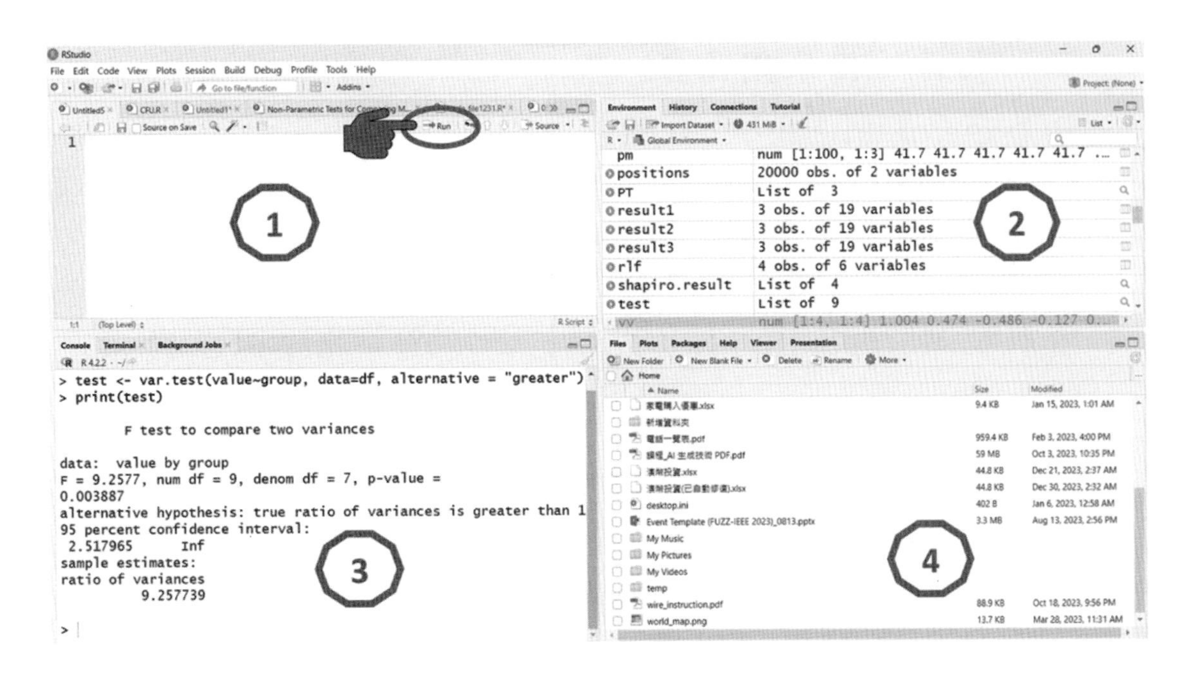

程式碼執行：將要一起執行的行數全部選取，並依照上面單行執行即可（上圖中，使用滑鼠左鍵點及 Run 的按鈕即可）。

使用者可以左擊滑鼠，File→New File→R Script 來編寫新的 R 程式碼與命令。

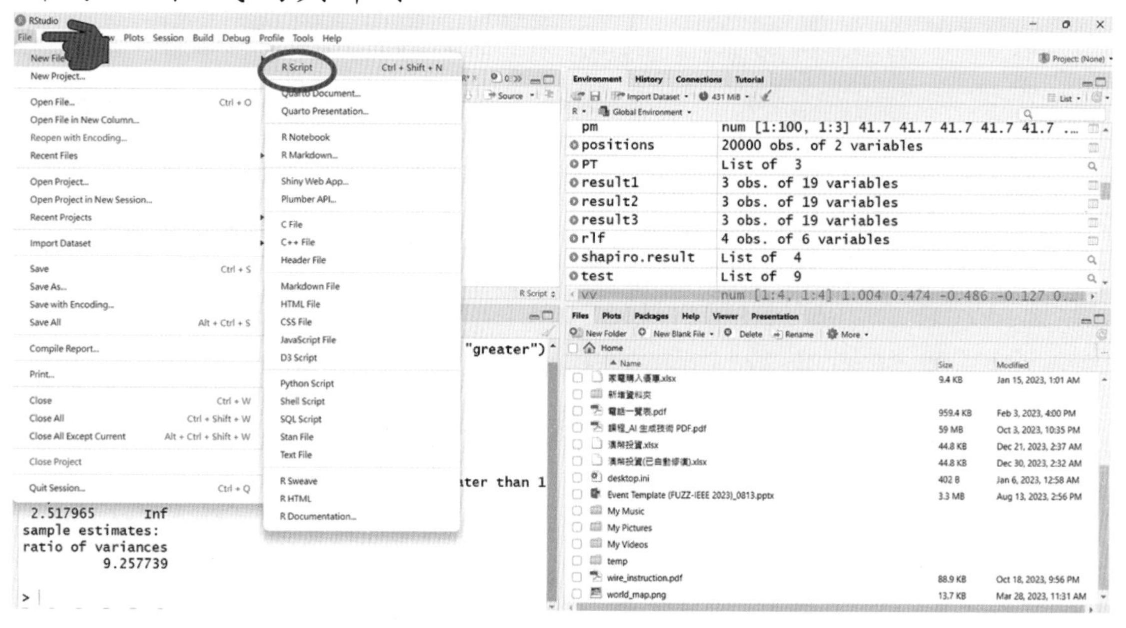

三、物件、指令與函數

R 是以物件導向為主的程式語言，(Object-Oriented Programming Language)，在 R 中，儲存的資料或可執行的函數，都稱為**物件 (object)**。R 物件包含儲存資料的向量 (vector)、矩陣 (matrix)、陣列 (array)、列表 (Lists)、資料框架 (data frames) 或執行特定運算指令的函式 (function) 等。

R 透過函式或指令，對資料物件進行統計分析與統計繪圖。其中須特別注意的地方是，R 對物件或指令命名的**英文大小寫**，s 與 S 是不同的。對物件命名時，**物件名字 (object name)** 起始位置必須以**英文字母**命名，物件名字其餘位置，以英文字母（A-Z 或 a-z）、數字 (0-9)、(underscore)等皆可、中間不可有空格。

```
7644, 10792, 11308   ### 假設老師想要記錄下自己打電動分數
```

<- 我是箭頭 (=)

```
x<-c(7644, 10792, 11308)
```

函數(..............)

物件
(可以叫任何你喜歡的名稱)

#把這幾個分數，結合 成一個 叫做 x 的物件

其他常用指令如下：
空一行或用分號「；」 將指令分開
套用已寫好之程式：「檔案」→「開啟命令稿件」

四、套件 Packages

若 R 第一次使用某特定功能的套件，需安裝此套件。安裝套件有不同的方法，若已經先連接網際網路，常用的方法有兩種：

1. 使用 RStudio 內設套件所在的位置，由 RStudio 右下套件視窗，使用滑鼠左鍵選擇 Packages → Install 輸入所要安裝的套件名稱，例如 MASS，RStudio 會將類似字母的套件一併列出。

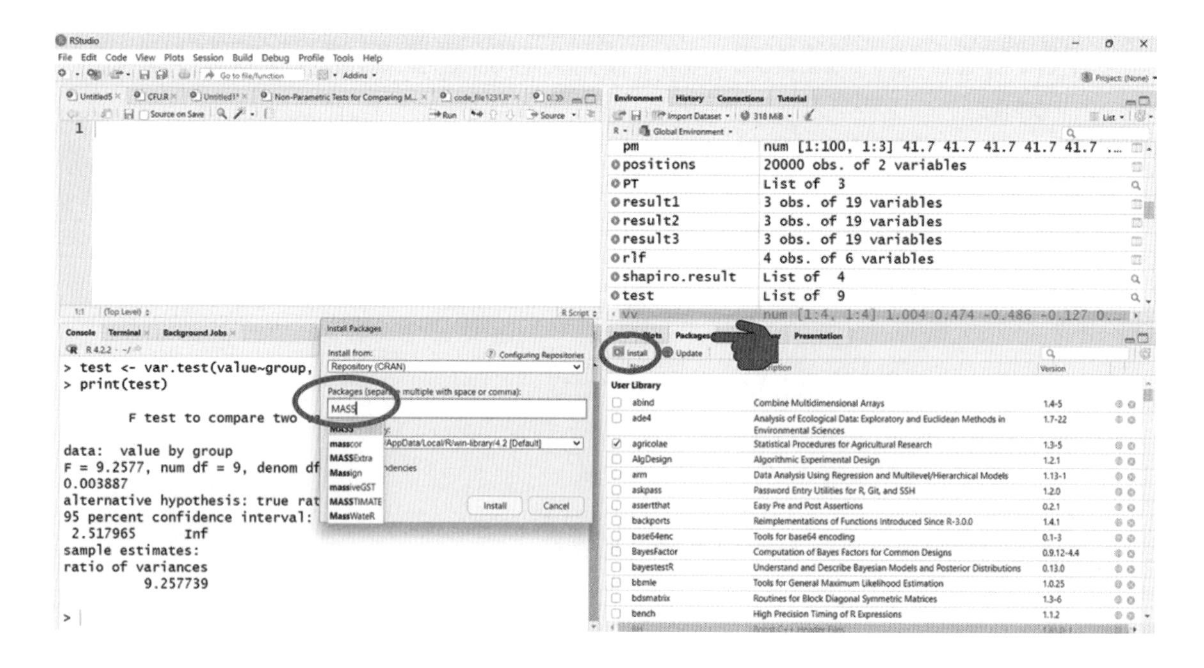

2. 使用函式 install.packages() 安裝所需的套件 install.packages("PackageName) 可以安裝 PackageName 套件。可將下列指令寫入 Source 視窗內

```
install.packages("survival")
library(survival)
```

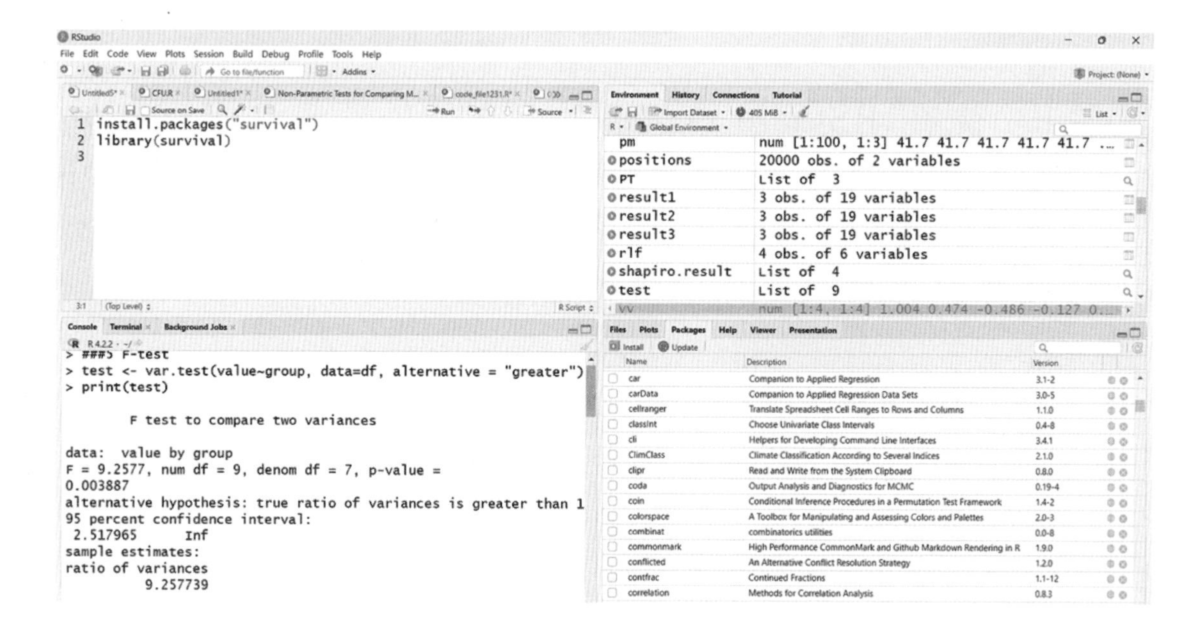

五、尋求解說或是線上資源

R 有良好的解說文件與線上資源，可利用 Google 搜尋任何 R 相關疑惑、或是直接搜尋碰到的錯誤訊息。 R 內部最常使用的線上協助為啟動網頁流覽器？函數嘗試在 Console 輸入

, ,

Help(mean)
?mean

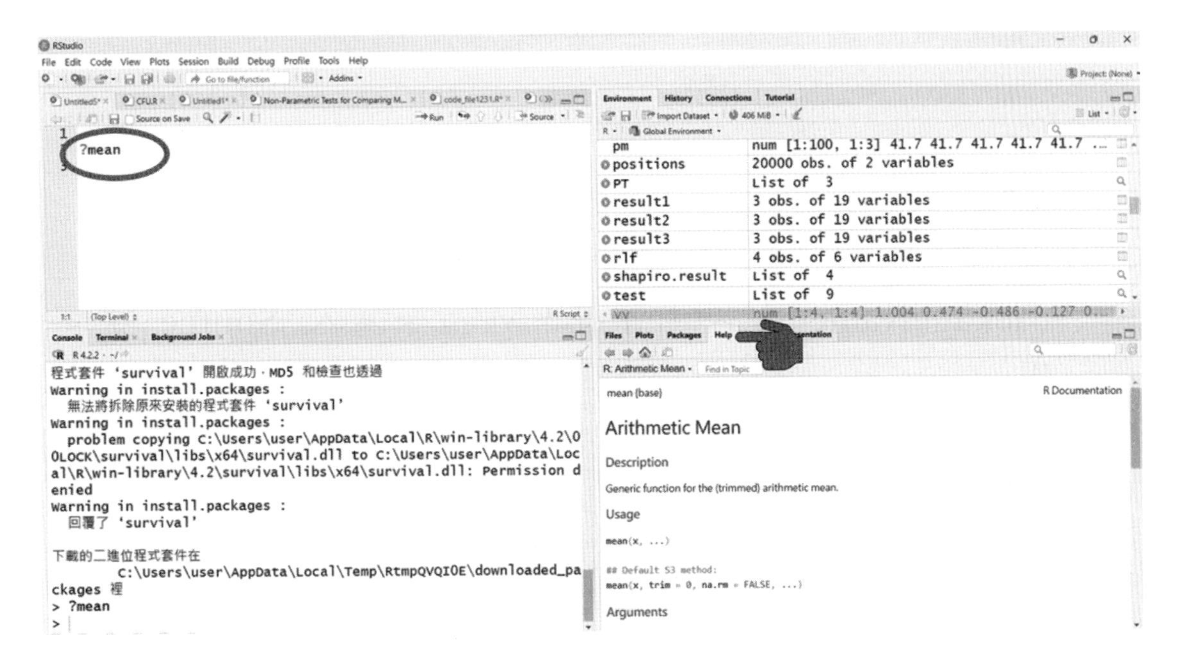

MEMO

CHAPTER 03 國家考試及常用工程用計算機統計功能介紹

林汶鑫　國立屏東科技大學農園生產系

型號：CASIO *fx-82SX*

一、 基本按鍵操作

1. 按下 SHIFT 鍵，可使用計算機上的黃色字體的計算功能。
2. 按下 MODE + · ：進入 SD 狀態，可以操作藍色部分。
3. 資料清除：SHIFT 鍵 + SAC
4. 輸入樣本資料時，有兩個相同資料則再按一次 DATA，計算機則會自動輸入前一個輸入的值。

二、 統計基本運算

計算 **5、10、6、15、7、3、4、12、9、9** 之平均數、樣本標準差、樣本數量、樣本總和、平方和，與族群標準差。

首先輸入樣本資料：在 **SD** 狀態下計算(MODE + ·)，輸入樣本資料 5 DATA(M+) 10 DATA 6 DATA 15 DATA 7 DATA 3 DATA 4 DATA 12 DATA 9 DATA 9 DATA，此時螢幕顯示 9。

1. 平均數

按下 SHIFT 鍵 + 7($\overline{X}$)，即為正解 8

2. 樣本標準差

按下 SHIFT 鍵 + 9(σn-1)，即為正解 3.741657387

3. 樣本數量

按下 SHIFT 鍵 + 6(n)，即為正解 10

4. 樣本總和

按下 SHIFT 鍵 + 5($\sum\chi$)，即為正解 80

5. 平方和

按下 SHIFT 鍵 + 4($\sum\chi^2$)，即為正解 766

6. 族群標準差

按下 SHIFT 鍵 + 8(σn)，即為正解 3.54964787

型號：請參考附件 EMORE *fx-127*

一、 基本按鍵操作

1. 按下 2ndF 鍵 ＋ STAT，進入統計計算功能，可使用計算機上的藍色字體的計算功能。
2. 按下 2ndF 鍵，則使用 $\sum x$ $\sum x^2$ σ
3. 資料清除：離開 STAT 模式資料即清除

二、 統計基本運算

計算**5、10、6、9、15、7、3、4、12、9**之平均數、樣本標準差、樣本數量、樣本總和、平方和，與族群標準差。

首先輸入樣本資料：按下 ON/C 2ndF STAT 5 DATA 10 DATA 6 DATA 9 DATA 15 DATA 7 DATA 3 DATA 4 DATA 12 DATA 9 DATA

＊每輸入一筆資料，螢幕上會顯示資料的樣本數量，例如：輸入完 5 DATA，此時螢幕會顯示 1；輸入 10 DATA，則螢幕會顯示 2，以此類推。

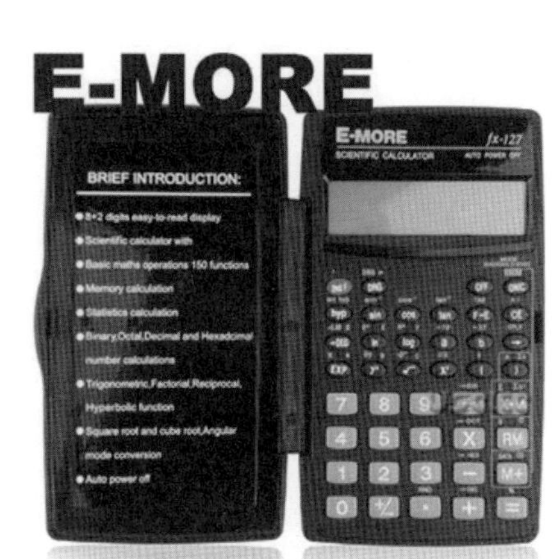

1. 平均數

按下 X→M($\overline{X}$)鍵，即為正解 8

2. 樣本標準差

按下 RM(S) 鍵，即為正解 3.741657387

3. 樣本數量

再按下) (n)，即為正解 10

4. 樣本總和

按下 2ndF 鍵 ＋) ($\sum x$)，即為正解 80

5. 平方和

按下 2ndF 鍵 ＋ X→M($\sum x^2$)，即為正解 766

6. 族群標準差

按下 2ndF 鍵 ＋ RM(σ)，即為正解 3.54964787

型號：EMORE *fx-183* 或 *fx-330S*

一、 基本按鍵操作

1. 按下 SHIFT 鍵，可使用計算機上的黃色字體的計算功能。
2. 按下 MODE + · ：進入 SD 狀態，可以操作藍色框線的統計功能。
3. 資料清除：SHIFT 鍵 + SAC

二、 統計基本運算

計算 **5、10、6、9、15、7、3、4、12、9** 之平均數、樣本標準差、樣本數量、樣本總和、平方和，與族群標準差。

首先輸入樣本資料：在 SD 狀態(MODE + ·) 下，輸入樣本資料 5 DATA(M+) 10 DATA 6 DATA 9 DATA 15 DATA 7 DATA 3 DATA 4DATA 12 DATA 9 DATA，此時螢幕顯示 9 。

1. 平均數

再按下 SHIFT 鍵 + 7($\overline{X}$)，即為正解 8

2. 樣本標準差

再按下 SHIFT 鍵 + 9(σn-1)，即為正解 3.741657387

3. 樣本數量

再按下 SHIFT 鍵 + 6(n)，即為正解 10

4. 樣本總和

再按下 SHIFT 鍵 + 5($\sum \chi$)，即為正解 80

5. 平方和

再按下 SHIFT 鍵 + 4($\sum \chi^2$)，即為正解 766

6. 族群標準差

再按下 SHIFT 鍵 + 8(σn)，即為正解 3.54964787

型號：CASIO *fx-350MS*

一、　基本按鍵操作

1. 按下 SHIFT 鍵，可使用計算機上的黃色字體的計算功能。
2. 按下 MODE+2(SD)：進入 SD 狀態。
3. 資料清除：SHIFT 鍵 + MODE(CLR)+1(Scl)

二、　統計基本運算

計算**5、10、6、9、15、7、3、4、12、9**之平均數、樣本標準差、樣本數量、樣本總和、平方和，與族群標準差。

首先輸入樣本資料：按下ON/C MODE 2(SD) 5 DT(M+) 10 DT(M+) 6 DT(M+) 9 DT(M+) 15 DT(M+) 7 DT(M+) 3 DT(M+) 4 DT(M+) 12 DT(M+) 9 DT(M+)

*輸入資料後，螢幕會顯示目前的樣本數量(n=)，例如：輸入完5 DATA，此時螢幕會顯示 n=1，以此類推。輸入資料時，有兩個相同資料則再按一次 DATA，計算機則會自動輸入前一個輸入的值。

1.　平均數

按下 SHIFT 鍵+2(S-VAR) + 1 + = ，即為正解 8

2.　樣本標準差

按下 SHIFT 鍵+2(S-VAR) + 3 + = ，即為正解 3.741657387

3.　樣本數量

按下 SHIFT 鍵+1(S-SUM) + 3 + = ，即為正解 10

4.　樣本總和

按下 SHIFT 鍵+1(S-SUM) + 2 + = ，即為正解 80

5.　平方和

按下 SHIFT 鍵+1(S-SUM) + 1 + = ，即為正解 766

6.　族群標準差

按下 SHIFT 鍵+2(S-VAR) + 2 + = ，即為正解 3.54964787

MEMO

CHAPTER 04 族群與樣本

徐敏恭　國立屏東科技大學研究總中心
林素汝　國立屏東科技大學農園生產系

Microsoft Excel 範例

一、隨機抽樣

例：某班上學生人數 30 人，利用 Excel 隨機抽取 10 位座號之學生填寫問卷。

(一) 點選【資料分析】→【抽樣】。

(二) 輸入『座號』之範圍；如有將變數名稱圈選為範圍，則需勾選☑標記；點選【隨機】，樣本數為 10；點選輸出範圍之儲存格。

※註： Microsoft Excel 在隨機抽樣的過程中可能會產生相同之亂數，因此建議可多產生些亂數，以利於相同亂數時之備選。

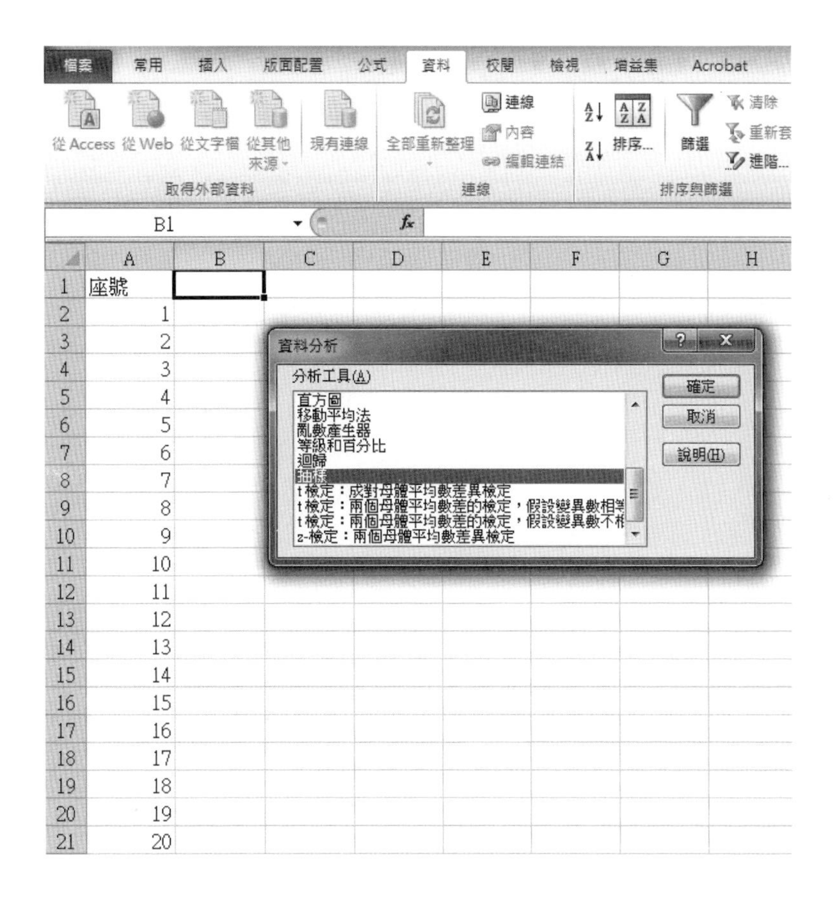

檔案
常用
插入
版面配置
公式
資料
校閱
檢視
增益集
Acrobat
從 Access
從 Web
從文字檔
從其他來源
現有連線
全部重新整理
連線
內容
編輯連結
排序...
篩選
清除
重新套用
進階...
取得外部資料
連線
排序與篩選
C1
座號
抽樣
輸入
輸入範圍(I):
$A$1:$A$31
標記(L)
抽樣方法
周期(P)
間隔:
隨機(R)
樣本數:
10
輸出選項
輸出範圍(O):
$C$1
新工作表(P):
新活頁簿(W)
確定
取消
說明(H)

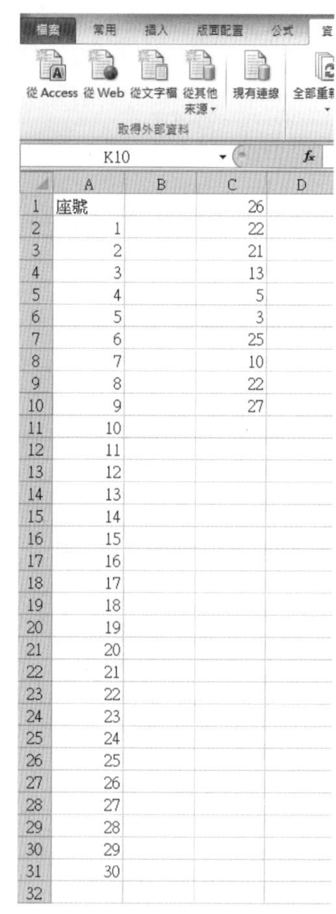
檔案
常用
插入
版面配置
公式
從 Access
從 Web
從文字檔
從其他來源
現有連線
取得外部資料
K10
座號
26
22
21
13
5
3
25
10
22
27

二、系統抽樣

例：某班上學生人數 50 人，利用 Excel 之周期抽樣，以每 6 個間隔數抽取座號，抽中之學生填寫問卷。

(一) 點選【資料分析】→【抽樣】。

(二) 輸入『座號』之範圍；如有將變數名稱圈選為範圍，則需勾選☑標記；點選【周期】，輸入間隔數 6；點選輸出範圍之儲存格。

※註：需留意 Microsoft Excel 在系統抽樣的過程中均會從『輸入範圍』的起始座號開始，而非從隨機起點開始。

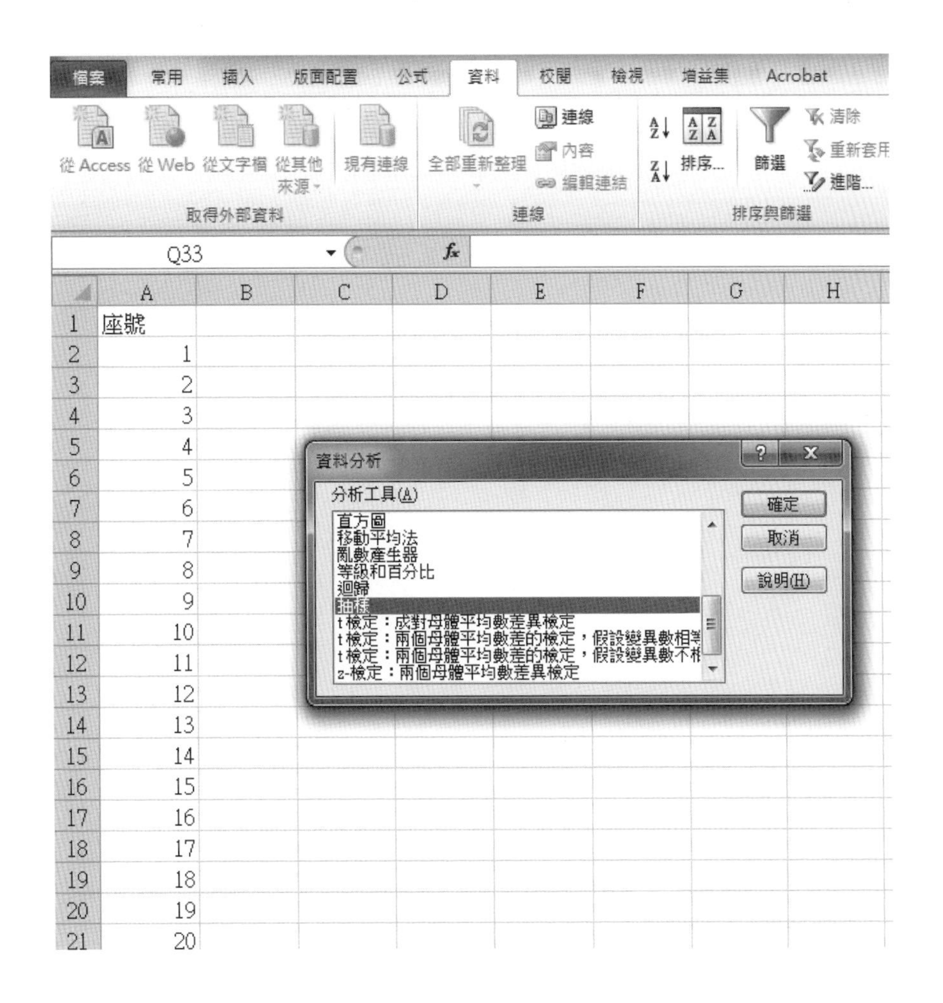

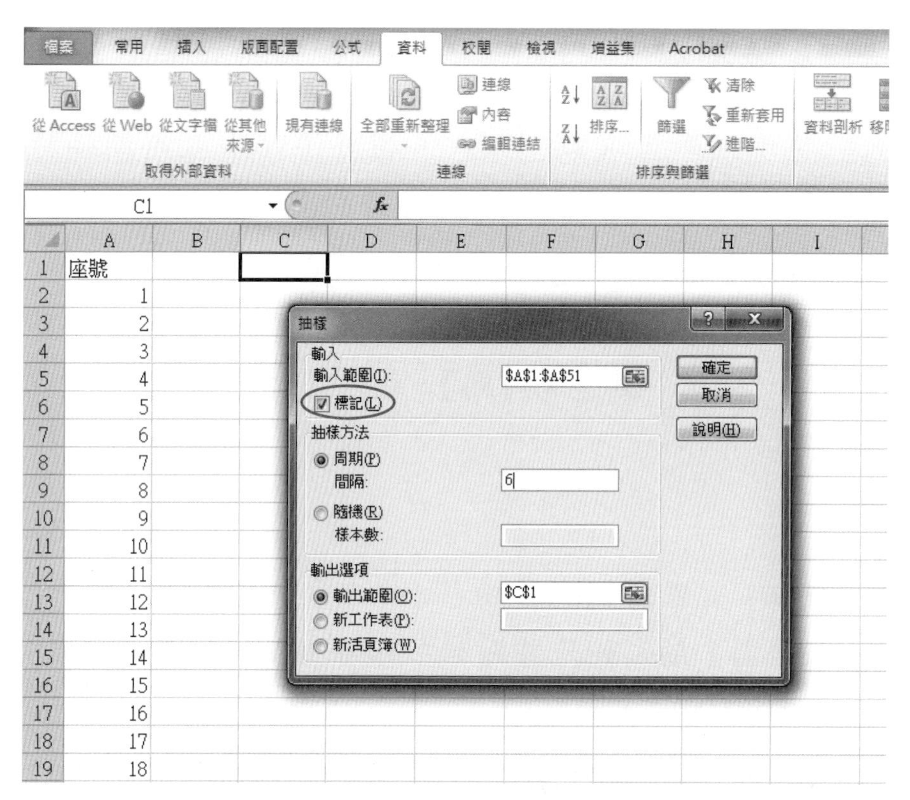
檔案
常用
插入
版面配置
公式
資料
校閱
檢視
增益集
Acrobat
從 Access
從 Web
從文字檔
從其他來源
現有連線
全部重新整理
連線
內容
編輯連結
取得外部資料
連線
排序...
篩選
清除
重新套用
進階...
排序與篩選
資料剖析
C1
座號
抽樣
輸入
輸入範圍(I):
$A$1:$A$51
標記(L)
抽樣方法
周期(P)
間隔:
6
隨機(R)
樣本數:
輸出選項
輸出範圍(O):
$C$1
新工作表(P):
新活頁簿(W)
確定
取消
說明(H)

檔案
常用
插入
版面配置
公式
資料
從 Access
從 Web
從文字檔
從其他來源
現有連線
全部重新整
取得外部資料
F11
座號

三、產生亂數

(一) 點選【資料分析】→【亂數產生器】。

(二) 變數個數填入 1，即為 1 組樣本；亂數個數填入 20，即此組樣本數為 20；分配方式則有多種分布（如：均等分配、常態分配、白努力分配、二項分配、Poisson 分配等），選擇所需分配方式，及參數設定；擇定輸出範圍。

例：欲產生平均數為 0，標準差為 1 之常態分布的亂數，則可利用【常態分配】之功能。其中，亂數基值(R)是指定 Excel 亂數的起始位址，如指定同一數值，則會產生相同之亂數。可選擇留下空白，由 Excel 指定，則每次產生的亂數都會不相同。

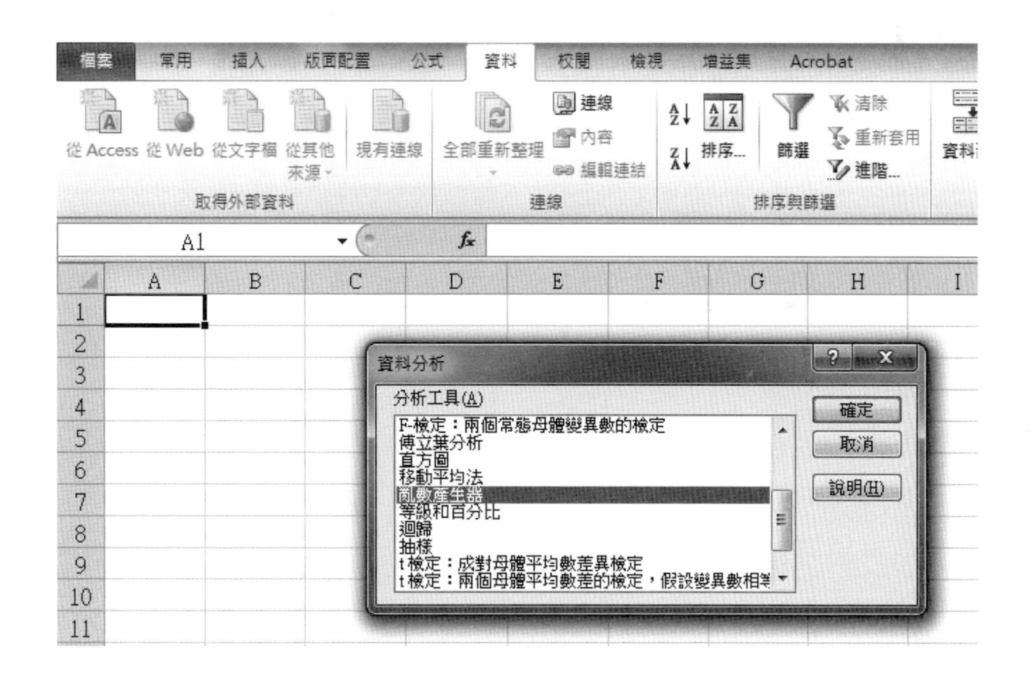

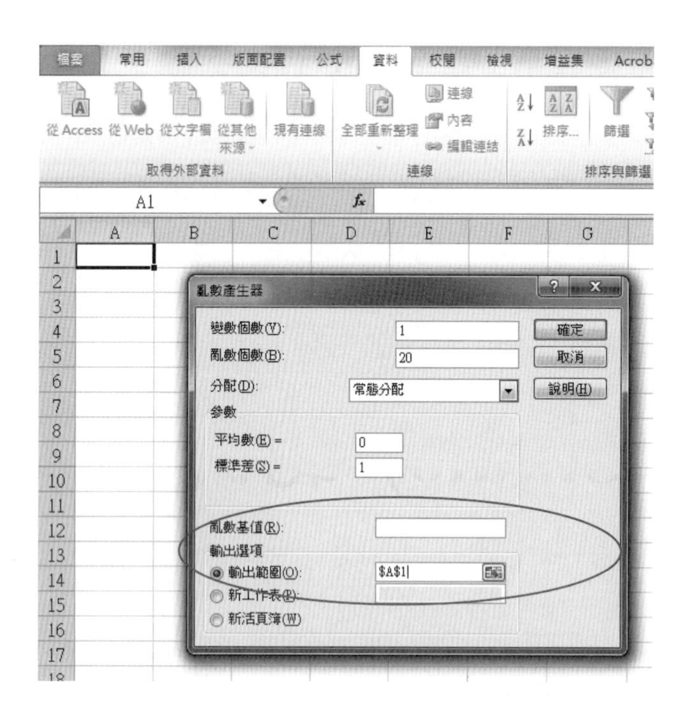

檔案
常用
插入
版面配置
公式
資料
校閱
檢視
增益集
從 Access
從 Web
從文字檔
從其他來源
現有連線
全部重新整理
連線
內容
編輯連結
排序...
篩選
取得外部資料
排序與篩選
A1
亂數產生器
變數個數(V):
1
亂數個數(B):
20
分配(D):
常態分配
參數
平均數(E) =
0
標準差(S) =
1
亂數基值(R):
輸出選項
輸出範圍(O):
$A$1
新工作表(P):
新活頁簿(W)
確定
取消
說明(H)

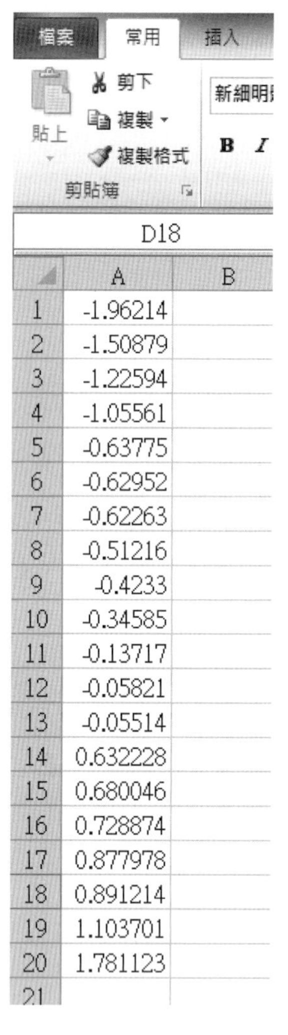

檔案
常用
插入
剪下
複製
複製格式
貼上
剪貼簿
新細明體
D18
A
B
-1.96214
-1.50879
-1.22594
-1.05561
-0.63775
-0.62952
-0.62263
-0.51216
-0.4233
-0.34585
-0.13717
-0.05821
-0.05514
0.632228
0.680046
0.728874
0.877978
0.891214
1.103701
1.781123

R (RStudio) 範例

一、隨機抽樣

例：某班上學生人數 30 人，利用 R 或 RStudio 隨機抽取 10 位座號之學生填寫問卷。

■ 方法：

1. 使用 R 函數 **sample()** 來進行抽樣，在 R 或 RStudio 的命令(console)介面輸入：
   data <- sample(x = 1:30, size = 10, replace = FALSE)
2. 要檢視隨機抽樣的結果，在 R 或 RStudio 的命令(console)介面輸入：
   data
   Rstudio 也可以在環境變數介面看到變數 data 的值。

■ 函數介紹：

- **sample(x, size, replace = FALSE)**
  x: 被抽樣的族群資料。
  size: 抽樣的次數。
  replace: 是否重複抽樣(TRUE: 重複抽樣，FALSE: 不重複抽樣，預設為 FALSE)。

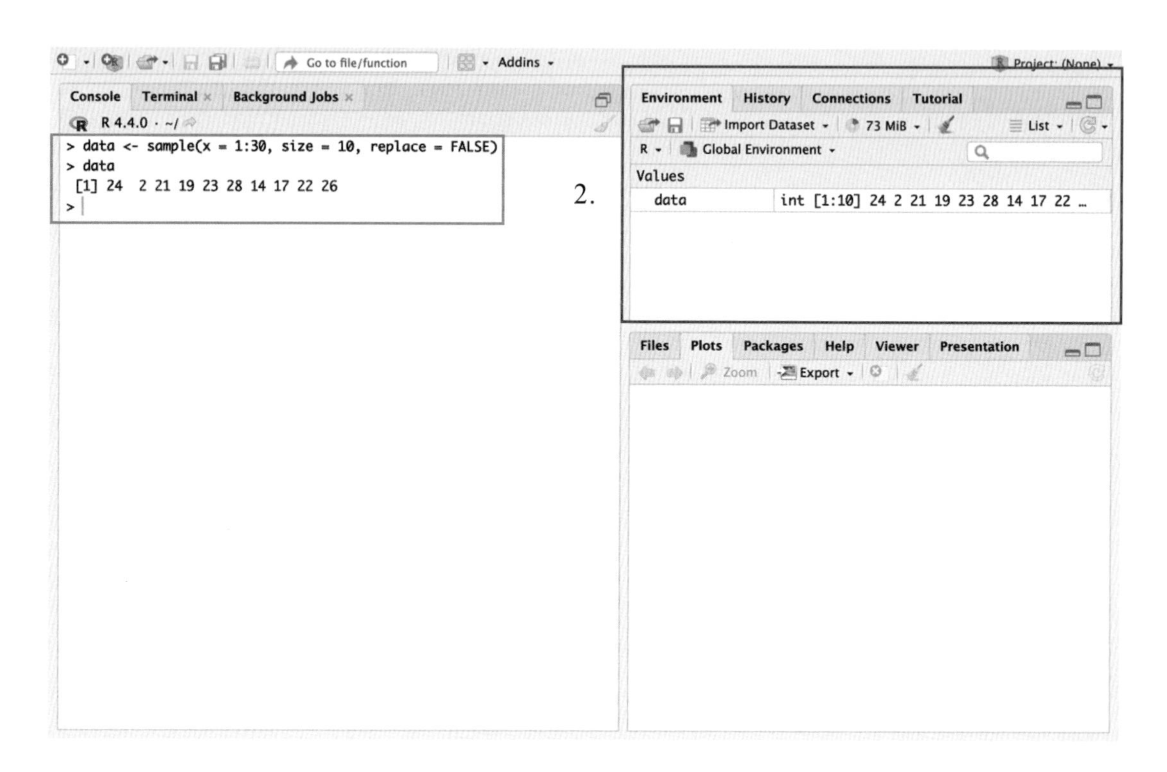

二、系統抽樣

例：某班上學生人數 50 人，利用 R 或 RStudio 周期抽樣，以每 6 個間隔數抽取座號，抽中之學生填寫問卷。

■ 方法：

1. 使用 R 函數 **seq()**進行系統抽樣模擬，在 R 或 RStudio 的命令(console)介面輸入：
   data <- seq(from = 6, to = 50, by = 6)
2. 要檢視周期抽樣的結果，在 R 或 RStudio 的命令(console)介面輸入：
   data
   Rstudio 也可以在環境變數介面看到變數 data 的值。

■ 函數介紹：

- **seq(from = 1, to = 1, by)**
  from: 從哪一個數字開始抽樣(第一個被抽樣的數字，預設為 1)。
  to: 抽樣到哪一個數字(預設為 1)。
  by: 抽樣間隔。

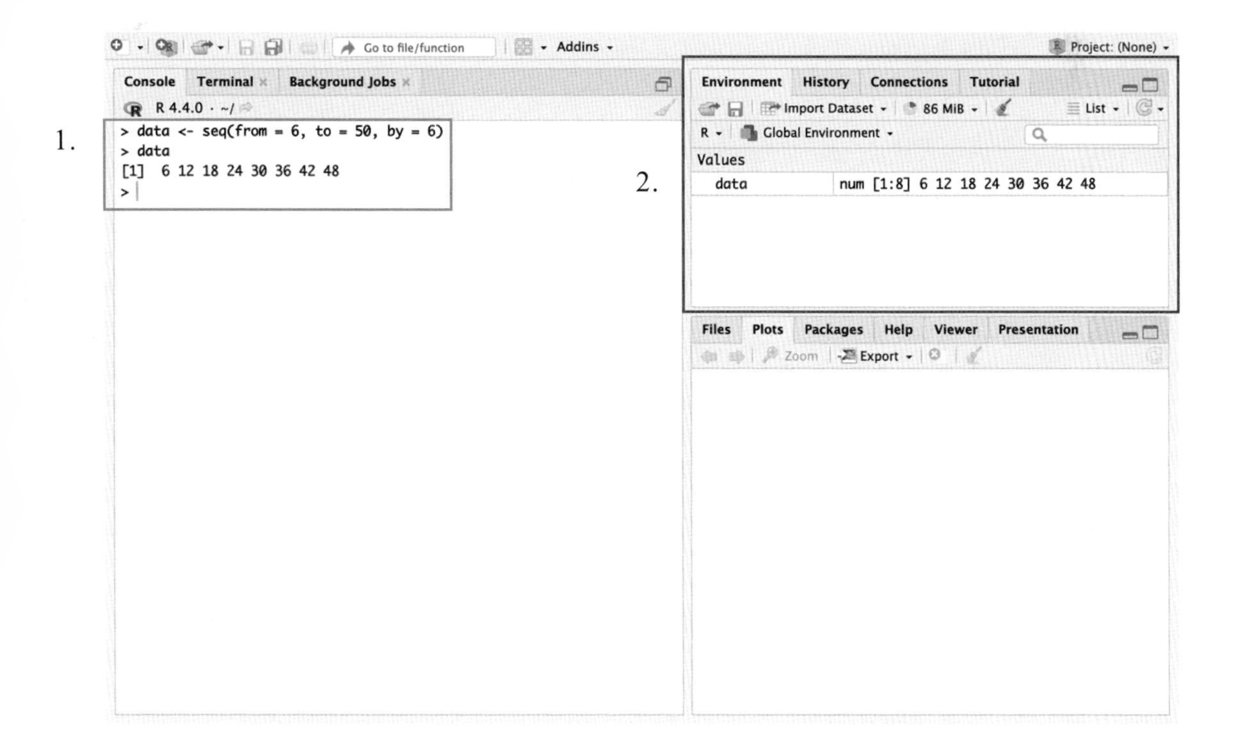

三、產生亂數

■ 方法：

1. 如果需要 20 個亂數，使用的 R 函數包含 **runif()**、**rnorm()**、**rbinom()**、**rpois()**，在 R 或 RStudio 的命令(console)介面輸入：
   1). 均等分配：
   `data.unif <- runif(20)`
   2). 標準常態分配：
   `data.norm <- rnorm(20)`
   3). 二項分配：
   `data.binom <- rbinom(20, 100, 0.5)`
   4). Poisson 分配：
   5). `data.pois <- rpois(20, 1)`
   上述函數包含不同參數。
2. 要檢視亂數的結果，在 R 或 RStudio 的命令(console)介面輸入：
   1). 均等分配：
   `data.unif`
   2). 標準常態分配：
   `data.norm`
   3). 二項分配：
   `data.binom`
   4). Poisson 分配：
   `data.pois <- rpois(20, 1)`

   Rstudio 也可以在環境變數介面看到變數 data 的值。

■ 函數介紹：

- **runif (n, min = 0, max = 1)**
  n: 需要亂數個數。
  min: 最小值(預設為 0)。
  max: 最大值(預設為 1)。
- **rnorm (n, mean = 0, sd = 1)**
  n: 需要亂數個數。
  mean: 平均值(預設為 0，標準常態分布)。
  sd: 標準差(預設為 1，標準常態分布)。
- **rbinom (n, size, prob)**
  n: 需要亂數個數。

size: 測試重複次數(X)。

prob: 測試成功機率(p)。

- **rpois (n, lambda)**

  n: 需要亂數個數。

  lambda: 事件期望值($E(X) = Var(X)$)。

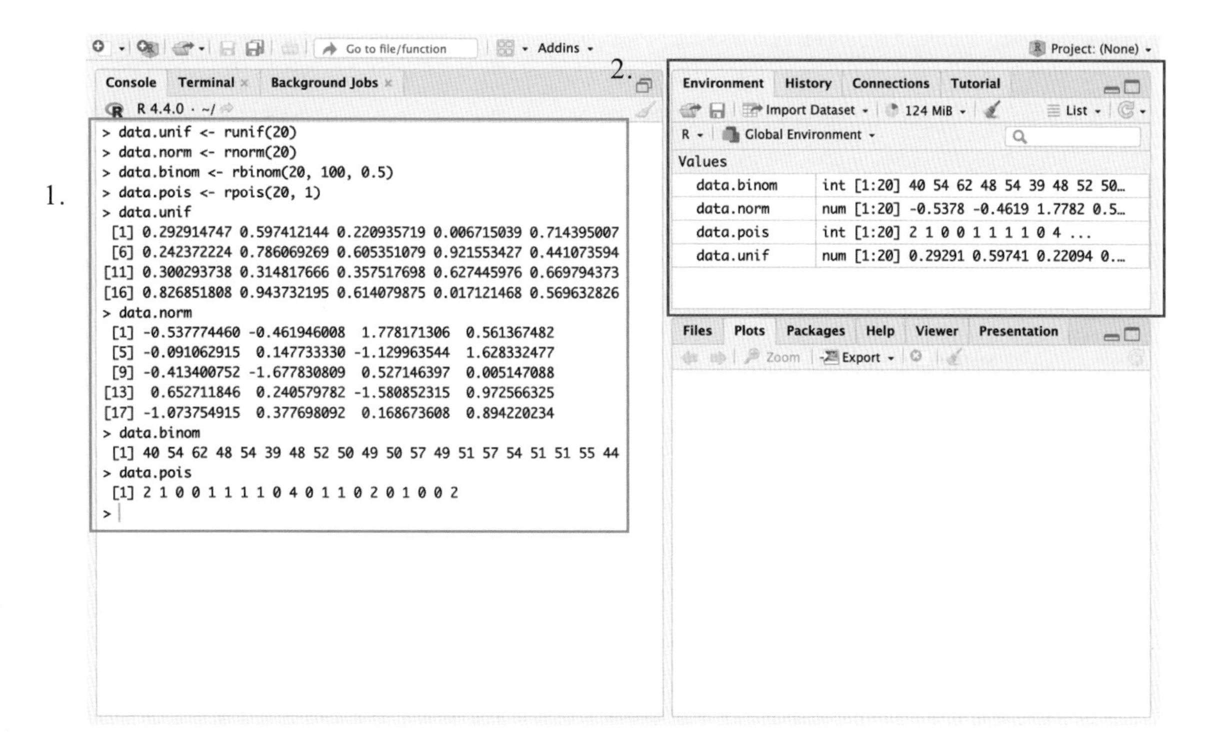

MEMO

CHAPTER 05 敘述統計

吳立心　國立屏東科技大學植物醫學系
林汶鑫　國立屏東科技大學農園生產系

Microsoft Excel 範例

一、 算術平均數(Arithmetic mean)

【指令】AVERAGE(number1, number2, ...)

(一) 點選需呈現算術平均數之儲存格，再點選 *fx* 之工具。

(二) 可於對話框內描述所需函數，點選【開始】後，可搜尋其函數；或者選取【統計】類別，點選【AVERAGE】，而對話框下方則為該函數之說明。

(三) 利用選取引數之對話框，圈選所需計算之數值，按下【確定】後，即可完成。

	A	B	C	D	E	F
1	年度	地區別	稻作類別	稻作品項	收穫面積(公頃)	產量(公噸)
2	2013	新北市	水稻	硬秈稻(在來)	1	3
3	2013	台北市	水稻	硬秈稻(在來)	0	0
4	2013	台中市	水稻	硬秈稻(在來)	107	466
5	2013	台南市	水稻	硬秈稻(在來)	104	416
6	2013	高雄市	水稻	硬秈稻(在來)	3	10
7	2013	宜蘭縣	水稻	硬秈稻(在來)	0	0
8	2013	桃園縣	水稻	硬秈稻(在來)	34	111
9	2013	新竹縣	水稻	硬秈稻(在來)	0	0
10	2013	苗栗縣	水稻	硬秈稻(在來)	13	65
11	2013	彰化縣	水稻	硬秈稻(在來)	77	276
12	2013	南投縣	水稻	硬秈稻(在來)	0	0
13	2013	雲林縣	水稻	硬秈稻(在來)	503	2717
14	2013	嘉義縣	水稻	硬秈稻(在來)	690	2942
15	2013	屏東縣	水稻	硬秈稻(在來)	468	2750
16	2013	台東縣	水稻	硬秈稻(在來)	0	0
17	2013	花蓮縣	水稻	硬秈稻(在來)	94	327
18	2013	澎湖縣	水稻	硬秈稻(在來)	0	0
19	2013	基隆市	水稻	硬秈稻(在來)	0	0
20	2013	新竹市	水稻	硬秈稻(在來)	0	0
21	2013	嘉義市	水稻	硬秈稻(在來)	275	1241
22				算術平均數	=	

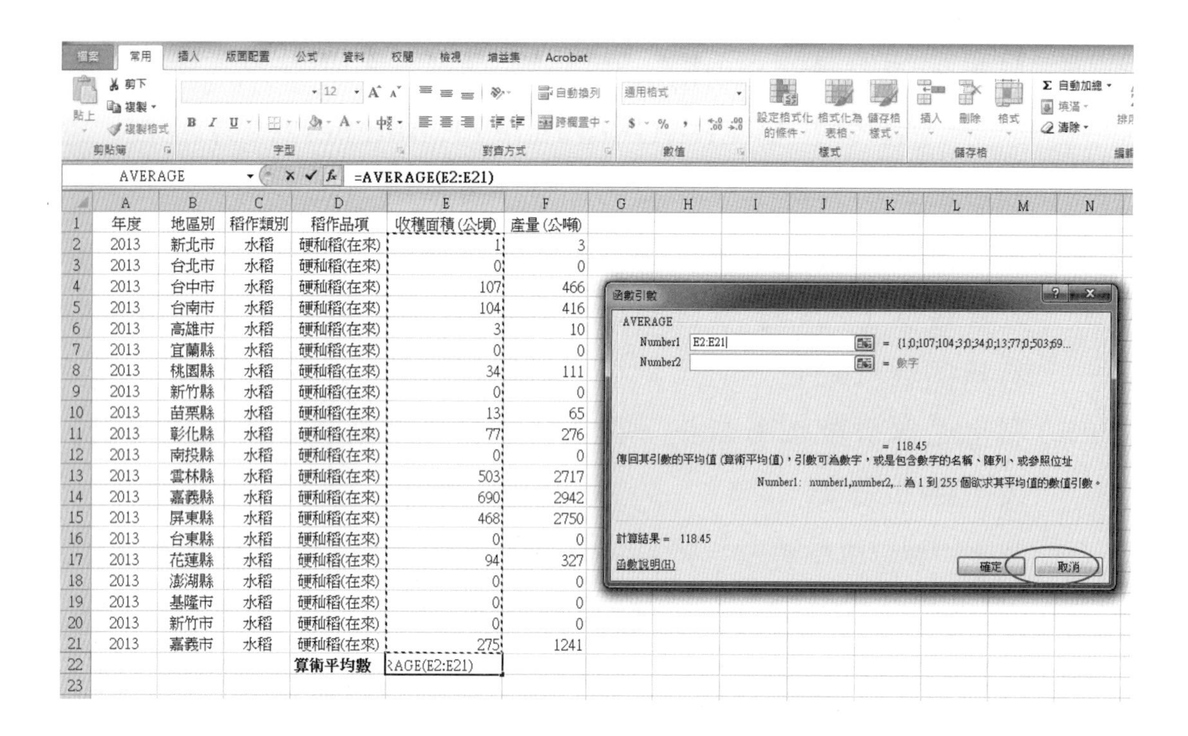

	A	B	C	D	E	F
1	年度	地區別	稻作類別	稻作品項	收穫面積(公頃)	產量(公噸)
2	2013	新北市	水稻	硬秈稻(在來)	1	3
3	2013	台北市	水稻	硬秈稻(在來)	0	0
4	2013	台中市	水稻	硬秈稻(在來)	107	466
5	2013	台南市	水稻	硬秈稻(在來)	104	416
6	2013	高雄市	水稻	硬秈稻(在來)	3	10
7	2013	宜蘭縣	水稻	硬秈稻(在來)	0	0
8	2013	桃園縣	水稻	硬秈稻(在來)	34	111
9	2013	新竹縣	水稻	硬秈稻(在來)	0	0
10	2013	苗栗縣	水稻	硬秈稻(在來)	13	65
11	2013	彰化縣	水稻	硬秈稻(在來)	77	276
12	2013	南投縣	水稻	硬秈稻(在來)	0	0
13	2013	雲林縣	水稻	硬秈稻(在來)	503	2717
14	2013	嘉義縣	水稻	硬秈稻(在來)	690	2942
15	2013	屏東縣	水稻	硬秈稻(在來)	468	2750
16	2013	台東縣	水稻	硬秈稻(在來)	0	0
17	2013	花蓮縣	水稻	硬秈稻(在來)	94	327
18	2013	澎湖縣	水稻	硬秈稻(在來)	0	0
19	2013	基隆市	水稻	硬秈稻(在來)	0	0
20	2013	新竹市	水稻	硬秈稻(在來)	0	0
21	2013	嘉義市	水稻	硬秈稻(在來)	275	1241
22				算術平均數	RAGE(E2:E21)	
23						

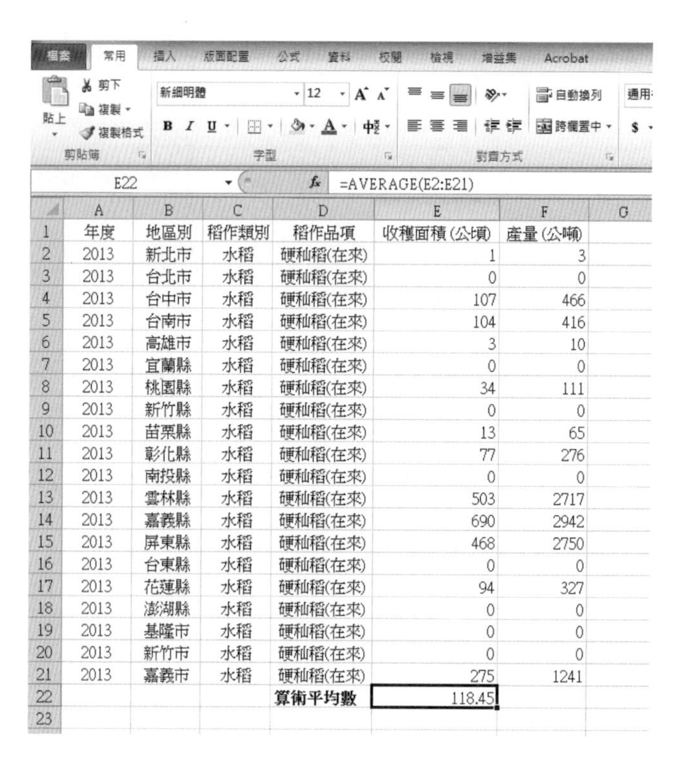

	A	B	C	D	E	F
1	年度	地區別	稻作類別	稻作品項	收穫面積(公頃)	產量(公噸)
2	2013	新北市	水稻	硬秈稻(在來)	1	3
3	2013	台北市	水稻	硬秈稻(在來)	0	0
4	2013	台中市	水稻	硬秈稻(在來)	107	466
5	2013	台南市	水稻	硬秈稻(在來)	104	416
6	2013	高雄市	水稻	硬秈稻(在來)	3	10
7	2013	宜蘭縣	水稻	硬秈稻(在來)	0	0
8	2013	桃園縣	水稻	硬秈稻(在來)	34	111
9	2013	新竹縣	水稻	硬秈稻(在來)	0	0
10	2013	苗栗縣	水稻	硬秈稻(在來)	13	65
11	2013	彰化縣	水稻	硬秈稻(在來)	77	276
12	2013	南投縣	水稻	硬秈稻(在來)	0	0
13	2013	雲林縣	水稻	硬秈稻(在來)	503	2717
14	2013	嘉義縣	水稻	硬秈稻(在來)	690	2942
15	2013	屏東縣	水稻	硬秈稻(在來)	468	2750
16	2013	台東縣	水稻	硬秈稻(在來)	0	0
17	2013	花蓮縣	水稻	硬秈稻(在來)	94	327
18	2013	澎湖縣	水稻	硬秈稻(在來)	0	0
19	2013	基隆市	水稻	硬秈稻(在來)	0	0
20	2013	新竹市	水稻	硬秈稻(在來)	0	0
21	2013	嘉義市	水稻	硬秈稻(在來)	275	1241
22				算術平均數	118.45	
23						

二、 眾數(Mode)

(一)單一眾數

【指令】MODE.SNGL(number1, number2, ...)

1. 點選所需之儲存格，再點選 *fx* 之工具。
2. 選取【統計】類別，點選【MODE.SNGL】。
3. 利用選取引數之對話框，圈選所需計算之數值，按下【確定】後，即可完成。

（如眾數數值有兩個以上，MODE.SNGL 則只呈現排序上第一順位之數值）

	A	B	C	D	E	F
1	年度	地區別	稻作類別	稻作品項	收穫面積(公頃)	產量(公噸)
2	2013	新北市	水稻	硬秈稻(在來)	1	3
3	2013	台北市	水稻	硬秈稻(在來)	0	0
4	2013	台中市	水稻	硬秈稻(在來)	107	466
5	2013	台南市	水稻	硬秈稻(在來)	104	416
6	2013	高雄市	水稻	硬秈稻(在來)	3	10
7	2013	宜蘭縣	水稻	硬秈稻(在來)	0	0
8	2013	桃園縣	水稻	硬秈稻(在來)	34	111
9	2013	新竹縣	水稻	硬秈稻(在來)	0	0
10	2013	苗栗縣	水稻	硬秈稻(在來)	13	65
11	2013	彰化縣	水稻	硬秈稻(在來)	77	276
12	2013	南投縣	水稻	硬秈稻(在來)	0	0
13	2013	雲林縣	水稻	硬秈稻(在來)	503	2717
14	2013	嘉義縣	水稻	硬秈稻(在來)	690	2942
15	2013	屏東縣	水稻	硬秈稻(在來)	468	2750
16	2013	台東縣	水稻	硬秈稻(在來)	0	0
17	2013	花蓮縣	水稻	硬秈稻(在來)	94	327
18	2013	澎湖縣	水稻	硬秈稻(在來)	0	0
19	2013	基隆市	水稻	硬秈稻(在來)	0	0
20	2013	新竹市	水稻	硬秈稻(在來)	0	0
21	2013	嘉義市	水稻	硬秈稻(在來)	275	1241
22				算術平均數	118.45	
23				單一眾數	=	

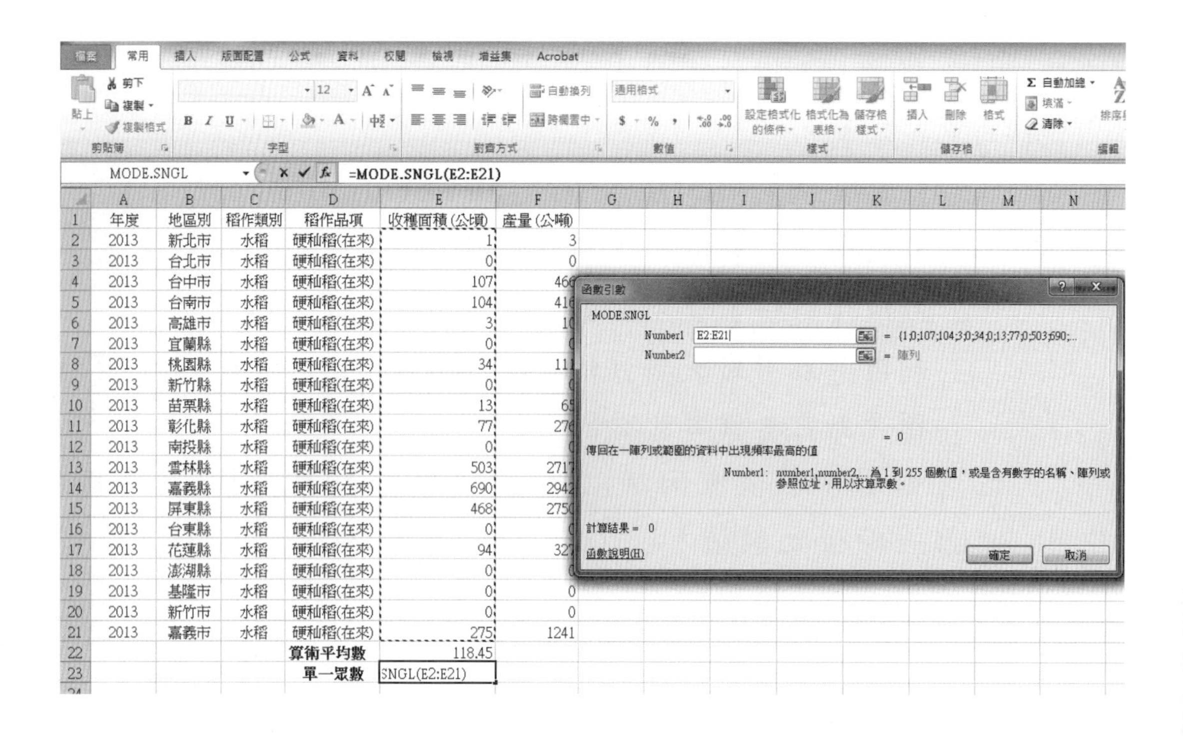

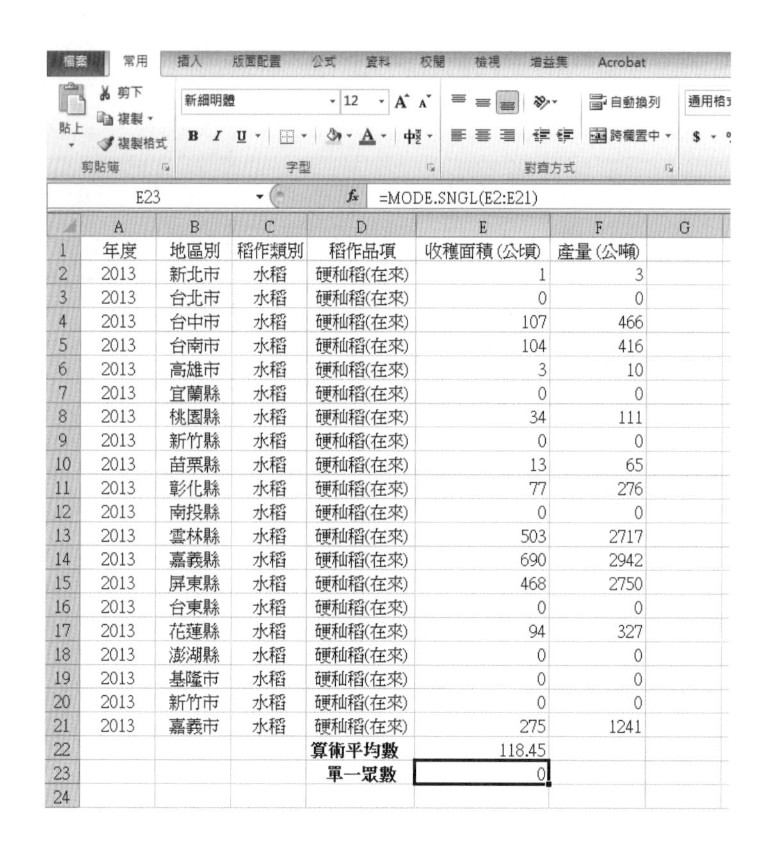

E23 =MODE.SNGL(E2:E21)

	A	B	C	D	E	F
1	年度	地區別	稻作類別	稻作品項	收穫面積 (公頃)	產量 (公噸)
2	2013	新北市	水稻	硬秈稻(在來)	1	3
3	2013	台北市	水稻	硬秈稻(在來)	0	0
4	2013	台中市	水稻	硬秈稻(在來)	107	466
5	2013	台南市	水稻	硬秈稻(在來)	104	416
6	2013	高雄市	水稻	硬秈稻(在來)	3	10
7	2013	宜蘭縣	水稻	硬秈稻(在來)	0	0
8	2013	桃園縣	水稻	硬秈稻(在來)	34	111
9	2013	新竹縣	水稻	硬秈稻(在來)	0	0
10	2013	苗栗縣	水稻	硬秈稻(在來)	13	65
11	2013	彰化縣	水稻	硬秈稻(在來)	77	276
12	2013	南投縣	水稻	硬秈稻(在來)	0	0
13	2013	雲林縣	水稻	硬秈稻(在來)	503	2717
14	2013	嘉義縣	水稻	硬秈稻(在來)	690	2942
15	2013	屏東縣	水稻	硬秈稻(在來)	468	2750
16	2013	台東縣	水稻	硬秈稻(在來)	0	0
17	2013	花蓮縣	水稻	硬秈稻(在來)	94	327
18	2013	澎湖縣	水稻	硬秈稻(在來)	0	0
19	2013	基隆市	水稻	硬秈稻(在來)	0	0
20	2013	新竹市	水稻	硬秈稻(在來)	0	0
21	2013	嘉義市	水稻	硬秈稻(在來)	275	1241
22				算術平均數	118.45	
23				單一眾數	0	
24						

(二)多個眾數

【指令】MODE.MULT(number1, number2, ...)

1. 點選所需之多個儲存格，再點選 *fx* 之工具。
2. 選取【統計】類別，點選【MODE.MULT】。
3. 利用選取引數之對話框，圈選所需計算之數值，按下【確定】後，多個眾數中只會呈現排序上第一順位之數值。因此，需圈選所需計算產生的儲存格數目後，直接按下 **Ctrl +Shift +Enter**，即可計算完成。

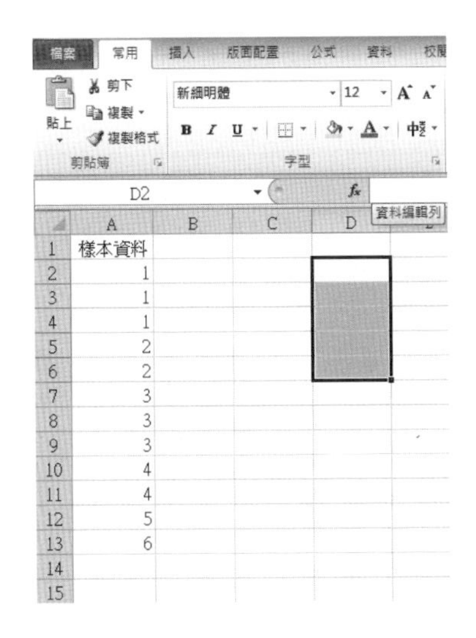

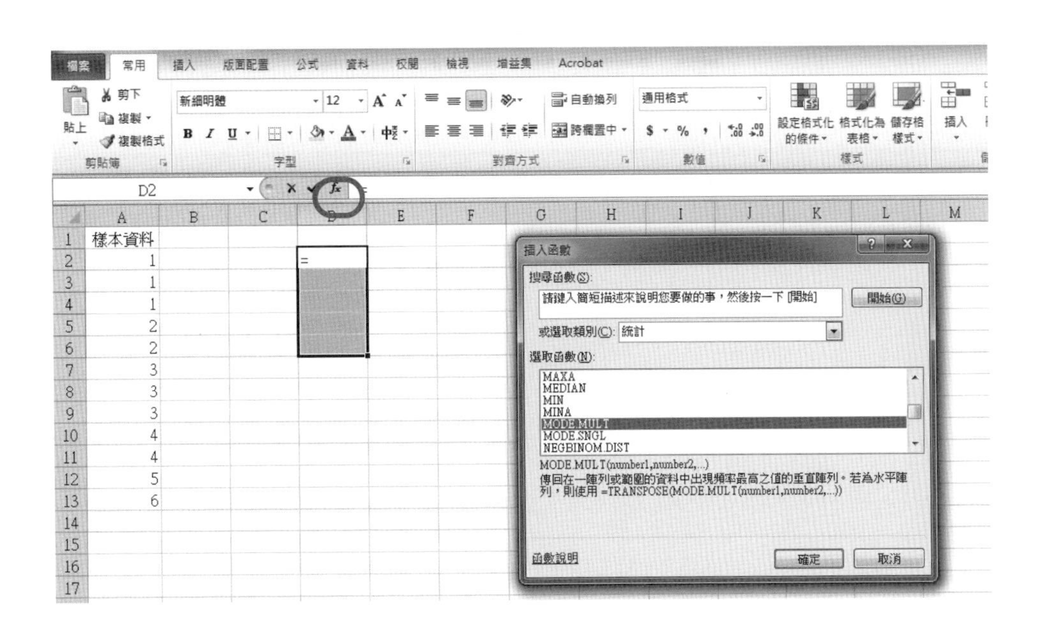

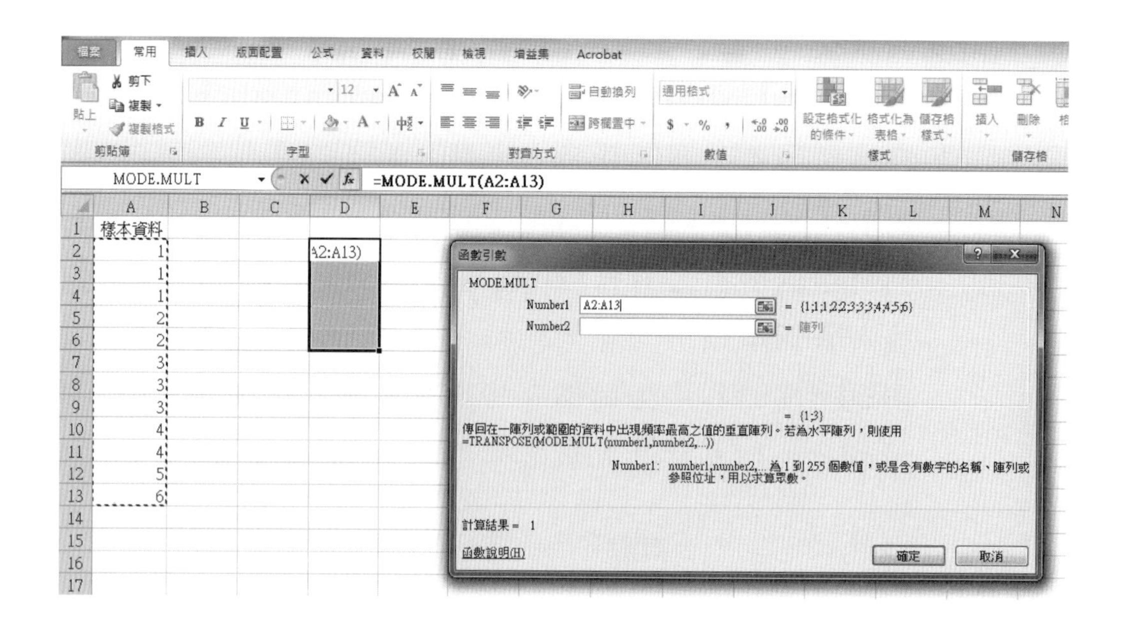

按下 **Ctrl +Shift +Enter**

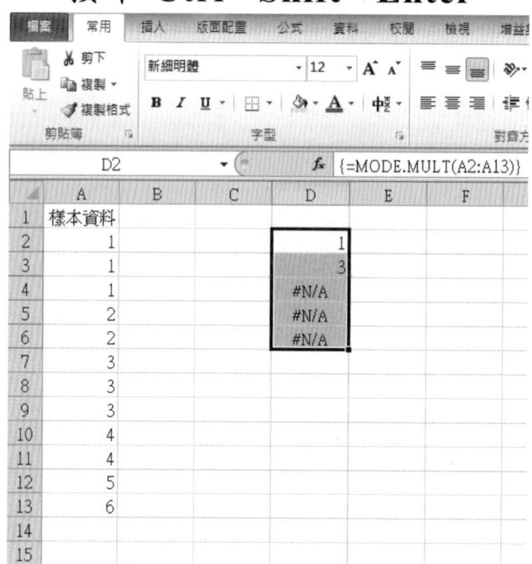

三、位置量數

(一) 中位數(Median)

【指令】MEDIAN(number1, number2, ...)

1. 點選所需之儲存格，再點選 *fx* 之工具。
2. 選取【統計】類別，點選【MEDIAN】。
3. 利用選取引數之對話框，圈選所需計算之數值，按下【確定】後，即可完成。

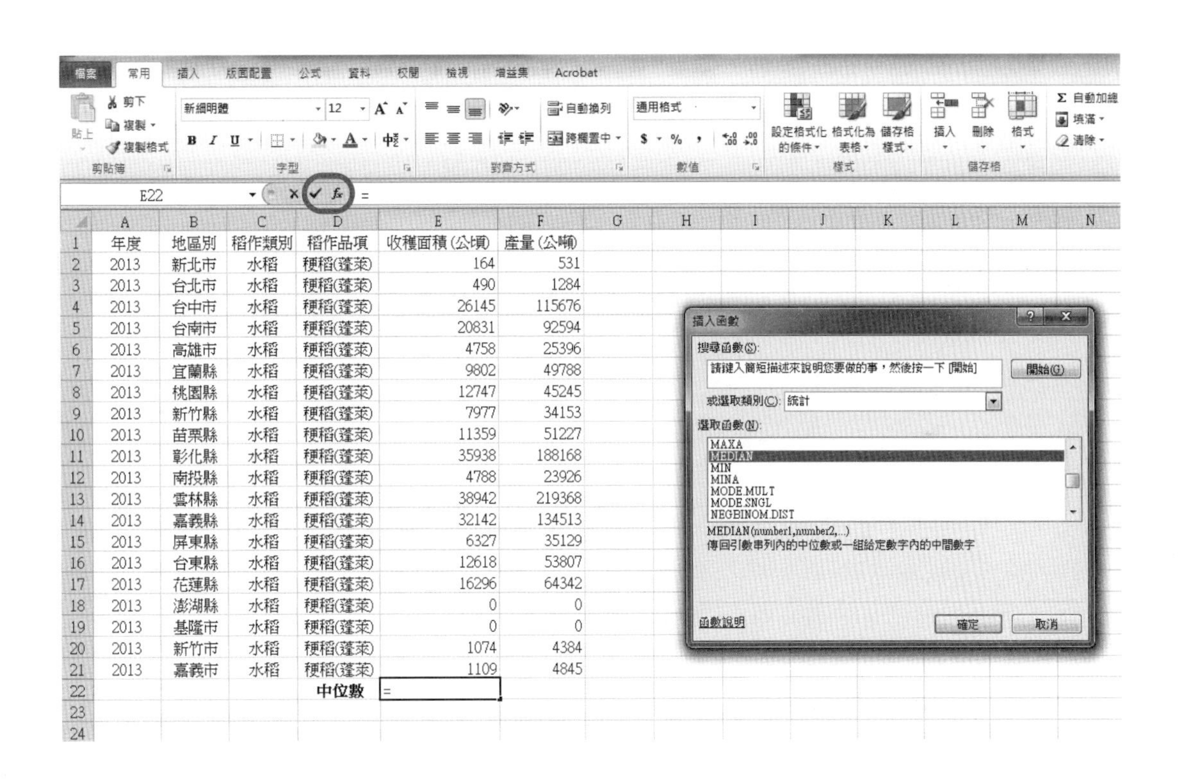

	A	B	C	D	E	F
1	年度	地區別	稻作類別	稻作品項	收穫面積(公頃)	產量(公噸)
2	2013	新北市	水稻	稉稻(蓬萊)	164	531
3	2013	台北市	水稻	稉稻(蓬萊)	490	1284
4	2013	台中市	水稻	稉稻(蓬萊)	26145	115676
5	2013	台南市	水稻	稉稻(蓬萊)	20831	92594
6	2013	高雄市	水稻	稉稻(蓬萊)	4758	25396
7	2013	宜蘭縣	水稻	稉稻(蓬萊)	9802	49788
8	2013	桃園縣	水稻	稉稻(蓬萊)	12747	45245
9	2013	新竹縣	水稻	稉稻(蓬萊)	7977	34153
10	2013	苗栗縣	水稻	稉稻(蓬萊)	11359	51227
11	2013	彰化縣	水稻	稉稻(蓬萊)	35938	188168
12	2013	南投縣	水稻	稉稻(蓬萊)	4788	23926
13	2013	雲林縣	水稻	稉稻(蓬萊)	38942	219368
14	2013	嘉義縣	水稻	稉稻(蓬萊)	32142	134513
15	2013	屏東縣	水稻	稉稻(蓬萊)	6327	35129
16	2013	台東縣	水稻	稉稻(蓬萊)	12618	53807
17	2013	花蓮縣	水稻	稉稻(蓬萊)	16296	64342
18	2013	澎湖縣	水稻	稉稻(蓬萊)	0	0
19	2013	基隆市	水稻	稉稻(蓬萊)	0	0
20	2013	新竹市	水稻	稉稻(蓬萊)	1074	4384
21	2013	嘉義市	水稻	稉稻(蓬萊)	1109	4845
22				中位數	=	

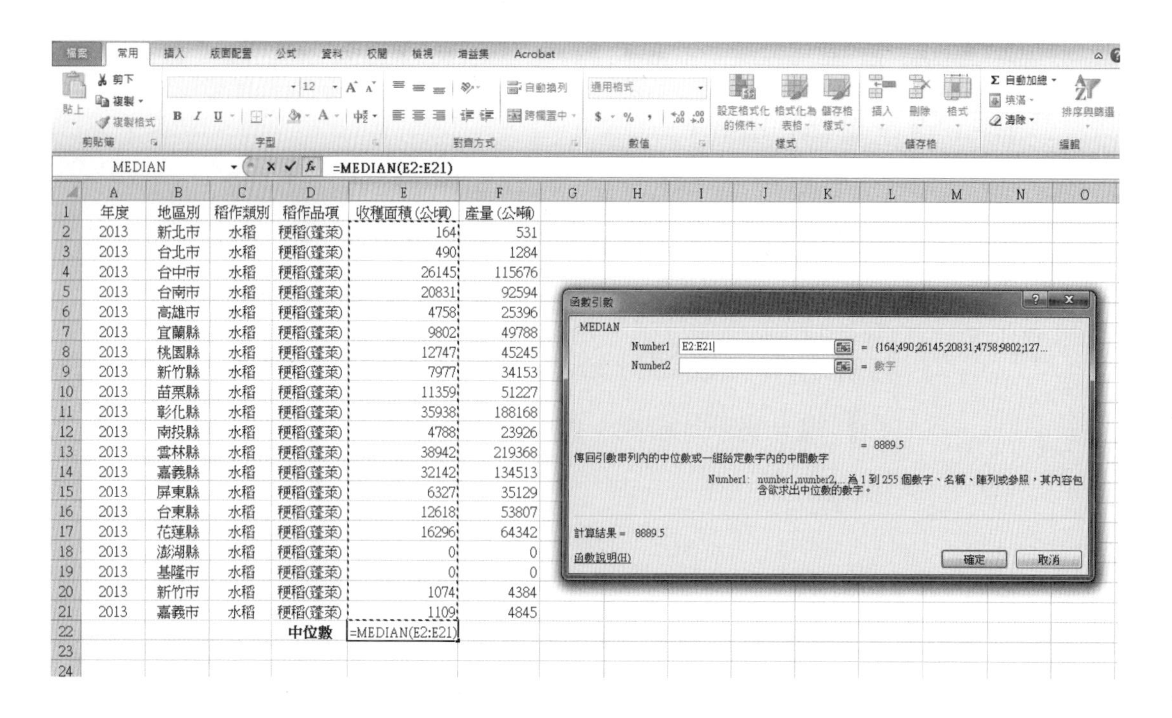

	A	B	C	D	E	F
1	年度	地區別	稻作類別	稻作品項	收穫面積(公頃)	產量(公噸)
2	2013	新北市	水稻	稉稻(蓬萊)	164	531
3	2013	台北市	水稻	稉稻(蓬萊)	490	1284
4	2013	台中市	水稻	稉稻(蓬萊)	26145	115676
5	2013	台南市	水稻	稉稻(蓬萊)	20831	92594
6	2013	高雄市	水稻	稉稻(蓬萊)	4758	25396
7	2013	宜蘭縣	水稻	稉稻(蓬萊)	9802	49788
8	2013	桃園縣	水稻	稉稻(蓬萊)	12747	45245
9	2013	新竹縣	水稻	稉稻(蓬萊)	7977	34153
10	2013	苗栗縣	水稻	稉稻(蓬萊)	11359	51227
11	2013	彰化縣	水稻	稉稻(蓬萊)	35938	188168
12	2013	南投縣	水稻	稉稻(蓬萊)	4788	23926
13	2013	雲林縣	水稻	稉稻(蓬萊)	38942	219368
14	2013	嘉義縣	水稻	稉稻(蓬萊)	32142	134513
15	2013	屏東縣	水稻	稉稻(蓬萊)	6327	35129
16	2013	台東縣	水稻	稉稻(蓬萊)	12618	53807
17	2013	花蓮縣	水稻	稉稻(蓬萊)	16296	64342
18	2013	澎湖縣	水稻	稉稻(蓬萊)	0	0
19	2013	基隆市	水稻	稉稻(蓬萊)	0	0
20	2013	新竹市	水稻	稉稻(蓬萊)	1074	4384
21	2013	嘉義市	水稻	稉稻(蓬萊)	1109	4845
22				中位數	=MEDIAN(E2:E21)	

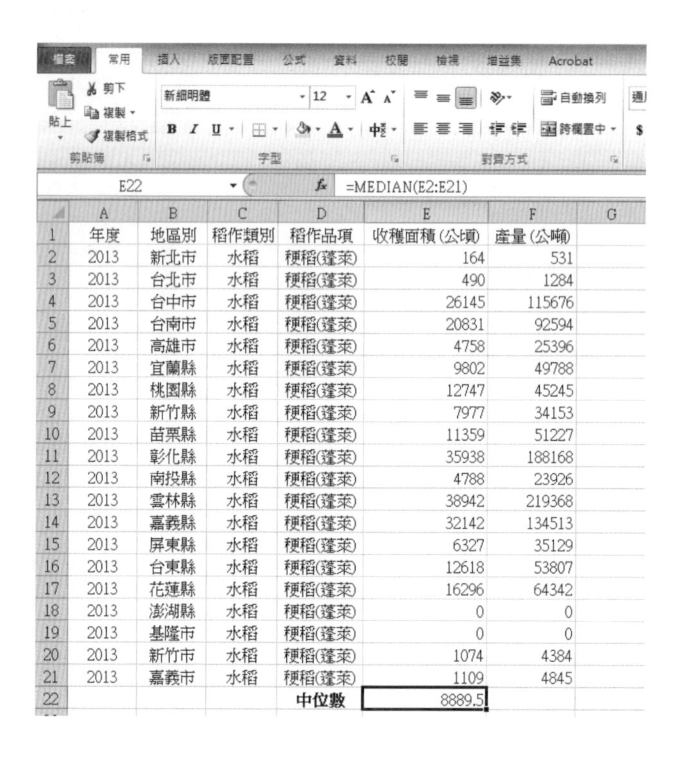

	A	B	C	D	E	F
1	年度	地區別	稻作類別	稻作品項	收穫面積(公頃)	產量(公噸)
2	2013	新北市	水稻	稉稻(蓬萊)	164	531
3	2013	台北市	水稻	稉稻(蓬萊)	490	1284
4	2013	台中市	水稻	稉稻(蓬萊)	26145	115676
5	2013	台南市	水稻	稉稻(蓬萊)	20831	92594
6	2013	高雄市	水稻	稉稻(蓬萊)	4758	25396
7	2013	宜蘭縣	水稻	稉稻(蓬萊)	9802	49788
8	2013	桃園縣	水稻	稉稻(蓬萊)	12747	45245
9	2013	新竹縣	水稻	稉稻(蓬萊)	7977	34153
10	2013	苗栗縣	水稻	稉稻(蓬萊)	11359	51227
11	2013	彰化縣	水稻	稉稻(蓬萊)	35938	188168
12	2013	南投縣	水稻	稉稻(蓬萊)	4788	23926
13	2013	雲林縣	水稻	稉稻(蓬萊)	38942	219368
14	2013	嘉義縣	水稻	稉稻(蓬萊)	32142	134513
15	2013	屏東縣	水稻	稉稻(蓬萊)	6327	35129
16	2013	台東縣	水稻	稉稻(蓬萊)	12618	53807
17	2013	花蓮縣	水稻	稉稻(蓬萊)	16296	64342
18	2013	澎湖縣	水稻	稉稻(蓬萊)	0	0
19	2013	基隆市	水稻	稉稻(蓬萊)	0	0
20	2013	新竹市	水稻	稉稻(蓬萊)	1074	4384
21	2013	嘉義市	水稻	稉稻(蓬萊)	1109	4845
22				中位數	8889.5	

(二) 四分位數

1. QUARTILE .INC（根據範圍從 0 到 1 的百分位數，含 0 和 1。）

【指令】QUARTILE .INC(array, quart)

(1) 點選所需之儲存格，再點選 *fx* 之工具。

(2) 選取【統計】類別，點選【QUARTILE.INC】。

(3) Array 為選取需計算的儲存格範圍，**Quart 為一數字，0=最小值；1=第一四分位數；2=中位數；3=第三四分位數；4=最大值。**

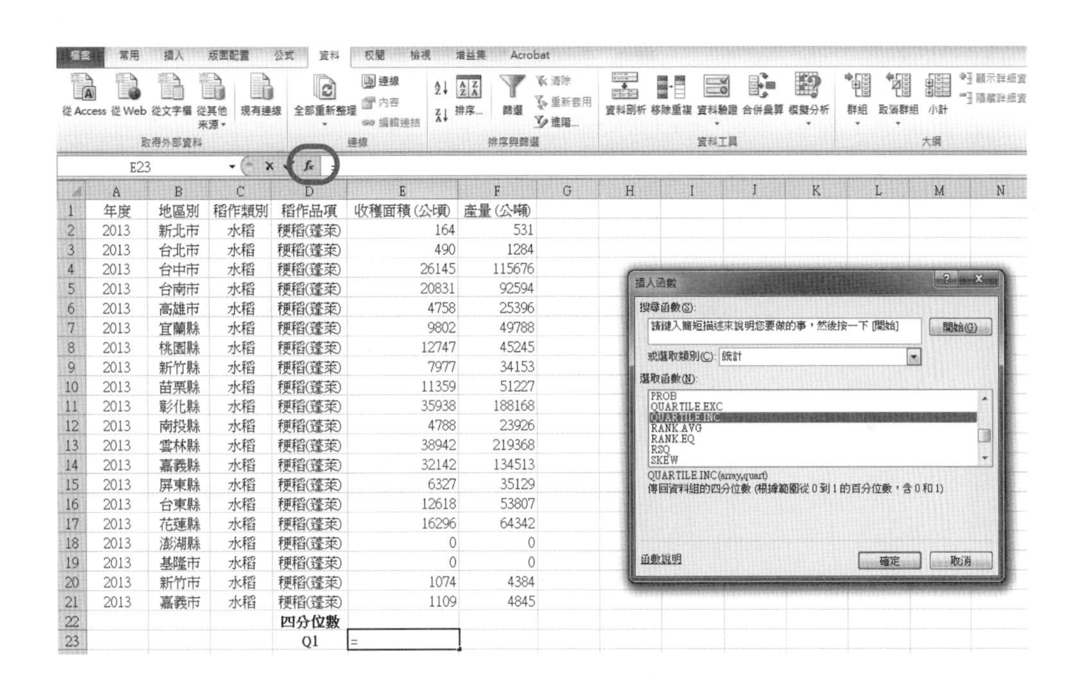

	A	B	C	D	E	F
1	年度	地區別	稻作類別	稻作品項	收穫面積(公頃)	產量(公噸)
2	2013	新北市	水稻	稉稻(蓬萊)	164	531
3	2013	台北市	水稻	稉稻(蓬萊)	490	1284
4	2013	台中市	水稻	稉稻(蓬萊)	26145	115676
5	2013	台南市	水稻	稉稻(蓬萊)	20831	92594
6	2013	高雄市	水稻	稉稻(蓬萊)	4758	25396
7	2013	宜蘭縣	水稻	稉稻(蓬萊)	9802	49788
8	2013	桃園縣	水稻	稉稻(蓬萊)	12747	45245
9	2013	新竹縣	水稻	稉稻(蓬萊)	7977	34153
10	2013	苗栗縣	水稻	稉稻(蓬萊)	11359	51227
11	2013	彰化縣	水稻	稉稻(蓬萊)	35938	188168
12	2013	南投縣	水稻	稉稻(蓬萊)	4788	23926
13	2013	雲林縣	水稻	稉稻(蓬萊)	38942	219368
14	2013	嘉義縣	水稻	稉稻(蓬萊)	32142	134513
15	2013	屏東縣	水稻	稉稻(蓬萊)	6327	35129
16	2013	台東縣	水稻	稉稻(蓬萊)	12618	53807
17	2013	花蓮縣	水稻	稉稻(蓬萊)	16296	64342
18	2013	澎湖縣	水稻	稉稻(蓬萊)	0	0
19	2013	基隆市	水稻	稉稻(蓬萊)	0	0
20	2013	新竹市	水稻	稉稻(蓬萊)	1074	4384
21	2013	嘉義市	水稻	稉稻(蓬萊)	1109	4845
22				四分位數		
23				Q1	=	

	A	B	C	D	E	F
1	年度	地區別	稻作類別	稻作品項	收穫面積 (公頃)	產量 (公噸)
2	2013	新北市	水稻	稉稻(蓬萊)	164	531
3	2013	台北市	水稻	稉稻(蓬萊)	490	1284
4	2013	台中市	水稻	稉稻(蓬萊)	26145	115676
5	2013	台南市	水稻	稉稻(蓬萊)	20831	92594
6	2013	高雄市	水稻	稉稻(蓬萊)	4758	25396
7	2013	宜蘭縣	水稻	稉稻(蓬萊)	9802	49788
8	2013	桃園縣	水稻	稉稻(蓬萊)	12747	45245
9	2013	新竹縣	水稻	稉稻(蓬萊)	7977	34153
10	2013	苗栗縣	水稻	稉稻(蓬萊)	11359	51227
11	2013	彰化縣	水稻	稉稻(蓬萊)	35938	188168
12	2013	南投縣	水稻	稉稻(蓬萊)	4788	23926
13	2013	雲林縣	水稻	稉稻(蓬萊)	38942	219368
14	2013	嘉義縣	水稻	稉稻(蓬萊)	32142	134513
15	2013	屏東縣	水稻	稉稻(蓬萊)	6327	35129
16	2013	台東縣	水稻	稉稻(蓬萊)	12618	53807
17	2013	花蓮縣	水稻	稉稻(蓬萊)	16296	64342
18	2013	澎湖縣	水稻	稉稻(蓬萊)	0	0
19	2013	基隆市	水稻	稉稻(蓬萊)	0	0
20	2013	新竹市	水稻	稉稻(蓬萊)	1074	4384
21	2013	嘉義市	水稻	稉稻(蓬萊)	1109	4845
22				四分位數		
23				Q1	INC(E2:E21,1)	

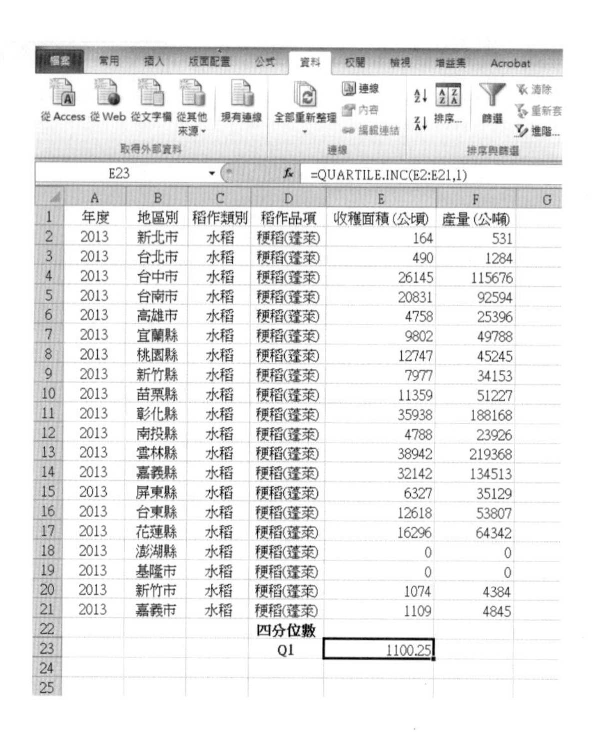

	A	B	C	D	E	F
1	年度	地區別	稻作類別	稻作品項	收穫面積 (公頃)	產量 (公噸)
2	2013	新北市	水稻	稉稻(蓬萊)	164	531
3	2013	台北市	水稻	稉稻(蓬萊)	490	1284
4	2013	台中市	水稻	稉稻(蓬萊)	26145	115676
5	2013	台南市	水稻	稉稻(蓬萊)	20831	92594
6	2013	高雄市	水稻	稉稻(蓬萊)	4758	25396
7	2013	宜蘭縣	水稻	稉稻(蓬萊)	9802	49788
8	2013	桃園縣	水稻	稉稻(蓬萊)	12747	45245
9	2013	新竹縣	水稻	稉稻(蓬萊)	7977	34153
10	2013	苗栗縣	水稻	稉稻(蓬萊)	11359	51227
11	2013	彰化縣	水稻	稉稻(蓬萊)	35938	188168
12	2013	南投縣	水稻	稉稻(蓬萊)	4788	23926
13	2013	雲林縣	水稻	稉稻(蓬萊)	38942	219368
14	2013	嘉義縣	水稻	稉稻(蓬萊)	32142	134513
15	2013	屏東縣	水稻	稉稻(蓬萊)	6327	35129
16	2013	台東縣	水稻	稉稻(蓬萊)	12618	53807
17	2013	花蓮縣	水稻	稉稻(蓬萊)	16296	64342
18	2013	澎湖縣	水稻	稉稻(蓬萊)	0	0
19	2013	基隆市	水稻	稉稻(蓬萊)	0	0
20	2013	新竹市	水稻	稉稻(蓬萊)	1074	4384
21	2013	嘉義市	水稻	稉稻(蓬萊)	1109	4845
22				四分位數		
23				Q1	1100.25	
24						
25						

2. QUARTILE .EXC(根據範圍從 0 到 1 的百分位數，不含 0 和 1。)

【指令】QUARTILE .EXC(array, quart)

(1) 點選所需之儲存格，再點選 *fx* 之工具。

(2) 選取【統計】類別，點選【QUARTILE.EXC】。

(3) Array 為選取需計算的儲存格範圍，**Quart 為一數字，0=最小值；1=第一四分位數；2=中位數；3=第三四分位數；4=最大值。**

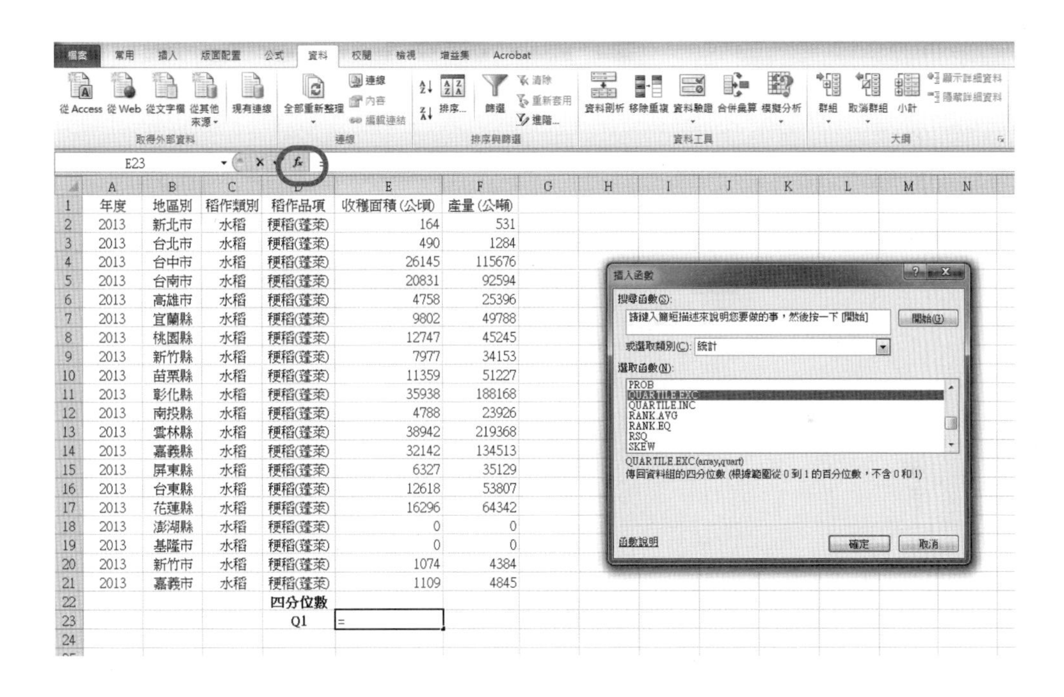

	A	B	C	D	E	F
1	年度	地區別	稻作類別	稻作品項	收穫面積(公頃)	產量(公噸)
2	2013	新北市	水稻	稉稻(蓬萊)	164	531
3	2013	台北市	水稻	稉稻(蓬萊)	490	1284
4	2013	台中市	水稻	稉稻(蓬萊)	26145	115676
5	2013	台南市	水稻	稉稻(蓬萊)	20831	92594
6	2013	高雄市	水稻	稉稻(蓬萊)	4758	25396
7	2013	宜蘭縣	水稻	稉稻(蓬萊)	9802	49788
8	2013	桃園縣	水稻	稉稻(蓬萊)	12747	45245
9	2013	新竹縣	水稻	稉稻(蓬萊)	7977	34153
10	2013	苗栗縣	水稻	稉稻(蓬萊)	11359	51227
11	2013	彰化縣	水稻	稉稻(蓬萊)	35938	188168
12	2013	南投縣	水稻	稉稻(蓬萊)	4788	23926
13	2013	雲林縣	水稻	稉稻(蓬萊)	38942	219368
14	2013	嘉義縣	水稻	稉稻(蓬萊)	32142	134513
15	2013	屏東縣	水稻	稉稻(蓬萊)	6327	35129
16	2013	台東縣	水稻	稉稻(蓬萊)	12618	53807
17	2013	花蓮縣	水稻	稉稻(蓬萊)	16296	64342
18	2013	澎湖縣	水稻	稉稻(蓬萊)	0	0
19	2013	基隆市	水稻	稉稻(蓬萊)	0	0
20	2013	新竹市	水稻	稉稻(蓬萊)	1074	4384
21	2013	嘉義市	水稻	稉稻(蓬萊)	1109	4845
22				四分位數		
23				Q1	=	
24						

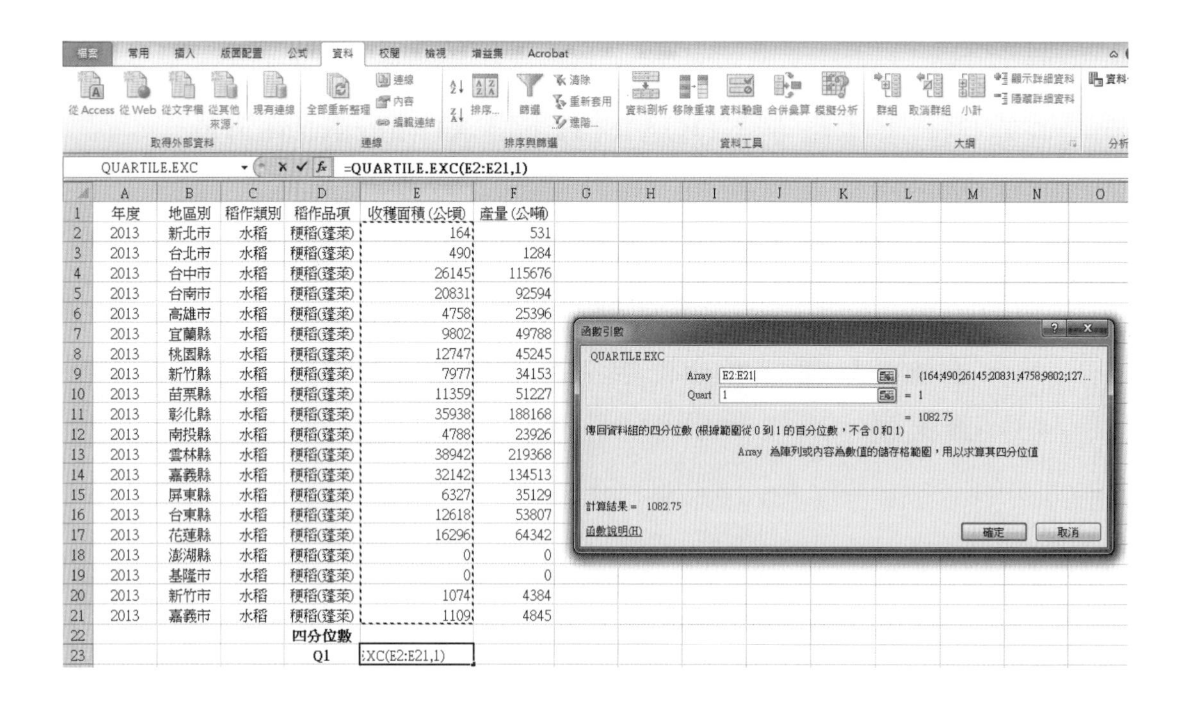

	A	B	C	D	E	F
1	年度	地區別	稻作類別	稻作品項	收穫面積(公頃)	產量(公噸)
2	2013	新北市	水稻	稉稻(蓬萊)	164	531
3	2013	台北市	水稻	稉稻(蓬萊)	490	1284
4	2013	台中市	水稻	稉稻(蓬萊)	26145	115676
5	2013	台南市	水稻	稉稻(蓬萊)	20831	92594
6	2013	高雄市	水稻	稉稻(蓬萊)	4758	25396
7	2013	宜蘭縣	水稻	稉稻(蓬萊)	9802	49788
8	2013	桃園縣	水稻	稉稻(蓬萊)	12747	45245
9	2013	新竹縣	水稻	稉稻(蓬萊)	7977	34153
10	2013	苗栗縣	水稻	稉稻(蓬萊)	11359	51227
11	2013	彰化縣	水稻	稉稻(蓬萊)	35938	188168
12	2013	南投縣	水稻	稉稻(蓬萊)	4788	23926
13	2013	雲林縣	水稻	稉稻(蓬萊)	38942	219368
14	2013	嘉義縣	水稻	稉稻(蓬萊)	32142	134513
15	2013	屏東縣	水稻	稉稻(蓬萊)	6327	35129
16	2013	台東縣	水稻	稉稻(蓬萊)	12618	53807
17	2013	花蓮縣	水稻	稉稻(蓬萊)	16296	64342
18	2013	澎湖縣	水稻	稉稻(蓬萊)	0	0
19	2013	基隆市	水稻	稉稻(蓬萊)	0	0
20	2013	新竹市	水稻	稉稻(蓬萊)	1074	4384
21	2013	嘉義市	水稻	稉稻(蓬萊)	1109	4845
22				四分位數		
23				Q1	:XC(E2:E21,1)	

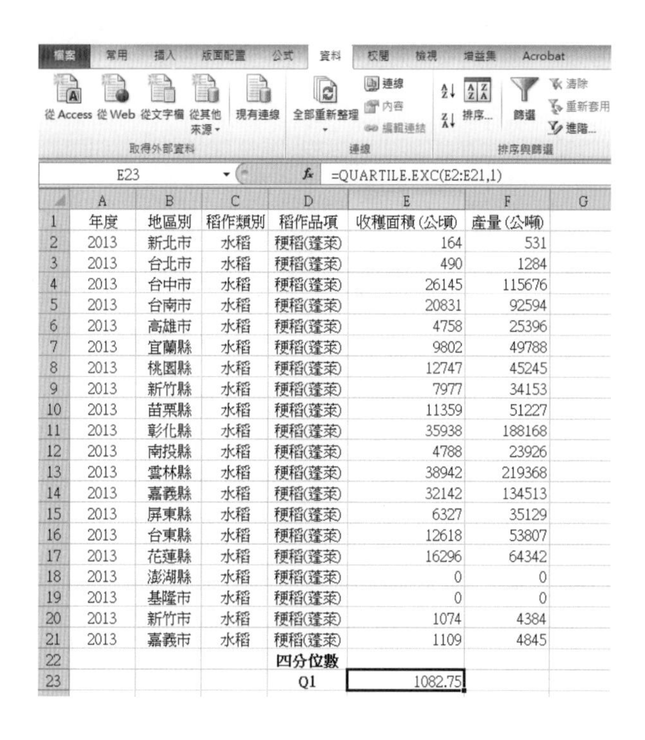

	A	B	C	D	E	F
1	年度	地區別	稻作類別	稻作品項	收穫面積(公頃)	產量(公噸)
2	2013	新北市	水稻	稉稻(蓬萊)	164	531
3	2013	台北市	水稻	稉稻(蓬萊)	490	1284
4	2013	台中市	水稻	稉稻(蓬萊)	26145	115676
5	2013	台南市	水稻	稉稻(蓬萊)	20831	92594
6	2013	高雄市	水稻	稉稻(蓬萊)	4758	25396
7	2013	宜蘭縣	水稻	稉稻(蓬萊)	9802	49788
8	2013	桃園縣	水稻	稉稻(蓬萊)	12747	45245
9	2013	新竹縣	水稻	稉稻(蓬萊)	7977	34153
10	2013	苗栗縣	水稻	稉稻(蓬萊)	11359	51227
11	2013	彰化縣	水稻	稉稻(蓬萊)	35938	188168
12	2013	南投縣	水稻	稉稻(蓬萊)	4788	23926
13	2013	雲林縣	水稻	稉稻(蓬萊)	38942	219368
14	2013	嘉義縣	水稻	稉稻(蓬萊)	32142	134513
15	2013	屏東縣	水稻	稉稻(蓬萊)	6327	35129
16	2013	台東縣	水稻	稉稻(蓬萊)	12618	53807
17	2013	花蓮縣	水稻	稉稻(蓬萊)	16296	64342
18	2013	澎湖縣	水稻	稉稻(蓬萊)	0	0
19	2013	基隆市	水稻	稉稻(蓬萊)	0	0
20	2013	新竹市	水稻	稉稻(蓬萊)	1074	4384
21	2013	嘉義市	水稻	稉稻(蓬萊)	1109	4845
22				四分位數		
23				Q1	1082.75	

(三) 十分位數(Decile)及百分位數(Percentile)

以【PERCENTILE】之函數，計算十分位數及百分位數。

1. PERCENTILE.INC

【指令】PERCENTILE.INC (array, k)

(1) 點選所需之儲存格，再點選 *fx* 之工具。

(2) 選取【統計】類別，點選【PERCENTILE.INC】。

(3) Array 為選取需計算的儲存格範圍，K 為 0 到 1 範圍內的百分位數，包含 0 和 1。

*a.*十分位數(Decile)

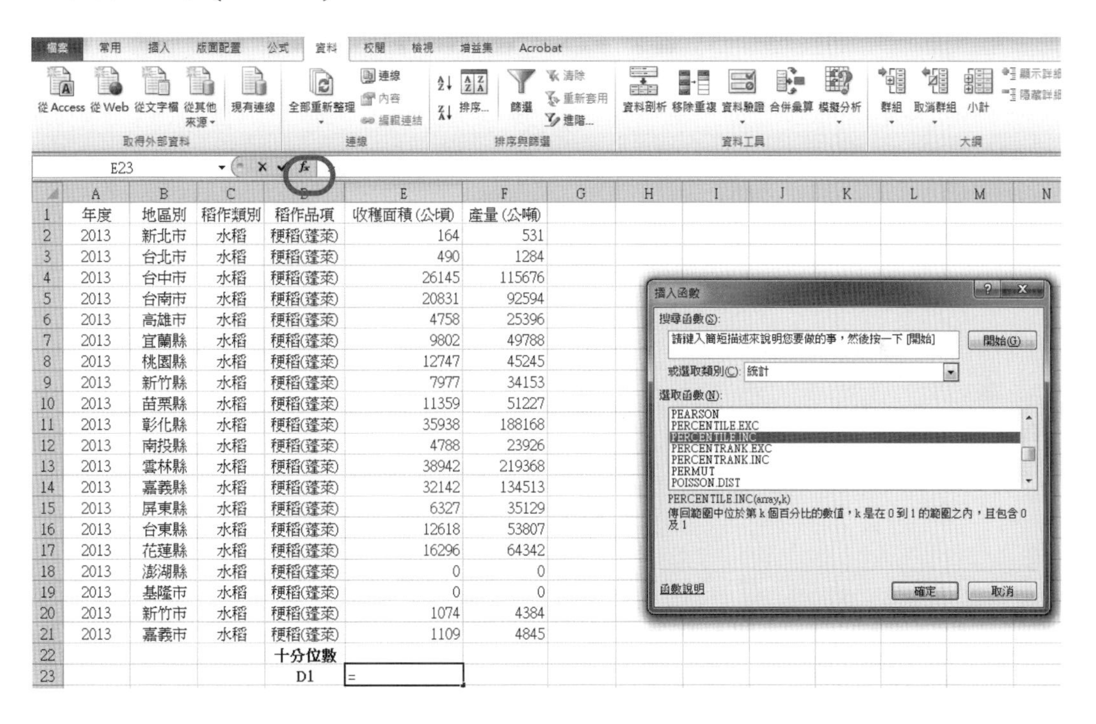

	A	B	C	D	E	F
1	年度	地區別	稻作類別	稻作品項	收穫面積(公頃)	產量(公噸)
2	2013	新北市	水稻	稉稻(蓬萊)	164	531
3	2013	台北市	水稻	稉稻(蓬萊)	490	1284
4	2013	台中市	水稻	稉稻(蓬萊)	26145	115676
5	2013	台南市	水稻	稉稻(蓬萊)	20831	92594
6	2013	高雄市	水稻	稉稻(蓬萊)	4758	25396
7	2013	宜蘭縣	水稻	稉稻(蓬萊)	9802	49788
8	2013	桃園縣	水稻	稉稻(蓬萊)	12747	45245
9	2013	新竹縣	水稻	稉稻(蓬萊)	7977	34153
10	2013	苗栗縣	水稻	稉稻(蓬萊)	11359	51227
11	2013	彰化縣	水稻	稉稻(蓬萊)	35938	188168
12	2013	南投縣	水稻	稉稻(蓬萊)	4788	23926
13	2013	雲林縣	水稻	稉稻(蓬萊)	38942	219368
14	2013	嘉義縣	水稻	稉稻(蓬萊)	32142	134513
15	2013	屏東縣	水稻	稉稻(蓬萊)	6327	35129
16	2013	台東縣	水稻	稉稻(蓬萊)	12618	53807
17	2013	花蓮縣	水稻	稉稻(蓬萊)	16296	64342
18	2013	澎湖縣	水稻	稉稻(蓬萊)	0	0
19	2013	基隆市	水稻	稉稻(蓬萊)	0	0
20	2013	新竹市	水稻	稉稻(蓬萊)	1074	4384
21	2013	嘉義市	水稻	稉稻(蓬萊)	1109	4845
22				十分位數		
23				D1	=	

	A	B	C	D	E	F
1	年度	地區別	稻作類別	稻作品項	收穫面積 (公頃)	產量 (公噸)
2	2013	新北市	水稻	稉稻(蓬萊)	164	531
3	2013	台北市	水稻	稉稻(蓬萊)	490	1284
4	2013	台中市	水稻	稉稻(蓬萊)	26145	115676
5	2013	台南市	水稻	稉稻(蓬萊)	20831	92594
6	2013	高雄市	水稻	稉稻(蓬萊)	4758	25396
7	2013	宜蘭縣	水稻	稉稻(蓬萊)	9802	49788
8	2013	桃園縣	水稻	稉稻(蓬萊)	12747	45245
9	2013	新竹縣	水稻	稉稻(蓬萊)	7977	34153
10	2013	苗栗縣	水稻	稉稻(蓬萊)	11359	51227
11	2013	彰化縣	水稻	稉稻(蓬萊)	35938	188168
12	2013	南投縣	水稻	稉稻(蓬萊)	4788	23926
13	2013	雲林縣	水稻	稉稻(蓬萊)	38942	219368
14	2013	嘉義縣	水稻	稉稻(蓬萊)	32142	134513
15	2013	屏東縣	水稻	稉稻(蓬萊)	6327	35129
16	2013	台東縣	水稻	稉稻(蓬萊)	12618	53807
17	2013	花蓮縣	水稻	稉稻(蓬萊)	16296	64342
18	2013	澎湖縣	水稻	稉稻(蓬萊)	0	0
19	2013	基隆市	水稻	稉稻(蓬萊)	0	0
20	2013	新竹市	水稻	稉稻(蓬萊)	1074	4384
21	2013	嘉義市	水稻	稉稻(蓬萊)	1109	4845
22				十分位數		
23				D1	IC(E2:E21,0.1)	

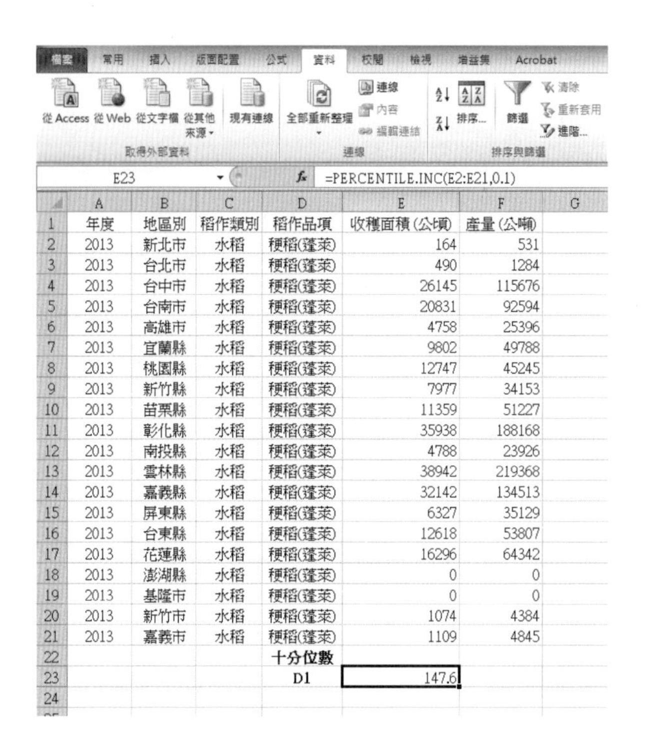

	A	B	C	D	E	F
1	年度	地區別	稻作類別	稻作品項	收穫面積 (公頃)	產量 (公噸)
2	2013	新北市	水稻	稉稻(蓬萊)	164	531
3	2013	台北市	水稻	稉稻(蓬萊)	490	1284
4	2013	台中市	水稻	稉稻(蓬萊)	26145	115676
5	2013	台南市	水稻	稉稻(蓬萊)	20831	92594
6	2013	高雄市	水稻	稉稻(蓬萊)	4758	25396
7	2013	宜蘭縣	水稻	稉稻(蓬萊)	9802	49788
8	2013	桃園縣	水稻	稉稻(蓬萊)	12747	45245
9	2013	新竹縣	水稻	稉稻(蓬萊)	7977	34153
10	2013	苗栗縣	水稻	稉稻(蓬萊)	11359	51227
11	2013	彰化縣	水稻	稉稻(蓬萊)	35938	188168
12	2013	南投縣	水稻	稉稻(蓬萊)	4788	23926
13	2013	雲林縣	水稻	稉稻(蓬萊)	38942	219368
14	2013	嘉義縣	水稻	稉稻(蓬萊)	32142	134513
15	2013	屏東縣	水稻	稉稻(蓬萊)	6327	35129
16	2013	台東縣	水稻	稉稻(蓬萊)	12618	53807
17	2013	花蓮縣	水稻	稉稻(蓬萊)	16296	64342
18	2013	澎湖縣	水稻	稉稻(蓬萊)	0	0
19	2013	基隆市	水稻	稉稻(蓬萊)	0	0
20	2013	新竹市	水稻	稉稻(蓬萊)	1074	4384
21	2013	嘉義市	水稻	稉稻(蓬萊)	1109	4845
22				十分位數		
23				D1	147.6	

b.百分位數(Percentile)

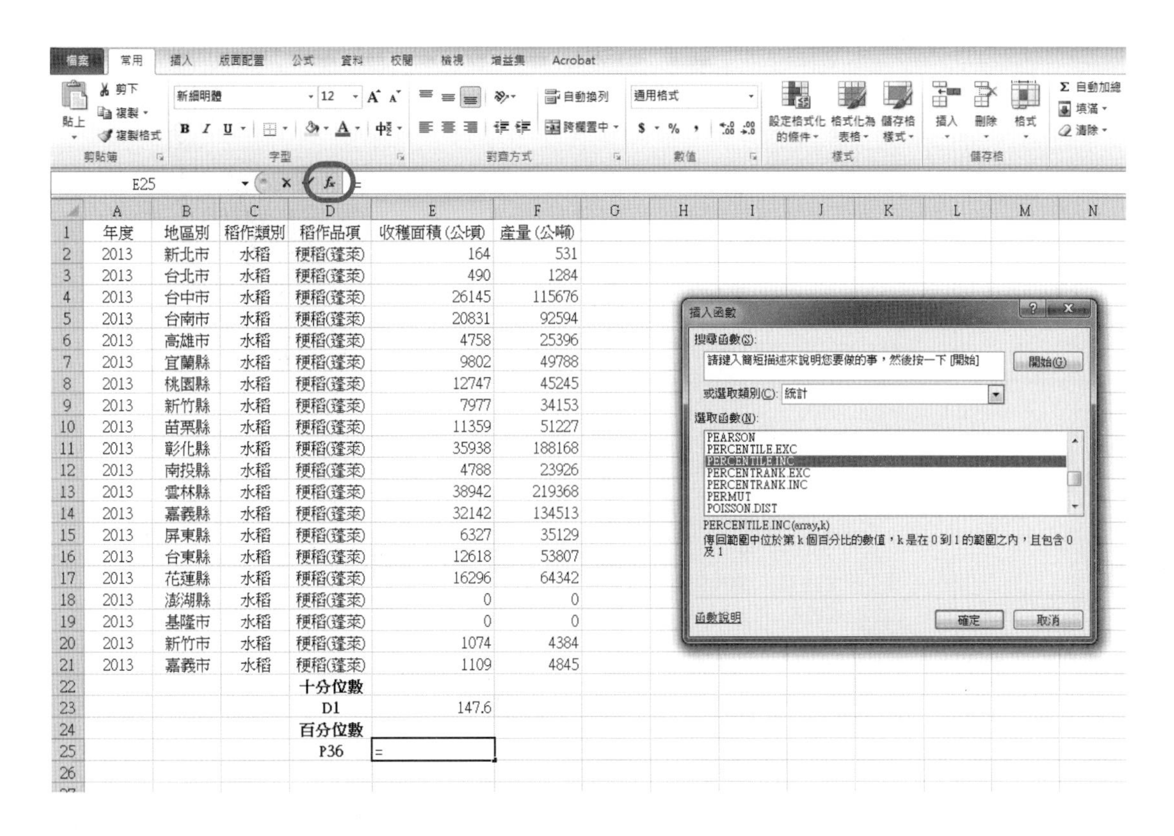

	A	B	C	D	E	F
1	年度	地區別	稻作類別	稻作品項	收穫面積(公頃)	產量(公噸)
2	2013	新北市	水稻	稉稻(蓬萊)	164	531
3	2013	台北市	水稻	稉稻(蓬萊)	490	1284
4	2013	台中市	水稻	稉稻(蓬萊)	26145	115676
5	2013	台南市	水稻	稉稻(蓬萊)	20831	92594
6	2013	高雄市	水稻	稉稻(蓬萊)	4758	25396
7	2013	宜蘭縣	水稻	稉稻(蓬萊)	9802	49788
8	2013	桃園縣	水稻	稉稻(蓬萊)	12747	45245
9	2013	新竹縣	水稻	稉稻(蓬萊)	7977	34153
10	2013	苗栗縣	水稻	稉稻(蓬萊)	11359	51227
11	2013	彰化縣	水稻	稉稻(蓬萊)	35938	188168
12	2013	南投縣	水稻	稉稻(蓬萊)	4788	23926
13	2013	雲林縣	水稻	稉稻(蓬萊)	38942	219368
14	2013	嘉義縣	水稻	稉稻(蓬萊)	32142	134513
15	2013	屏東縣	水稻	稉稻(蓬萊)	6327	35129
16	2013	台東縣	水稻	稉稻(蓬萊)	12618	53807
17	2013	花蓮縣	水稻	稉稻(蓬萊)	16296	64342
18	2013	澎湖縣	水稻	稉稻(蓬萊)	0	0
19	2013	基隆市	水稻	稉稻(蓬萊)	0	0
20	2013	新竹市	水稻	稉稻(蓬萊)	1074	4384
21	2013	嘉義市	水稻	稉稻(蓬萊)	1109	4845
22				十分位數		
23				D1	147.6	
24				百分位數		
25				P36	=	

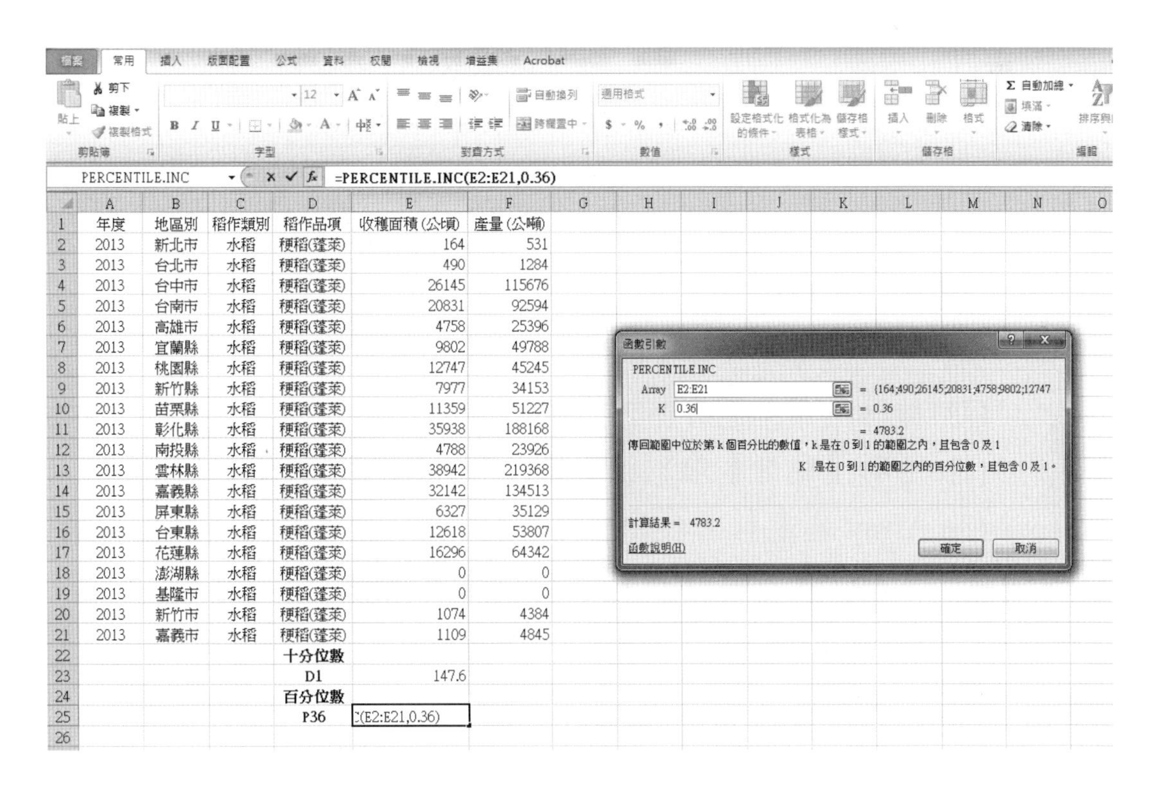

	A	B	C	D	E	F
1	年度	地區別	稻作類別	稻作品項	收穫面積(公頃)	產量(公噸)
2	2013	新北市	水稻	稉稻(蓬萊)	164	531
3	2013	台北市	水稻	稉稻(蓬萊)	490	1284
4	2013	台中市	水稻	稉稻(蓬萊)	26145	115676
5	2013	台南市	水稻	稉稻(蓬萊)	20831	92594
6	2013	高雄市	水稻	稉稻(蓬萊)	4758	25396
7	2013	宜蘭縣	水稻	稉稻(蓬萊)	9802	49788
8	2013	桃園縣	水稻	稉稻(蓬萊)	12747	45245
9	2013	新竹縣	水稻	稉稻(蓬萊)	7977	34153
10	2013	苗栗縣	水稻	稉稻(蓬萊)	11359	51227
11	2013	彰化縣	水稻	稉稻(蓬萊)	35938	188168
12	2013	南投縣	水稻	稉稻(蓬萊)	4788	23926
13	2013	雲林縣	水稻	稉稻(蓬萊)	38942	219368
14	2013	嘉義縣	水稻	稉稻(蓬萊)	32142	134513
15	2013	屏東縣	水稻	稉稻(蓬萊)	6327	35129
16	2013	台東縣	水稻	稉稻(蓬萊)	12618	53807
17	2013	花蓮縣	水稻	稉稻(蓬萊)	16296	64342
18	2013	澎湖縣	水稻	稉稻(蓬萊)	0	0
19	2013	基隆市	水稻	稉稻(蓬萊)	0	0
20	2013	新竹市	水稻	稉稻(蓬萊)	1074	4384
21	2013	嘉義市	水稻	稉稻(蓬萊)	1109	4845
22				十分位數		
23				D1	147.6	
24				百分位數		
25				P36	:(E2:E21,0.36)	

E25 =PERCENTILE.INC(E2:E21,0.36)

	A	B	C	D	E	F	G
1	年度	地區別	稻作類別	稻作品項	收穫面積 (公頃)	產量 (公噸)	
2	2013	新北市	水稻	粳稻(蓬萊)	164	531	
3	2013	台北市	水稻	粳稻(蓬萊)	490	1284	
4	2013	台中市	水稻	粳稻(蓬萊)	26145	115676	
5	2013	台南市	水稻	粳稻(蓬萊)	20831	92594	
6	2013	高雄市	水稻	粳稻(蓬萊)	4758	25396	
7	2013	宜蘭縣	水稻	粳稻(蓬萊)	9802	49788	
8	2013	桃園縣	水稻	粳稻(蓬萊)	12747	45245	
9	2013	新竹縣	水稻	粳稻(蓬萊)	7977	34153	
10	2013	苗栗縣	水稻	粳稻(蓬萊)	11359	51227	
11	2013	彰化縣	水稻	粳稻(蓬萊)	35938	188168	
12	2013	南投縣	水稻	粳稻(蓬萊)	4788	23926	
13	2013	雲林縣	水稻	粳稻(蓬萊)	38942	219368	
14	2013	嘉義縣	水稻	粳稻(蓬萊)	32142	134513	
15	2013	屏東縣	水稻	粳稻(蓬萊)	6327	35129	
16	2013	台東縣	水稻	粳稻(蓬萊)	12618	53807	
17	2013	花蓮縣	水稻	粳稻(蓬萊)	16296	64342	
18	2013	澎湖縣	水稻	粳稻(蓬萊)	0	0	
19	2013	基隆市	水稻	粳稻(蓬萊)	0	0	
20	2013	新竹市	水稻	粳稻(蓬萊)	1074	4384	
21	2013	嘉義市	水稻	粳稻(蓬萊)	1109	4845	
22				十分位數			
23				D1	147.6		
24				百分位數			
25				P36	4783.2		
26							

2. PERCENTILE.EXC

【指令】PERCENTILE.EXC(array, k)

(1) 點選所需之儲存格，再點選 *fx* 之工具。

(2) 選取【統計】類別，點選【PERCENTILE.EXC】。

(3) Array 為選取需計算的儲存格範圍，K 為 0 到 1 範圍內的百分位數，不包含 0 和 1。

a.十分位數(Decile)

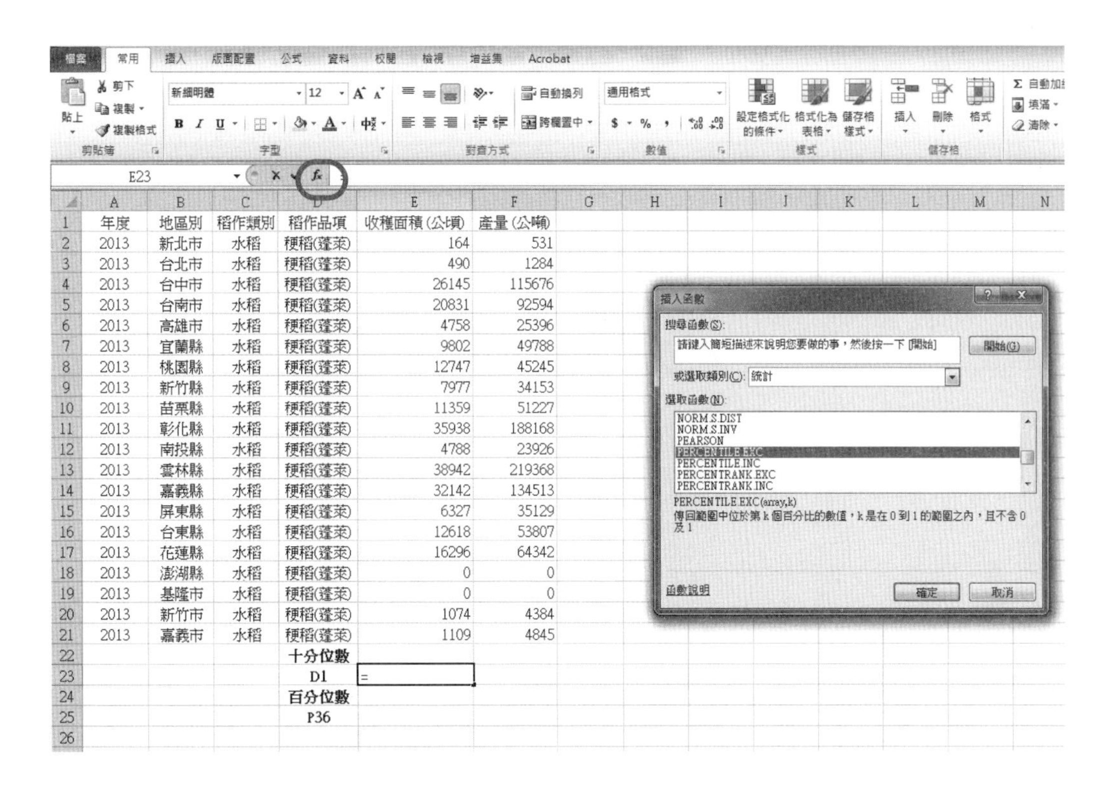

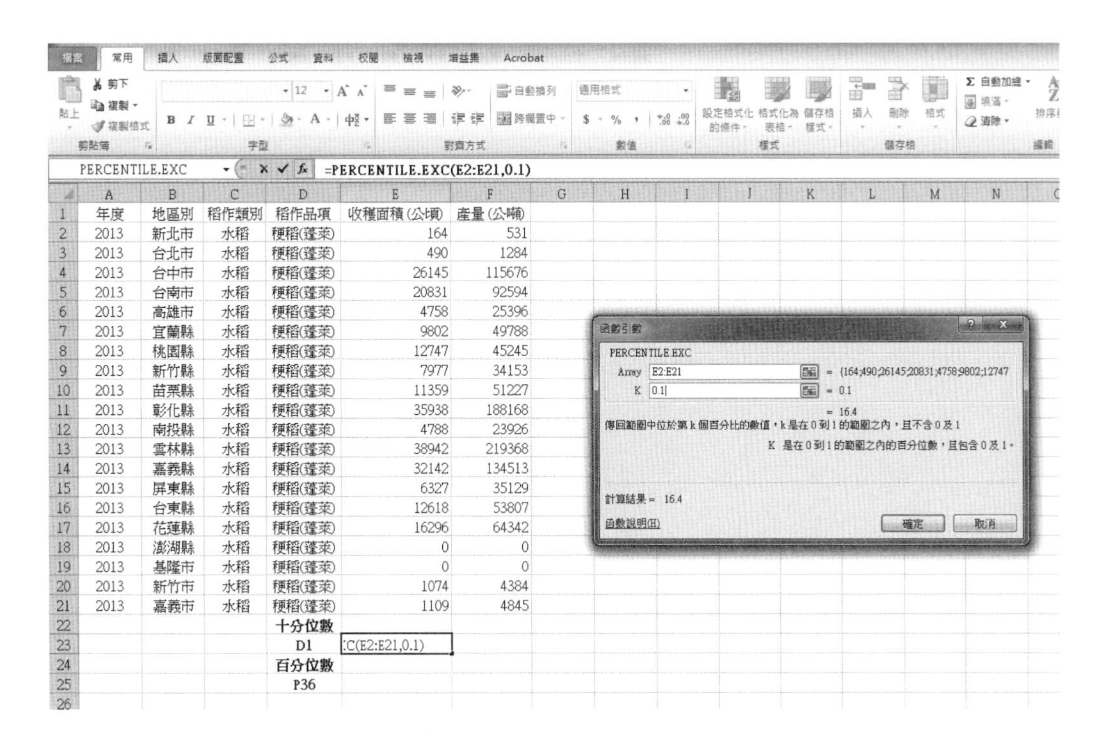

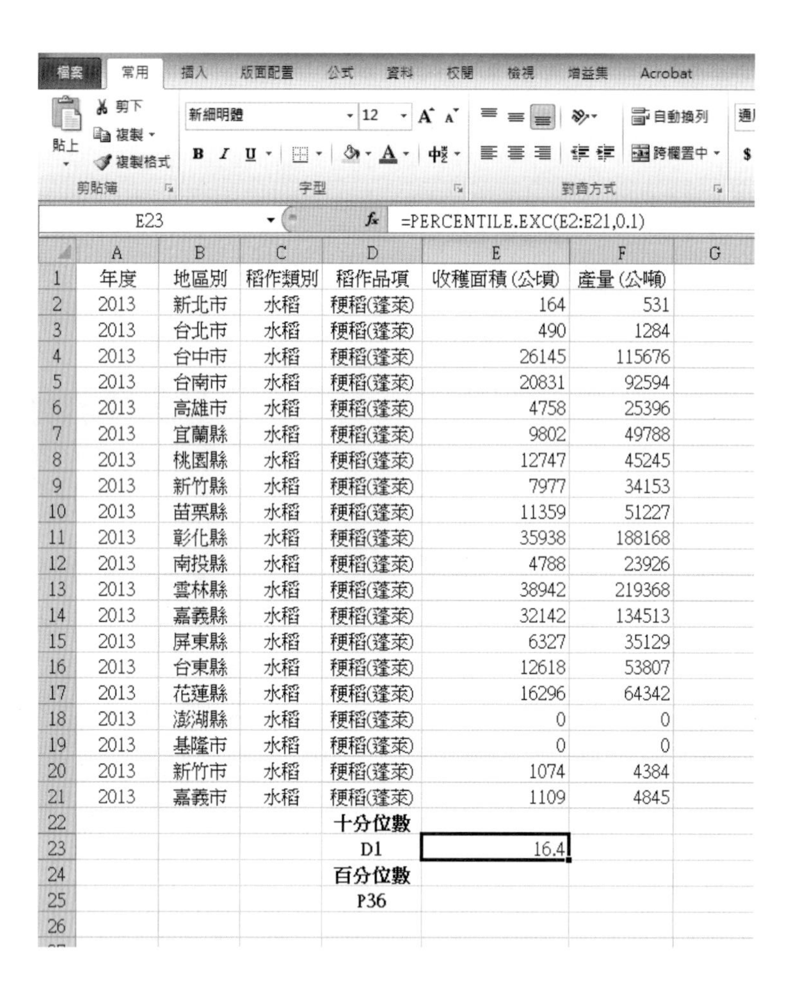

E23 =PERCENTILE.EXC(E2:E21,0.1)

	A	B	C	D	E	F	G
1	年度	地區別	稻作類別	稻作品項	收穫面積(公頃)	產量(公噸)	
2	2013	新北市	水稻	稉稻(蓬萊)	164	531	
3	2013	台北市	水稻	稉稻(蓬萊)	490	1284	
4	2013	台中市	水稻	稉稻(蓬萊)	26145	115676	
5	2013	台南市	水稻	稉稻(蓬萊)	20831	92594	
6	2013	高雄市	水稻	稉稻(蓬萊)	4758	25396	
7	2013	宜蘭縣	水稻	稉稻(蓬萊)	9802	49788	
8	2013	桃園縣	水稻	稉稻(蓬萊)	12747	45245	
9	2013	新竹縣	水稻	稉稻(蓬萊)	7977	34153	
10	2013	苗栗縣	水稻	稉稻(蓬萊)	11359	51227	
11	2013	彰化縣	水稻	稉稻(蓬萊)	35938	188168	
12	2013	南投縣	水稻	稉稻(蓬萊)	4788	23926	
13	2013	雲林縣	水稻	稉稻(蓬萊)	38942	219368	
14	2013	嘉義縣	水稻	稉稻(蓬萊)	32142	134513	
15	2013	屏東縣	水稻	稉稻(蓬萊)	6327	35129	
16	2013	台東縣	水稻	稉稻(蓬萊)	12618	53807	
17	2013	花蓮縣	水稻	稉稻(蓬萊)	16296	64342	
18	2013	澎湖縣	水稻	稉稻(蓬萊)	0	0	
19	2013	基隆市	水稻	稉稻(蓬萊)	0	0	
20	2013	新竹市	水稻	稉稻(蓬萊)	1074	4384	
21	2013	嘉義市	水稻	稉稻(蓬萊)	1109	4845	
22				**十分位數**			
23				D1	16.4		
24				**百分位數**			
25				P36			
26							

b.百分位數(Percentile)

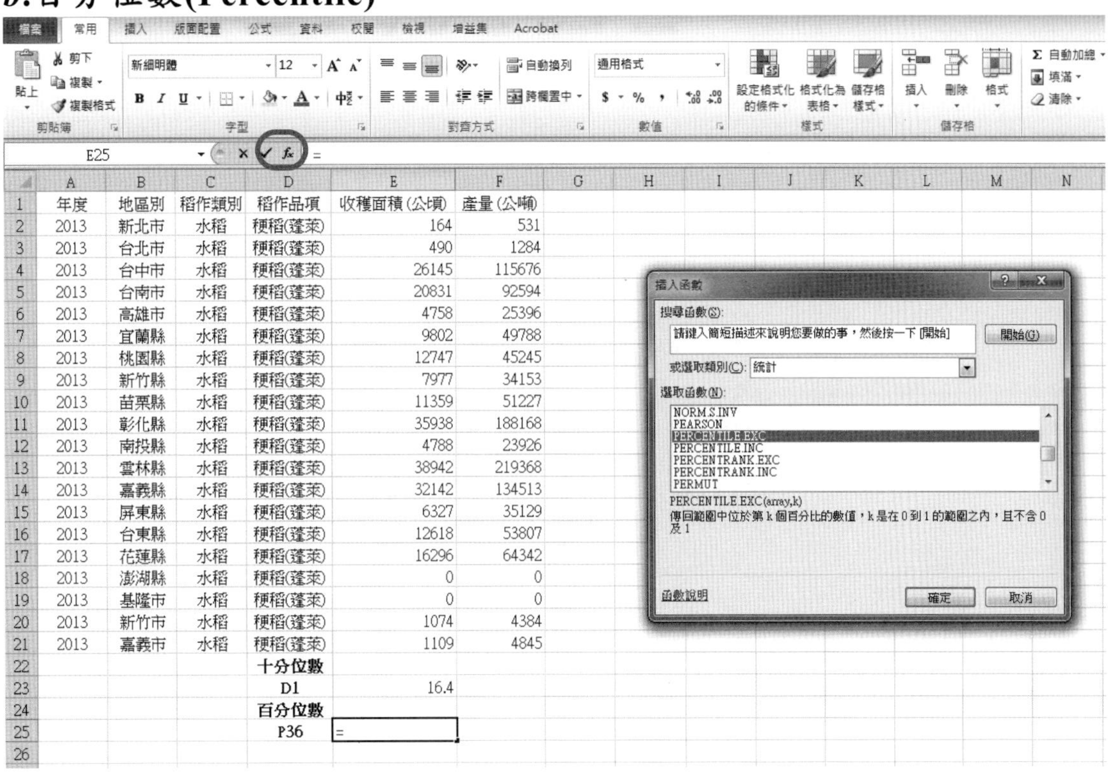

	A	B	C	D	E	F
1	年度	地區別	稻作類別	稻作品項	收穫面積(公頃)	產量(公噸)
2	2013	新北市	水稻	稉稻(蓬萊)	164	531
3	2013	台北市	水稻	稉稻(蓬萊)	490	1284
4	2013	台中市	水稻	稉稻(蓬萊)	26145	115676
5	2013	台南市	水稻	稉稻(蓬萊)	20831	92594
6	2013	高雄市	水稻	稉稻(蓬萊)	4758	25396
7	2013	宜蘭縣	水稻	稉稻(蓬萊)	9802	49788
8	2013	桃園縣	水稻	稉稻(蓬萊)	12747	45245
9	2013	新竹縣	水稻	稉稻(蓬萊)	7977	34153
10	2013	苗栗縣	水稻	稉稻(蓬萊)	11359	51227
11	2013	彰化縣	水稻	稉稻(蓬萊)	35938	188168
12	2013	南投縣	水稻	稉稻(蓬萊)	4788	23926
13	2013	雲林縣	水稻	稉稻(蓬萊)	38942	219368
14	2013	嘉義縣	水稻	稉稻(蓬萊)	32142	134513
15	2013	屏東縣	水稻	稉稻(蓬萊)	6327	35129
16	2013	台東縣	水稻	稉稻(蓬萊)	12618	53807
17	2013	花蓮縣	水稻	稉稻(蓬萊)	16296	64342
18	2013	澎湖縣	水稻	稉稻(蓬萊)	0	0
19	2013	基隆市	水稻	稉稻(蓬萊)	0	0
20	2013	新竹市	水稻	稉稻(蓬萊)	1074	4384
21	2013	嘉義市	水稻	稉稻(蓬萊)	1109	4845
22				十分位數		
23				D1	16.4	
24				百分位數		
25				P36	=	
26						

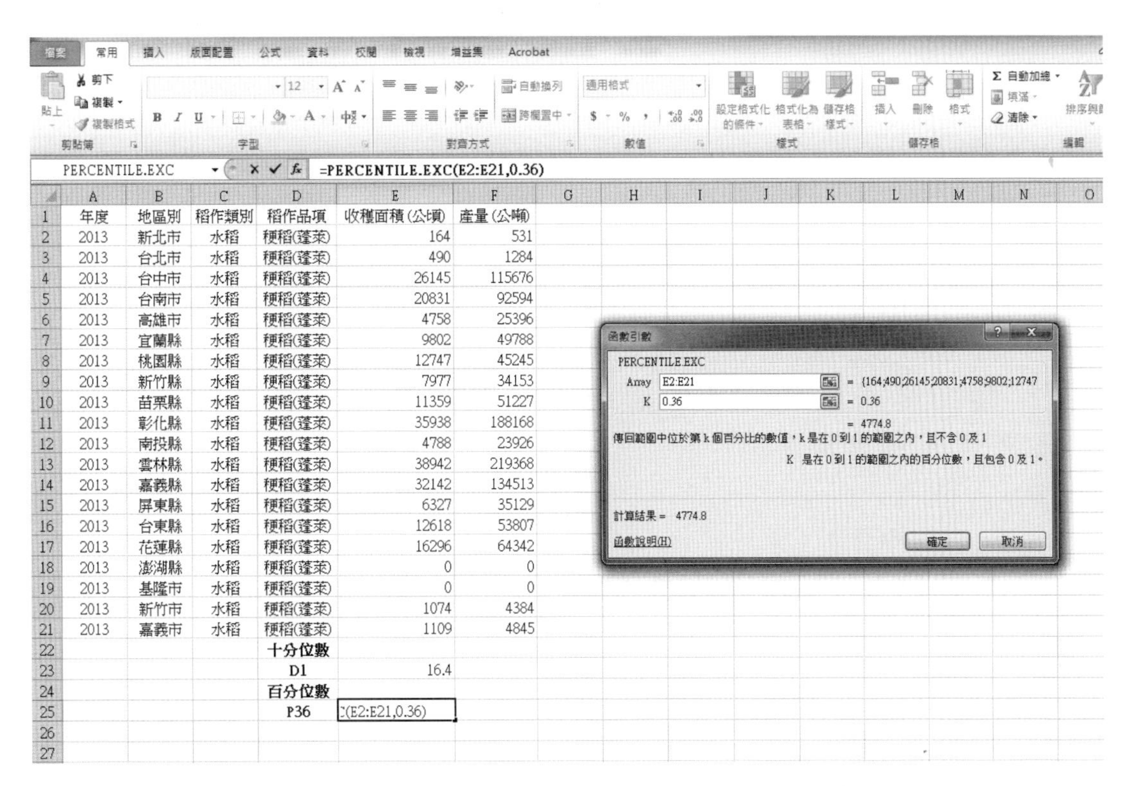

	A	B	C	D	E	F
1	年度	地區別	稻作類別	稻作品項	收穫面積(公頃)	產量(公噸)
2	2013	新北市	水稻	稉稻(蓬萊)	164	531
3	2013	台北市	水稻	稉稻(蓬萊)	490	1284
4	2013	台中市	水稻	稉稻(蓬萊)	26145	115676
5	2013	台南市	水稻	稉稻(蓬萊)	20831	92594
6	2013	高雄市	水稻	稉稻(蓬萊)	4758	25396
7	2013	宜蘭縣	水稻	稉稻(蓬萊)	9802	49788
8	2013	桃園縣	水稻	稉稻(蓬萊)	12747	45245
9	2013	新竹縣	水稻	稉稻(蓬萊)	7977	34153
10	2013	苗栗縣	水稻	稉稻(蓬萊)	11359	51227
11	2013	彰化縣	水稻	稉稻(蓬萊)	35938	188168
12	2013	南投縣	水稻	稉稻(蓬萊)	4788	23926
13	2013	雲林縣	水稻	稉稻(蓬萊)	38942	219368
14	2013	嘉義縣	水稻	稉稻(蓬萊)	32142	134513
15	2013	屏東縣	水稻	稉稻(蓬萊)	6327	35129
16	2013	台東縣	水稻	稉稻(蓬萊)	12618	53807
17	2013	花蓮縣	水稻	稉稻(蓬萊)	16296	64342
18	2013	澎湖縣	水稻	稉稻(蓬萊)	0	0
19	2013	基隆市	水稻	稉稻(蓬萊)	0	0
20	2013	新竹市	水稻	稉稻(蓬萊)	1074	4384
21	2013	嘉義市	水稻	稉稻(蓬萊)	1109	4845
22				十分位數		
23				D1	16.4	
24				百分位數		
25				P36	:(E2:E21,0.36)	
26						
27						

E25 =PERCENTILE.EXC(E2:E21,0.36)

	A	B	C	D	E	F	G
1	年度	地區別	稻作類別	稻作品項	收穫面積(公頃)	產量(公噸)	
2	2013	新北市	水稻	稉稻(蓬萊)	164	531	
3	2013	台北市	水稻	稉稻(蓬萊)	490	1284	
4	2013	台中市	水稻	稉稻(蓬萊)	26145	115676	
5	2013	台南市	水稻	稉稻(蓬萊)	20831	92594	
6	2013	高雄市	水稻	稉稻(蓬萊)	4758	25396	
7	2013	宜蘭縣	水稻	稉稻(蓬萊)	9802	49788	
8	2013	桃園縣	水稻	稉稻(蓬萊)	12747	45245	
9	2013	新竹縣	水稻	稉稻(蓬萊)	7977	34153	
10	2013	苗栗縣	水稻	稉稻(蓬萊)	11359	51227	
11	2013	彰化縣	水稻	稉稻(蓬萊)	35938	188168	
12	2013	南投縣	水稻	稉稻(蓬萊)	4788	23926	
13	2013	雲林縣	水稻	稉稻(蓬萊)	38942	219368	
14	2013	嘉義縣	水稻	稉稻(蓬萊)	32142	134513	
15	2013	屏東縣	水稻	稉稻(蓬萊)	6327	35129	
16	2013	台東縣	水稻	稉稻(蓬萊)	12618	53807	
17	2013	花蓮縣	水稻	稉稻(蓬萊)	16296	64342	
18	2013	澎湖縣	水稻	稉稻(蓬萊)	0	0	
19	2013	基隆市	水稻	稉稻(蓬萊)	0	0	
20	2013	新竹市	水稻	稉稻(蓬萊)	1074	4384	
21	2013	嘉義市	水稻	稉稻(蓬萊)	1109	4845	
22				十分位數			
23				D1	16.4		
24				百分位數			
25				P36	4774.8		
26							

- For PERCENTILE.INC (and PERCENTILE)
  - the calculated rank is **K*(N-1)+1.**

傳回範圍中位於第 K 個百分位數的值，其中 K 的範圍在 0 到 1 之間，且包含 0 和 1。

- For PERCENTILE.EXC
  - the calculated rank is **K*(N+1).**
    - **無法計算第 0 百分位數及第 100 百分位數**

傳回範圍中位於第 K 個百分位數的值，其中 K 的範圍在 0 到 1 之間，且不包含 0 和 1。

四、全距(Range)

(一) 先找出所需資料的最大值【MAX】及最小值【MIN】。

(二) 以最大值減最小值，即為全距。

1.MAX

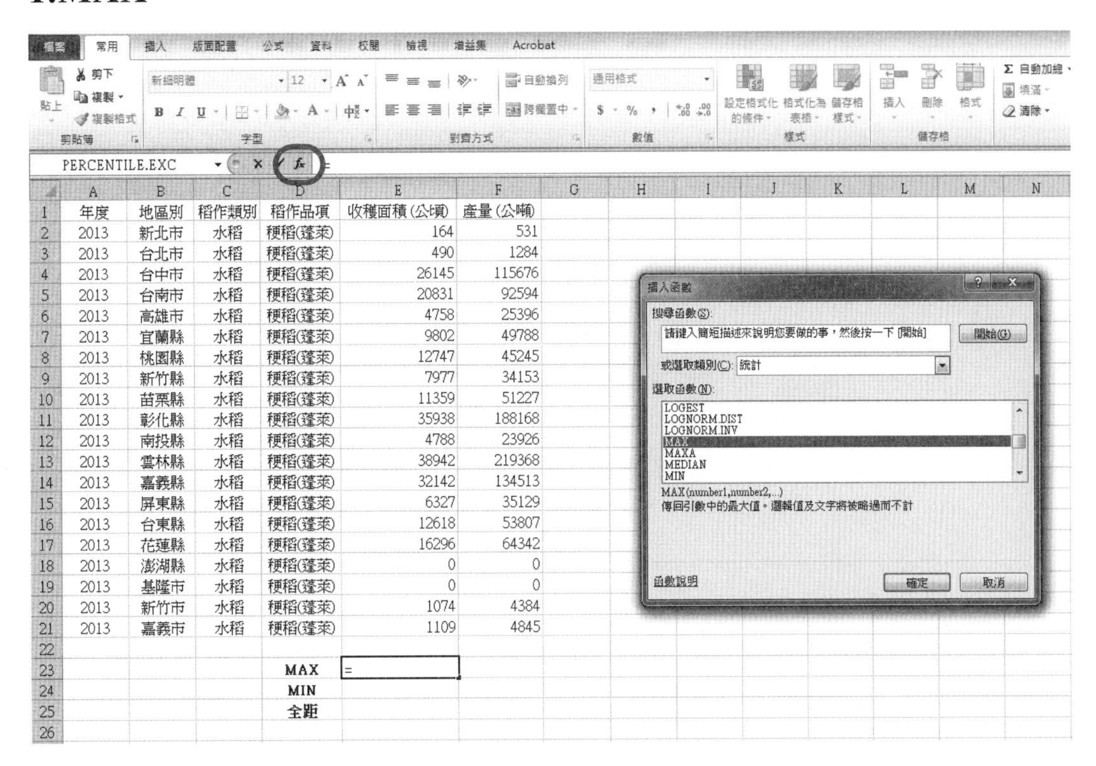

	A	B	C	D	E	F
1	年度	地區別	稻作類別	稻作品項	收穫面積(公頃)	產量(公噸)
2	2013	新北市	水稻	稉稻(蓬萊)	164	531
3	2013	台北市	水稻	稉稻(蓬萊)	490	1284
4	2013	台中市	水稻	稉稻(蓬萊)	26145	115676
5	2013	台南市	水稻	稉稻(蓬萊)	20831	92594
6	2013	高雄市	水稻	稉稻(蓬萊)	4758	25396
7	2013	宜蘭縣	水稻	稉稻(蓬萊)	9802	49788
8	2013	桃園縣	水稻	稉稻(蓬萊)	12747	45245
9	2013	新竹縣	水稻	稉稻(蓬萊)	7977	34153
10	2013	苗栗縣	水稻	稉稻(蓬萊)	11359	51227
11	2013	彰化縣	水稻	稉稻(蓬萊)	35938	188168
12	2013	南投縣	水稻	稉稻(蓬萊)	4788	23926
13	2013	雲林縣	水稻	稉稻(蓬萊)	38942	219368
14	2013	嘉義縣	水稻	稉稻(蓬萊)	32142	134513
15	2013	屏東縣	水稻	稉稻(蓬萊)	6327	35129
16	2013	台東縣	水稻	稉稻(蓬萊)	12618	53807
17	2013	花蓮縣	水稻	稉稻(蓬萊)	16296	64342
18	2013	澎湖縣	水稻	稉稻(蓬萊)	0	0
19	2013	基隆市	水稻	稉稻(蓬萊)	0	0
20	2013	新竹市	水稻	稉稻(蓬萊)	1074	4384
21	2013	嘉義市	水稻	稉稻(蓬萊)	1109	4845
22						
23				MAX	=	
24				MIN		
25				全距		
26						

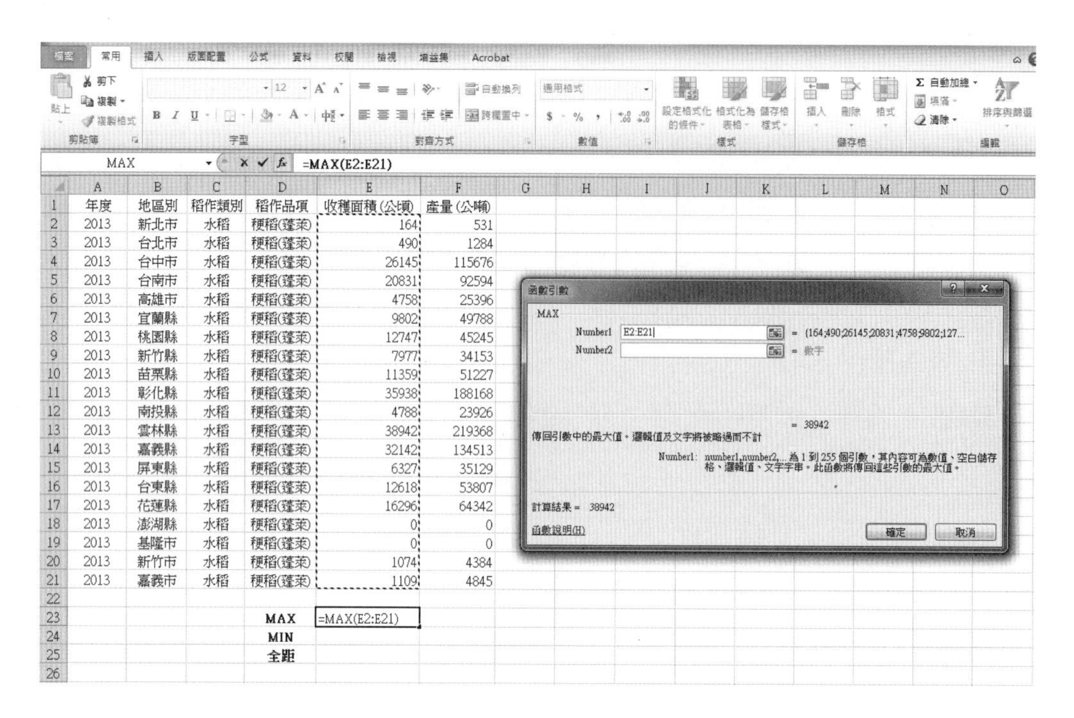

	A	B	C	D	E	F
1	年度	地區別	稻作類別	稻作品項	收穫面積(公頃)	產量(公噸)
2	2013	新北市	水稻	稉稻(蓬萊)	164	531
3	2013	台北市	水稻	稉稻(蓬萊)	490	1284
4	2013	台中市	水稻	稉稻(蓬萊)	26145	115676
5	2013	台南市	水稻	稉稻(蓬萊)	20831	92594
6	2013	高雄市	水稻	稉稻(蓬萊)	4758	25396
7	2013	宜蘭縣	水稻	稉稻(蓬萊)	9802	49788
8	2013	桃園縣	水稻	稉稻(蓬萊)	12747	45245
9	2013	新竹縣	水稻	稉稻(蓬萊)	7977	34153
10	2013	苗栗縣	水稻	稉稻(蓬萊)	11359	51227
11	2013	彰化縣	水稻	稉稻(蓬萊)	35938	188168
12	2013	南投縣	水稻	稉稻(蓬萊)	4788	23926
13	2013	雲林縣	水稻	稉稻(蓬萊)	38942	219368
14	2013	嘉義縣	水稻	稉稻(蓬萊)	32142	134513
15	2013	屏東縣	水稻	稉稻(蓬萊)	6327	35129
16	2013	台東縣	水稻	稉稻(蓬萊)	12618	53807
17	2013	花蓮縣	水稻	稉稻(蓬萊)	16296	64342
18	2013	澎湖縣	水稻	稉稻(蓬萊)	0	0
19	2013	基隆市	水稻	稉稻(蓬萊)	0	0
20	2013	新竹市	水稻	稉稻(蓬萊)	1074	4384
21	2013	嘉義市	水稻	稉稻(蓬萊)	1109	4845
22						
23				MAX	=MAX(E2:E21)	
24				MIN		
25				全距		
26						

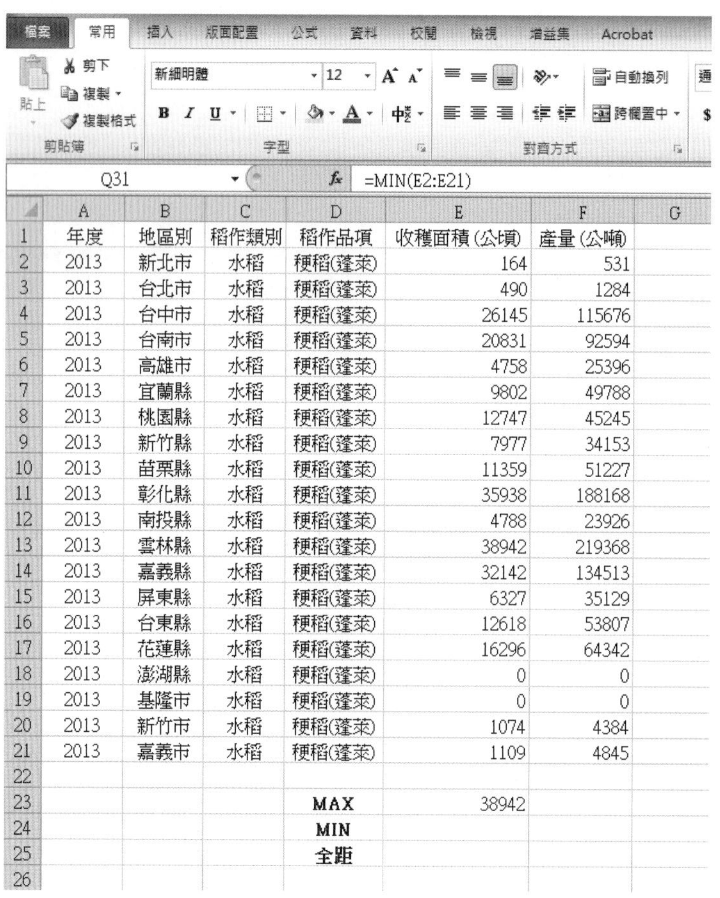

	A	B	C	D	E	F
1	年度	地區別	稻作類別	稻作品項	收穫面積(公頃)	產量(公噸)
2	2013	新北市	水稻	稉稻(蓬萊)	164	531
3	2013	台北市	水稻	稉稻(蓬萊)	490	1284
4	2013	台中市	水稻	稉稻(蓬萊)	26145	115676
5	2013	台南市	水稻	稉稻(蓬萊)	20831	92594
6	2013	高雄市	水稻	稉稻(蓬萊)	4758	25396
7	2013	宜蘭縣	水稻	稉稻(蓬萊)	9802	49788
8	2013	桃園縣	水稻	稉稻(蓬萊)	12747	45245
9	2013	新竹縣	水稻	稉稻(蓬萊)	7977	34153
10	2013	苗栗縣	水稻	稉稻(蓬萊)	11359	51227
11	2013	彰化縣	水稻	稉稻(蓬萊)	35938	188168
12	2013	南投縣	水稻	稉稻(蓬萊)	4788	23926
13	2013	雲林縣	水稻	稉稻(蓬萊)	38942	219368
14	2013	嘉義縣	水稻	稉稻(蓬萊)	32142	134513
15	2013	屏東縣	水稻	稉稻(蓬萊)	6327	35129
16	2013	台東縣	水稻	稉稻(蓬萊)	12618	53807
17	2013	花蓮縣	水稻	稉稻(蓬萊)	16296	64342
18	2013	澎湖縣	水稻	稉稻(蓬萊)	0	0
19	2013	基隆市	水稻	稉稻(蓬萊)	0	0
20	2013	新竹市	水稻	稉稻(蓬萊)	1074	4384
21	2013	嘉義市	水稻	稉稻(蓬萊)	1109	4845
22						
23				MAX	38942	
24				MIN		
25				全距		
26						

2.MIN

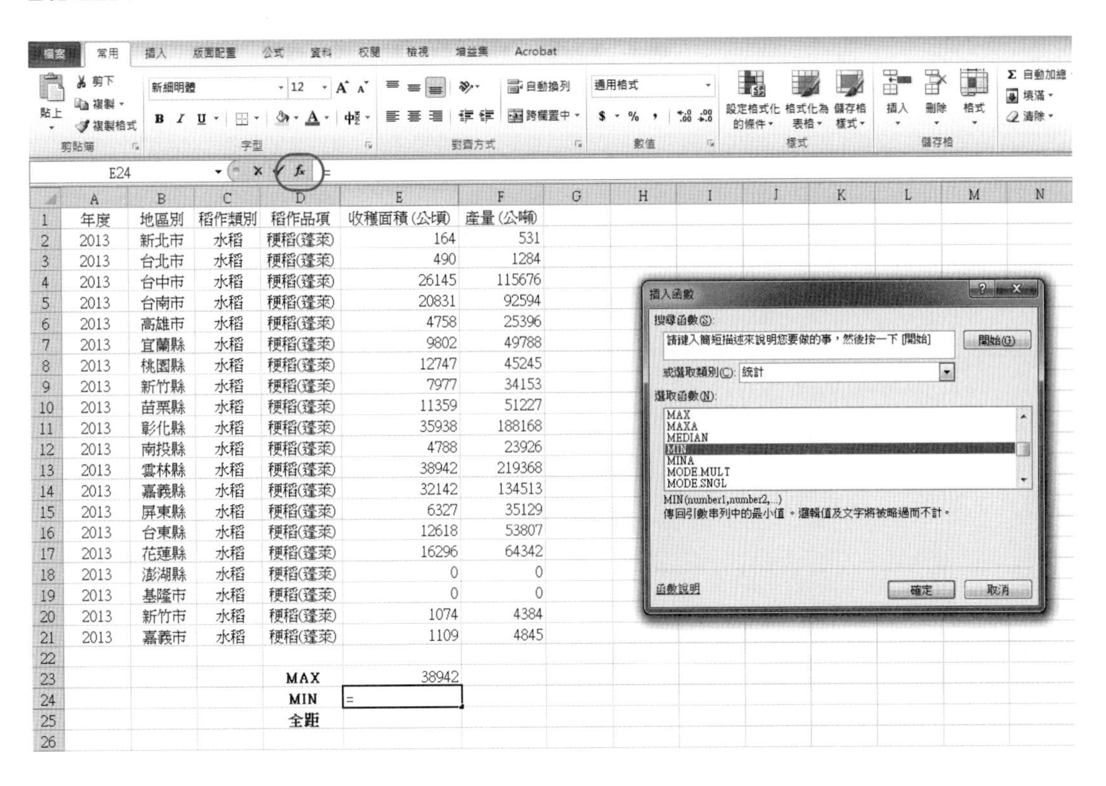

	A	B	C	D	E	F
1	年度	地區別	稻作類別	稻作品項	收穫面積(公頃)	產量(公噸)
2	2013	新北市	水稻	稉稻(蓬萊)	164	531
3	2013	台北市	水稻	稉稻(蓬萊)	490	1284
4	2013	台中市	水稻	稉稻(蓬萊)	26145	115676
5	2013	台南市	水稻	稉稻(蓬萊)	20831	92594
6	2013	高雄市	水稻	稉稻(蓬萊)	4758	25396
7	2013	宜蘭縣	水稻	稉稻(蓬萊)	9802	49788
8	2013	桃園縣	水稻	稉稻(蓬萊)	12747	45245
9	2013	新竹縣	水稻	稉稻(蓬萊)	7977	34153
10	2013	苗栗縣	水稻	稉稻(蓬萊)	11359	51227
11	2013	彰化縣	水稻	稉稻(蓬萊)	35938	188168
12	2013	南投縣	水稻	稉稻(蓬萊)	4788	23926
13	2013	雲林縣	水稻	稉稻(蓬萊)	38942	219368
14	2013	嘉義縣	水稻	稉稻(蓬萊)	32142	134513
15	2013	屏東縣	水稻	稉稻(蓬萊)	6327	35129
16	2013	台東縣	水稻	稉稻(蓬萊)	12618	53807
17	2013	花蓮縣	水稻	稉稻(蓬萊)	16296	64342
18	2013	澎湖縣	水稻	稉稻(蓬萊)	0	0
19	2013	基隆市	水稻	稉稻(蓬萊)	0	0
20	2013	新竹市	水稻	稉稻(蓬萊)	1074	4384
21	2013	嘉義市	水稻	稉稻(蓬萊)	1109	4845
22						
23				MAX	38942	
24				MIN	=	
25				全距		
26						

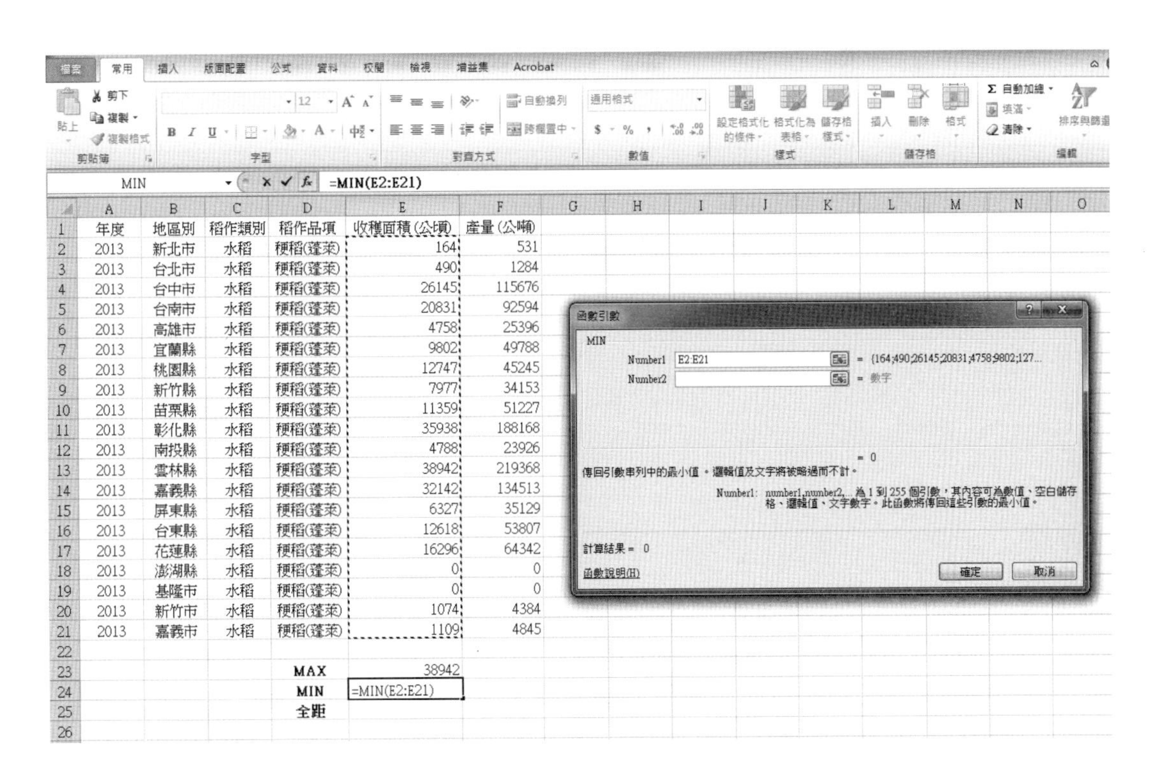

	A	B	C	D	E	F
1	年度	地區別	稻作類別	稻作品項	收穫面積(公頃)	產量(公噸)
2	2013	新北市	水稻	稉稻(蓬萊)	164	531
3	2013	台北市	水稻	稉稻(蓬萊)	490	1284
4	2013	台中市	水稻	稉稻(蓬萊)	26145	115676
5	2013	台南市	水稻	稉稻(蓬萊)	20831	92594
6	2013	高雄市	水稻	稉稻(蓬萊)	4758	25396
7	2013	宜蘭縣	水稻	稉稻(蓬萊)	9802	49788
8	2013	桃園縣	水稻	稉稻(蓬萊)	12747	45245
9	2013	新竹縣	水稻	稉稻(蓬萊)	7977	34153
10	2013	苗栗縣	水稻	稉稻(蓬萊)	11359	51227
11	2013	彰化縣	水稻	稉稻(蓬萊)	35938	188168
12	2013	南投縣	水稻	稉稻(蓬萊)	4788	23926
13	2013	雲林縣	水稻	稉稻(蓬萊)	38942	219368
14	2013	嘉義縣	水稻	稉稻(蓬萊)	32142	134513
15	2013	屏東縣	水稻	稉稻(蓬萊)	6327	35129
16	2013	台東縣	水稻	稉稻(蓬萊)	12618	53807
17	2013	花蓮縣	水稻	稉稻(蓬萊)	16296	64342
18	2013	澎湖縣	水稻	稉稻(蓬萊)	0	0
19	2013	基隆市	水稻	稉稻(蓬萊)	0	0
20	2013	新竹市	水稻	稉稻(蓬萊)	1074	4384
21	2013	嘉義市	水稻	稉稻(蓬萊)	1109	4845
22						
23				MAX	38942	
24				MIN	=MIN(E2:E21)	
25				全距		
26						

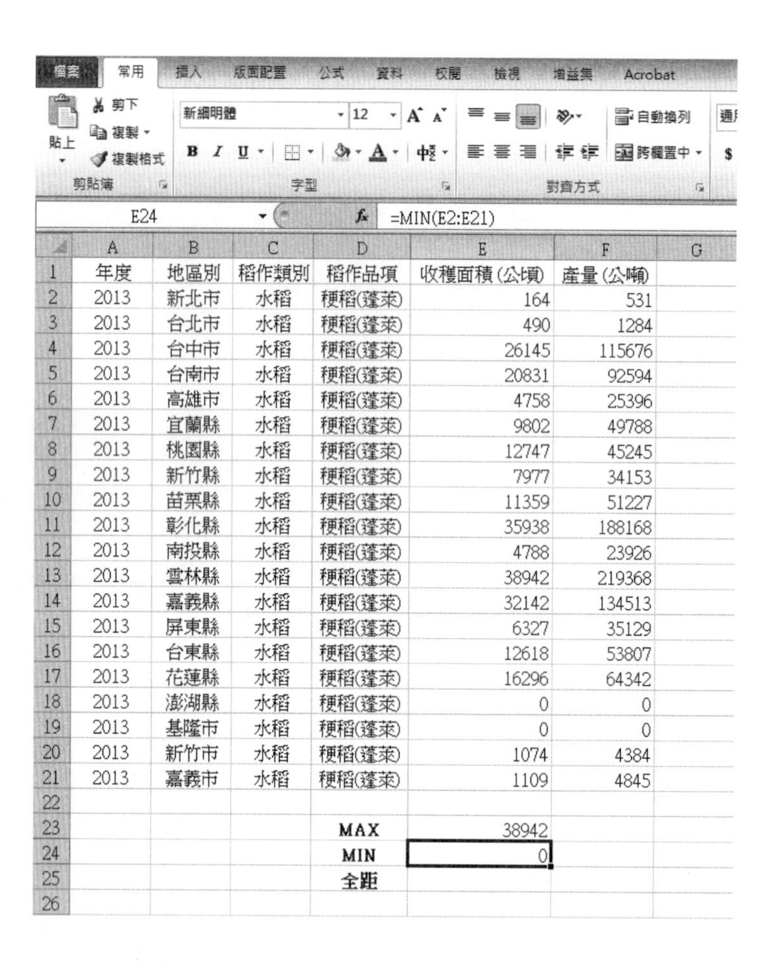

	A	B	C	D	E	F	G
1	年度	地區別	稻作類別	稻作品項	收穫面積(公頃)	產量(公噸)	
2	2013	新北市	水稻	稉稻(蓬萊)	164	531	
3	2013	台北市	水稻	稉稻(蓬萊)	490	1284	
4	2013	台中市	水稻	稉稻(蓬萊)	26145	115676	
5	2013	台南市	水稻	稉稻(蓬萊)	20831	92594	
6	2013	高雄市	水稻	稉稻(蓬萊)	4758	25396	
7	2013	宜蘭縣	水稻	稉稻(蓬萊)	9802	49788	
8	2013	桃園縣	水稻	稉稻(蓬萊)	12747	45245	
9	2013	新竹縣	水稻	稉稻(蓬萊)	7977	34153	
10	2013	苗栗縣	水稻	稉稻(蓬萊)	11359	51227	
11	2013	彰化縣	水稻	稉稻(蓬萊)	35938	188168	
12	2013	南投縣	水稻	稉稻(蓬萊)	4788	23926	
13	2013	雲林縣	水稻	稉稻(蓬萊)	38942	219368	
14	2013	嘉義縣	水稻	稉稻(蓬萊)	32142	134513	
15	2013	屏東縣	水稻	稉稻(蓬萊)	6327	35129	
16	2013	台東縣	水稻	稉稻(蓬萊)	12618	53807	
17	2013	花蓮縣	水稻	稉稻(蓬萊)	16296	64342	
18	2013	澎湖縣	水稻	稉稻(蓬萊)	0	0	
19	2013	基隆市	水稻	稉稻(蓬萊)	0	0	
20	2013	新竹市	水稻	稉稻(蓬萊)	1074	4384	
21	2013	嘉義市	水稻	稉稻(蓬萊)	1109	4845	
22							
23				MAX	38942		
24				MIN	0		
25				全距			
26							

3.全距

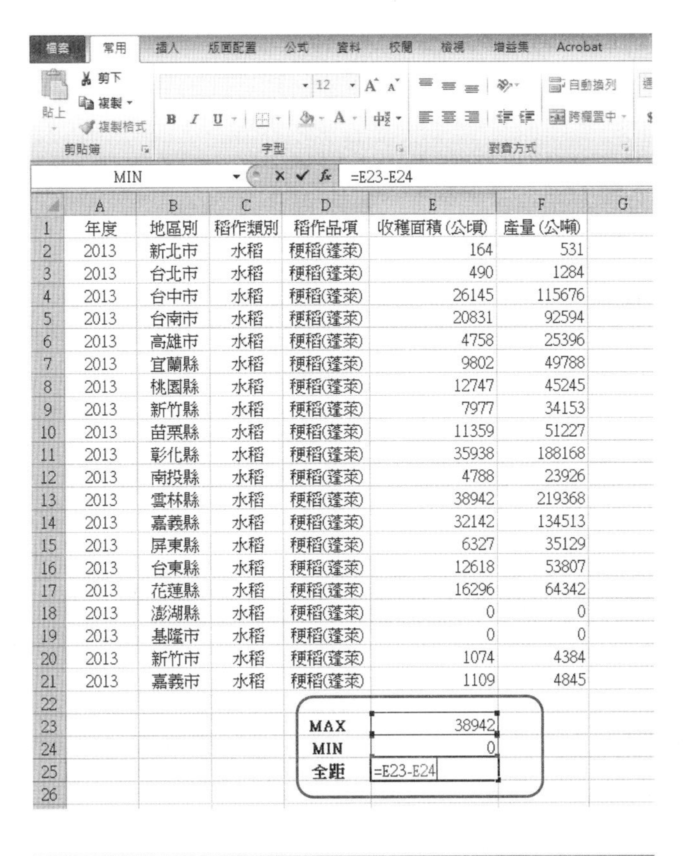

MIN | =E23-E24

	A	B	C	D	E	F	G
1	年度	地區別	稻作類別	稻作品項	收穫面積(公頃)	產量(公噸)	
2	2013	新北市	水稻	稉稻(蓬萊)	164	531	
3	2013	台北市	水稻	稉稻(蓬萊)	490	1284	
4	2013	台中市	水稻	稉稻(蓬萊)	26145	115676	
5	2013	台南市	水稻	稉稻(蓬萊)	20831	92594	
6	2013	高雄市	水稻	稉稻(蓬萊)	4758	25396	
7	2013	宜蘭縣	水稻	稉稻(蓬萊)	9802	49788	
8	2013	桃園縣	水稻	稉稻(蓬萊)	12747	45245	
9	2013	新竹縣	水稻	稉稻(蓬萊)	7977	34153	
10	2013	苗栗縣	水稻	稉稻(蓬萊)	11359	51227	
11	2013	彰化縣	水稻	稉稻(蓬萊)	35938	188168	
12	2013	南投縣	水稻	稉稻(蓬萊)	4788	23926	
13	2013	雲林縣	水稻	稉稻(蓬萊)	38942	219368	
14	2013	嘉義縣	水稻	稉稻(蓬萊)	32142	134513	
15	2013	屏東縣	水稻	稉稻(蓬萊)	6327	35129	
16	2013	台東縣	水稻	稉稻(蓬萊)	12618	53807	
17	2013	花蓮縣	水稻	稉稻(蓬萊)	16296	64342	
18	2013	澎湖縣	水稻	稉稻(蓬萊)	0	0	
19	2013	基隆市	水稻	稉稻(蓬萊)	0	0	
20	2013	新竹市	水稻	稉稻(蓬萊)	1074	4384	
21	2013	嘉義市	水稻	稉稻(蓬萊)	1109	4845	
22							
23				MAX	38942		
24				MIN	0		
25				全距	=E23-E24		
26							

E26

	A	B	C	D	E	F	G
1	年度	地區別	稻作類別	稻作品項	收穫面積(公頃)	產量(公噸)	
2	2013	新北市	水稻	稉稻(蓬萊)	164	531	
3	2013	台北市	水稻	稉稻(蓬萊)	490	1284	
4	2013	台中市	水稻	稉稻(蓬萊)	26145	115676	
5	2013	台南市	水稻	稉稻(蓬萊)	20831	92594	
6	2013	高雄市	水稻	稉稻(蓬萊)	4758	25396	
7	2013	宜蘭縣	水稻	稉稻(蓬萊)	9802	49788	
8	2013	桃園縣	水稻	稉稻(蓬萊)	12747	45245	
9	2013	新竹縣	水稻	稉稻(蓬萊)	7977	34153	
10	2013	苗栗縣	水稻	稉稻(蓬萊)	11359	51227	
11	2013	彰化縣	水稻	稉稻(蓬萊)	35938	188168	
12	2013	南投縣	水稻	稉稻(蓬萊)	4788	23926	
13	2013	雲林縣	水稻	稉稻(蓬萊)	38942	219368	
14	2013	嘉義縣	水稻	稉稻(蓬萊)	32142	134513	
15	2013	屏東縣	水稻	稉稻(蓬萊)	6327	35129	
16	2013	台東縣	水稻	稉稻(蓬萊)	12618	53807	
17	2013	花蓮縣	水稻	稉稻(蓬萊)	16296	64342	
18	2013	澎湖縣	水稻	稉稻(蓬萊)	0	0	
19	2013	基隆市	水稻	稉稻(蓬萊)	0	0	
20	2013	新竹市	水稻	稉稻(蓬萊)	1074	4384	
21	2013	嘉義市	水稻	稉稻(蓬萊)	1109	4845	
22							
23				MAX	38942		
24				MIN	0		
25				全距	38942		
26							
27							

五、內四分位距(Interquartile range；IQR)

IQR 為第一四分位(Q1)與第三四分位(Q3)的距離。

(一) 先算出所需計算資料的第一四分位及第三四分位，以 QUARTILE.INC 為例。

(二) 內四分位距=Q3-Q1。

1. Q1

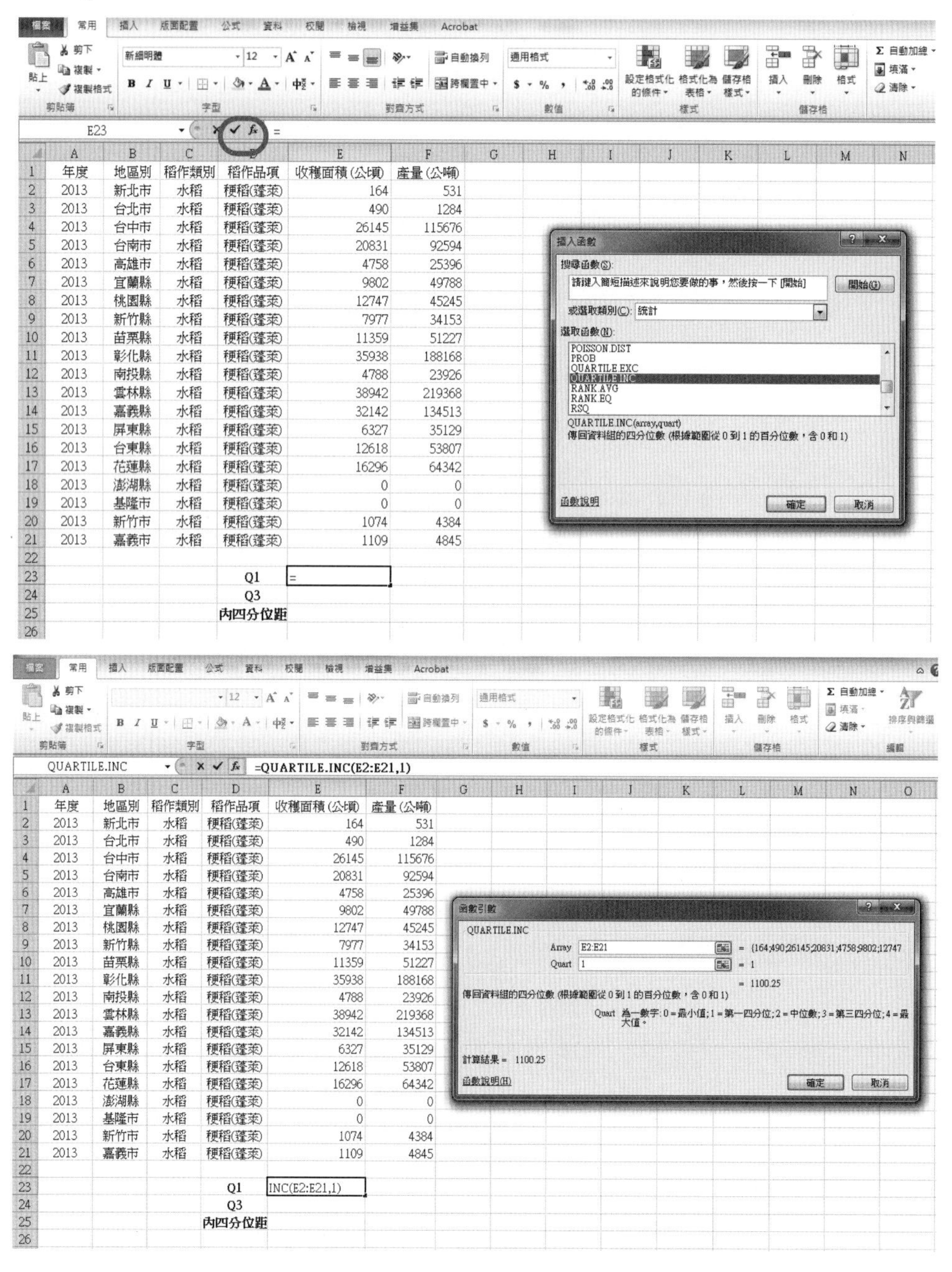

年度	地區別	稻作類別	稻作品項	收穫面積(公頃)	產量(公噸)
2013	新北市	水稻	粳稻(蓬萊)	164	531
2013	台北市	水稻	粳稻(蓬萊)	490	1284
2013	台中市	水稻	粳稻(蓬萊)	26145	115676
2013	台南市	水稻	粳稻(蓬萊)	20831	92594
2013	高雄市	水稻	粳稻(蓬萊)	4758	25396
2013	宜蘭縣	水稻	粳稻(蓬萊)	9802	49788
2013	桃園縣	水稻	粳稻(蓬萊)	12747	45245
2013	新竹縣	水稻	粳稻(蓬萊)	7977	34153
2013	苗栗縣	水稻	粳稻(蓬萊)	11359	51227
2013	彰化縣	水稻	粳稻(蓬萊)	35938	188168
2013	南投縣	水稻	粳稻(蓬萊)	4788	23926
2013	雲林縣	水稻	粳稻(蓬萊)	38942	219368
2013	嘉義縣	水稻	粳稻(蓬萊)	32142	134513
2013	屏東縣	水稻	粳稻(蓬萊)	6327	35129
2013	台東縣	水稻	粳稻(蓬萊)	12618	53807
2013	花蓮縣	水稻	粳稻(蓬萊)	16296	64342
2013	澎湖縣	水稻	粳稻(蓬萊)	0	0
2013	基隆市	水稻	粳稻(蓬萊)	0	0
2013	新竹市	水稻	粳稻(蓬萊)	1074	4384
2013	嘉義市	水稻	粳稻(蓬萊)	1109	4845
			Q1		
			Q3		
			內四分位距		

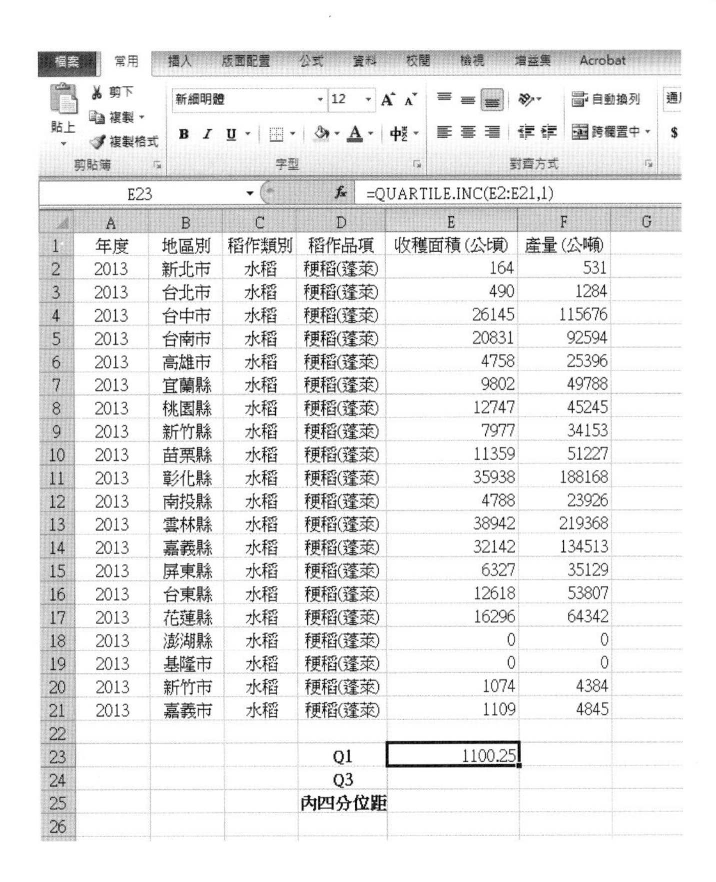

E23 =QUARTILE.INC(E2:E21,1)

	A	B	C	D	E	F	G
1	年度	地區別	稻作類別	稻作品項	收穫面積 (公頃)	產量 (公噸)	
2	2013	新北市	水稻	稉稻(蓬萊)	164	531	
3	2013	台北市	水稻	稉稻(蓬萊)	490	1284	
4	2013	台中市	水稻	稉稻(蓬萊)	26145	115676	
5	2013	台南市	水稻	稉稻(蓬萊)	20831	92594	
6	2013	高雄市	水稻	稉稻(蓬萊)	4758	25396	
7	2013	宜蘭縣	水稻	稉稻(蓬萊)	9802	49788	
8	2013	桃園縣	水稻	稉稻(蓬萊)	12747	45245	
9	2013	新竹縣	水稻	稉稻(蓬萊)	7977	34153	
10	2013	苗栗縣	水稻	稉稻(蓬萊)	11359	51227	
11	2013	彰化縣	水稻	稉稻(蓬萊)	35938	188168	
12	2013	南投縣	水稻	稉稻(蓬萊)	4788	23926	
13	2013	雲林縣	水稻	稉稻(蓬萊)	38942	219368	
14	2013	嘉義縣	水稻	稉稻(蓬萊)	32142	134513	
15	2013	屏東縣	水稻	稉稻(蓬萊)	6327	35129	
16	2013	台東縣	水稻	稉稻(蓬萊)	12618	53807	
17	2013	花蓮縣	水稻	稉稻(蓬萊)	16296	64342	
18	2013	澎湖縣	水稻	稉稻(蓬萊)	0	0	
19	2013	基隆市	水稻	稉稻(蓬萊)	0	0	
20	2013	新竹市	水稻	稉稻(蓬萊)	1074	4384	
21	2013	嘉義市	水稻	稉稻(蓬萊)	1109	4845	
22							
23				Q1	1100.25		
24				Q3			
25				內四分位距			
26							

2. Q3

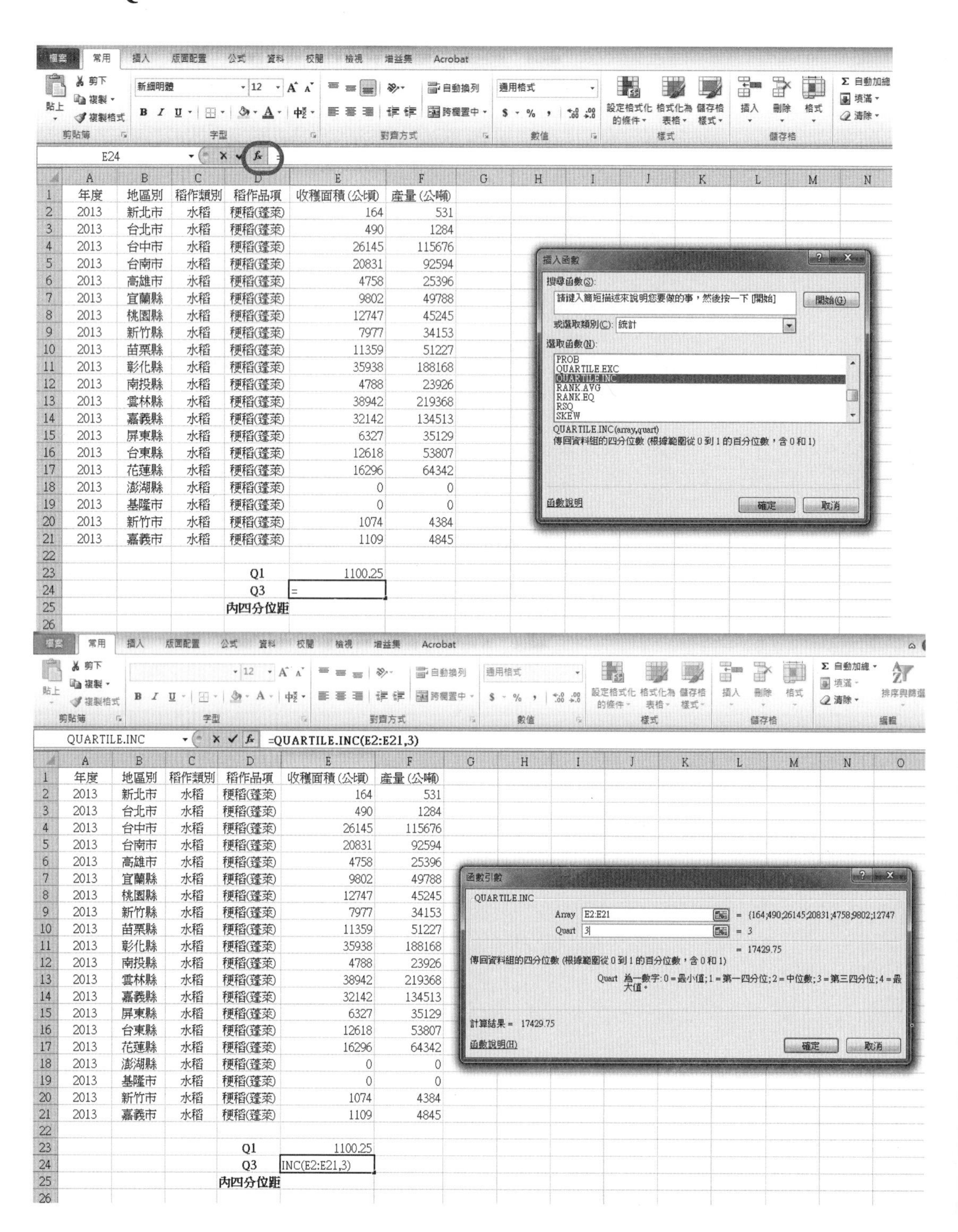

	A	B	C	D	E	F
1	年度	地區別	稻作類別	稻作品項	收穫面積(公頃)	產量(公噸)
2	2013	新北市	水稻	粳稻(蓬萊)	164	531
3	2013	台北市	水稻	粳稻(蓬萊)	490	1284
4	2013	台中市	水稻	粳稻(蓬萊)	26145	115676
5	2013	台南市	水稻	粳稻(蓬萊)	20831	92594
6	2013	高雄市	水稻	粳稻(蓬萊)	4758	25396
7	2013	宜蘭縣	水稻	粳稻(蓬萊)	9802	49788
8	2013	桃園縣	水稻	粳稻(蓬萊)	12747	45245
9	2013	新竹縣	水稻	粳稻(蓬萊)	7977	34153
10	2013	苗栗縣	水稻	粳稻(蓬萊)	11359	51227
11	2013	彰化縣	水稻	粳稻(蓬萊)	35938	188168
12	2013	南投縣	水稻	粳稻(蓬萊)	4788	23926
13	2013	雲林縣	水稻	粳稻(蓬萊)	38942	219368
14	2013	嘉義縣	水稻	粳稻(蓬萊)	32142	134513
15	2013	屏東縣	水稻	粳稻(蓬萊)	6327	35129
16	2013	台東縣	水稻	粳稻(蓬萊)	12618	53807
17	2013	花蓮縣	水稻	粳稻(蓬萊)	16296	64342
18	2013	澎湖縣	水稻	粳稻(蓬萊)	0	0
19	2013	基隆市	水稻	粳稻(蓬萊)	0	0
20	2013	新竹市	水稻	粳稻(蓬萊)	1074	4384
21	2013	嘉義市	水稻	粳稻(蓬萊)	1109	4845
22						
23				Q1	1100.25	
24				Q3	=	
25				內四分位距		

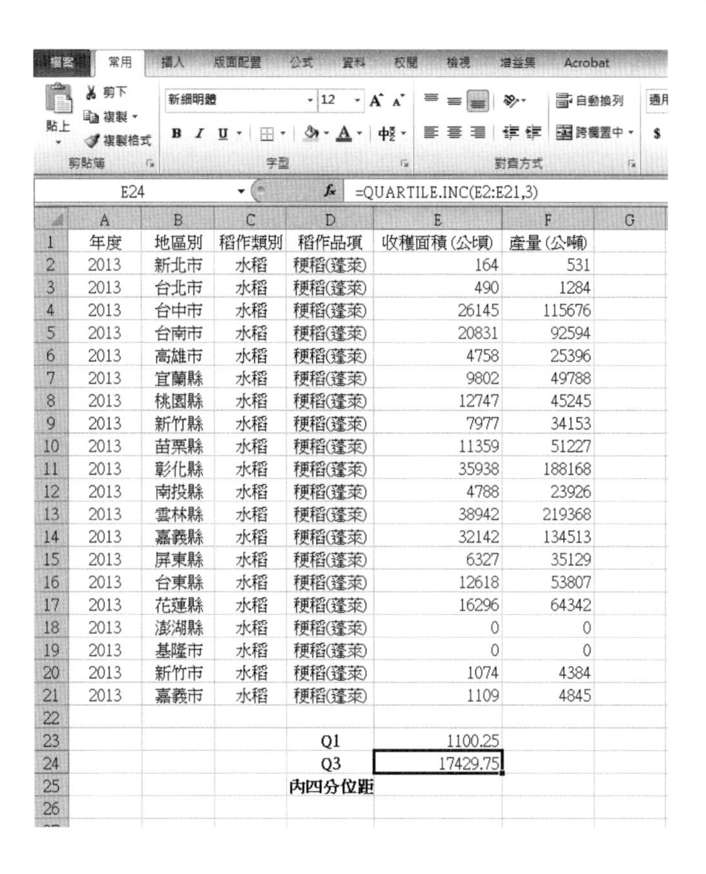

E24 =QUARTILE.INC(E2:E21,3)

	A	B	C	D	E	F	G
1	年度	地區別	稻作類別	稻作品項	收穫面積(公頃)	產量(公噸)	
2	2013	新北市	水稻	稉稻(蓬萊)	164	531	
3	2013	台北市	水稻	稉稻(蓬萊)	490	1284	
4	2013	台中市	水稻	稉稻(蓬萊)	26145	115676	
5	2013	台南市	水稻	稉稻(蓬萊)	20831	92594	
6	2013	高雄市	水稻	稉稻(蓬萊)	4758	25396	
7	2013	宜蘭縣	水稻	稉稻(蓬萊)	9802	49788	
8	2013	桃園縣	水稻	稉稻(蓬萊)	12747	45245	
9	2013	新竹縣	水稻	稉稻(蓬萊)	7977	34153	
10	2013	苗栗縣	水稻	稉稻(蓬萊)	11359	51227	
11	2013	彰化縣	水稻	稉稻(蓬萊)	35938	188168	
12	2013	南投縣	水稻	稉稻(蓬萊)	4788	23926	
13	2013	雲林縣	水稻	稉稻(蓬萊)	38942	219368	
14	2013	嘉義縣	水稻	稉稻(蓬萊)	32142	134513	
15	2013	屏東縣	水稻	稉稻(蓬萊)	6327	35129	
16	2013	台東縣	水稻	稉稻(蓬萊)	12618	53807	
17	2013	花蓮縣	水稻	稉稻(蓬萊)	16296	64342	
18	2013	澎湖縣	水稻	稉稻(蓬萊)	0	0	
19	2013	基隆市	水稻	稉稻(蓬萊)	0	0	
20	2013	新竹市	水稻	稉稻(蓬萊)	1074	4384	
21	2013	嘉義市	水稻	稉稻(蓬萊)	1109	4845	
22							
23				Q1	1100.25		
24				Q3	17429.75		
25				內四分位距			
26							

3.內四分位距

QUARTILE.INC　=E24-E23

	A	B	C	D	E	F	G
1	年度	地區別	稻作類別	稻作品項	收穫面積(公頃)	產量(公噸)	
2	2013	新北市	水稻	稉稻(蓬萊)	164	531	
3	2013	台北市	水稻	稉稻(蓬萊)	490	1284	
4	2013	台中市	水稻	稉稻(蓬萊)	26145	115676	
5	2013	台南市	水稻	稉稻(蓬萊)	20831	92594	
6	2013	高雄市	水稻	稉稻(蓬萊)	4758	25396	
7	2013	宜蘭縣	水稻	稉稻(蓬萊)	9802	49788	
8	2013	桃園縣	水稻	稉稻(蓬萊)	12747	45245	
9	2013	新竹縣	水稻	稉稻(蓬萊)	7977	34153	
10	2013	苗栗縣	水稻	稉稻(蓬萊)	11359	51227	
11	2013	彰化縣	水稻	稉稻(蓬萊)	35938	188168	
12	2013	南投縣	水稻	稉稻(蓬萊)	4788	23926	
13	2013	雲林縣	水稻	稉稻(蓬萊)	38942	219368	
14	2013	嘉義縣	水稻	稉稻(蓬萊)	32142	134513	
15	2013	屏東縣	水稻	稉稻(蓬萊)	6327	35129	
16	2013	台東縣	水稻	稉稻(蓬萊)	12618	53807	
17	2013	花蓮縣	水稻	稉稻(蓬萊)	16296	64342	
18	2013	澎湖縣	水稻	稉稻(蓬萊)	0	0	
19	2013	基隆市	水稻	稉稻(蓬萊)	0	0	
20	2013	新竹市	水稻	稉稻(蓬萊)	1074	4384	
21	2013	嘉義市	水稻	稉稻(蓬萊)	1109	4845	
22							
23				Q1	1100.25		
24				Q3	17429.75		
25				內四分位距	=E24-E23		
26							

E26

	A	B	C	D	E	F	G
1	年度	地區別	稻作類別	稻作品項	收穫面積(公頃)	產量(公噸)	
2	2013	新北市	水稻	稉稻(蓬萊)	164	531	
3	2013	台北市	水稻	稉稻(蓬萊)	490	1284	
4	2013	台中市	水稻	稉稻(蓬萊)	26145	115676	
5	2013	台南市	水稻	稉稻(蓬萊)	20831	92594	
6	2013	高雄市	水稻	稉稻(蓬萊)	4758	25396	
7	2013	宜蘭縣	水稻	稉稻(蓬萊)	9802	49788	
8	2013	桃園縣	水稻	稉稻(蓬萊)	12747	45245	
9	2013	新竹縣	水稻	稉稻(蓬萊)	7977	34153	
10	2013	苗栗縣	水稻	稉稻(蓬萊)	11359	51227	
11	2013	彰化縣	水稻	稉稻(蓬萊)	35938	188168	
12	2013	南投縣	水稻	稉稻(蓬萊)	4788	23926	
13	2013	雲林縣	水稻	稉稻(蓬萊)	38942	219368	
14	2013	嘉義縣	水稻	稉稻(蓬萊)	32142	134513	
15	2013	屏東縣	水稻	稉稻(蓬萊)	6327	35129	
16	2013	台東縣	水稻	稉稻(蓬萊)	12618	53807	
17	2013	花蓮縣	水稻	稉稻(蓬萊)	16296	64342	
18	2013	澎湖縣	水稻	稉稻(蓬萊)	0	0	
19	2013	基隆市	水稻	稉稻(蓬萊)	0	0	
20	2013	新竹市	水稻	稉稻(蓬萊)	1074	4384	
21	2013	嘉義市	水稻	稉稻(蓬萊)	1109	4845	
22							
23				Q1	1100.25		
24				Q3	17429.75		
25				內四分位距	16329.5		
26							
27							

六、變異數(Variance)

【指令】VAR.P(number1, number2, ...)

VAR.S(number1, number2, ...)

(一) 點選所需之儲存格，再點選 *fx* 之工具。

(二) 選取【統計】類別，依據族群資料或樣本資料，分別點選【VAR .P=族群變異數】或【VAR .S=樣本變異數】。

(三) 利用選取引數之對話框，圈選所需計算之數值，按下【確定】後，即可完成。

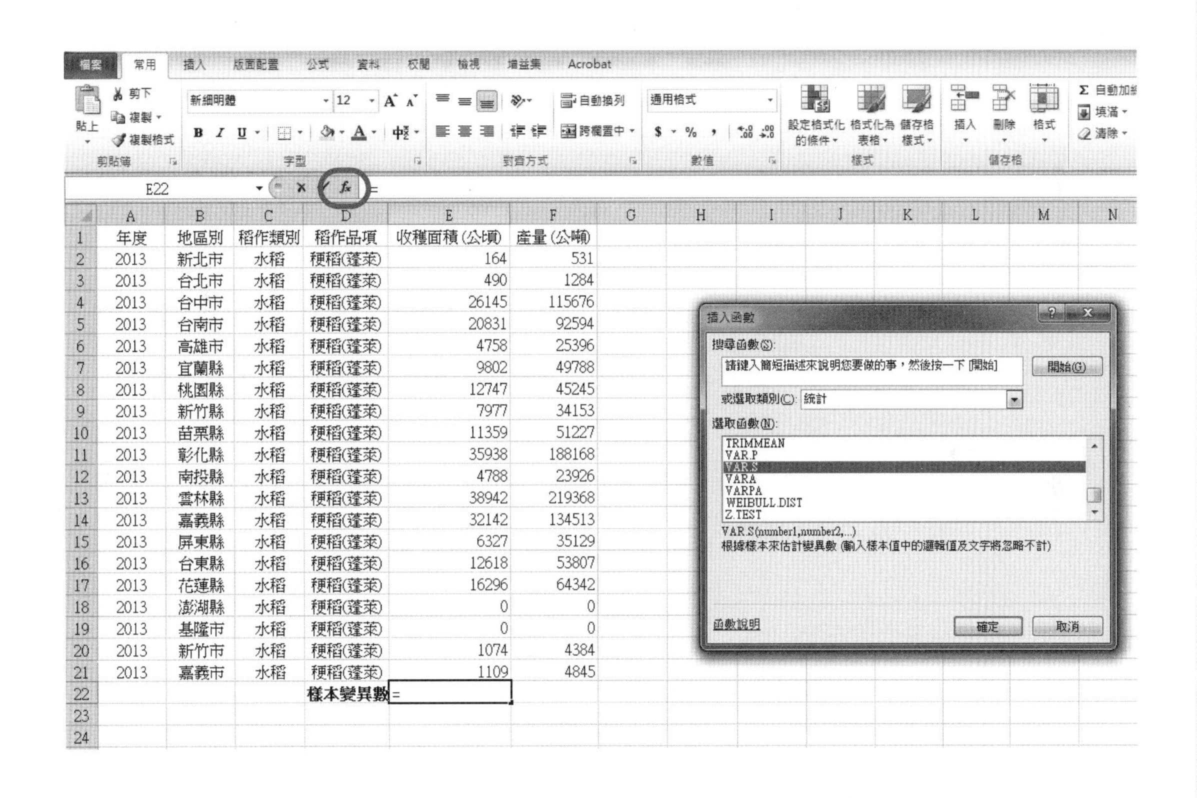

	A	B	C	D	E	F
1	年度	地區別	稻作類別	稻作品項	收穫面積(公頃)	產量(公噸)
2	2013	新北市	水稻	稉稻(蓬萊)	164	531
3	2013	台北市	水稻	稉稻(蓬萊)	490	1284
4	2013	台中市	水稻	稉稻(蓬萊)	26145	115676
5	2013	台南市	水稻	稉稻(蓬萊)	20831	92594
6	2013	高雄市	水稻	稉稻(蓬萊)	4758	25396
7	2013	宜蘭縣	水稻	稉稻(蓬萊)	9802	49788
8	2013	桃園縣	水稻	稉稻(蓬萊)	12747	45245
9	2013	新竹縣	水稻	稉稻(蓬萊)	7977	34153
10	2013	苗栗縣	水稻	稉稻(蓬萊)	11359	51227
11	2013	彰化縣	水稻	稉稻(蓬萊)	35938	188168
12	2013	南投縣	水稻	稉稻(蓬萊)	4788	23926
13	2013	雲林縣	水稻	稉稻(蓬萊)	38942	219368
14	2013	嘉義縣	水稻	稉稻(蓬萊)	32142	134513
15	2013	屏東縣	水稻	稉稻(蓬萊)	6327	35129
16	2013	台東縣	水稻	稉稻(蓬萊)	12618	53807
17	2013	花蓮縣	水稻	稉稻(蓬萊)	16296	64342
18	2013	澎湖縣	水稻	稉稻(蓬萊)	0	0
19	2013	基隆市	水稻	稉稻(蓬萊)	0	0
20	2013	新竹市	水稻	稉稻(蓬萊)	1074	4384
21	2013	嘉義市	水稻	稉稻(蓬萊)	1109	4845
22				樣本變異數	=	

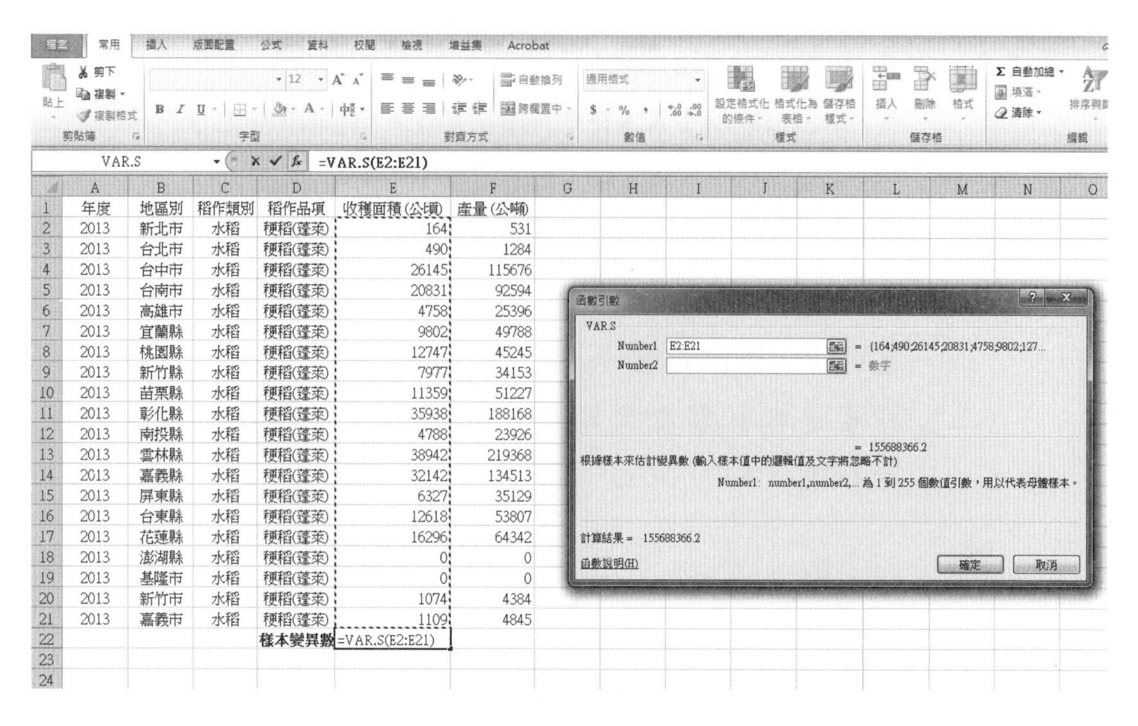

VAR.S　=VAR.S(E2:E21)

	A	B	C	D	E	F
1	年度	地區別	稻作類別	稻作品項	收穫面積(公頃)	產量(公噸)
2	2013	新北市	水稻	稉稻(蓬萊)	164	531
3	2013	台北市	水稻	稉稻(蓬萊)	490	1284
4	2013	台中市	水稻	稉稻(蓬萊)	26145	115676
5	2013	台南市	水稻	稉稻(蓬萊)	20831	92594
6	2013	高雄市	水稻	稉稻(蓬萊)	4758	25396
7	2013	宜蘭縣	水稻	稉稻(蓬萊)	9802	49788
8	2013	桃園縣	水稻	稉稻(蓬萊)	12747	45245
9	2013	新竹縣	水稻	稉稻(蓬萊)	7977	34153
10	2013	苗栗縣	水稻	稉稻(蓬萊)	11359	51227
11	2013	彰化縣	水稻	稉稻(蓬萊)	35938	188168
12	2013	南投縣	水稻	稉稻(蓬萊)	4788	23926
13	2013	雲林縣	水稻	稉稻(蓬萊)	38942	219368
14	2013	嘉義縣	水稻	稉稻(蓬萊)	32142	134513
15	2013	屏東縣	水稻	稉稻(蓬萊)	6327	35129
16	2013	台東縣	水稻	稉稻(蓬萊)	12618	53807
17	2013	花蓮縣	水稻	稉稻(蓬萊)	16296	64342
18	2013	澎湖縣	水稻	稉稻(蓬萊)	0	0
19	2013	基隆市	水稻	稉稻(蓬萊)	0	0
20	2013	新竹市	水稻	稉稻(蓬萊)	1074	4384
21	2013	嘉義市	水稻	稉稻(蓬萊)	1109	4845
22				樣本變異數	=VAR.S(E2:E21)	

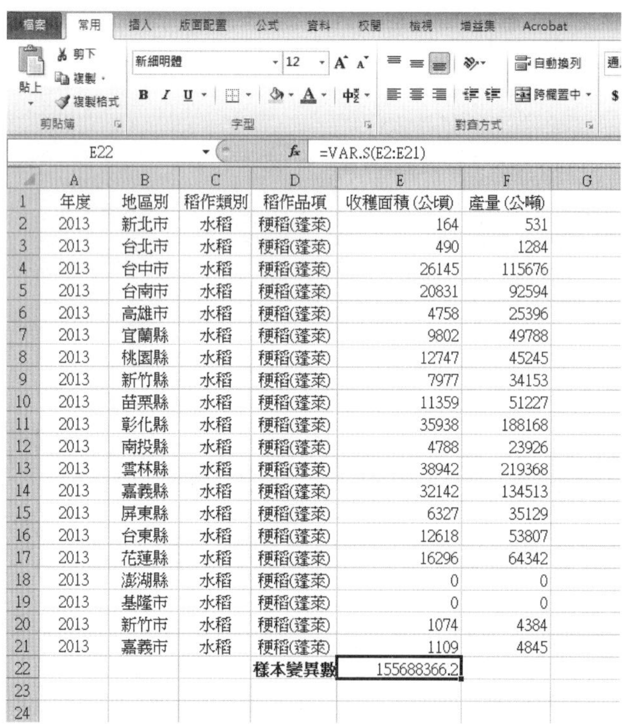

E22　=VAR.S(E2:E21)

	A	B	C	D	E	F
1	年度	地區別	稻作類別	稻作品項	收穫面積(公頃)	產量(公噸)
2	2013	新北市	水稻	稉稻(蓬萊)	164	531
3	2013	台北市	水稻	稉稻(蓬萊)	490	1284
4	2013	台中市	水稻	稉稻(蓬萊)	26145	115676
5	2013	台南市	水稻	稉稻(蓬萊)	20831	92594
6	2013	高雄市	水稻	稉稻(蓬萊)	4758	25396
7	2013	宜蘭縣	水稻	稉稻(蓬萊)	9802	49788
8	2013	桃園縣	水稻	稉稻(蓬萊)	12747	45245
9	2013	新竹縣	水稻	稉稻(蓬萊)	7977	34153
10	2013	苗栗縣	水稻	稉稻(蓬萊)	11359	51227
11	2013	彰化縣	水稻	稉稻(蓬萊)	35938	188168
12	2013	南投縣	水稻	稉稻(蓬萊)	4788	23926
13	2013	雲林縣	水稻	稉稻(蓬萊)	38942	219368
14	2013	嘉義縣	水稻	稉稻(蓬萊)	32142	134513
15	2013	屏東縣	水稻	稉稻(蓬萊)	6327	35129
16	2013	台東縣	水稻	稉稻(蓬萊)	12618	53807
17	2013	花蓮縣	水稻	稉稻(蓬萊)	16296	64342
18	2013	澎湖縣	水稻	稉稻(蓬萊)	0	0
19	2013	基隆市	水稻	稉稻(蓬萊)	0	0
20	2013	新竹市	水稻	稉稻(蓬萊)	1074	4384
21	2013	嘉義市	水稻	稉稻(蓬萊)	1109	4845
22				樣本變異數	155688366.2	

七、標準差(Standard deviation)

【指令】STDEV.P(number1, number2, ...)

STDEV.S(number1, number2, ...)

(一) 點選所需之儲存格，再點選 *fx* 之工具。

(二) 選取【統計】類別，依據族群資料或樣本資料，點選【STDEV.P=族群標準差】或【STDEV.S=樣本標準差】。

(三) 利用選取引數之對話框，圈選所需計算之數值，按下【確定】後，即可完成。

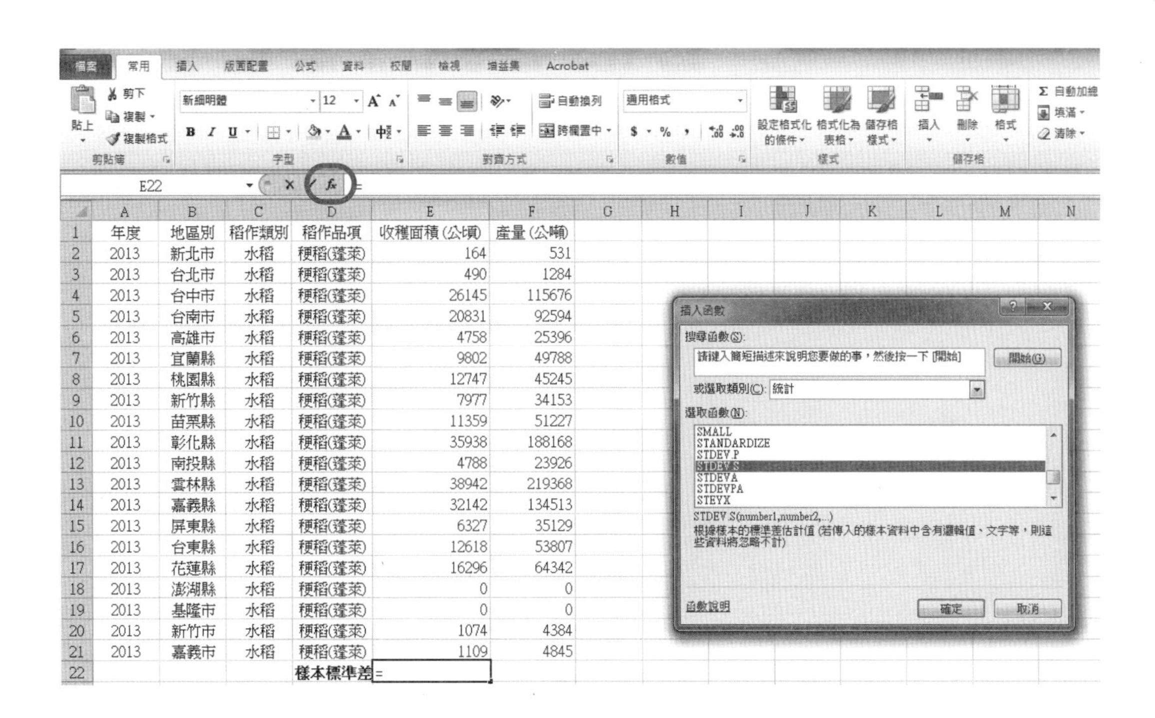

	A	B	C	D	E	F
1	年度	地區別	稻作類別	稻作品項	收穫面積 (公頃)	產量 (公噸)
2	2013	新北市	水稻	稉稻(蓬萊)	164	531
3	2013	台北市	水稻	稉稻(蓬萊)	490	1284
4	2013	台中市	水稻	稉稻(蓬萊)	26145	115676
5	2013	台南市	水稻	稉稻(蓬萊)	20831	92594
6	2013	高雄市	水稻	稉稻(蓬萊)	4758	25396
7	2013	宜蘭縣	水稻	稉稻(蓬萊)	9802	49788
8	2013	桃園縣	水稻	稉稻(蓬萊)	12747	45245
9	2013	新竹縣	水稻	稉稻(蓬萊)	7977	34153
10	2013	苗栗縣	水稻	稉稻(蓬萊)	11359	51227
11	2013	彰化縣	水稻	稉稻(蓬萊)	35938	188168
12	2013	南投縣	水稻	稉稻(蓬萊)	4788	23926
13	2013	雲林縣	水稻	稉稻(蓬萊)	38942	219368
14	2013	嘉義縣	水稻	稉稻(蓬萊)	32142	134513
15	2013	屏東縣	水稻	稉稻(蓬萊)	6327	35129
16	2013	台東縣	水稻	稉稻(蓬萊)	12618	53807
17	2013	花蓮縣	水稻	稉稻(蓬萊)	16296	64342
18	2013	澎湖縣	水稻	稉稻(蓬萊)	0	0
19	2013	基隆市	水稻	稉稻(蓬萊)	0	0
20	2013	新竹市	水稻	稉稻(蓬萊)	1074	4384
21	2013	嘉義市	水稻	稉稻(蓬萊)	1109	4845
22				樣本標準差	=	

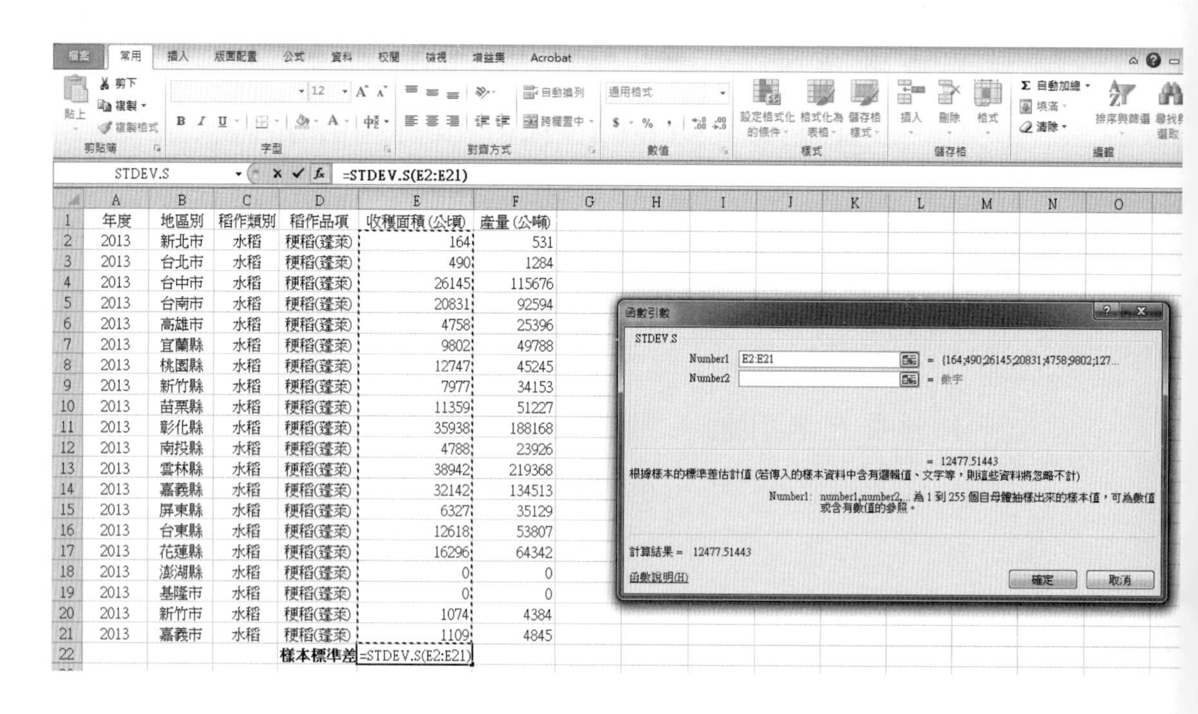

	A	B	C	D	E	F
1	年度	地區別	稻作類別	稻作品項	收穫面積 (公頃)	產量 (公噸)
2	2013	新北市	水稻	稉稻(蓬萊)	164	531
3	2013	台北市	水稻	稉稻(蓬萊)	490	1284
4	2013	台中市	水稻	稉稻(蓬萊)	26145	115676
5	2013	台南市	水稻	稉稻(蓬萊)	20831	92594
6	2013	高雄市	水稻	稉稻(蓬萊)	4758	25396
7	2013	宜蘭縣	水稻	稉稻(蓬萊)	9802	49788
8	2013	桃園縣	水稻	稉稻(蓬萊)	12747	45245
9	2013	新竹縣	水稻	稉稻(蓬萊)	7977	34153
10	2013	苗栗縣	水稻	稉稻(蓬萊)	11359	51227
11	2013	彰化縣	水稻	稉稻(蓬萊)	35938	188168
12	2013	南投縣	水稻	稉稻(蓬萊)	4788	23926
13	2013	雲林縣	水稻	稉稻(蓬萊)	38942	219368
14	2013	嘉義縣	水稻	稉稻(蓬萊)	32142	134513
15	2013	屏東縣	水稻	稉稻(蓬萊)	6327	35129
16	2013	台東縣	水稻	稉稻(蓬萊)	12618	53807
17	2013	花蓮縣	水稻	稉稻(蓬萊)	16296	64342
18	2013	澎湖縣	水稻	稉稻(蓬萊)	0	0
19	2013	基隆市	水稻	稉稻(蓬萊)	0	0
20	2013	新竹市	水稻	稉稻(蓬萊)	1074	4384
21	2013	嘉義市	水稻	稉稻(蓬萊)	1109	4845
22				樣本標準差	=STDEV.S(E2:E21)	

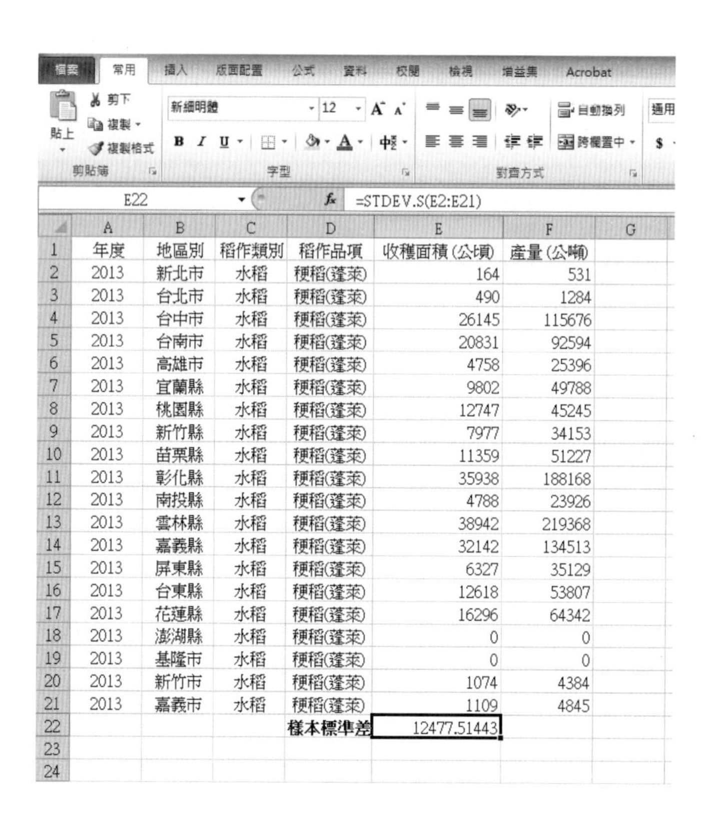

	A	B	C	D	E	F
1	年度	地區別	稻作類別	稻作品項	收穫面積 (公頃)	產量 (公噸)
2	2013	新北市	水稻	稉稻(蓬萊)	164	531
3	2013	台北市	水稻	稉稻(蓬萊)	490	1284
4	2013	台中市	水稻	稉稻(蓬萊)	26145	115676
5	2013	台南市	水稻	稉稻(蓬萊)	20831	92594
6	2013	高雄市	水稻	稉稻(蓬萊)	4758	25396
7	2013	宜蘭縣	水稻	稉稻(蓬萊)	9802	49788
8	2013	桃園縣	水稻	稉稻(蓬萊)	12747	45245
9	2013	新竹縣	水稻	稉稻(蓬萊)	7977	34153
10	2013	苗栗縣	水稻	稉稻(蓬萊)	11359	51227
11	2013	彰化縣	水稻	稉稻(蓬萊)	35938	188168
12	2013	南投縣	水稻	稉稻(蓬萊)	4788	23926
13	2013	雲林縣	水稻	稉稻(蓬萊)	38942	219368
14	2013	嘉義縣	水稻	稉稻(蓬萊)	32142	134513
15	2013	屏東縣	水稻	稉稻(蓬萊)	6327	35129
16	2013	台東縣	水稻	稉稻(蓬萊)	12618	53807
17	2013	花蓮縣	水稻	稉稻(蓬萊)	16296	64342
18	2013	澎湖縣	水稻	稉稻(蓬萊)	0	0
19	2013	基隆市	水稻	稉稻(蓬萊)	0	0
20	2013	新竹市	水稻	稉稻(蓬萊)	1074	4384
21	2013	嘉義市	水稻	稉稻(蓬萊)	1109	4845
22				樣本標準差	12477.51443	

八、變異係數(Coefficient of variation)

(一) 先算出所需計算資料的算術平均數及樣本標準差。

(二) 標準差/算術平均數*100%，即為變異係數。

【指令】ABS（樣本標準差/算術平均數）

（註：1.ABS(number)：number 取絕對值

2.更改變異係數之儲存格格式成【百分比】。）

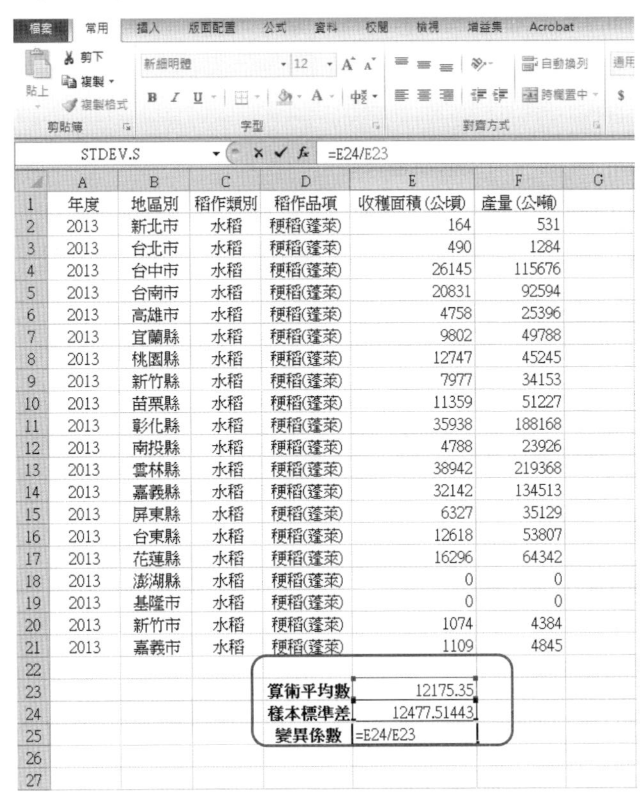

STDEV.S　=E24/E23

	A	B	C	D	E	F	G
1	年度	地區別	稻作類別	稻作品項	收穫面積(公頃)	產量(公噸)	
2	2013	新北市	水稻	稉稻(蓬萊)	164	531	
3	2013	台北市	水稻	稉稻(蓬萊)	490	1284	
4	2013	台中市	水稻	稉稻(蓬萊)	26145	115676	
5	2013	台南市	水稻	稉稻(蓬萊)	20831	92594	
6	2013	高雄市	水稻	稉稻(蓬萊)	4758	25396	
7	2013	宜蘭縣	水稻	稉稻(蓬萊)	9802	49788	
8	2013	桃園縣	水稻	稉稻(蓬萊)	12747	45245	
9	2013	新竹縣	水稻	稉稻(蓬萊)	7977	34153	
10	2013	苗栗縣	水稻	稉稻(蓬萊)	11359	51227	
11	2013	彰化縣	水稻	稉稻(蓬萊)	35938	188168	
12	2013	南投縣	水稻	稉稻(蓬萊)	4788	23926	
13	2013	雲林縣	水稻	稉稻(蓬萊)	38942	219368	
14	2013	嘉義縣	水稻	稉稻(蓬萊)	32142	134513	
15	2013	屏東縣	水稻	稉稻(蓬萊)	6327	35129	
16	2013	台東縣	水稻	稉稻(蓬萊)	12618	53807	
17	2013	花蓮縣	水稻	稉稻(蓬萊)	16296	64342	
18	2013	澎湖縣	水稻	稉稻(蓬萊)	0	0	
19	2013	基隆市	水稻	稉稻(蓬萊)	0	0	
20	2013	新竹市	水稻	稉稻(蓬萊)	1074	4384	
21	2013	嘉義市	水稻	稉稻(蓬萊)	1109	4845	
22							
23				算術平均數	12175.35		
24				樣本標準差	12477.51443		
25				變異係數	=E24/E23		
26							
27							

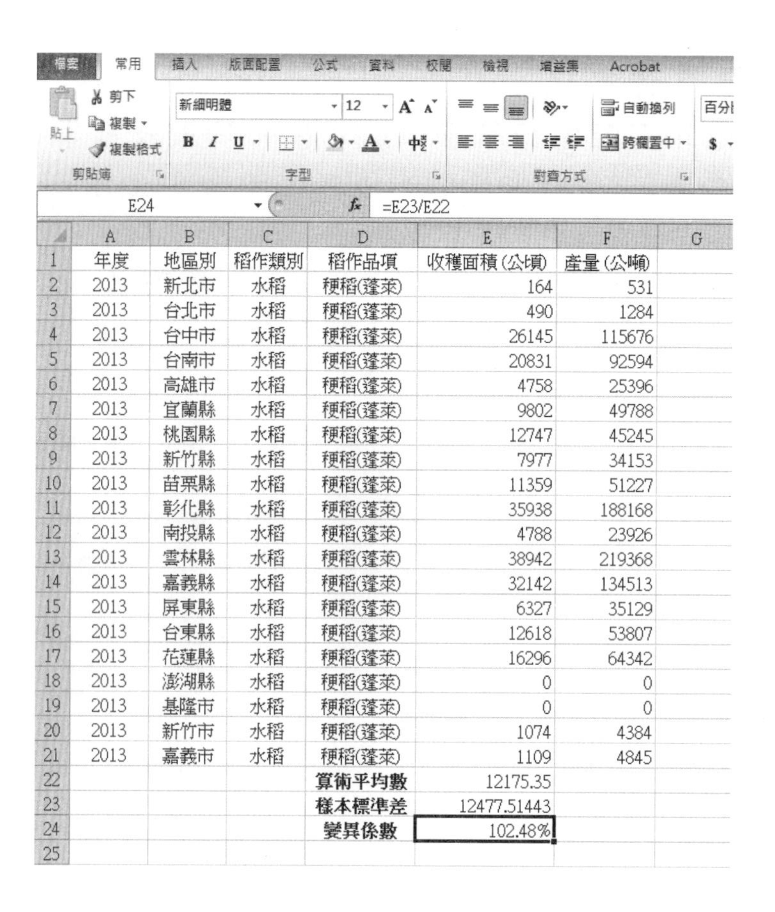

	A	B	C	D	E	F	G
1	年度	地區別	稻作類別	稻作品項	收穫面積(公頃)	產量(公噸)	
2	2013	新北市	水稻	粳稻(蓬萊)	164	531	
3	2013	台北市	水稻	粳稻(蓬萊)	490	1284	
4	2013	台中市	水稻	粳稻(蓬萊)	26145	115676	
5	2013	台南市	水稻	粳稻(蓬萊)	20831	92594	
6	2013	高雄市	水稻	粳稻(蓬萊)	4758	25396	
7	2013	宜蘭縣	水稻	粳稻(蓬萊)	9802	49788	
8	2013	桃園縣	水稻	粳稻(蓬萊)	12747	45245	
9	2013	新竹縣	水稻	粳稻(蓬萊)	7977	34153	
10	2013	苗栗縣	水稻	粳稻(蓬萊)	11359	51227	
11	2013	彰化縣	水稻	粳稻(蓬萊)	35938	188168	
12	2013	南投縣	水稻	粳稻(蓬萊)	4788	23926	
13	2013	雲林縣	水稻	粳稻(蓬萊)	38942	219368	
14	2013	嘉義縣	水稻	粳稻(蓬萊)	32142	134513	
15	2013	屏東縣	水稻	粳稻(蓬萊)	6327	35129	
16	2013	台東縣	水稻	粳稻(蓬萊)	12618	53807	
17	2013	花蓮縣	水稻	粳稻(蓬萊)	16296	64342	
18	2013	澎湖縣	水稻	粳稻(蓬萊)	0	0	
19	2013	基隆市	水稻	粳稻(蓬萊)	0	0	
20	2013	新竹市	水稻	粳稻(蓬萊)	1074	4384	
21	2013	嘉義市	水稻	粳稻(蓬萊)	1109	4845	
22				**算術平均數**	12175.35		
23				**樣本標準差**	12477.51443		
24				**變異係數**	102.48%		
25							

九、敘述統計表

斜述統計表為輸入範圍資料的單一變數統計報表，提供樣本資料的中央離差趨勢估計和變化的資訊。

(一) 在功能表中點選【資料】，再點選【資料分析】之工具。(如無【資料分析】之工具，則需新增【分析工具箱】。)

(二) 於對話框內點選【敘述統計】。

(三) 選取其輸入範圍(數值為縱軸方式呈現，則分組方式選擇【逐欄】；數值為橫軸方式呈現，分組方式則選擇【逐列】。)(如有選取第一列標題，須勾選【類別軸標記是在第一列上(L)】)，再點選所需輸出範圍的儲存格，並勾選【摘要統計】，即可完成。

年度	地區別	稻作類別	稻作品項	收穫面積(公頃)	產量(公噸)
2013	新北市	水稻	稉稻(蓬萊)	164	531
2013	台北市	水稻	稉稻(蓬萊)	490	1284
2013	台中市	水稻	稉稻(蓬萊)	26145	115676
2013	台南市	水稻	稉稻(蓬萊)	20831	92594
2013	高雄市	水稻	稉稻(蓬萊)	4758	25396
2013	宜蘭縣	水稻	稉稻(蓬萊)	9802	49788
2013	桃園縣	水稻	稉稻(蓬萊)	12747	45245
2013	新竹縣	水稻	稉稻(蓬萊)	7977	34153
2013	苗栗縣	水稻	稉稻(蓬萊)	11359	51227
2013	彰化縣	水稻	稉稻(蓬萊)	35938	188168
2013	南投縣	水稻	稉稻(蓬萊)	4788	23926
2013	雲林縣	水稻	稉稻(蓬萊)	38942	219368
2013	嘉義縣	水稻	稉稻(蓬萊)	32142	134513
2013	屏東縣	水稻	稉稻(蓬萊)	6327	35129
2013	台東縣	水稻	稉稻(蓬萊)	12618	53807
2013	花蓮縣	水稻	稉稻(蓬萊)	16296	64342
2013	澎湖縣	水稻	稉稻(蓬萊)	0	0
2013	基隆市	水稻	稉稻(蓬萊)	0	0
2013	新竹市	水稻	稉稻(蓬萊)	1074	4384
2013	嘉義市	水稻	稉稻(蓬萊)	1109	4845

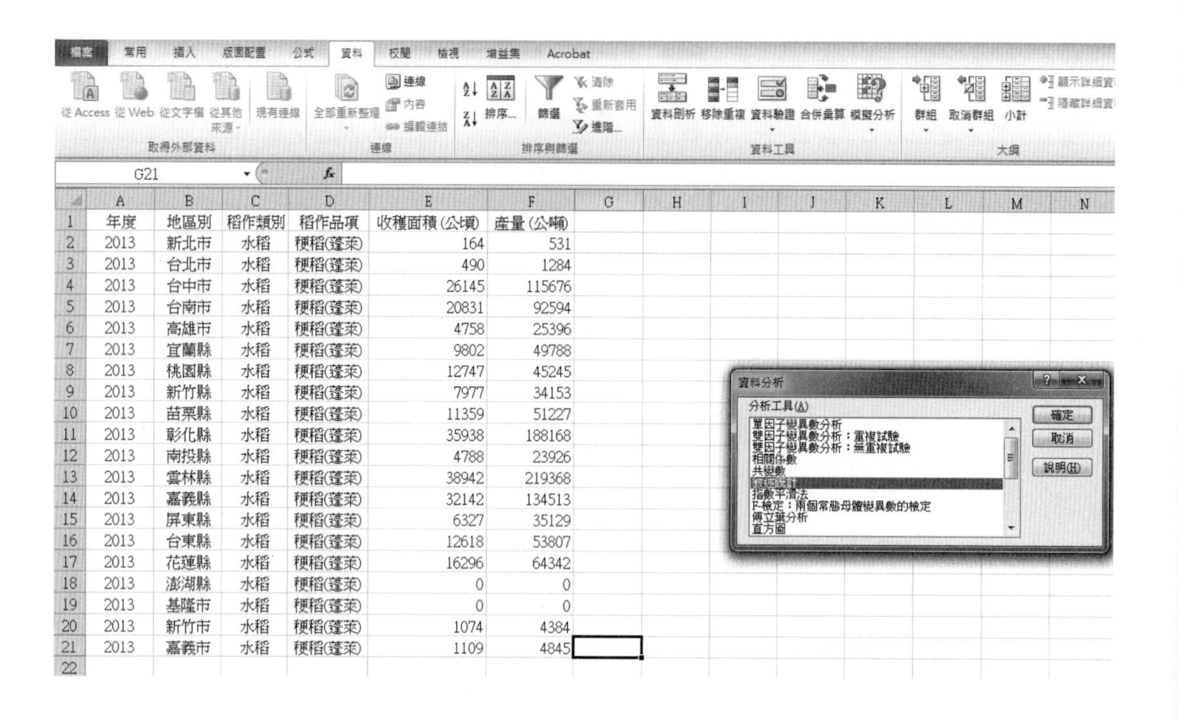

	A	B	C	D	E	F
1	年度	地區別	稻作類別	稻作品項	收穫面積(公頃)	產量(公噸)
2	2013	新北市	水稻	稉稻(蓬萊)	164	531
3	2013	台北市	水稻	稉稻(蓬萊)	490	1284
4	2013	台中市	水稻	稉稻(蓬萊)	26145	115676
5	2013	台南市	水稻	稉稻(蓬萊)	20831	92594
6	2013	高雄市	水稻	稉稻(蓬萊)	4758	25396
7	2013	宜蘭縣	水稻	稉稻(蓬萊)	9802	49788
8	2013	桃園縣	水稻	稉稻(蓬萊)	12747	45245
9	2013	新竹縣	水稻	稉稻(蓬萊)	7977	34153
10	2013	苗栗縣	水稻	稉稻(蓬萊)	11359	51227
11	2013	彰化縣	水稻	稉稻(蓬萊)	35938	188168
12	2013	南投縣	水稻	稉稻(蓬萊)	4788	23926
13	2013	雲林縣	水稻	稉稻(蓬萊)	38942	219368
14	2013	嘉義縣	水稻	稉稻(蓬萊)	32142	134513
15	2013	屏東縣	水稻	稉稻(蓬萊)	6327	35129
16	2013	台東縣	水稻	稉稻(蓬萊)	12618	53807
17	2013	花蓮縣	水稻	稉稻(蓬萊)	16296	64342
18	2013	澎湖縣	水稻	稉稻(蓬萊)	0	0
19	2013	基隆市	水稻	稉稻(蓬萊)	0	0
20	2013	新竹市	水稻	稉稻(蓬萊)	1074	4384
21	2013	嘉義市	水稻	稉稻(蓬萊)	1109	4845

	A	B	C	D	E	F
1	年度	地區別	稻作類別	稻作品項	收穫面積(公頃)	產量(公噸)
2	2013	新北市	水稻	稉稻(蓬萊)	164	531
3	2013	台北市	水稻	稉稻(蓬萊)	490	1284
4	2013	台中市	水稻	稉稻(蓬萊)	26145	115676
5	2013	台南市	水稻	稉稻(蓬萊)	20831	92594
6	2013	高雄市	水稻	稉稻(蓬萊)	4758	25396
7	2013	宜蘭縣	水稻	稉稻(蓬萊)	9802	49788
8	2013	桃園縣	水稻	稉稻(蓬萊)	12747	45245
9	2013	新竹縣	水稻	稉稻(蓬萊)	7977	34153
10	2013	苗栗縣	水稻	稉稻(蓬萊)	11359	51227
11	2013	彰化縣	水稻	稉稻(蓬萊)	35938	188168
12	2013	南投縣	水稻	稉稻(蓬萊)	4788	23926
13	2013	雲林縣	水稻	稉稻(蓬萊)	38942	219368
14	2013	嘉義縣	水稻	稉稻(蓬萊)	32142	134513
15	2013	屏東縣	水稻	稉稻(蓬萊)	6327	35129
16	2013	台東縣	水稻	稉稻(蓬萊)	12618	53807
17	2013	花蓮縣	水稻	稉稻(蓬萊)	16296	64342
18	2013	澎湖縣	水稻	稉稻(蓬萊)	0	0
19	2013	基隆市	水稻	稉稻(蓬萊)	0	0
20	2013	新竹市	水稻	稉稻(蓬萊)	1074	4384
21	2013	嘉義市	水稻	稉稻(蓬萊)	1109	4845

	A	B	C	D	E	F
1	年度	地區別	稻作類別	稻作品項	收穫面積(公頃)	產量(公噸)
2	2013	新北市	水稻	稉稻(蓬萊)	164	531
3	2013	台北市	水稻	稉稻(蓬萊)	490	1284
4	2013	台中市	水稻	稉稻(蓬萊)	26145	115676
5	2013	台南市	水稻	稉稻(蓬萊)	20831	92594
6	2013	高雄市	水稻	稉稻(蓬萊)	4758	25396
7	2013	宜蘭縣	水稻	稉稻(蓬萊)	9802	49788
8	2013	桃園縣	水稻	稉稻(蓬萊)	12747	45245
9	2013	新竹縣	水稻	稉稻(蓬萊)	7977	34153
10	2013	苗栗縣	水稻	稉稻(蓬萊)	11359	51227
11	2013	彰化縣	水稻	稉稻(蓬萊)	35938	188168
12	2013	南投縣	水稻	稉稻(蓬萊)	4788	23926
13	2013	雲林縣	水稻	稉稻(蓬萊)	38942	219368
14	2013	嘉義縣	水稻	稉稻(蓬萊)	32142	134513
15	2013	屏東縣	水稻	稉稻(蓬萊)	6327	35129
16	2013	台東縣	水稻	稉稻(蓬萊)	12618	53807
17	2013	花蓮縣	水稻	稉稻(蓬萊)	16296	64342
18	2013	澎湖縣	水稻	稉稻(蓬萊)	0	0
19	2013	基隆市	水稻	稉稻(蓬萊)	0	0
20	2013	新竹市	水稻	稉稻(蓬萊)	1074	4384
21	2013	嘉義市	水稻	稉稻(蓬萊)	1109	4845

收穫面積(公頃)		產量(公噸)	
平均數	12175.35	平均數	57218.8
標準誤	2790.057	標準誤	14137.09
中間值	8889.5	中間值	40187
眾數	0	眾數	0
標準差	12477.51	標準差	63222.99
變異數	1.56E+08	變異數	4E+09
峰度	-0.09342	峰度	1.406946
偏態	1.000621	偏態	1.410986
範圍	38942	範圍	219368
最小值	0	最小值	0
最大值	38942	最大值	219368
總和	243507	總和	1144376
個數	20	個數	20

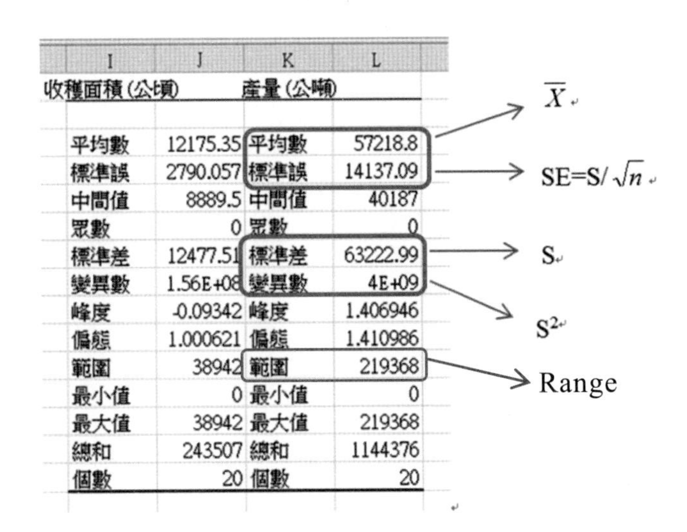

收穫面積(公頃)		產量(公噸)	
平均數	12175.35	平均數	57218.8
標準誤	2790.057	標準誤	14137.09
中間值	8889.5	中間值	40187
眾數	0	眾數	0
標準差	12477.51	標準差	63222.99
變異數	1.56E+08	變異數	4E+09
峰度	-0.09342	峰度	1.406946
偏態	1.000621	偏態	1.410986
範圍	38942	範圍	219368
最小值	0	最小值	0
最大值	38942	最大值	219368
總和	243507	總和	1144376
個數	20	個數	20

十、統計圖（以 Excel 2010 版本為例）

(一) 直條圖

適用類別資料與離散資料。

1. 點選【插入】功能表上的【直條圖】。
2. 於工具列上或空白圖中按滑鼠右鍵，點【選取資料】。
3. 圈選所需要計算的儲存格，按下【確定】後即可完成。（欲切換圖例與水平座標軸之呈現方式，則點選【切換列/欄】即可。）

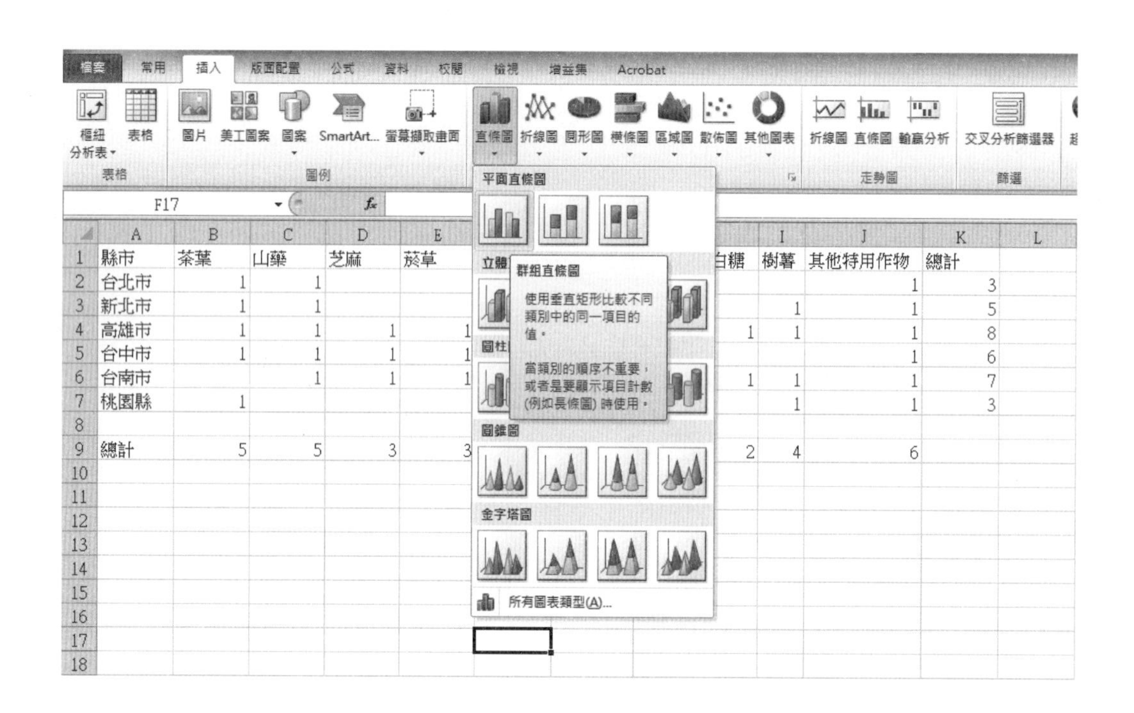

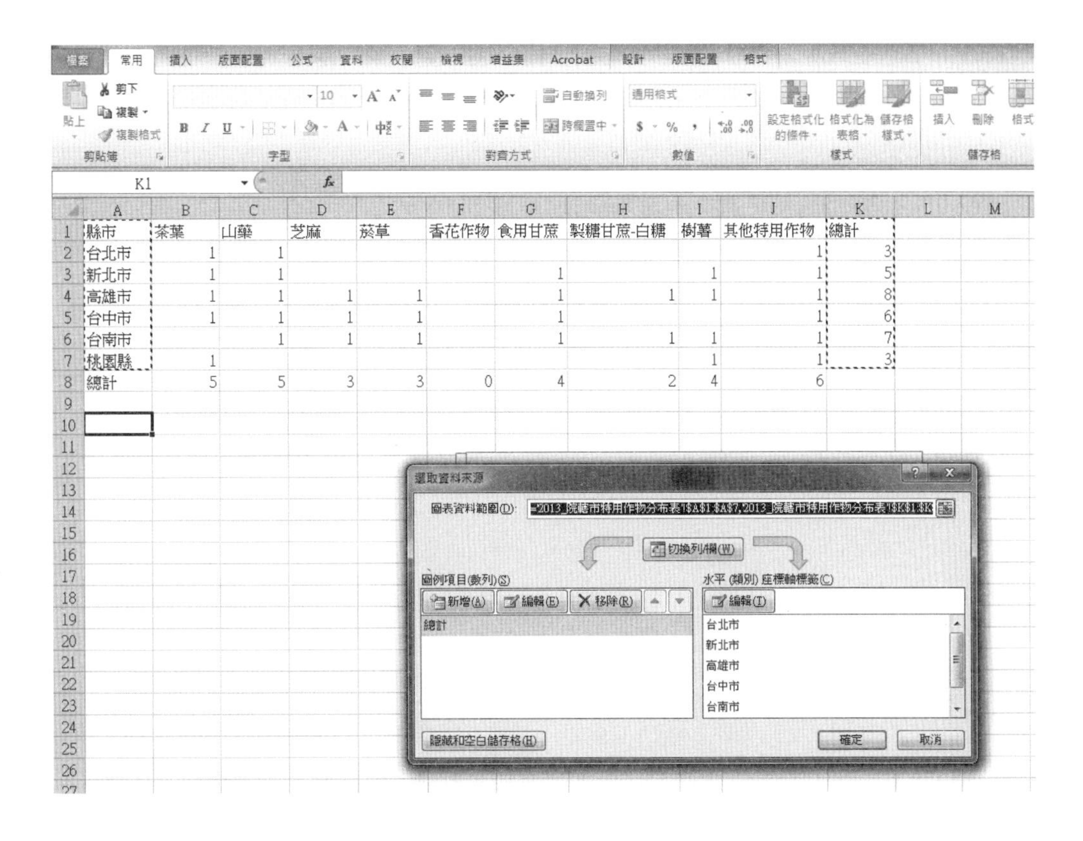
選取資料來源
圖表資料範圍(D):
切換列/欄(W)
圖例項目(數列)(S)
新增(A)
編輯(E)
移除(R)
總計
水平 (類別) 座標軸標籤(C)
編輯(T)
台北市
新北市
高雄市
台中市
台南市
隱藏和空白儲存格(H)
確定
取消

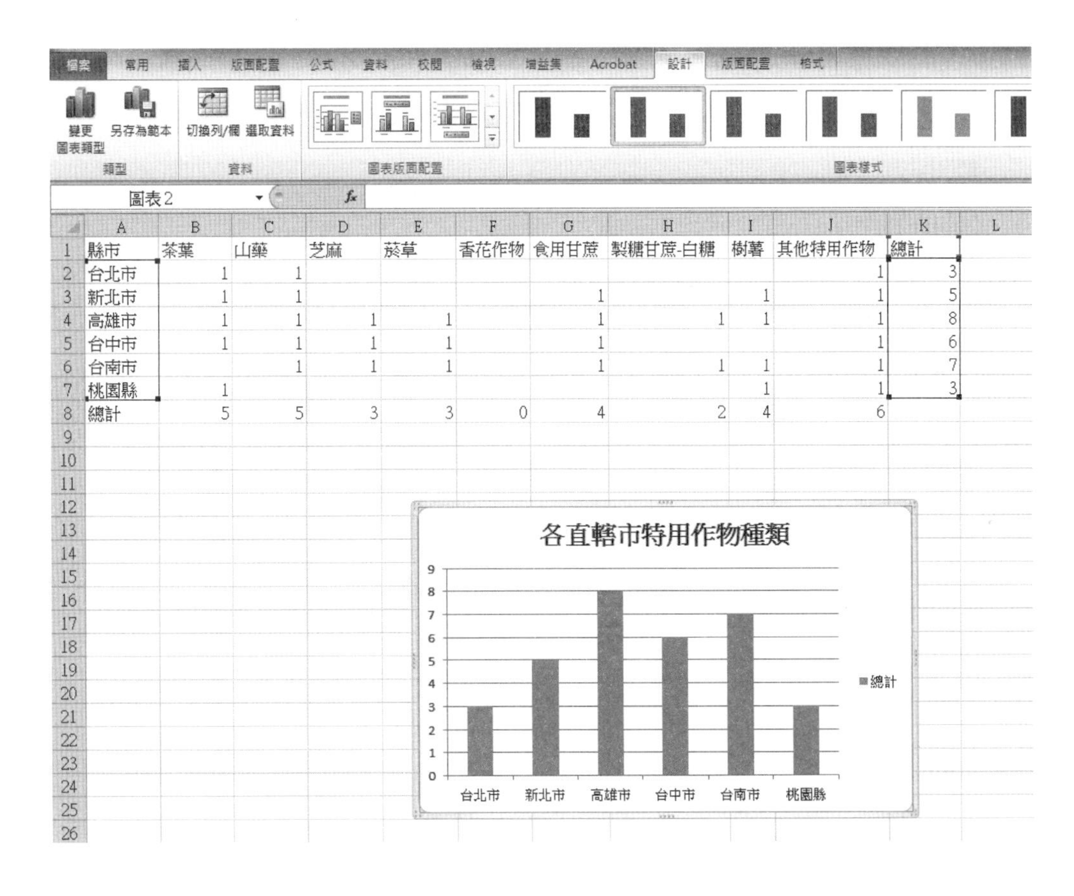
各直轄市特用作物種類
總計
台北市
新北市
高雄市
台中市
台南市
桃園縣

(二) 圓餅圖

適用類別資料與離散資料。

1. 點選【插入】功能表上的【圓形圖】。
2. 於工具列上或空白圖中按滑鼠右鍵，點【選取資料】。
3. 圈選所需要計算的儲存格，按下【確定】後即可完成。（欲切換圖例與水平座標軸之呈現方式，則點選【切換列/欄】即可。）

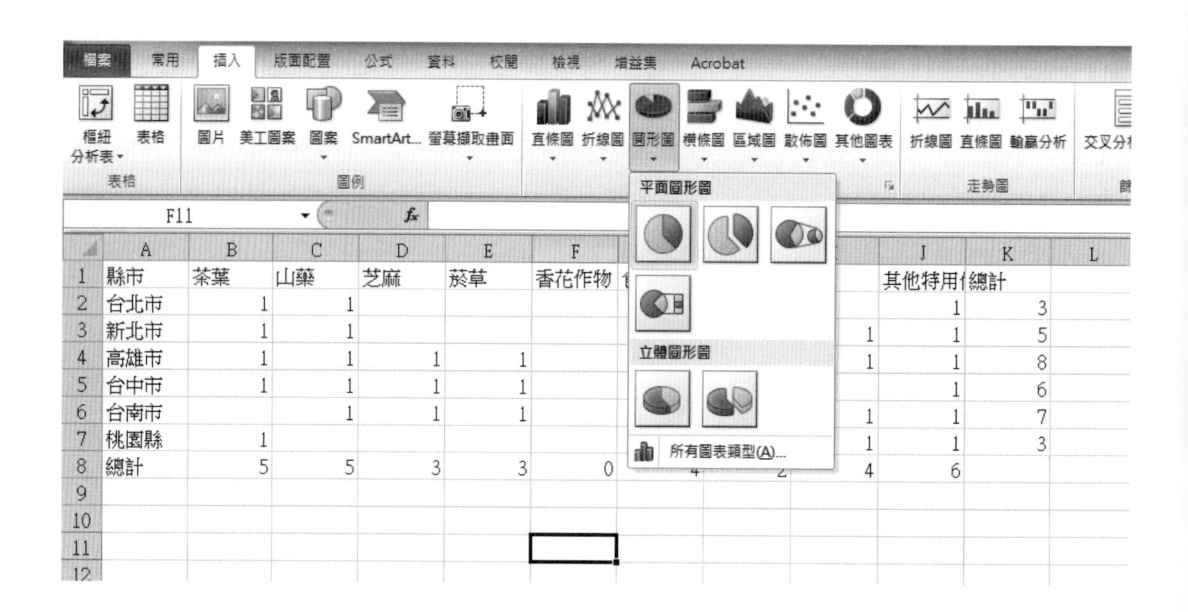

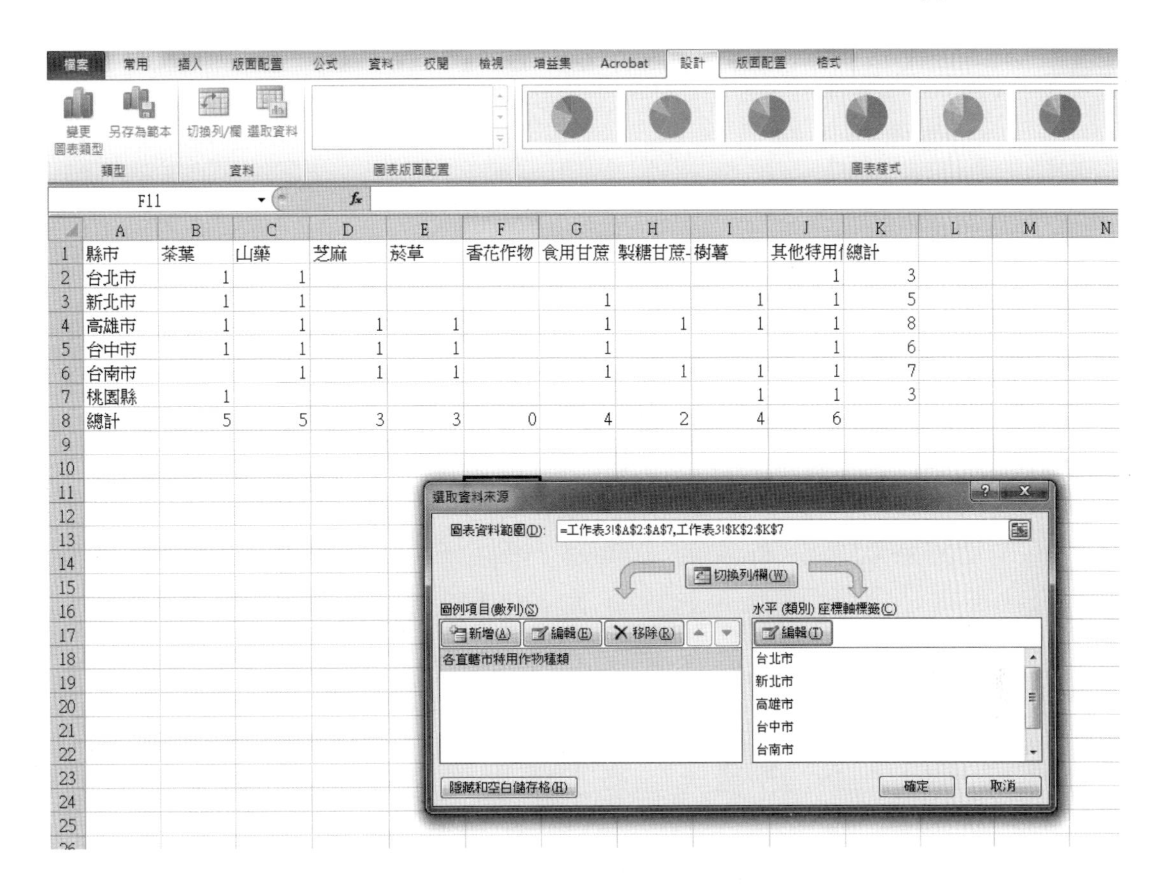
選取資料來源
圖表資料範圍(D): =工作表3!$A$2:$A$7,工作表3!$K$2:$K$7
切換列/欄(W)
圖例項目(數列)(S)
新增(A)
編輯(E)
移除(R)
各直轄市特用作物種類
水平 (類別) 座標軸標籤(C)
編輯(T)
台北市
新北市
高雄市
台中市
台南市
隱藏和空白儲存格(H)
確定
取消

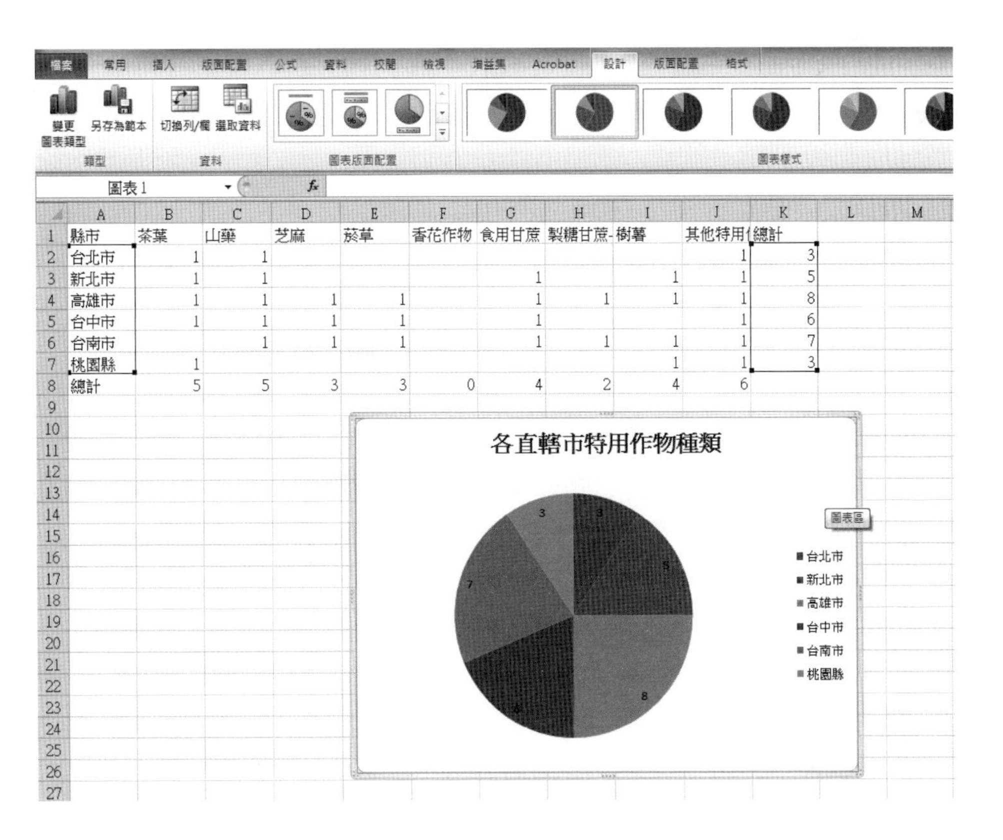
各直轄市特用作物種類
台北市
新北市
高雄市
台中市
台南市
桃園縣
圖表區

(三) 直方圖

適用於連續性資料。

1. 將資料的上、下限組界分出，或將上、下組界分成組值。
2. 點選【資料】功能表上的【資料分析】，再點選【直方圖】。
3. 輸入所需資料的範圍，僅圈選資料即可，再圈選『**上組界**』範圍。如有圈選到文字標題，則需勾選【標記】。
4. 點選輸出範圍的儲存格，再勾選【圖表輸出】。如未勾選【圖表輸出】，則只呈現次數分布表。
5. 將次數分布表的『其他』欄位刪除，並將【資料數列格式】中的『類別間距』改為 0%（無間距）。
6. 最後將次數分布表之上組界改為**組界範圍**或**組值**，使直方圖 X 軸呈現組界範圍或組值。

例：抽取 25 個大二學生之生物統計學成績，製作直方圖。

75、69、82、65、63、90、86、71、66、96、54、67、87、55、61、78、82、88、90、68、59、43、76、77、93

(1)上下組界

A12 | f_x 55

	A	B	C	D	E	F	G	H	I	J	K	L
1	成績						全距	53		下組界	上組界	
2	75	90	54	78	59		組距	10		40.5	50.5	
3	69	86	67	82	43		組數	53/10=5.3	約分為6組	50.5	60.5	
4	82	71	87	88	76					60.5	70.5	
5	65	66	55	90	77					70.5	80.5	
6	63	96	61	68	93					80.5	90.5	
7										90.5	100.5	
8												

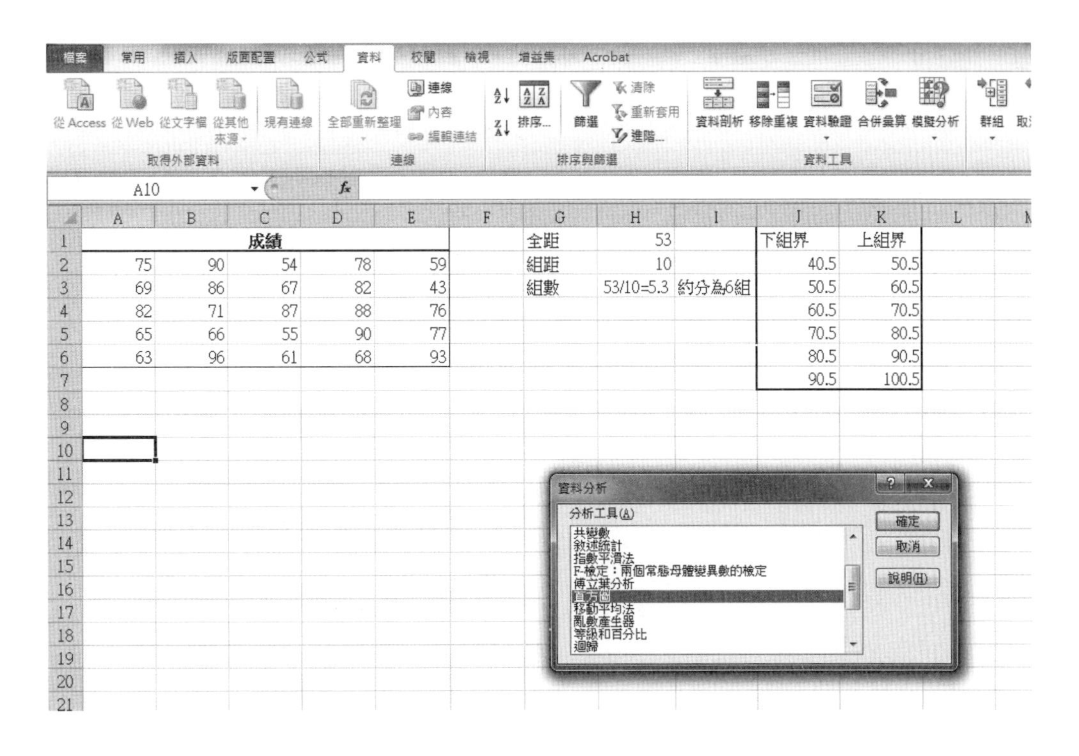
檔案
常用
插入
版面配置
公式
資料
校閱
檢視
增益集
Acrobat
從 Access
從 Web
從文字檔
從其他來源
現有連線
取得外部資料
全部重新整理
連線
內容
編輯連結
排序...
篩選
清除
重新套用
進階...
排序與篩選
資料剖析
移除重複
資料驗證
合併彙算
模擬分析
資料工具
群組
A10
成績
75 90 54 78 59
69 86 67 82 43
82 71 87 88 76
65 66 55 90 77
63 96 61 68 93
全距 53
組距 10
組數 53/10=5.3 約分為6組
下組界
上組界
40.5 50.5
50.5 60.5
60.5 70.5
70.5 80.5
80.5 90.5
90.5 100.5
資料分析
分析工具(A)
共變數
敘述統計
指數平滑法
F-檢定：兩個常態母體變異數的檢定
傅立葉分析
直方圖
移動平均法
亂數產生器
等級和百分比
迴歸
確定
取消
說明(H)

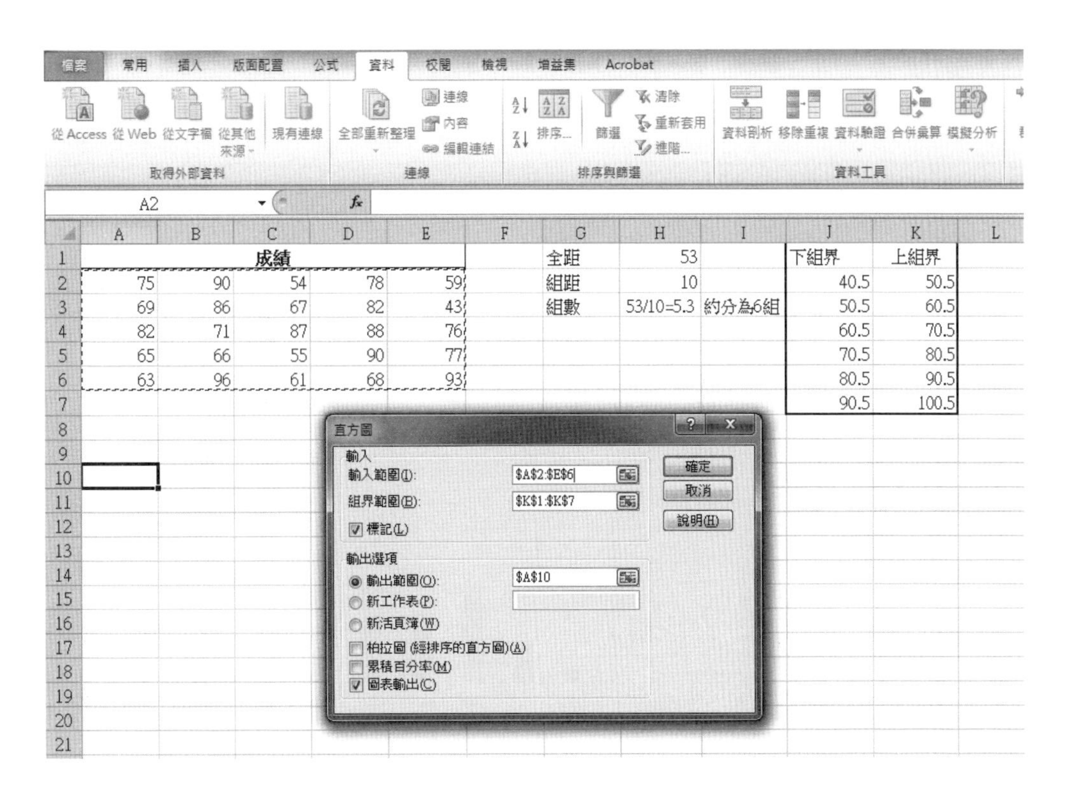
檔案
常用
插入
版面配置
公式
資料
校閱
檢視
增益集
Acrobat
從 Access
從 Web
從文字檔
從其他來源
現有連線
取得外部資料
全部重新整理
連線
內容
編輯連結
排序...
篩選
清除
重新套用
進階...
排序與篩選
資料剖析
移除重複
資料驗證
合併彙算
模擬分析
資料工具
A2
成績
75 90 54 78 59
69 86 67 82 43
82 71 87 88 76
65 66 55 90 77
63 96 61 68 93
全距 53
組距 10
組數 53/10=5.3 約分為6組
下組界
上組界
40.5 50.5
50.5 60.5
60.5 70.5
70.5 80.5
80.5 90.5
90.5 100.5
直方圖
輸入
輸入範圍(I): $A$2:$E$6
組界範圍(B): $K$1:$K$7
標記(L)
輸出選項
輸出範圍(O): $A$10
新工作表(P):
新活頁簿(W)
柏拉圖 (經排序的直方圖)(A)
累積百分率(M)
圖表輸出(C)
確定
取消
說明(H)

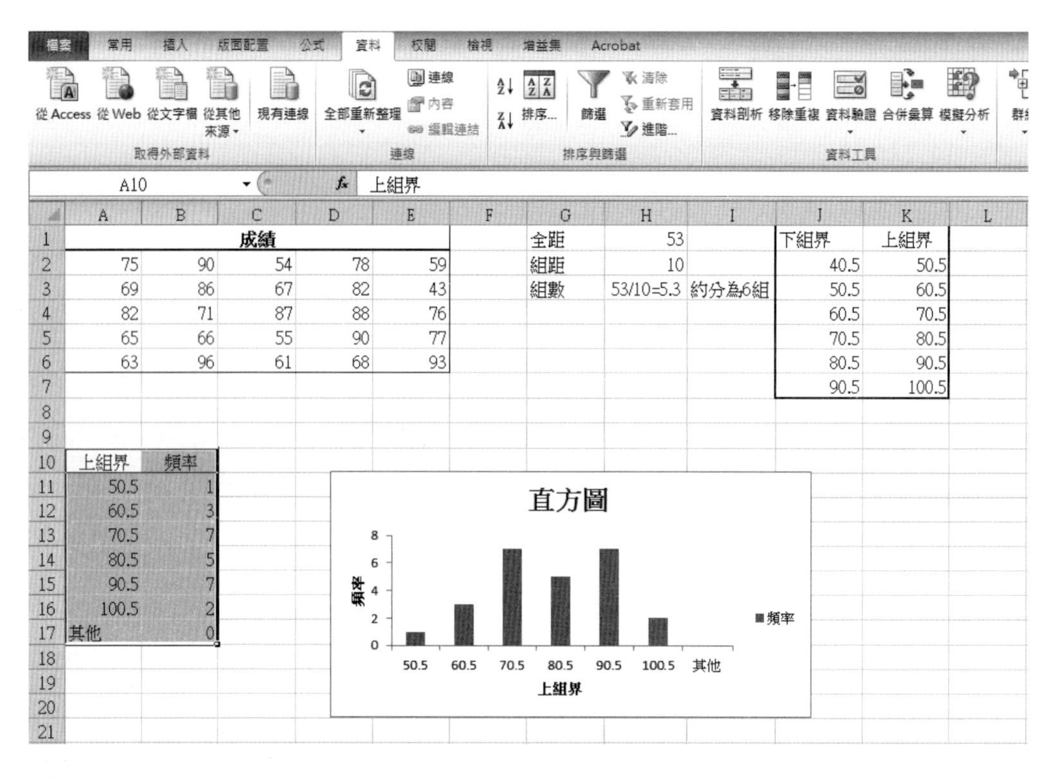

檔案 常用 插入 版面配置 公式 資料 校閱 檢視 增益集 Acrobat
從 Access 從 Web 從文字檔 從其他來源 現有連線 全部重新整理 連線 內容 編輯連結 排序... 篩選 清除 重新套用 進階... 資料剖析 移除重複 資料驗證 合併彙算 模擬分析
取得外部資料 連線 排序與篩選 資料工具
A10 上組界
成績
75 90 54 78 59
69 86 67 82 43
82 71 87 88 76
65 66 55 90 77
63 96 61 68 93
全距 53
組距 10
組數 53/10=5.3 約分為6組
下組界 上組界
40.5 50.5
50.5 60.5
60.5 70.5
70.5 80.5
80.5 90.5
90.5 100.5
上組界 頻率
50.5 1
60.5 3
70.5 7
80.5 5
90.5 7
100.5 2
其他 0
直方圖
頻率
上組界
50.5 60.5 70.5 80.5 90.5 100.5 其他
■頻率

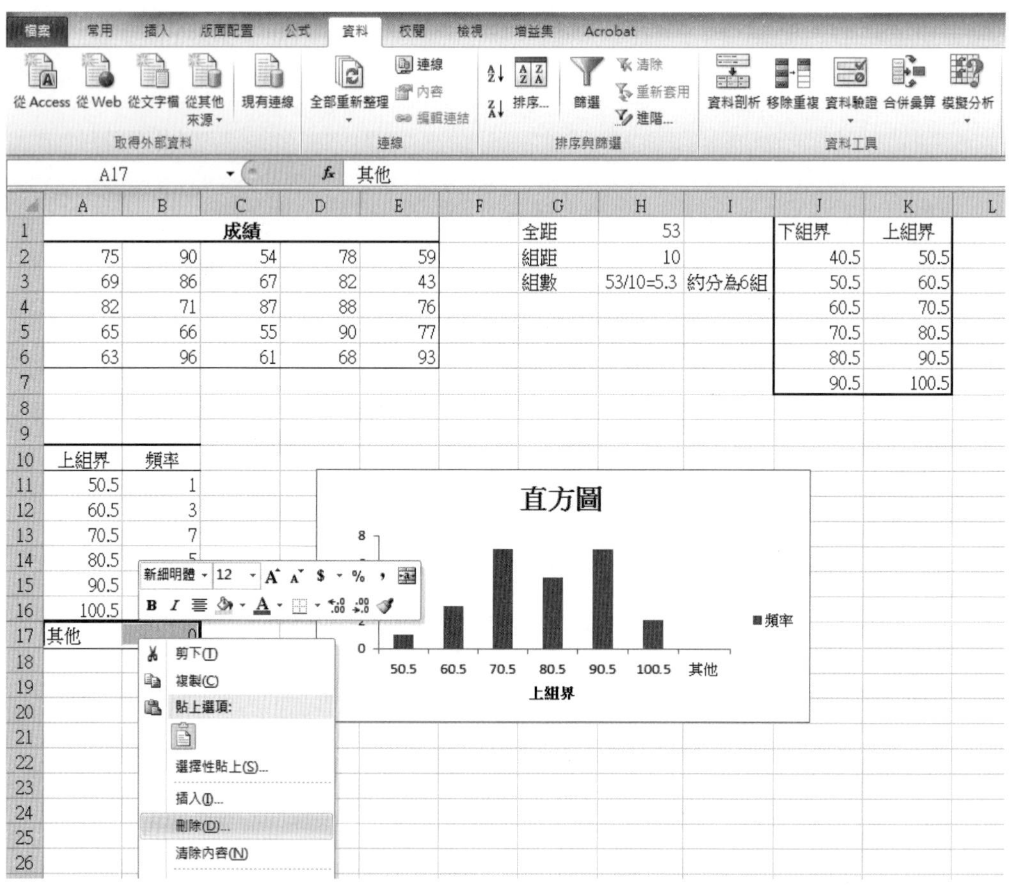

檔案 常用 插入 版面配置 公式 資料 校閱 檢視 增益集 Acrobat
A17 其他
成績
全距 53
組距 10
組數 53/10=5.3 約分為6組
下組界 上組界
上組界 頻率
50.5 1
60.5 3
70.5 7
80.5
90.5
100.5
其他 0
新細明體 12
剪下(T)
複製(C)
貼上選項:
選擇性貼上(S)...
插入(I)...
刪除(D)...
清除內容(N)
直方圖
上組界
■頻率

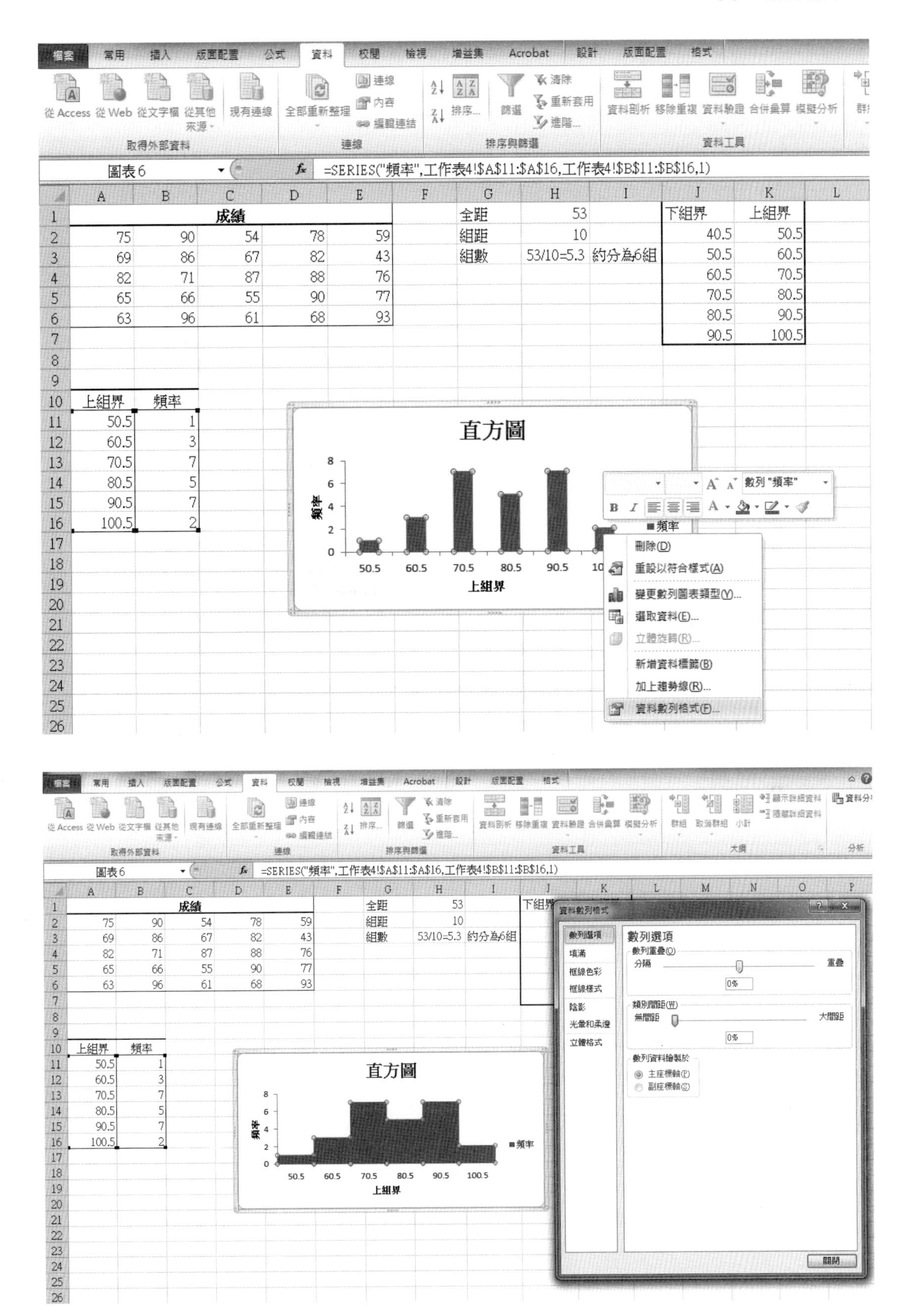
檔案 常用 插入 版面配置 公式 資料 校閱 檢視 增益集 Acrobat 設計 版面配置 格式
從 Access 從 Web 從文字檔 從其他來源 現有連線 全部重新整理 連線 內容 編輯連結 排序... 篩選 清除 重新套用 進階... 資料剖析 移除重複 資料驗證 合併彙算 模擬分析
取得外部資料 連線 排序與篩選 資料工具
圖表 6
=SERIES("頻率",工作表4!$A$11:$A$16,工作表4!$B$11:$B$16,1)
成績
75 90 54 78 59
69 86 67 82 43
82 71 87 88 76
65 66 55 90 77
63 96 61 68 93
全距 53
組距 10
組數 53/10=5.3 約分為6組
下組界 上組界
40.5 50.5
50.5 60.5
60.5 70.5
70.5 80.5
80.5 90.5
90.5 100.5
上組界 頻率
50.5 1
60.5 3
70.5 7
80.5 5
90.5 7
100.5 2
直方圖
頻率
上組界
數列 "頻率"
刪除(D)
重設以符合樣式(A)
變更數列圖表類型(Y)...
選取資料(E)...
立體旋轉(R)...
新增資料標籤(B)
加上趨勢線(R)...
資料數列格式(F)...
資料數列格式
數列選項
填滿
框線色彩
框線樣式
陰影
光暈和柔邊
立體格式
數列重疊(O)
分隔 重疊
0%
類別間距(W)
無間距 大間距
0%
數列資料繪製於
主座標軸(P)
副座標軸(S)
關閉

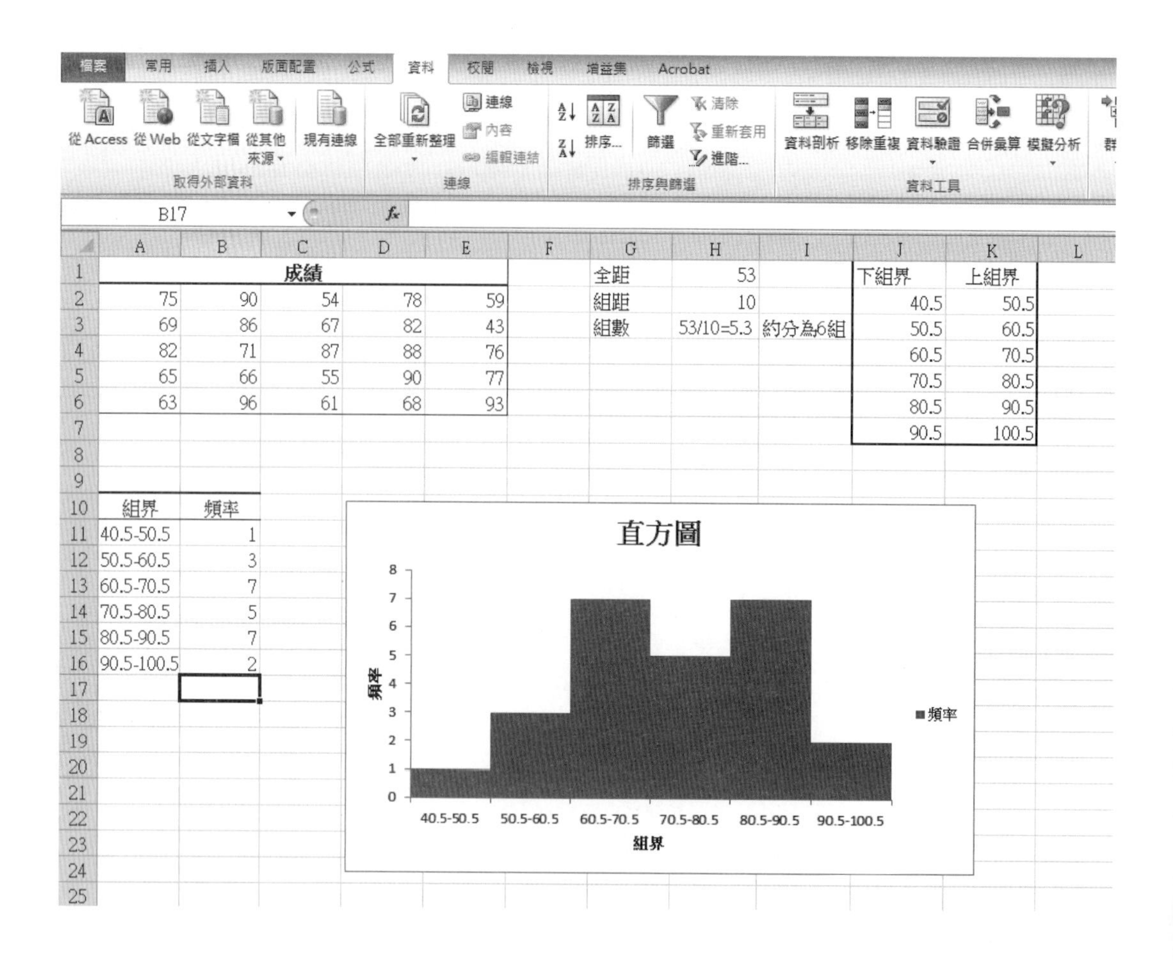

檔案 常用 插入 版面配置 公式 資料 校閱 檢視 增益集 Acrobat
從 Access 從 Web 從文字檔 從其他來源 現有連線 全部重新整理 連線 內容 編輯連結 排序... 篩選 清除 重新套用 進階... 資料剖析 移除重複 資料驗證 合併彙算 模擬分析
取得外部資料 連線 排序與篩選 資料工具
B17
成績
75 90 54 78 59
69 86 67 82 43
82 71 87 88 76
65 66 55 90 77
63 96 61 68 93
全距 53
組距 10
組數 53/10=5.3 約分為6組
下組界 上組界
40.5 50.5
50.5 60.5
60.5 70.5
70.5 80.5
80.5 90.5
90.5 100.5
組界 頻率
40.5-50.5 1
50.5-60.5 3
60.5-70.5 7
70.5-80.5 5
80.5-90.5 7
90.5-100.5 2
直方圖
頻率
組界
■頻率

(2)組值（上、下組界之平均數）

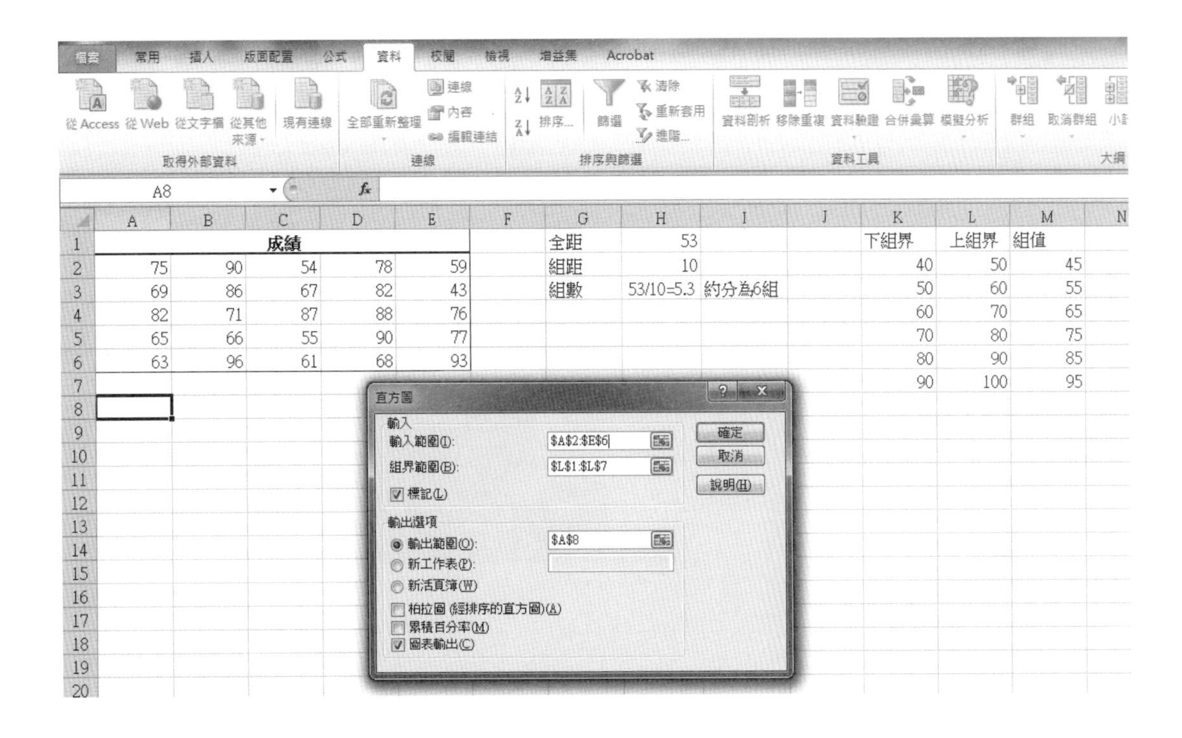

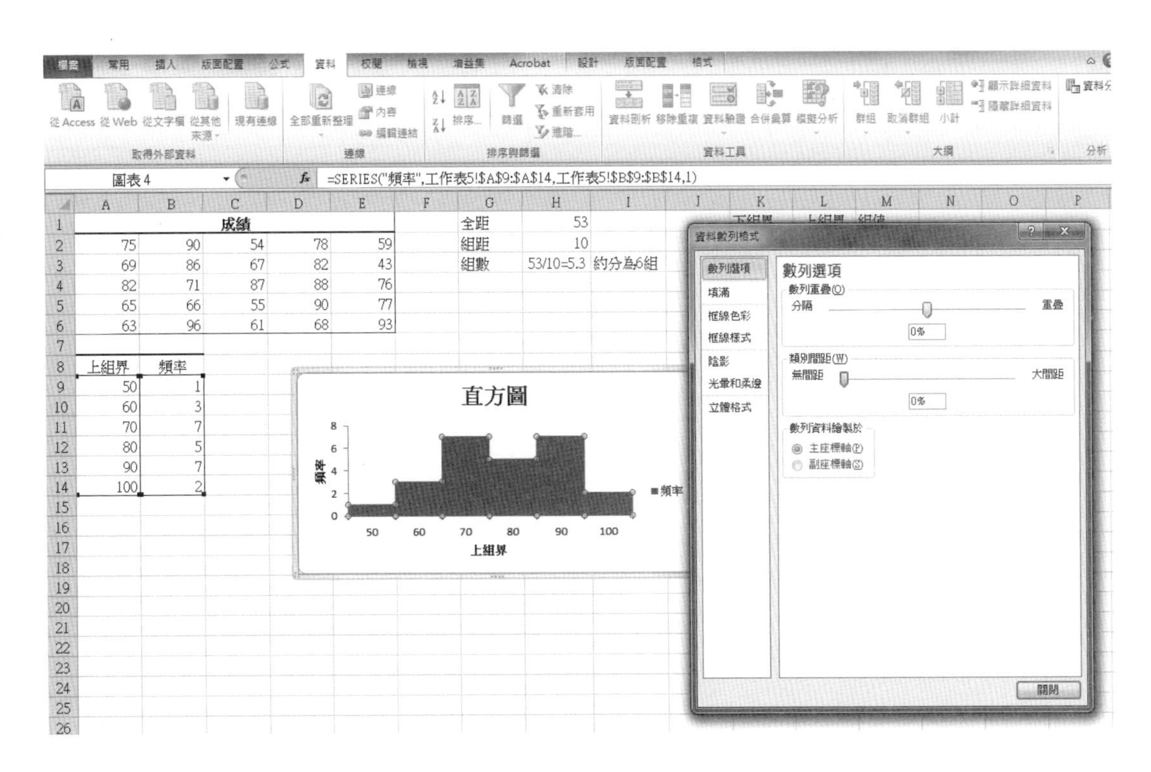

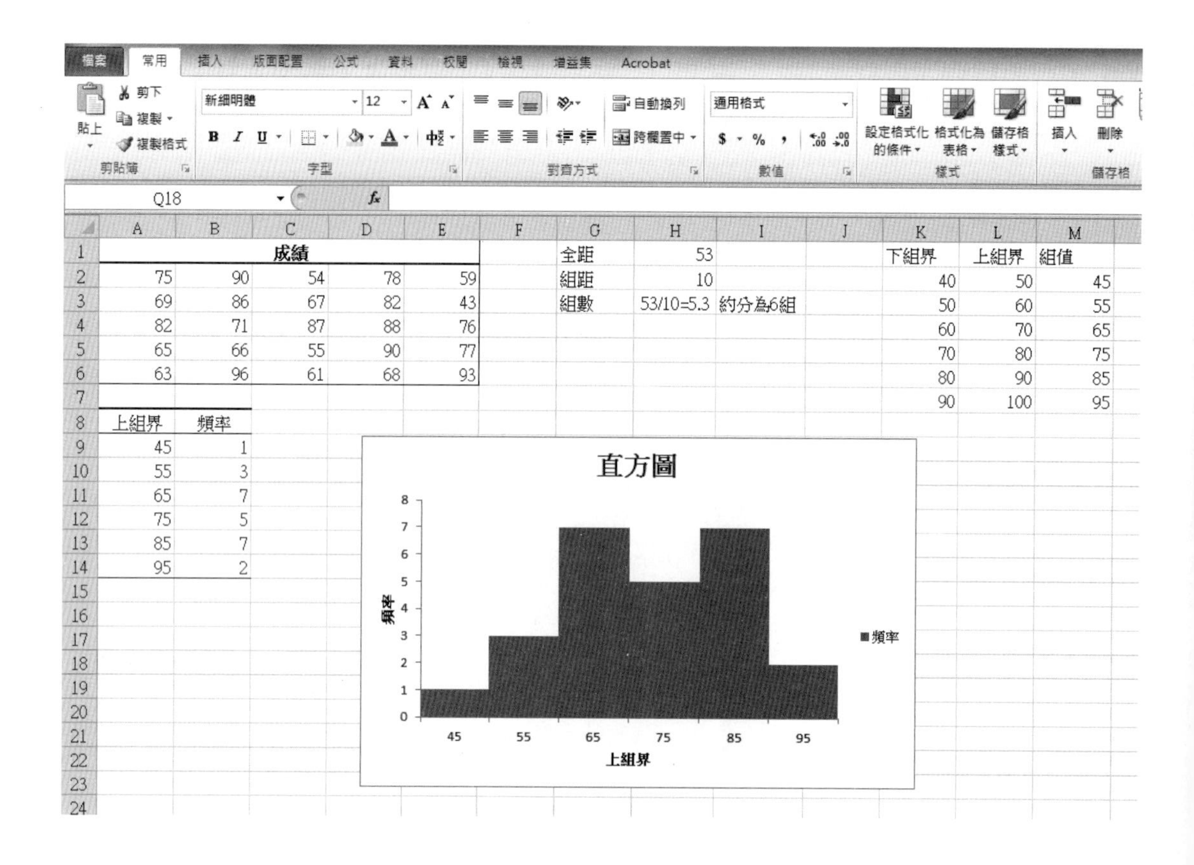

成績				
75	90	54	78	59
69	86	67	82	43
82	71	87	88	76
65	66	55	90	77
63	96	61	68	93

全距	53	
組距	10	
組數	53/10=5.3	約分為6組

下組界	上組界	組值
40	50	45
50	60	55
60	70	65
70	80	75
80	90	85
90	100	95

上組界	頻率
45	1
55	3
65	7
75	5
85	7
95	2

(四) 多邊圖

適用於連續型資料。

1. 點選【資料】功能表上的【資料分析】，再點選【直方圖】。
2. 輸入所需資料的範圍，再圈選『**上組界**』範圍。如有圈選到文字標題，則需勾選【標記】。
3. 點選輸出範圍的儲存格，不須勾選【圖表輸出】，只呈現次數分布表。
4. 將次數分布表的『其他』欄位刪除，且將上組界改為**組界範圍**。
5. 點選【插入】功能表上的【折線圖】。
6. 於空白圖上按滑鼠右鍵，點【選取資料】，圈選次數分布表的儲存格，按下【確定】後即可完成。

例：抽取 25 個大二學生之生物統計學成績，製作多邊圖。

75、69、82、65、63、90、86、71、66、96、54、67、87、55、61、78、82、88、90、68、59、43、76、77、93

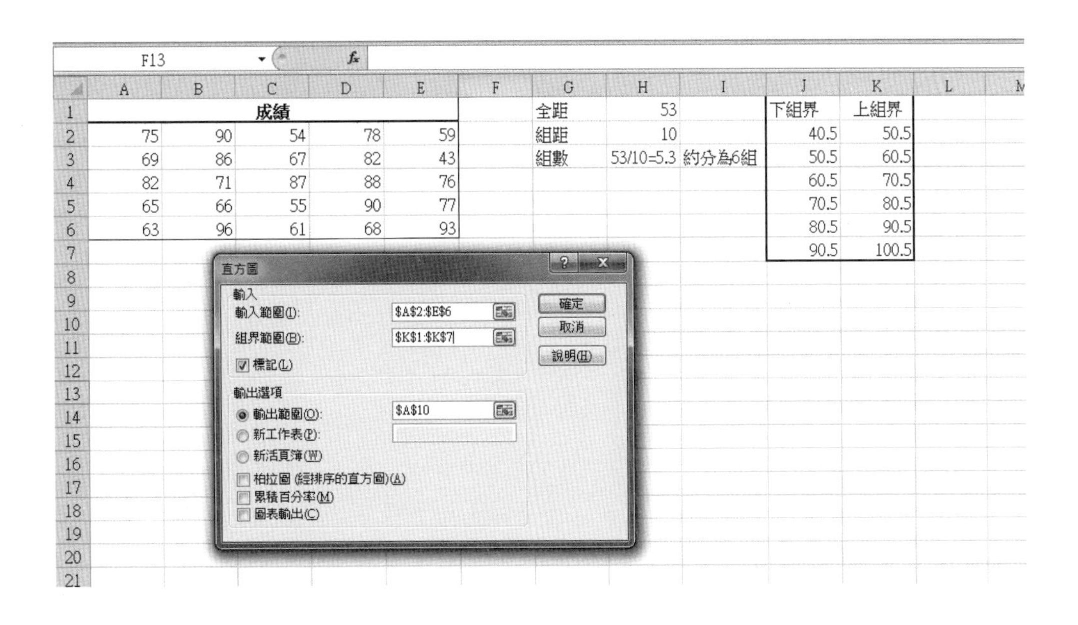

C17

	A	B	C	D	E	F	G	H	I	J	K	L
1			成績				全距	53		下組界	上組界	
2	75	90	54	78	59		組距	10		40.5	50.5	
3	69	86	67	82	43		組數	53/10=5.3	約分為6組	50.5	60.5	
4	82	71	87	88	76					60.5	70.5	
5	65	66	55	90	77					70.5	80.5	
6	63	96	61	68	93					80.5	90.5	
7										90.5	100.5	
8												
9												
10	上組界	頻率										
11	50.5	1										
12	60.5	3										
13	70.5	7										
14	80.5	5										
15	90.5	7										
16	100.5	2										
17												
18												

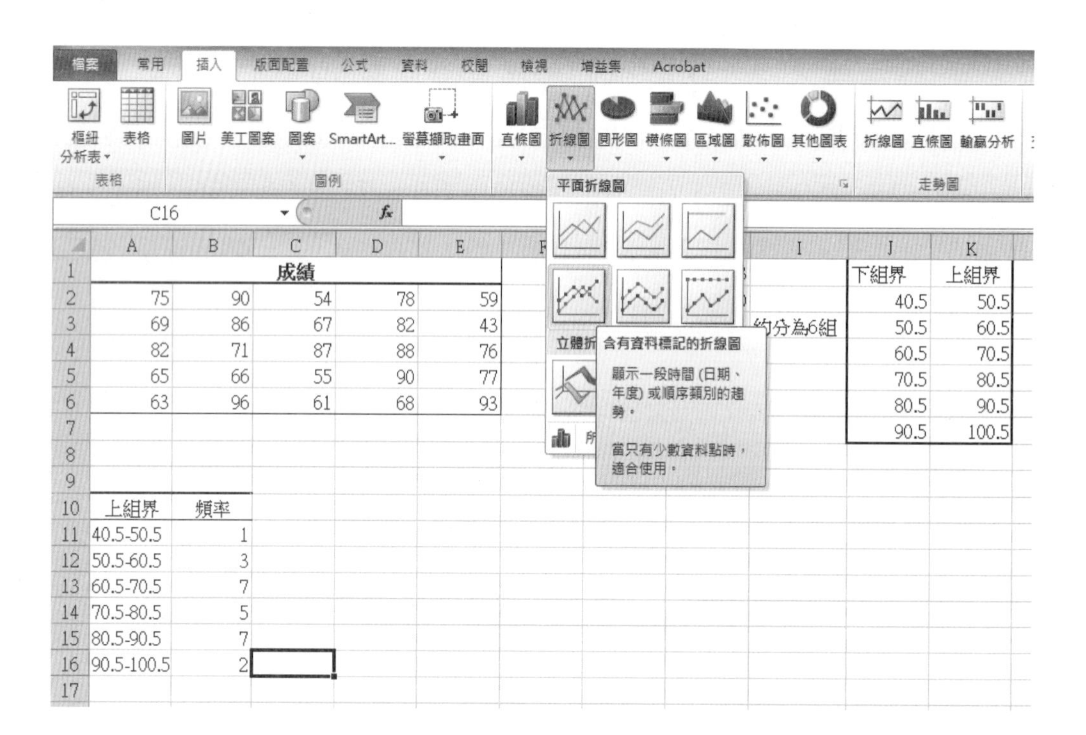

	A	B	C	D	E	F	…	I	J	K
1			成績						下組界	上組界
2	75	90	54	78	59				40.5	50.5
3	69	86	67	82	43			約分為6組	50.5	60.5
4	82	71	87	88	76				60.5	70.5
5	65	66	55	90	77				70.5	80.5
6	63	96	61	68	93				80.5	90.5
7									90.5	100.5
8										
9										
10	上組界	頻率								
11	40.5-50.5	1								
12	50.5-60.5	3								
13	60.5-70.5	7								
14	70.5-80.5	5								
15	80.5-90.5	7								
16	90.5-100.5	2								
17										

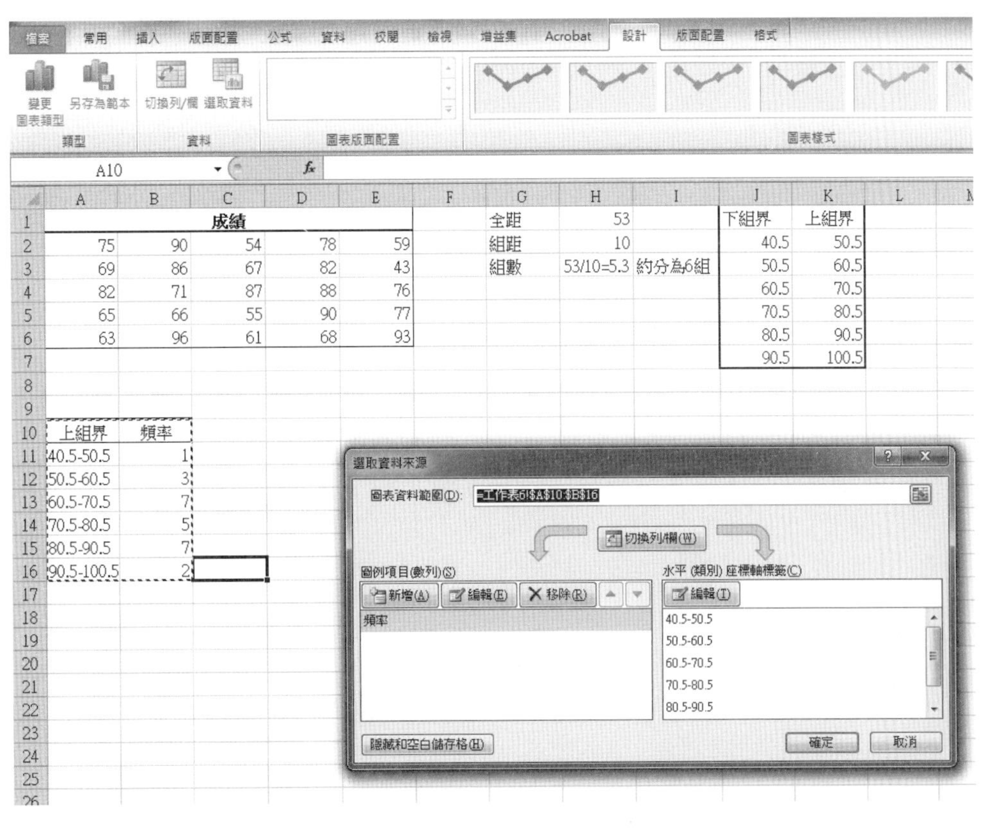
檔案
常用
插入
版面配置
公式
資料
校閱
檢視
增益集
Acrobat
設計
版面配置
格式
變更圖表類型
另存為範本
切換列/欄
選取資料
類型
資料
圖表版面配置
圖表樣式
A10
成績
75 90 54 78 59
69 86 67 82 43
82 71 87 88 76
65 66 55 90 77
63 96 61 68 93
全距 53
組距 10
組數 53/10=5.3 約分為6組
下組界 上組界
40.5 50.5
50.5 60.5
60.5 70.5
70.5 80.5
80.5 90.5
90.5 100.5
上組界 頻率
40.5-50.5 1
50.5-60.5 3
60.5-70.5 7
70.5-80.5 5
80.5-90.5 7
90.5-100.5 2
選取資料來源
圖表資料範圍(D):
=工作表6!$A$10:$B$16
切換列/欄(W)
圖例項目(數列)(S)
新增(A)
編輯(E)
移除(R)
頻率
水平 (類別) 座標軸標籤(C)
編輯(T)
40.5-50.5
50.5-60.5
60.5-70.5
70.5-80.5
80.5-90.5
隱藏和空白儲存格(H)
確定
取消

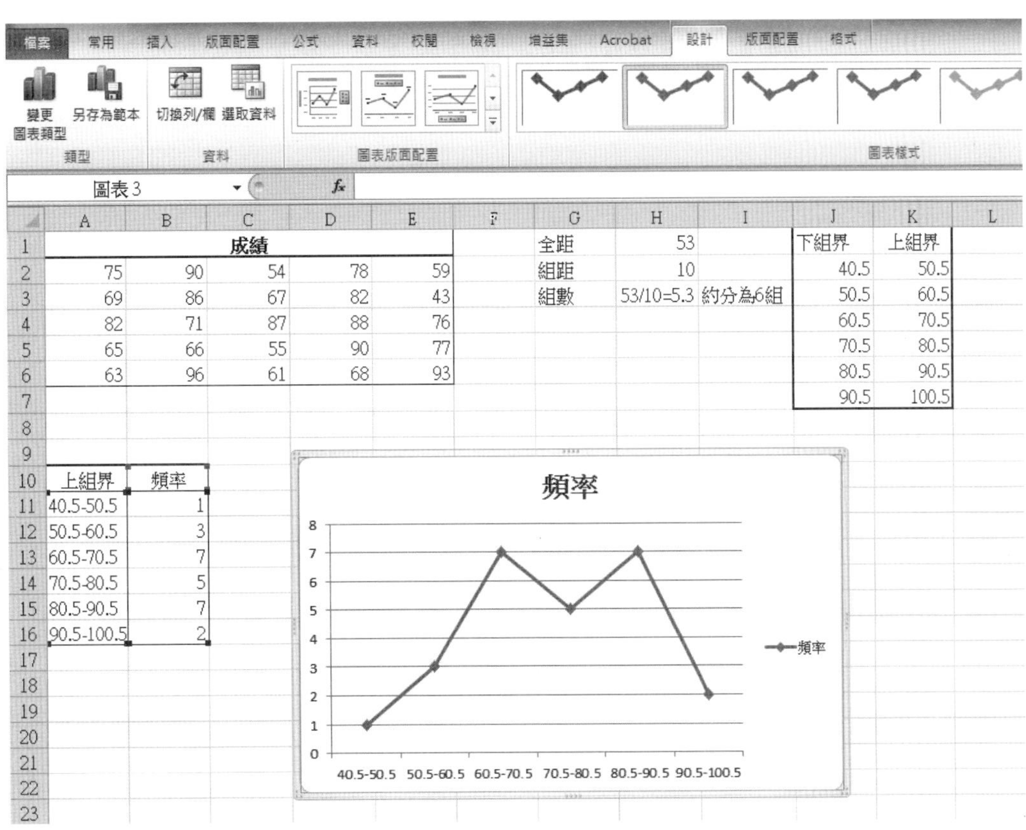
檔案
常用
插入
版面配置
公式
資料
校閱
檢視
增益集
Acrobat
設計
版面配置
格式
變更圖表類型
另存為範本
切換列/欄
選取資料
類型
資料
圖表版面配置
圖表樣式
圖表 3
成績
75 90 54 78 59
69 86 67 82 43
82 71 87 88 76
65 66 55 90 77
63 96 61 68 93
全距 53
組距 10
組數 53/10=5.3 約分為6組
下組界 上組界
40.5 50.5
50.5 60.5
60.5 70.5
70.5 80.5
80.5 90.5
90.5 100.5
上組界 頻率
40.5-50.5 1
50.5-60.5 3
60.5-70.5 7
70.5-80.5 5
80.5-90.5 7
90.5-100.5 2
頻率
0
1
2
3
4
5
6
7
8
40.5-50.5
50.5-60.5
60.5-70.5
70.5-80.5
80.5-90.5
90.5-100.5
頻率

R (RStudio) 範例

讀取 EXCEL 檔案進入 R 與 Rstudio：

1. 設定 Rstudio 工作路徑：

點選 Rstudio 工作欄位上的 Session 按鈕→
選擇 Set Working Directory（設定工作目錄）→
Choose Directory...（選擇工作目錄），範例中預設為桌面

2. 載入 CSV 逗號分隔檔案進入 Rstudio：

```
# 安裝 readr 封包
install.packages("readr")

# 載入 readr
library(readr)

# 讀取 CSV 文件
df <- read.csv("data.csv")
```

3. # 去除空白列

```
df <- df[rowSums(is.na(df)) != ncol(df),]
```

4. # 去除空白欄位

```
df <- df[, colSums(is.na(df)) < nrow(df)]
```

5. # 計算 df 物件資料中 Harvested 列的平均值

```
mean(df$Harvested)
```

```
> # 計算Area列的平均值
> mean(df$Harvested)
[1] 118.45
```

6. # 計算 Harvested 列的眾數

```
names(table(df$Harvested))[which.max(table(df$Harvested))]
```

```
> names(table(df$Harvested))[which.max(table(df$Harvested))]
[1] "0"
```

7. # 計算 Harvested 列的中位數

```
median(df$Harvested)
```

```
> # 計算Harvested列的中位數
> median(df$Harvested)
[1] 8
```

8. # 計算 Harvested 列的百分位數

quantile(df$Harvested)

```
> quantile(df$Harvested)
    0%     25%     50%     75%    100%
  0.00    0.00    8.00  104.75  690.00
```

9. #計算 Harvested 列的全距（最大值與最小值）

range(df$Harvested)

```
> range(df$Harvested)
[1]   0 690
```

10. #計算 Harvested 列的內四分位距

IQR(df$Harvested)

```
> IQR(df$Harvested)
[1] 104.75
```

11. #計算 Harvested 列的變異數

var(df$Harvested)

```
> var(df$Harvested)
[1] 41132.37
```

12. #計算 Harvested 列的標準差

sd(df$Harvested)

```
> sd(df$Harvested)
[1] 202.8112
```

13. #計算 Harvested 列的變異係數

cv <- 100 * sd(df$Harvested) / mean(df$Harvested)
cv

```
> cv <- 100 * sd(df$Harvested) / mean(df$Harvested)
> cv
[1] 171.2209
```

14. #計算整體資料的敘述統計表

install.packages("vtable")
library(vtable)
st(df[,c(5:6)])

sumtable {vtable}

Summary Statistics

Variable	N	Mean	Std. Dev.	Min	Pctl. 25	Pctl. 75	Max
Harvested	20	118	203	0	0	105	690
Yield	20	566	1008	0	0	428	2942

15. #以 hist 函數 (histrogram 縮寫) 繪製 Harvested 列的直方圖

hist(df$Harvested)

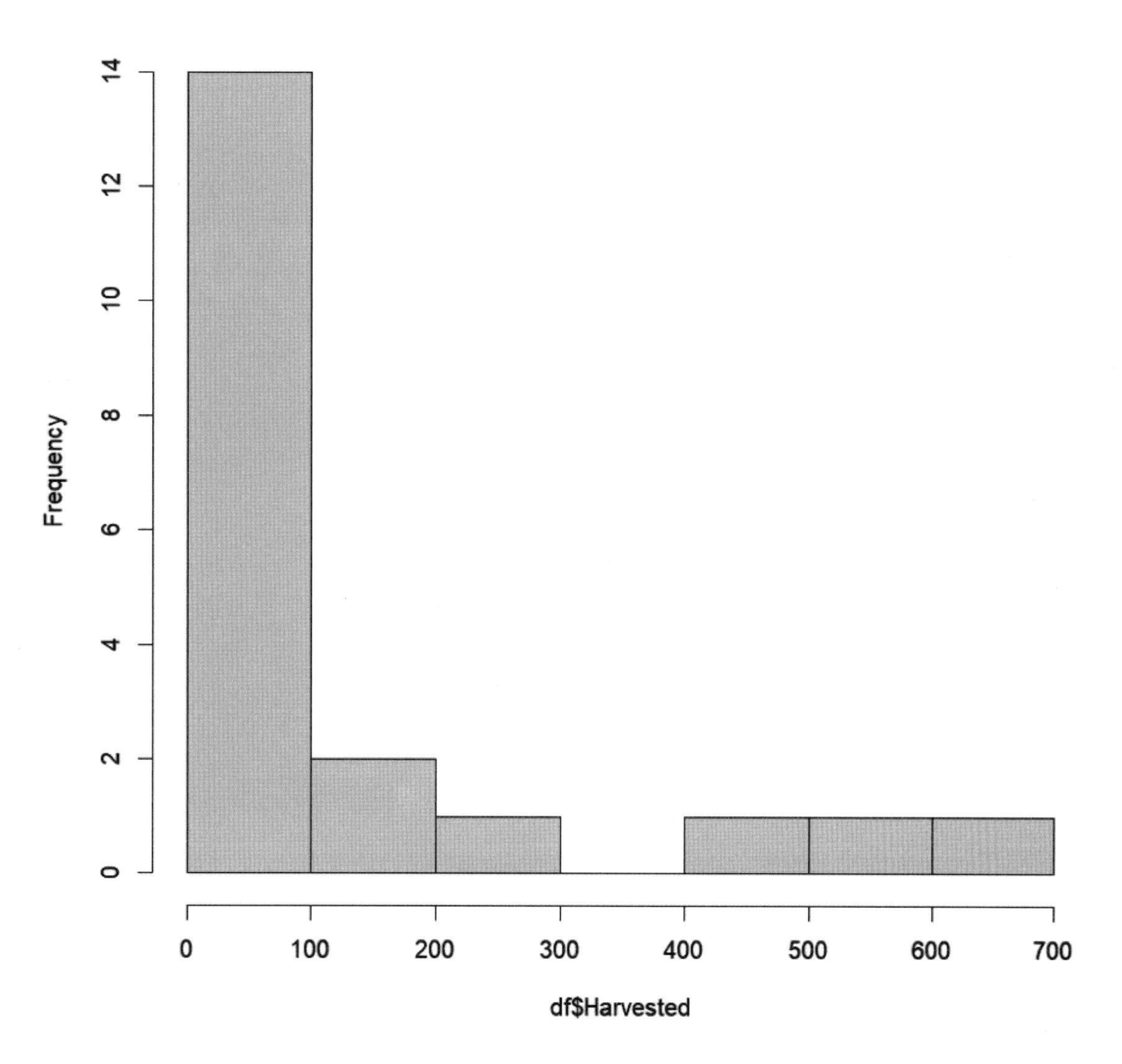

16. #以 plot 函數，繪製 Harvested 列的折線圖

```
plot (df$Harvested,type = "o")
```

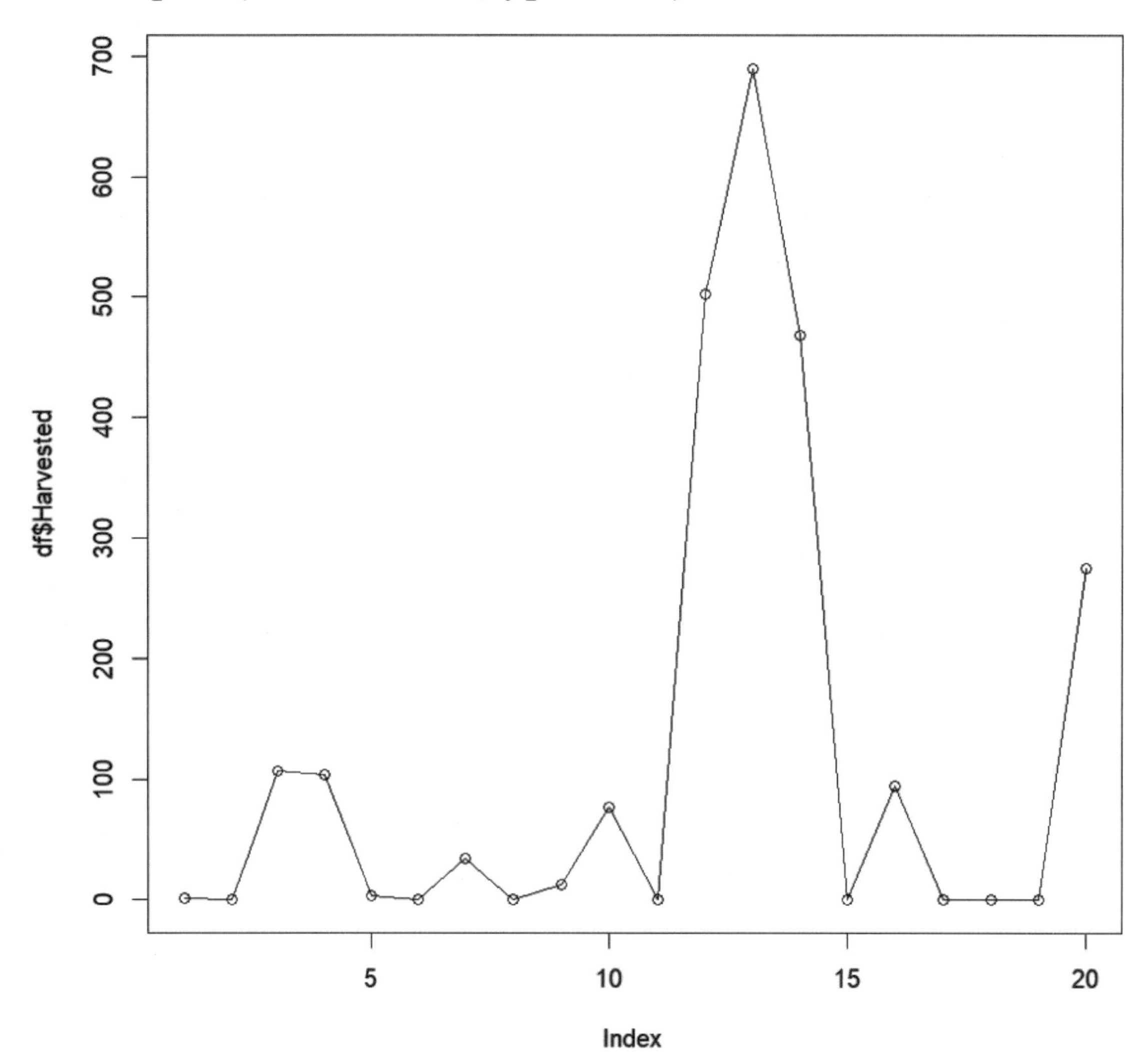

CHAPTER 06 間斷型機率分布

徐敏恭　國立屏東科技大學研究總中心
顏才博　國立屏東科技大學熱帶農業暨國際合作系

Microsoft Excel 範例

一、二項分布

【指令】**BINOM.DIST (number_s, trials, probability_s, cumulative)**

例：Bin(15, 0.3)，即 X~Bin(n=15, p=0.3)。

(一) 試驗次數(n)為 15 個；成功次數(x)為 0 到 15；成功機率(p)為 0.3。

(二) 計算成功次數(x)為 0 的機率。點選 C2 之儲存格，再點選 *f*x 之工具，選取【統計】類別，點選【BINOM.DIST】，number_s 為試驗成功次數(x)=0；Trials 為獨立試驗的次數(n)=15；Probability_s 為成功機率(p) =0.3；Cumulative=0（Cumulative 為邏輯值，0=FALSE= 機率質量函數，1=TRUE=累積機率函數（累加分配函數））。

(三) 將所有成功次數(x)都計算完畢後，點選直條圖，水平座標為次數(x)；垂直座標為機率(p)。

【註】$1.43E\text{-}08=1.43\times10^{-8}$

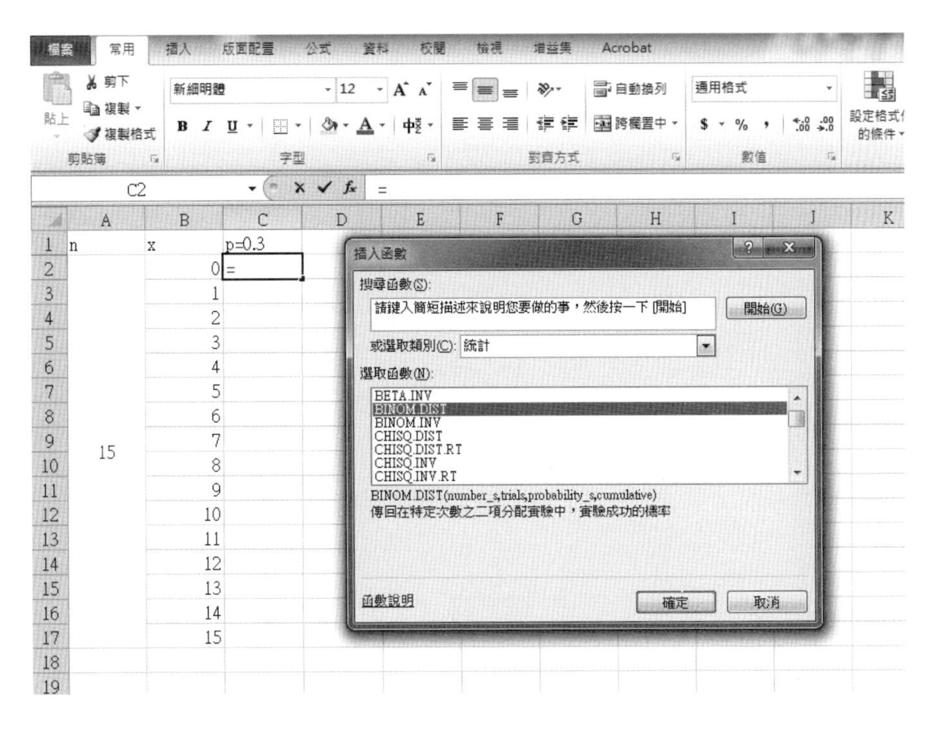

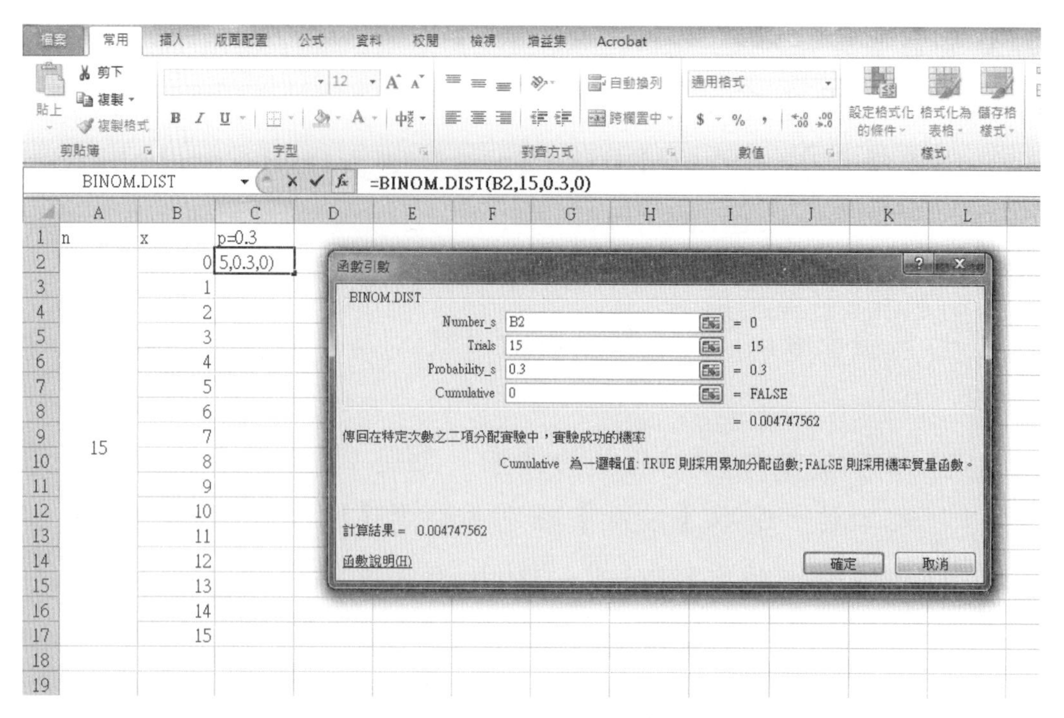

BINOM.DIST
=BINOM.DIST(B2,15,0.3,0)
n
x
p=0.3
5,0.3,0)
15
函數引數
BINOM.DIST
Number_s B2 = 0
Trials 15 = 15
Probability_s 0.3 = 0.3
Cumulative 0 = FALSE
= 0.004747562
傳回在特定次數之二項分配實驗中，實驗成功的機率
Cumulative 為一邏輯值: TRUE 則採用累加分配函數; FALSE 則採用機率質量函數。
計算結果 = 0.004747562
函數說明(H)
確定
取消

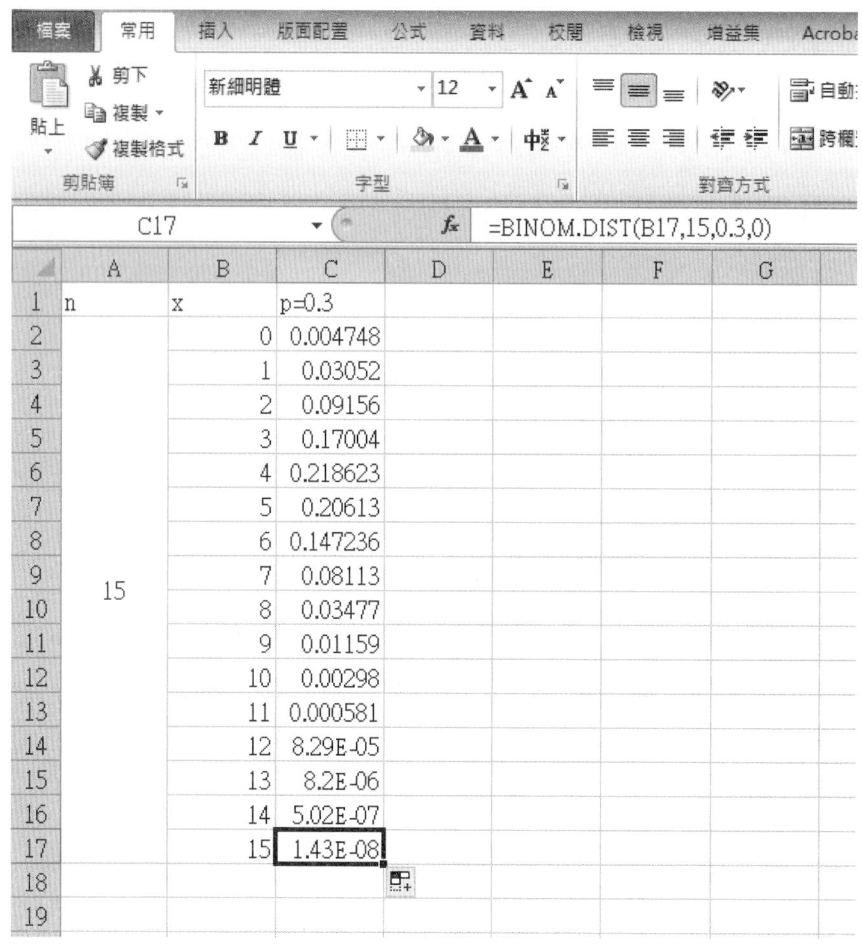

C17
=BINOM.DIST(B17,15,0.3,0)
n
x
p=0.3
15
0 0.004748
1 0.03052
2 0.09156
3 0.17004
4 0.218623
5 0.20613
6 0.147236
7 0.08113
8 0.03477
9 0.01159
10 0.00298
11 0.000581
12 8.29E-05
13 8.2E-06
14 5.02E-07
15 1.43E-08

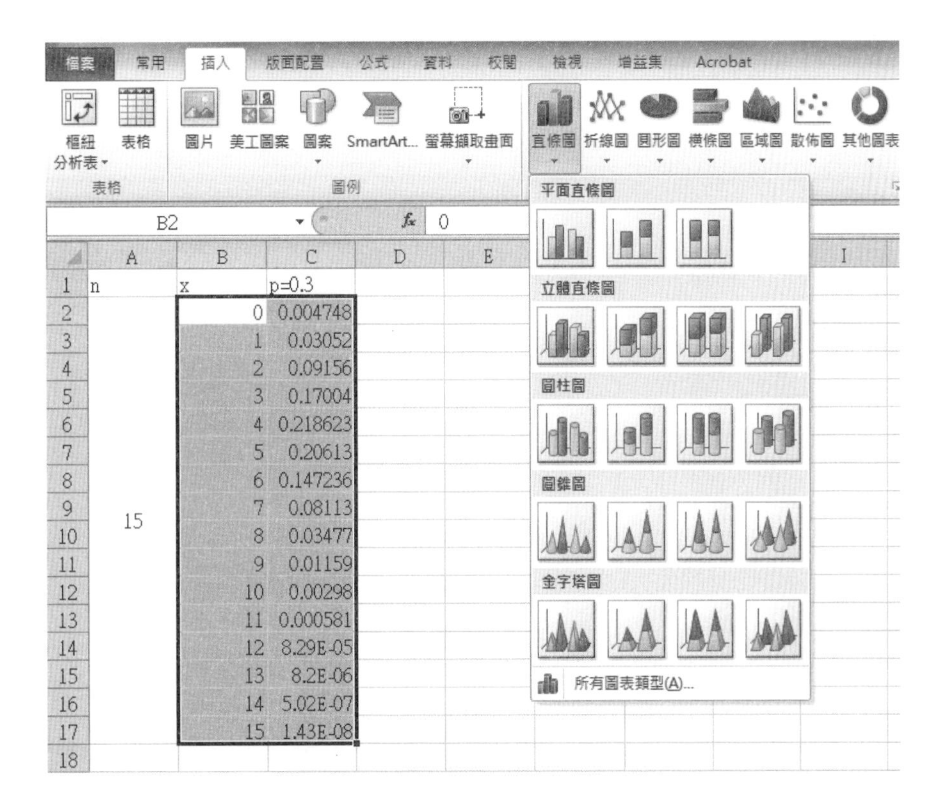
檔案
常用
插入
版面配置
公式
資料
校閱
檢視
增益集
Acrobat
樞紐分析表
表格
圖片
美工圖案
圖案
SmartArt...
螢幕擷取畫面
圖例
直條圖
折線圖
圓形圖
橫條圖
區域圖
散佈圖
其他圖表
平面直條圖
立體直條圖
圓柱圖
圓錐圖
金字塔圖
所有圖表類型(A)...
B2
0
n
x
p=0.3
15

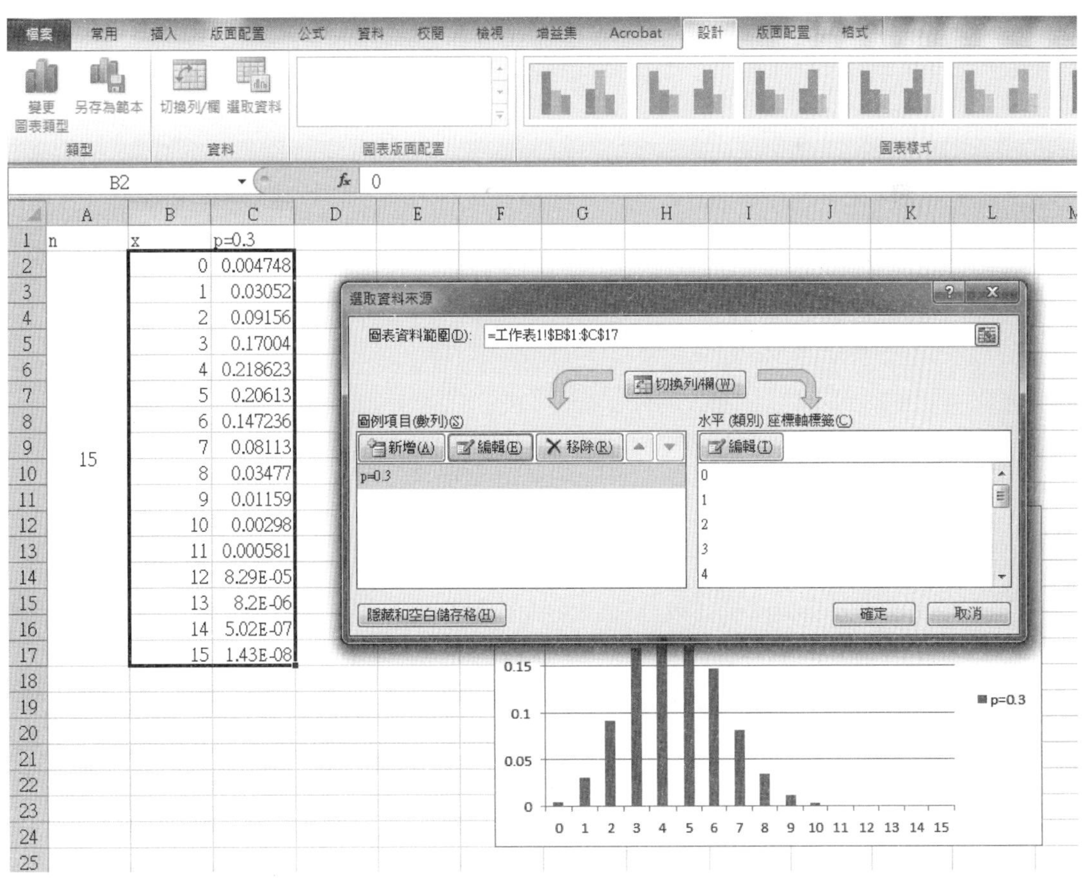
設計
版面配置
格式
變更圖表類型
另存為範本
類型
切換列/欄
選取資料
資料
圖表版面配置
圖表樣式
選取資料來源
圖表資料範圍(D):
=工作表1!$B$1:$C$17
切換列/欄(W)
圖例項目(數列)(S)
新增(A)
編輯(E)
移除(R)
p=0.3
水平 (類別) 座標軸標籤(C)
編輯(T)
隱藏和空白儲存格(H)
確定
取消
p=0.3

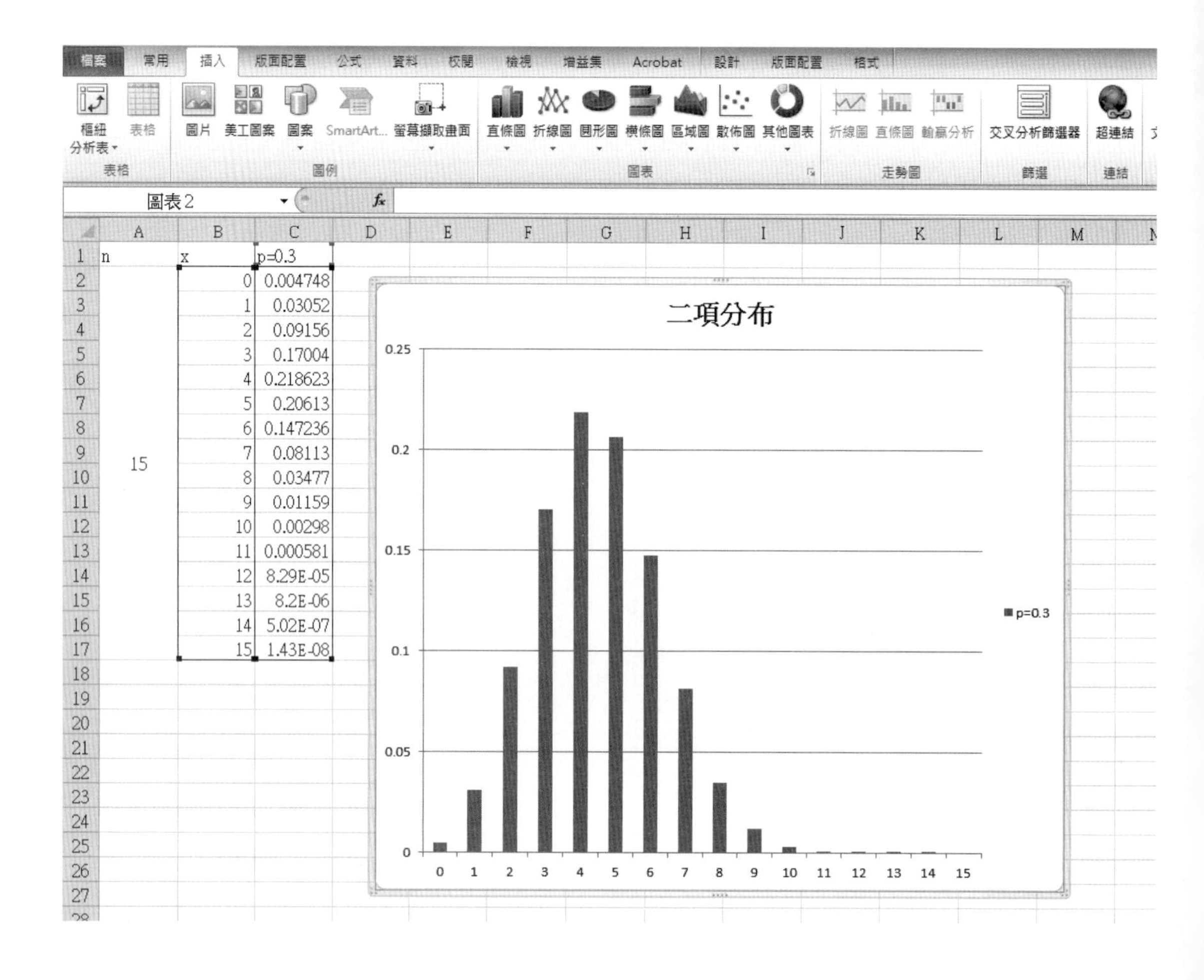
檔案 常用 插入 版面配置 公式 資料 校閱 檢視 增益集 Acrobat 設計 版面配置 格式
樞紐分析表 表格 圖片 美工圖案 圖案 SmartArt... 螢幕擷取畫面 直條圖 折線圖 圓形圖 橫條圖 區域圖 散佈圖 其他圖表 折線圖 直條圖 輸贏分析 交叉分析篩選器 超連結
表格 圖例 圖表 走勢圖 篩選 連結
圖表2
n
x
p=0.3
15
0 0.004748
1 0.03052
2 0.09156
3 0.17004
4 0.218623
5 0.20613
6 0.147236
7 0.08113
8 0.03477
9 0.01159
10 0.00298
11 0.000581
12 8.29E-05
13 8.2E-06
14 5.02E-07
15 1.43E-08
二項分布
0.25
0.2
0.15
0.1
0.05
0
0 1 2 3 4 5 6 7 8 9 10 11 12 13 14 15
p=0.3

二、卜瓦松分布

【指令】POISSON.DIST (x, mean, cumulative)

例：X~Poisson(μ=1.00)，以μ=1.00，發生次數到 7 為例。

(一)計算發生事件的次數(x)為 0 的機率。點選 B2 之儲存格，再點選 fx 之工具，選取【統計】類別，點選【POISSON.DIST】。x 為發生事件的次數=0；Mean 為平均數(μ)=1；Cumulative=0（Cumulative 為邏輯值，0=FALSE=機率質量函數，1=TRUE=累積機率函數（累加分配函數））。

(二)將所有次數(x)都計算完畢後，點選直條圖，水平座標為次數(x)；垂直座標為機率(p)。

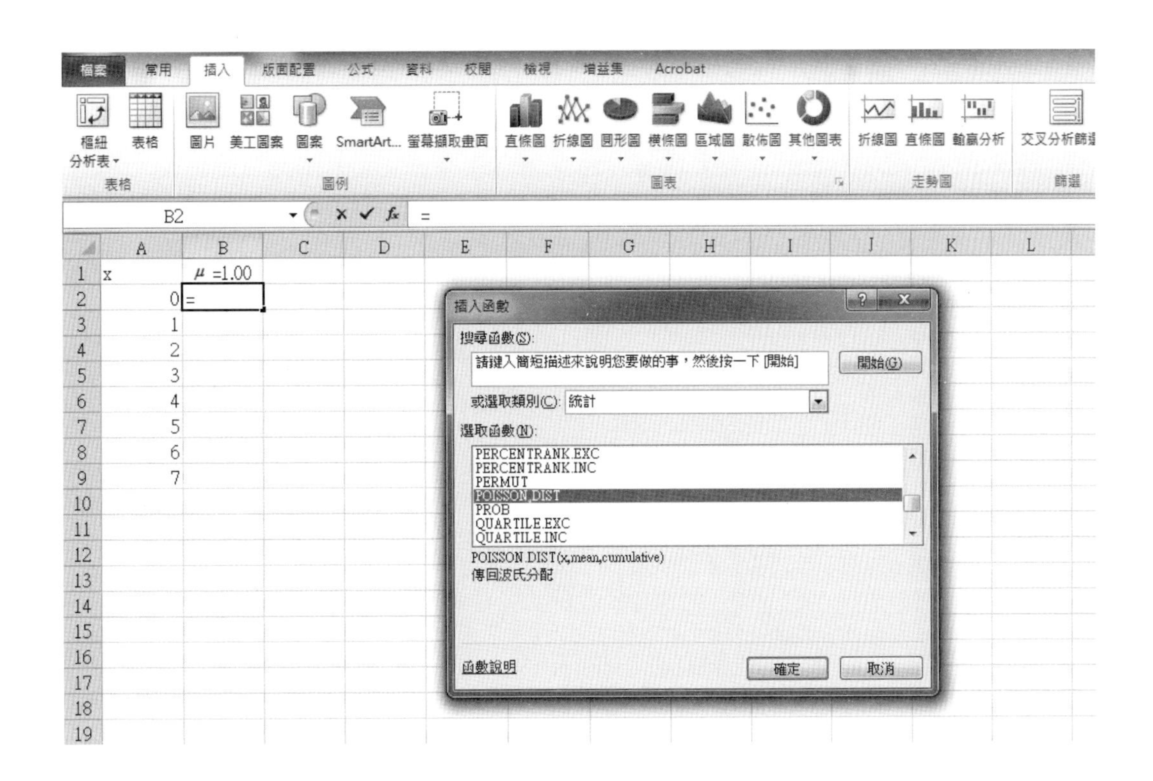

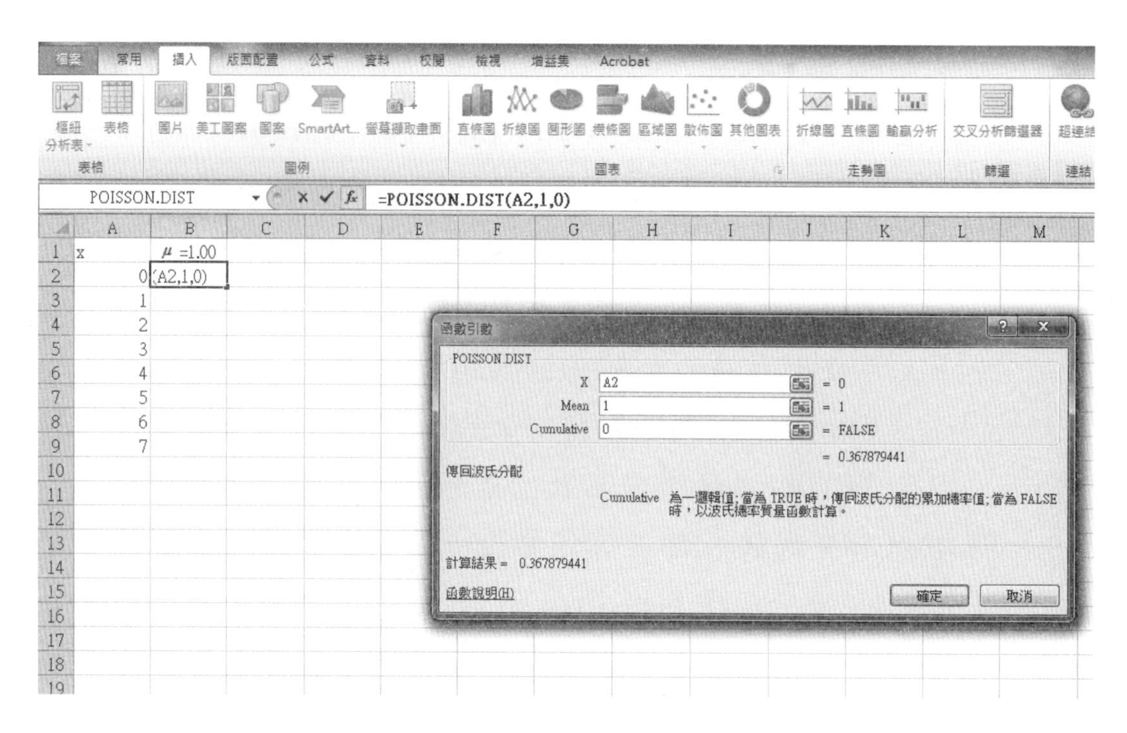
POISSON.DIST
=POISSON.DIST(A2,1,0)
x
μ =1.00
(A2,1,0)
函數引數
POISSON.DIST
X A2 = 0
Mean 1 = 1
Cumulative 0 = FALSE
= 0.367879441
傳回波氏分配
Cumulative 為一邏輯值; 當為 TRUE 時，傳回波氏分配的累加機率值; 當為 FALSE 時，以波氏機率質量函數計算。
計算結果 = 0.367879441
函數說明(H)
確定
取消

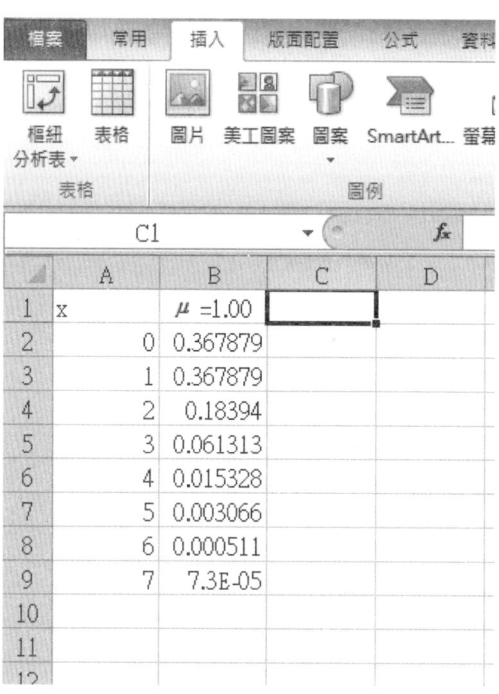
C1
x
μ =1.00
0 0.367879
1 0.367879
2 0.18394
3 0.061313
4 0.015328
5 0.003066
6 0.000511
7 7.3E-05

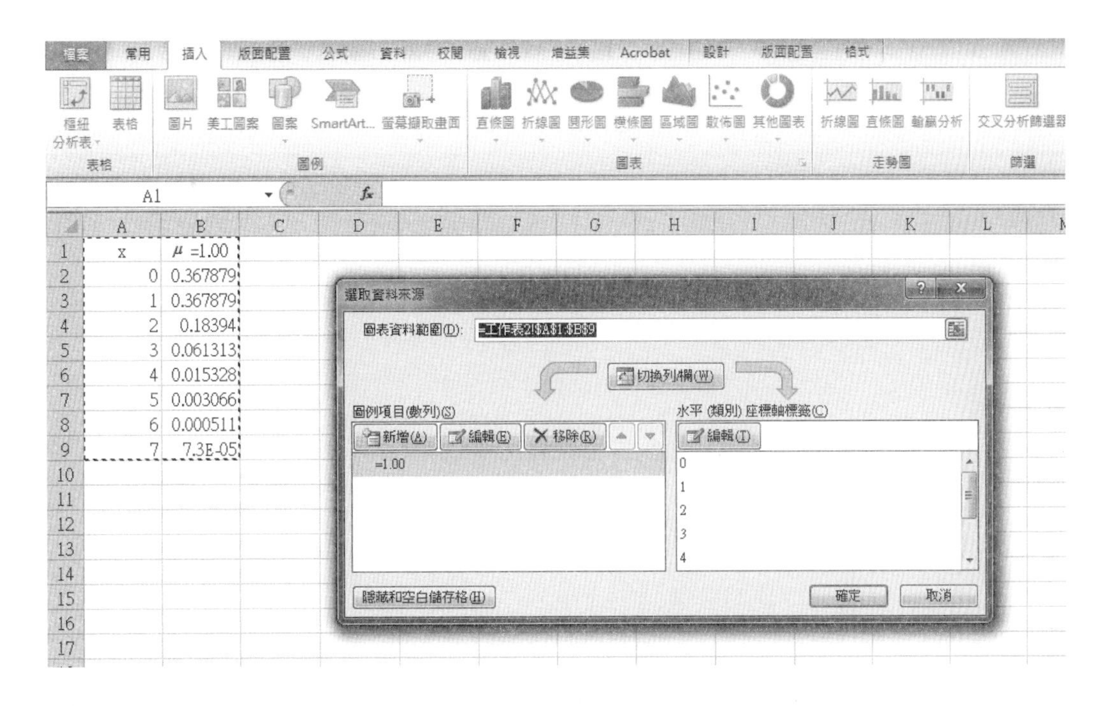

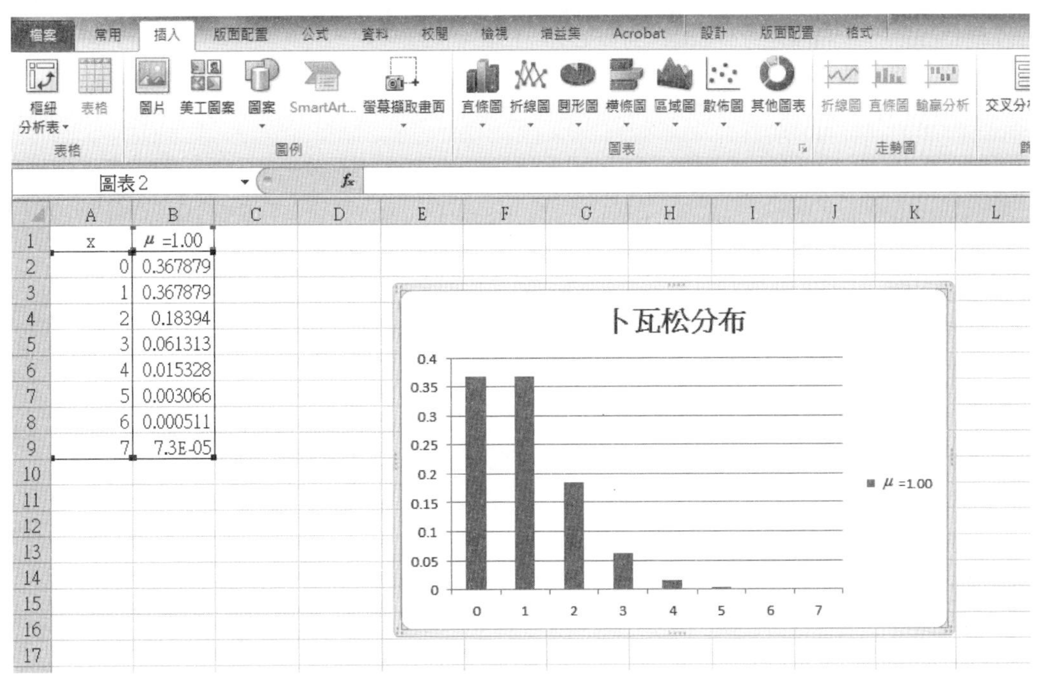
卜瓦松分布
μ =1.00

R (RStudio) 範例

一、二項分布

例：Bin(15, 0.3)，即 $X \sim Bin(n=15, p=0.3)$

■ 方法：

1. 載入繪圖函式庫
   ggplot2library(ggplot2)
   在 R 或 RStudio 的命令(console)介面輸入：

2. 使用 R 函數 **dbinom()**進行試驗次數(n)為 15 個；成功次數(x)為 0 到 15；成功機率(p)為 0.3，在 R 或 RStudio 的命令(console)介面輸入：
   data <- data.frame(x = seq(0, 15, 1), p = dbinom(0:15, 15, 0.3))
3. 要檢視二項分布機率計算的結果，在 R 或 RStudio 的命令(console)介面輸入：
   data
   Rstudio 也可以在環境變數介面點選變數 data 來顯示數值表。
4. 使用 R 函數 **ggplot()**和 **geom_col()**來繪製水平座標為次數(x)；垂直座標為機率(p)的直條圖，在 R 或 RStudio 的命令(console)介面輸入：ggplot(data, aes(x = x, y = p)) + geom_col()
5. Rstudio 在圖表介面顯示直條圖繪製結果。

■ 函數介紹：

- **dbinom(x, size, prob)**
  x: 測試成功次數，可以是單一數字或是範圍（計算 $P(\min < X < \max)$）。
  size: 測試重複次數(X)。
  prob: 測試成功機率(p)。

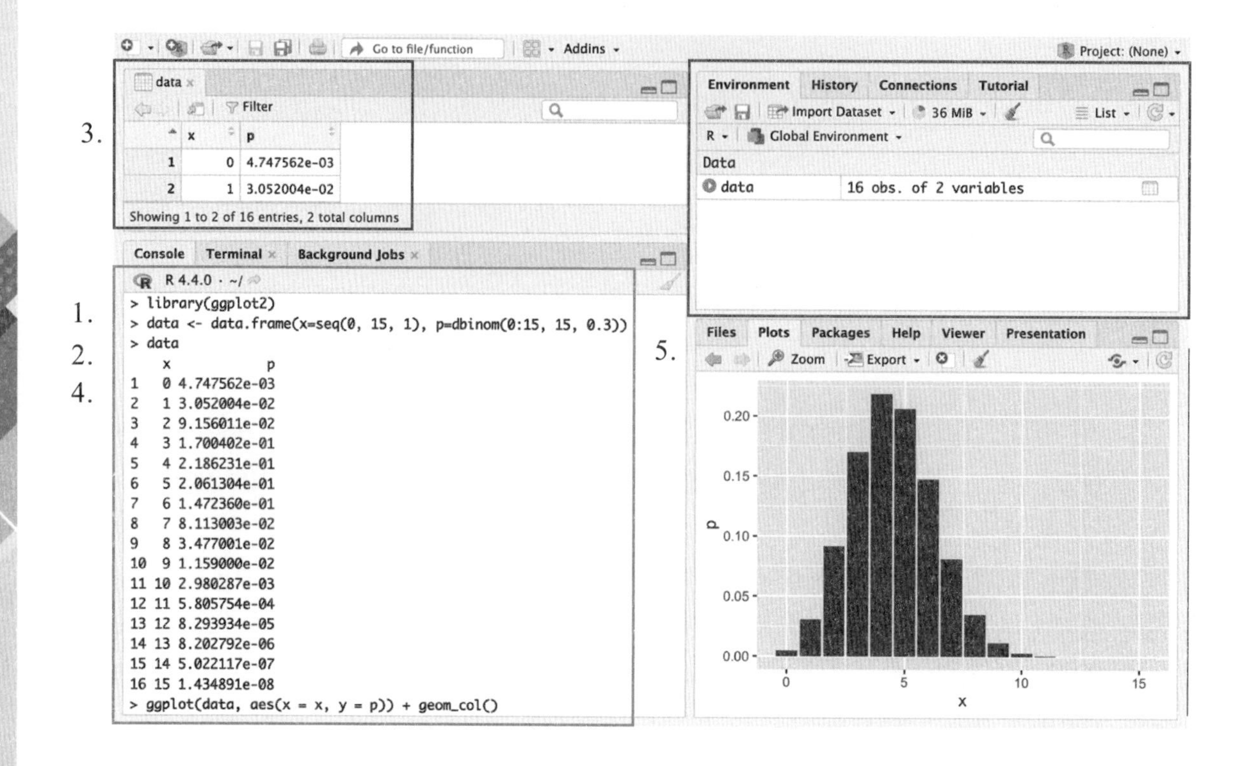
3.
1.
2.
4.
5.
Go to file/function
Addins
Project: (None)
data
Filter
x
p
1 0 4.747562e-03
2 1 3.052004e-02
Showing 1 to 2 of 16 entries, 2 total columns
Environment
History
Connections
Tutorial
Import Dataset
36 MiB
List
Global Environment
Data
data 16 obs. of 2 variables
Console
Terminal
Background Jobs
R 4.4.0 · ~/
> library(ggplot2)
> data <- data.frame(x=seq(0, 15, 1), p=dbinom(0:15, 15, 0.3))
> data
x p
1 0 4.747562e-03
2 1 3.052004e-02
3 2 9.156011e-02
4 3 1.700402e-01
5 4 2.186231e-01
6 5 2.061304e-01
7 6 1.472360e-01
8 7 8.113003e-02
9 8 3.477001e-02
10 9 1.159000e-02
11 10 2.980287e-03
12 11 5.805754e-04
13 12 8.293934e-05
14 13 8.202792e-06
15 14 5.022117e-07
16 15 1.434891e-08
> ggplot(data, aes(x = x, y = p)) + geom_col()
Files
Plots
Packages
Help
Viewer
Presentation
Zoom
Export
0.20
0.15
0.10
0.05
0.00
p
0
5
10
15
x

二、卜瓦松分布

例：$X \sim Poisson(\mu = 1.00)$，以 $\mu = 1.00$，發生次數到 7 為例。

■ 方法：

1. 載入繪圖函式庫 **ggplot2**，在 R 或 RStudio 的命令(console)介面輸入：
   `library(ggplot2)`
2. 使用 R 函數 **dpois()**來進行發生事件的次數(x)為 0 到 7；平均數(μ)為 1.00，在 R 或 RStudio 的命令(console)介面輸入：
   `data <- data.frame(x = seq(0, 7, 1), p = dpois(0:7, 1.00))`
3. 要檢視卜瓦松分布機率計算的結果，在 R 或 RStudio 的命令(console)介面輸入：
   `data`
   Rstudio 也可以在環境變數介面點選變數 data 來顯示數值表。
4. 使用 R 函數 **ggplot()**和 **geom_col()**來繪製水平座標為次數(x)；垂直座標為機率(p)的直條圖，在 R 或 RStudio 的命令(console)介面輸入：`ggplot(data, aes(x = x, y = p)) + geom_col()`
5. Rstudio 在圖表介面顯示直條圖繪製結果。

■ 函數介紹：

- dpois(x, lambda)
  x: 發生事件的次數，可以是單一數字或是範圍（計算 $P(\min < X < \max)$）。
  lambda: 事件期望值($E(X) = Var(X)$)。

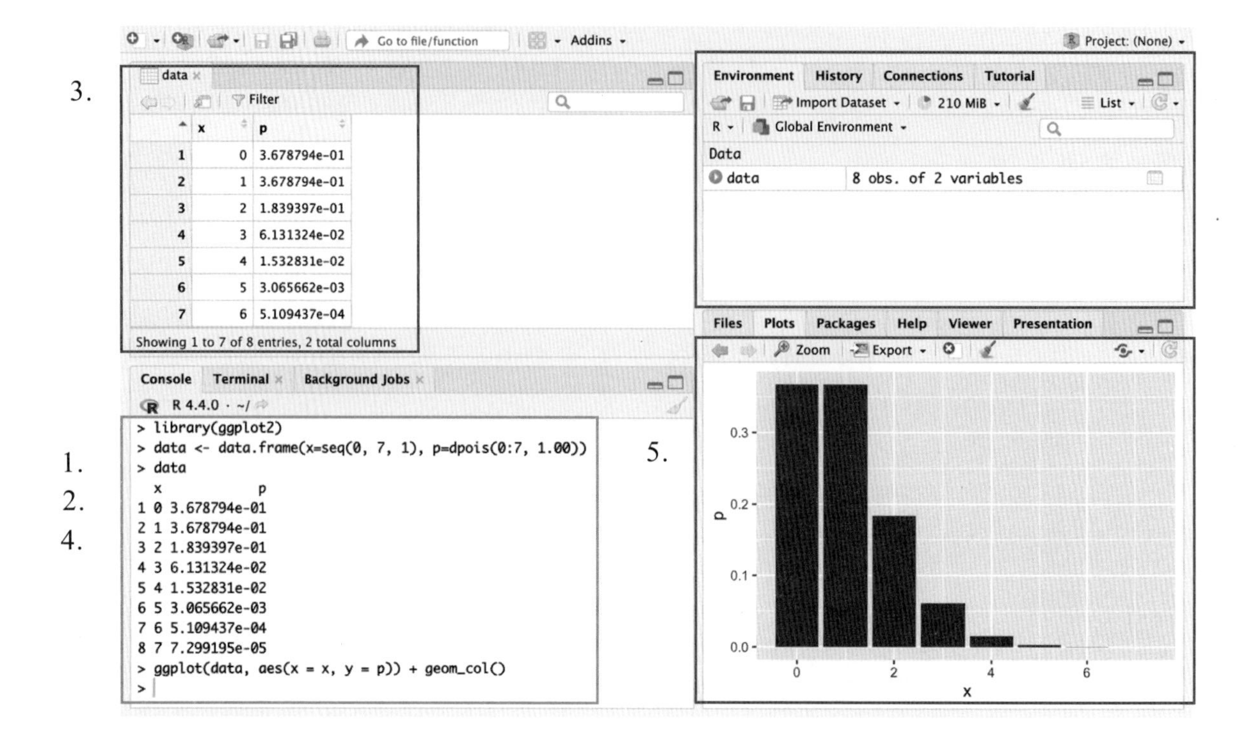
3.
1.
2.
4.
5.
Go to file/function
Addins
Project: (None)
data
Filter
x
p
1 0 3.678794e-01
2 1 3.678794e-01
3 2 1.839397e-01
4 3 6.131324e-02
5 4 1.532831e-02
6 5 3.065662e-03
7 6 5.109437e-04
Showing 1 to 7 of 8 entries, 2 total columns
Environment
History
Connections
Tutorial
Import Dataset
210 MiB
List
Global Environment
Data
data
8 obs. of 2 variables
Files
Plots
Packages
Help
Viewer
Presentation
Zoom
Export
Console
Terminal
Background Jobs
R 4.4.0 · ~/
> library(ggplot2)
> data <- data.frame(x=seq(0, 7, 1), p=dpois(0:7, 1.00))
> data
x p
1 0 3.678794e-01
2 1 3.678794e-01
3 2 1.839397e-01
4 3 6.131324e-02
5 4 1.532831e-02
6 5 3.065662e-03
7 6 5.109437e-04
8 7 7.299195e-05
> ggplot(data, aes(x = x, y = p)) + geom_col()
>
0.3
0.2
0.1
0.0
p
0
2
4
6
x

CHAPTER 07 常態分布

蔡添順　國立屏東科技大學生物科技系
姜中鳳　國立屏東科技大學動物科學與畜產系

Microsoft Excel 範例

一、標準常態分布

【指令】NORM.S.DIST (Z,cumulative)

1. 標準常態分布 P(Z>-1.55)
   (1) 點選 A2 儲存格填入「-1.55」，再點選儲存格 B2 選 *f*x 之工具，【或選取類別(C):】選取【統計】的項目，接著再【選取函數(N)：】中選取【**NORM.S.DIST**】，開啟【函數引述】的對話框。
   (2) 在【函數引數】中【Z】點選 A2 儲存格；【Cumulative】1 或 TRUE，按下確定即完成 P(Z<-1.55)。
   (3) P(Z>-1.55)=1-P(Z<-1.55)=1-0.0606=0.9394

   * Cumulative 輸入 1 或 TRUE，機率會以累加分配方式（累積機率）呈現；輸入 0 或 FALSE，機率會以機率質量函數（單點機率）呈現。

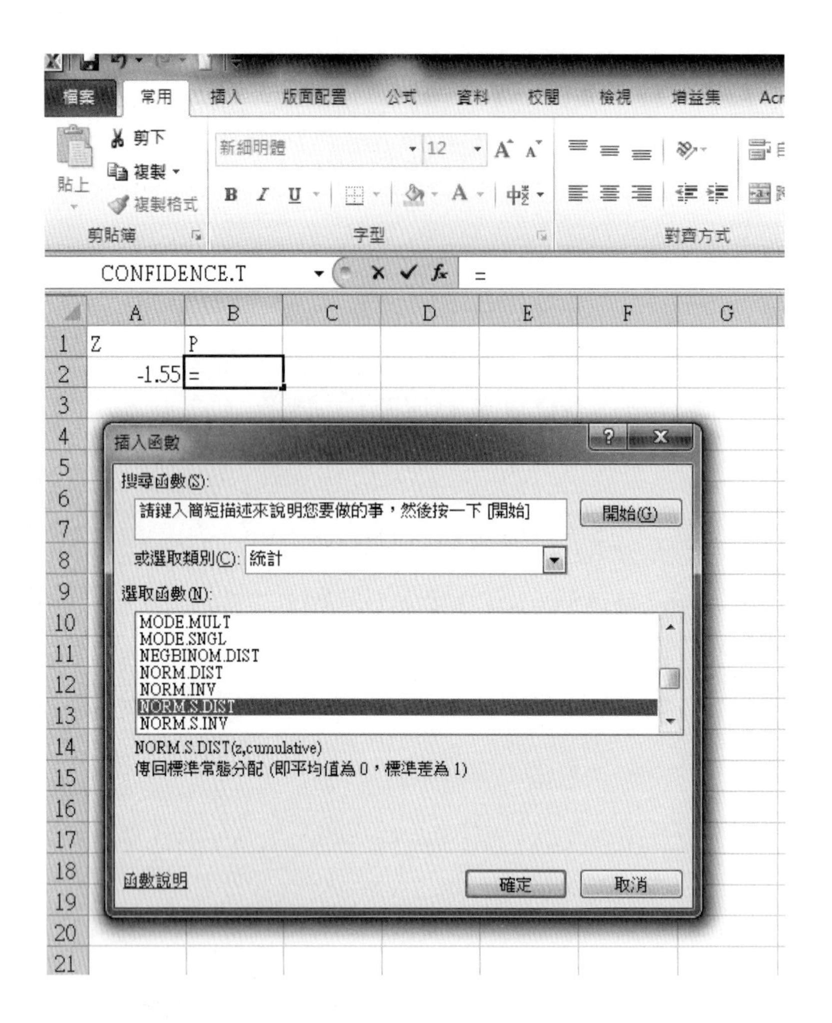
檔案
常用
插入
版面配置
公式
資料
校閱
檢視
增益集
剪下
複製
複製格式
貼上
剪貼簿
新細明體
12
字型
對齊方式
CONFIDENCE.T
=
Z
P
-1.55
=
插入函數
搜尋函數(S):
請鍵入簡短描述來說明您要做的事，然後按一下 [開始]
開始(G)
或選取類別(C): 統計
選取函數(N):
MODE.MULT
MODE.SNGL
NEGBINOM.DIST
NORM.DIST
NORM.INV
NORM.S.DIST
NORM.S.INV
NORM.S.DIST(z,cumulative)
傳回標準常態分配 (即平均值為 0，標準差為 1)
函數說明
確定
取消

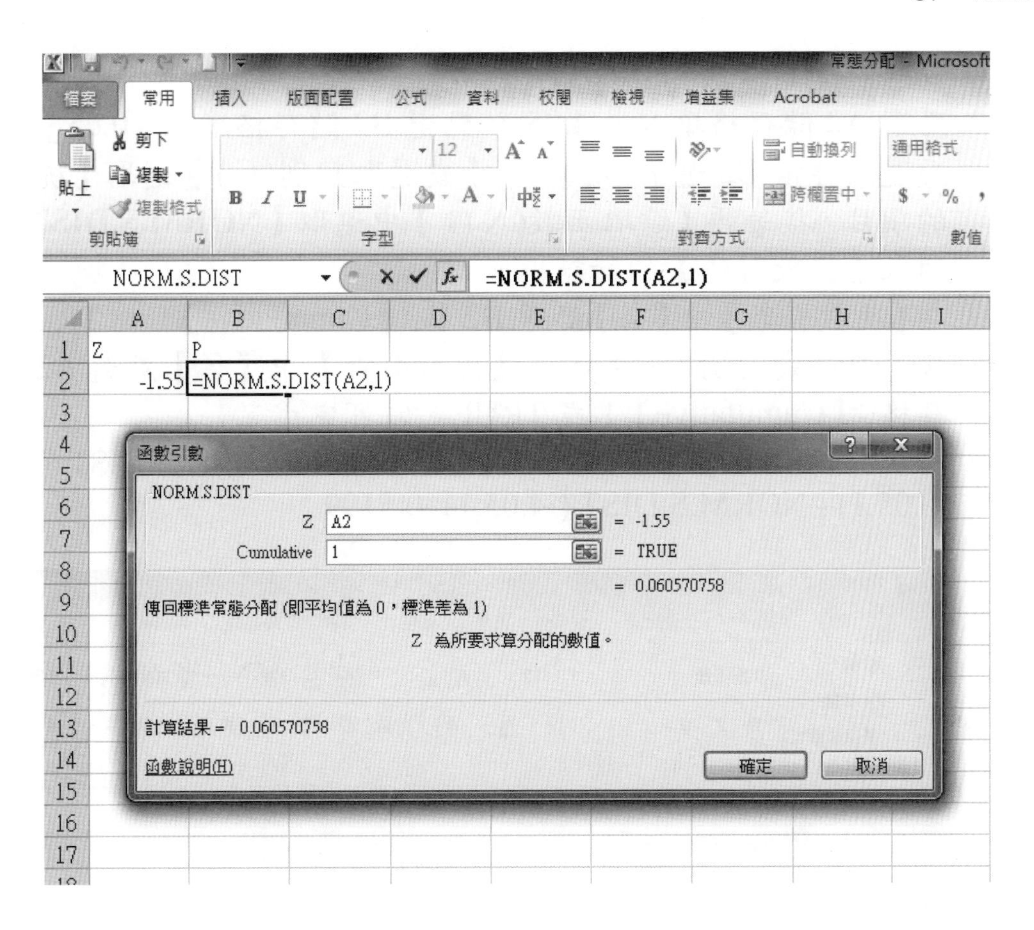
=NORM.S.DIST(A2,1)
Z
P
-1.55
=NORM.S.DIST(A2,1)
函數引數
NORM.S.DIST
Z A2 = -1.55
Cumulative 1 = TRUE
= 0.060570758
傳回標準常態分配 (即平均值為 0，標準差為 1)
Z 為所要求算分配的數值。
計算結果 = 0.060570758
函數說明(H)
確定
取消

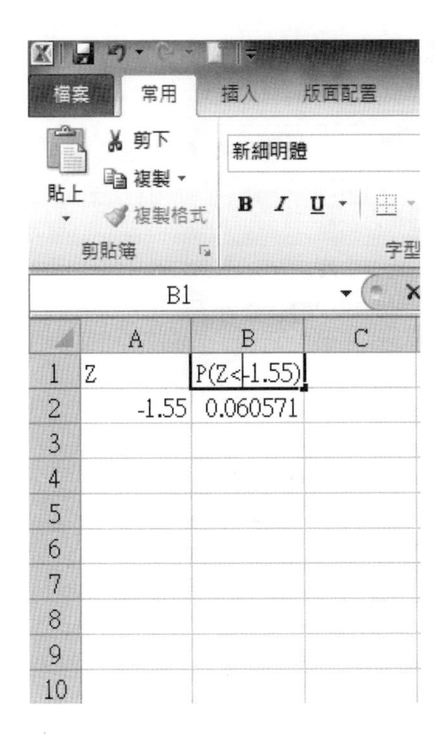
B1
Z
P(Z<-1.55)
-1.55
0.060571

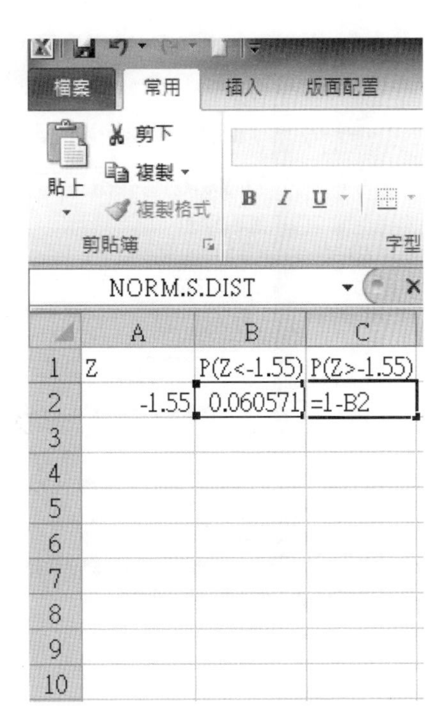
NORM.S.DIST
Z
P(Z<-1.55)
P(Z>-1.55)
-1.55
0.060571
=1-B2

2. 標準常態分布 P(-4.05<Z<0.05)

（1）點選 A2 儲存格填入「-4.05」，點選 B2 儲存格填入「0.05」，再點選儲存格 C2 選 *f*x 之工具，【或選取類別(C):】選取【統計】的項目，接著再【選取函數(N)：】中選取【**NORM.S.DIST**】，開啟【函數引述】的對話框。

（2）在【函數引數】中【Z】點選 B2 格；【Cumulative】1 或 TRUE。

（3）接著在公式列輸入「-」，在【函數引數】中【Z】點選 A2 儲存格；【Cumulative】1 或 TRUE。即可完成。

（4）P(-4.05<Z<0.05)= P(Z<0.05)-P(Z<-4.05)= NOROM.S.DIST (0.05,1) - NORM.S.DIST (-4.05,1)=0.5199

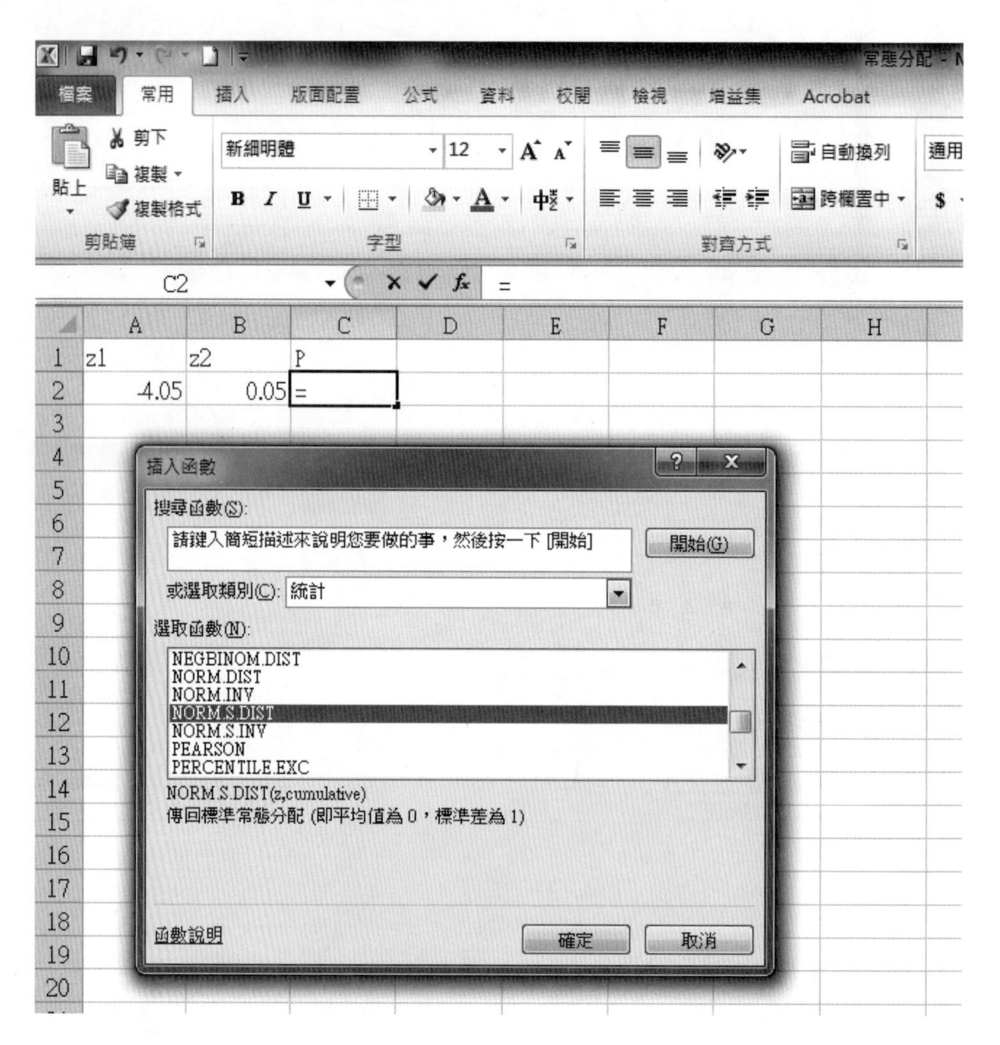

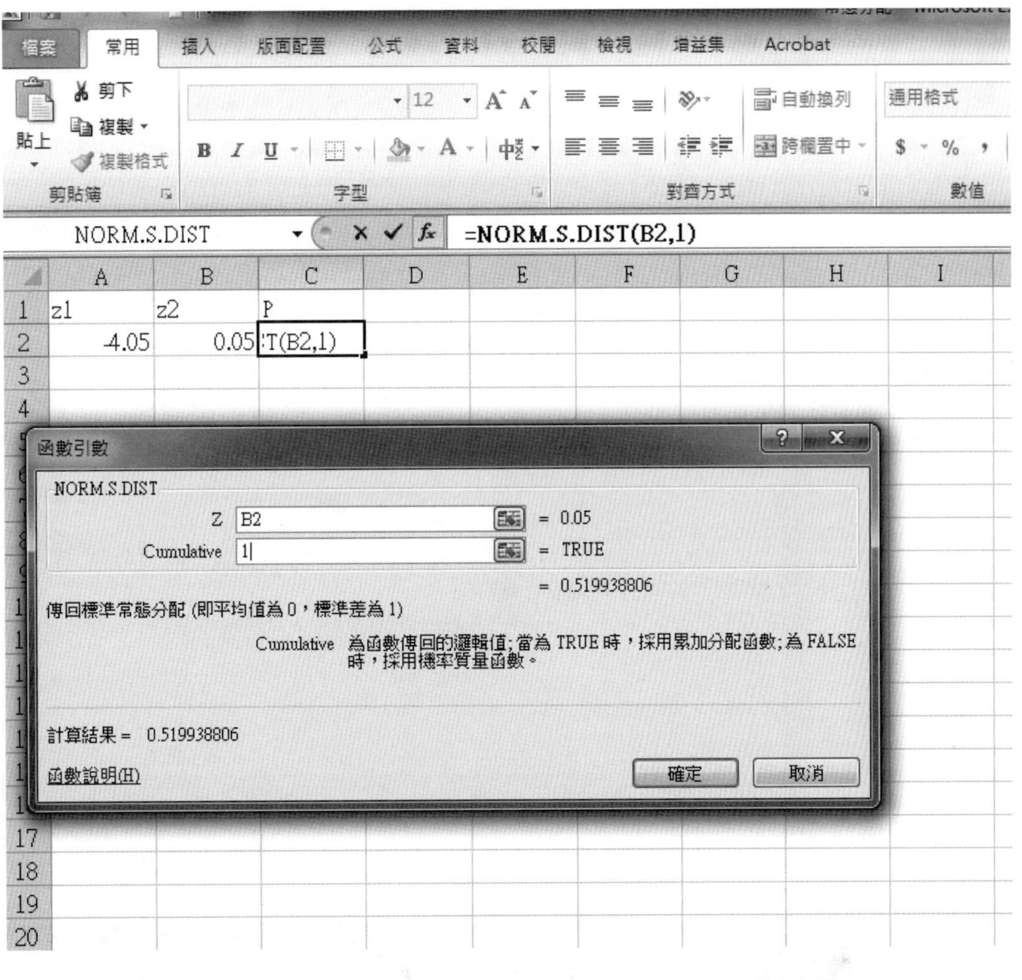
檔案
常用
插入
版面配置
公式
資料
校閱
檢視
增益集
Acrobat
NORM.S.DIST
=NORM.S.DIST(B2,1)
z1
z2
P
-4.05
0.05
T(B2,1)
函數引數
NORM.S.DIST
Z B2 = 0.05
Cumulative 1 = TRUE
= 0.519938806
傳回標準常態分配 (即平均值為 0，標準差為 1)
Cumulative 為函數傳回的邏輯值；當為 TRUE 時，採用累加分配函數；為 FALSE 時，採用機率質量函數。
計算結果 = 0.519938806
函數說明(H)
確定
取消

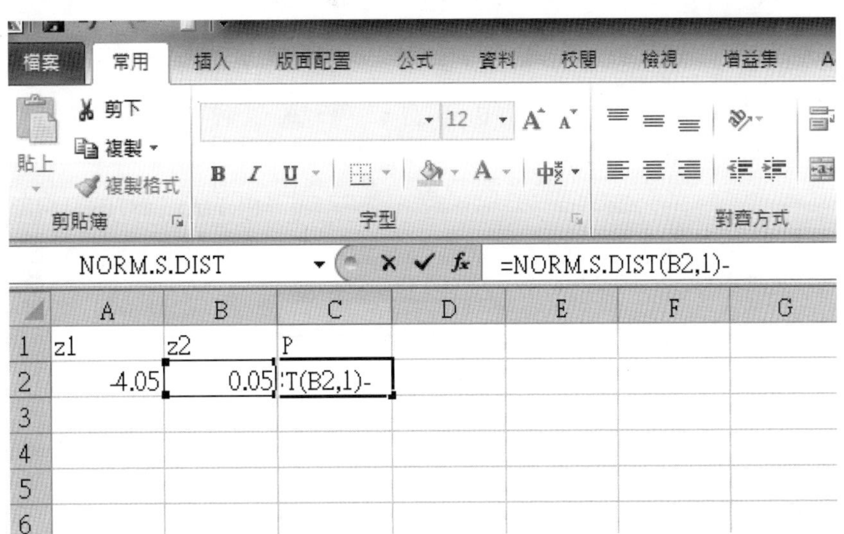
檔案
常用
插入
版面配置
公式
資料
校閱
檢視
增益集
NORM.S.DIST
=NORM.S.DIST(B2,1)-
z1
z2
P
-4.05
0.05
T(B2,1)-

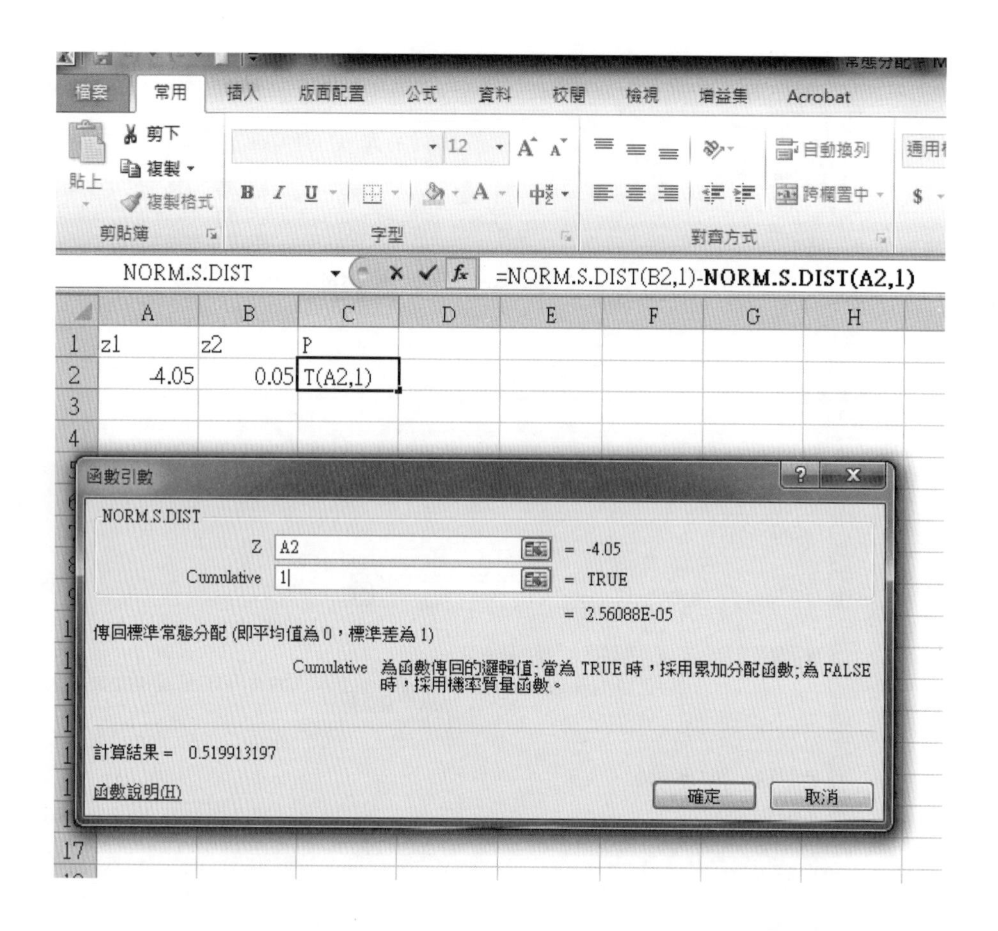

NORM.S.DIST
=NORM.S.DIST(B2,1)-NORM.S.DIST(A2,1)
z1
z2
P
-4.05
0.05
T(A2,1)
函數引數
NORM.S.DIST
Z A2 = -4.05
Cumulative 1 = TRUE
= 2.56088E-05
傳回標準常態分配 (即平均值為 0，標準差為 1)
Cumulative 為函數傳回的邏輯值; 當為 TRUE 時，採用累加分配函數; 為 FALSE 時，採用機率質量函數。
計算結果 = 0.519913197
函數說明(H)
確定
取消

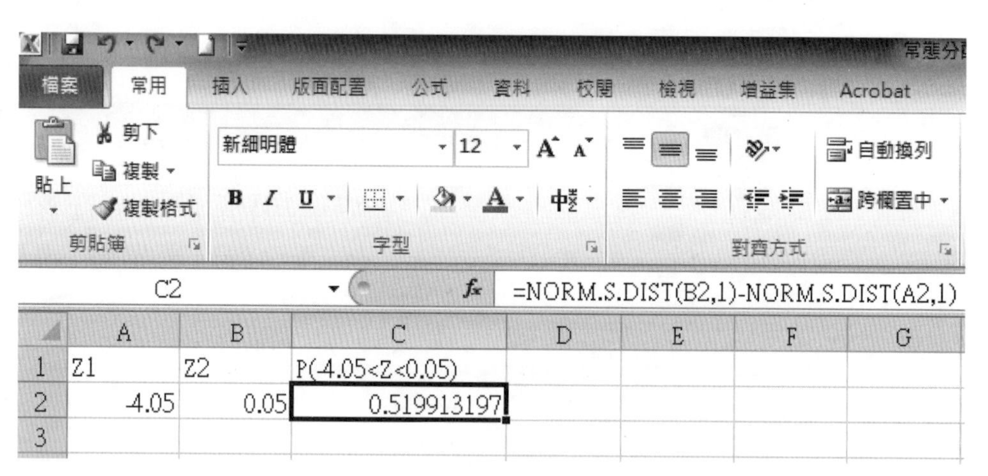

C2
=NORM.S.DIST(B2,1)-NORM.S.DIST(A2,1)
Z1
Z2
P(-4.05<Z<0.05)
-4.05
0.05
0.519913197

3. 標準常態分布 P(Z>Y)=0.1660，Y=

【指令】NORM.S.INV(Probability)

（1）A1 儲存格中輸入 P(Z>Y)，A2 輸入 0.1660；B1 輸入 P(Z<Y)，B2=1-A2；C1 輸入 Y=，點選 C2 儲存格選 *f*x 之工具，【或選取類別(C):】選取【統計】的項目，接著再【選取函數(N)：】中選取【**NORM.S.INV**】，開啟【函數引述】的對話框。

（2）在【函數引數】中【Probability】輸入：B2。
即可完成 P(Z>Y) =0.1660 的計算。
P(Z>Y)=1-P(Z<Y)=0.1660→P(Z<Y)=1-0.1660=0.8340
Y= NORM.S.INV(0.8340)=0.970093

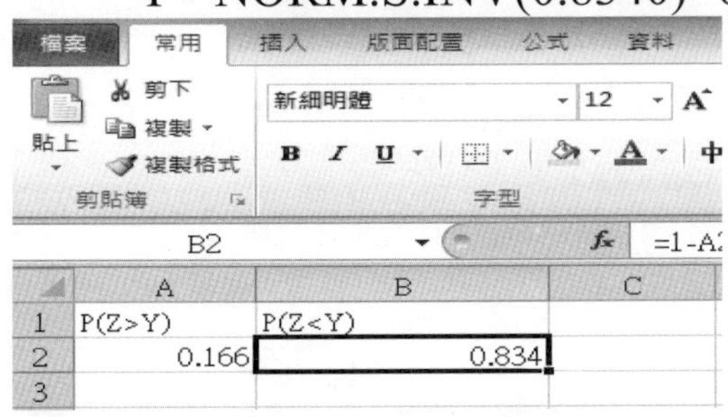

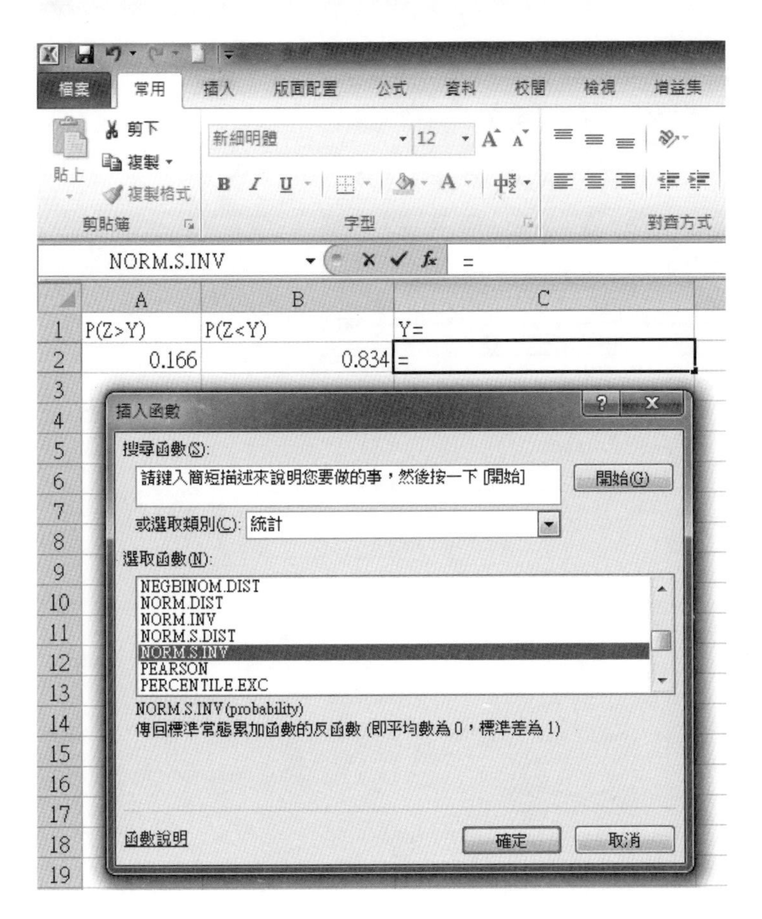

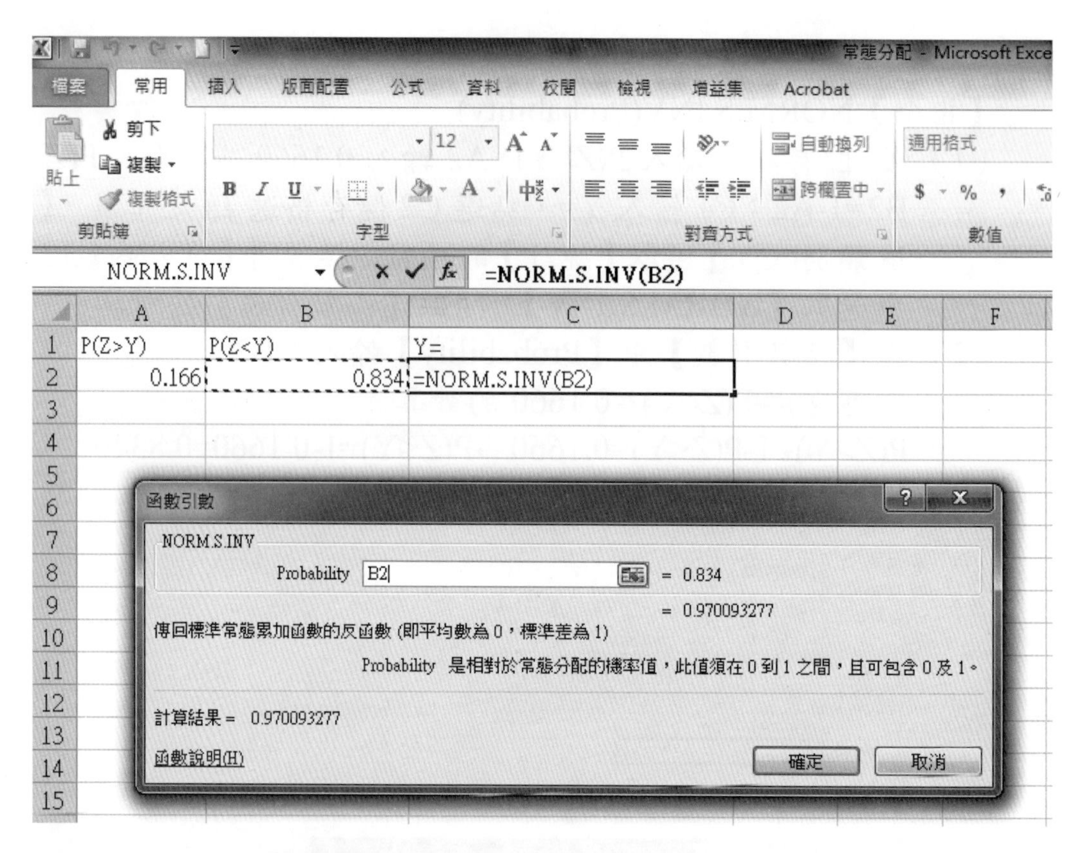
常態分配 - Microsoft Exce
檔案
常用
插入
版面配置
公式
資料
校閱
檢視
增益集
Acrobat
剪下
複製
貼上
複製格式
剪貼簿
字型
自動換列
跨欄置中
對齊方式
通用格式
數值
NORM.S.INV
=NORM.S.INV(B2)
P(Z>Y)
P(Z<Y)
Y=
0.166
0.834
=NORM.S.INV(B2)
函數引數
NORM.S.INV
Probability
B2
= 0.834
= 0.970093277
傳回標準常態累加函數的反函數 (即平均數為 0，標準差為 1)
Probability 是相對於常態分配的機率值，此值須在 0 到 1 之間，且可包含 0 及 1。
計算結果 = 0.970093277
函數說明(H)
確定
取消

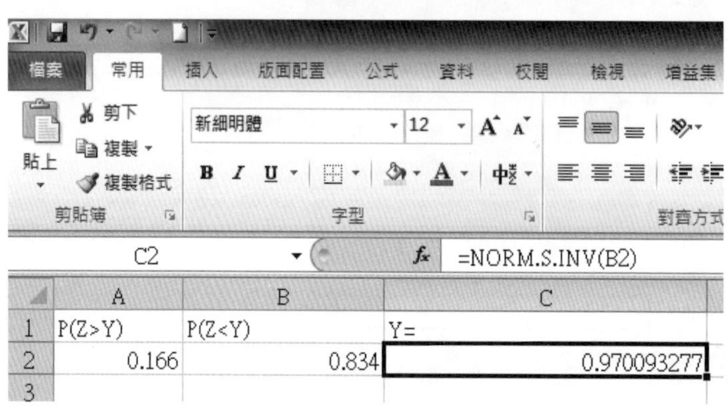
檔案
常用
插入
版面配置
公式
資料
校閱
檢視
增益集
新細明體
C2
=NORM.S.INV(B2)
P(Z>Y)
P(Z<Y)
Y=
0.166
0.834
0.970093277

二、常態分布

【指令】**NORM. DIST (X, Mean, Standard_dev, Cumulative)**

$X \sim N(65,4^2)$的常態隨機變數

1. P(66<X<70)=

（1）點選 A2 儲存格填入「66」，點選 B2 儲存格填入「70」，再點選儲存格 C2 選 *f*x 之工具，【或選取類別(C):】選取【統計】的項目，接著再【選取函數(N)：】中選取【**NORM.DIST**】，開啟【函數引述】的對話框。

（2）在【函數引數】中【X】點選 B2 格；【Mean】65；【Standard_dev】4【Cumulative】1 或 TRUE。

（3）接著在公式列輸入「-」，在【函數引數】中【X】點選 A2 格；【Mean】65；【Standard_dev】4；【Cumulative】1 或 TRUE，即可完成計算。

P(66<X<70)=P(X<70) - P(X<66)

=NORM.DIST(B2,65,4,TRUE) - NORM.DIST(A2,65,4,1)=

0.295643901

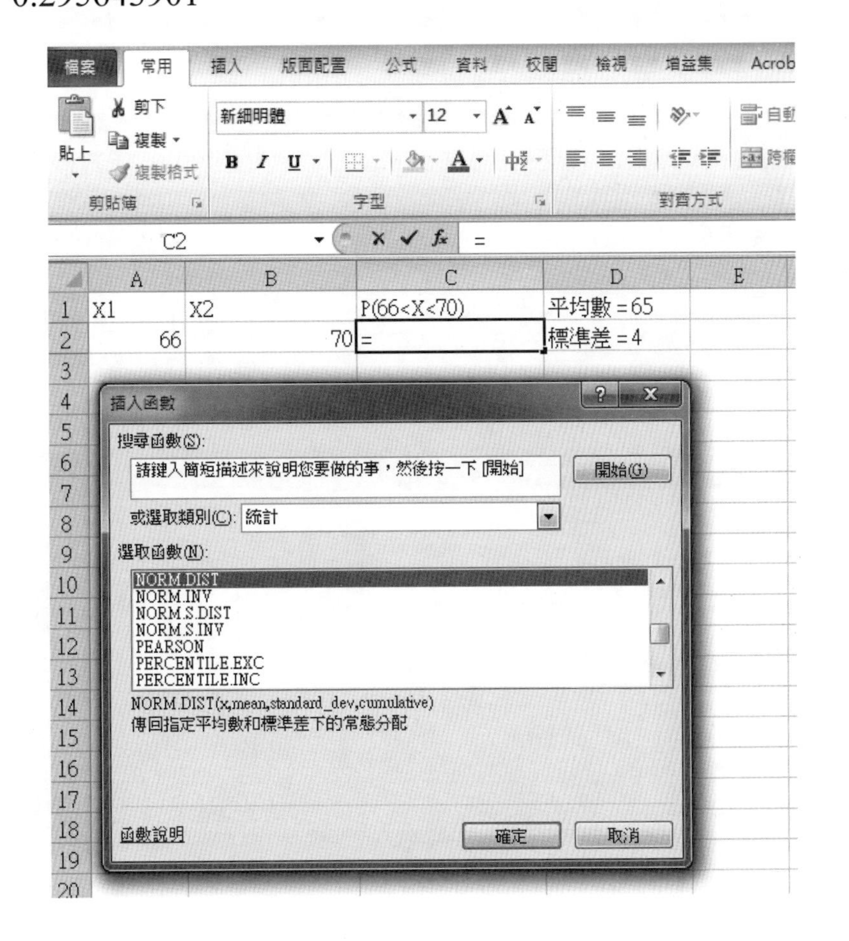

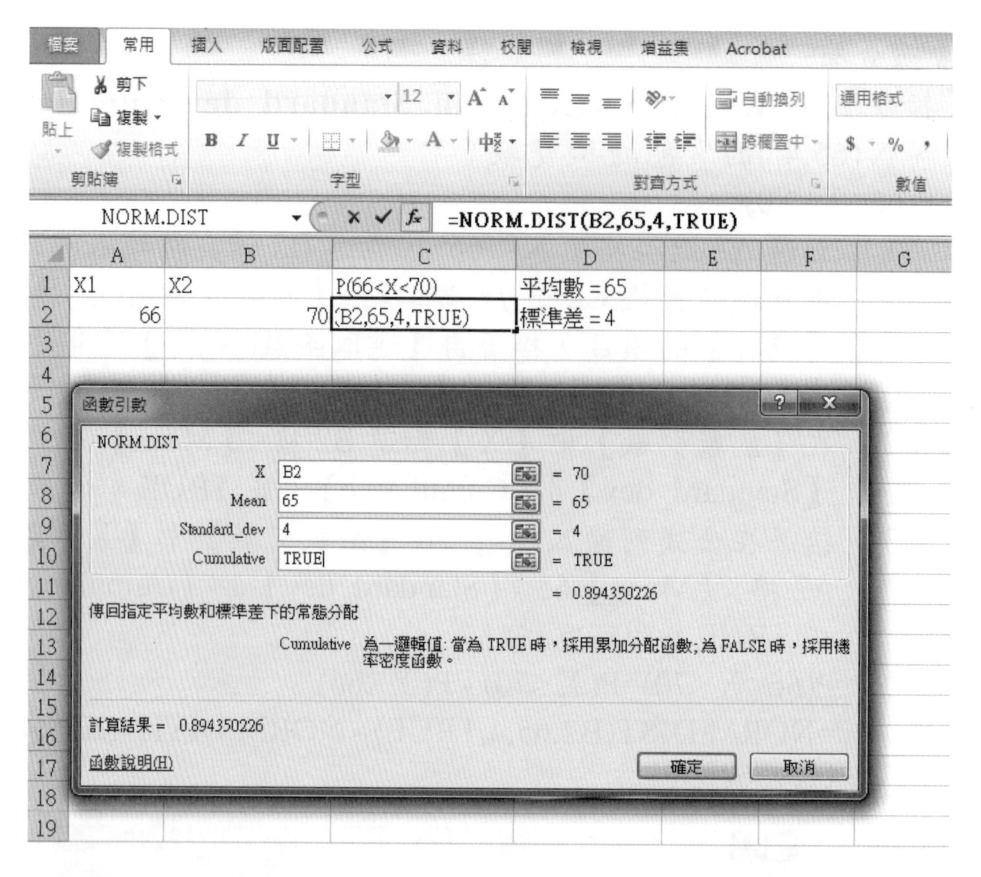
NORM.DIST
=NORM.DIST(B2,65,4,TRUE)
X1
X2
P(66<X<70)
平均數 = 65
66
70
(B2,65,4,TRUE)
標準差 = 4
函數引數
NORM.DIST
X B2 = 70
Mean 65 = 65
Standard_dev 4 = 4
Cumulative TRUE = TRUE
= 0.894350226
傳回指定平均數和標準差下的常態分配
Cumulative 為一邏輯值：當為 TRUE 時，採用累加分配函數；為 FALSE 時，採用機率密度函數。
計算結果 = 0.894350226
函數說明(H)
確定
取消

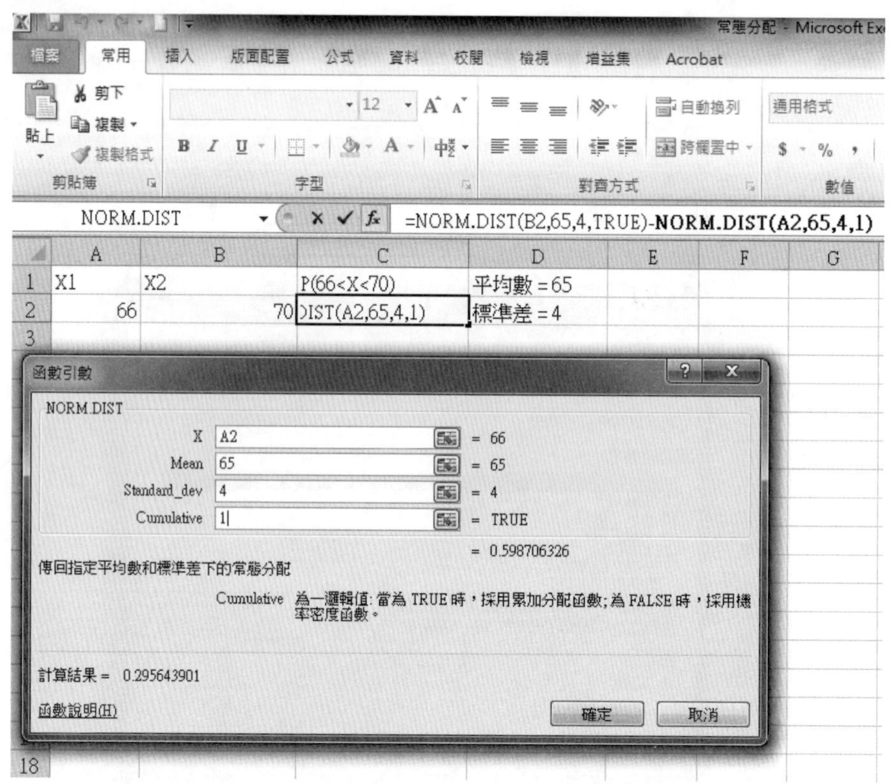
常態分配 - Microsoft Ex
NORM.DIST
=NORM.DIST(B2,65,4,TRUE)-NORM.DIST(A2,65,4,1)
X1
X2
P(66<X<70)
平均數 = 65
66
70
DIST(A2,65,4,1)
標準差 = 4
函數引數
NORM.DIST
X A2 = 66
Mean 65 = 65
Standard_dev 4 = 4
Cumulative 1 = TRUE
= 0.598706326
傳回指定平均數和標準差下的常態分配
Cumulative 為一邏輯值：當為 TRUE 時，採用累加分配函數；為 FALSE 時，採用機率密度函數。
計算結果 = 0.295643901
函數說明(H)
確定
取消

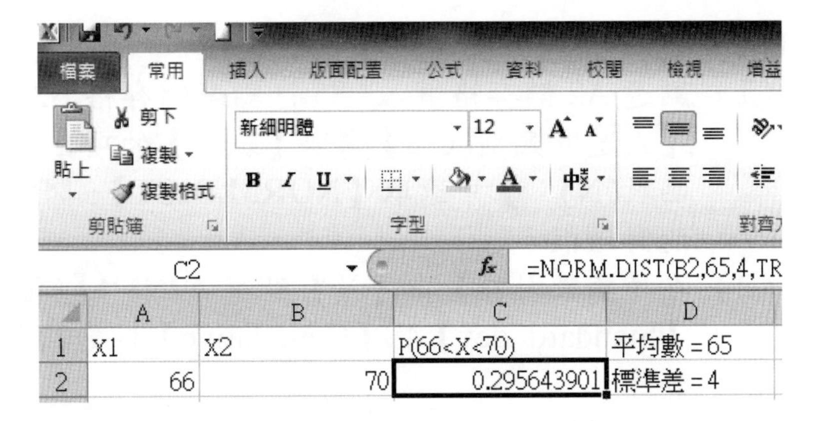
檔案
常用
插入
版面配置
公式
資料
校閱
檢視
剪下
複製
複製格式
貼上
剪貼簿
新細明體
12
字型
C2
=NORM.DIST(B2,65,4,TR
X1
X2
P(66<X<70)
平均數 = 65
66
70
0.295643901
標準差 = 4

2. P(X<85)=

（1）點選 A2 儲存格填入「85」，點選儲存格 B2 選 *f*x 之工具，【或選取類別(C):】選取【統計】的項目，接著再【選取函數(N)：】中選取【**NORM.DIST**】，開啟【函數引述】的對話框。

（2）在【函數引數】中【X】點選 A2 格；【Mean】65；【Standard_dev】4；【Cumulative】1 或 TRUE，即可完成計算。

P(X<85)= NORM.DIST (85,65,4,1) ≅ 1

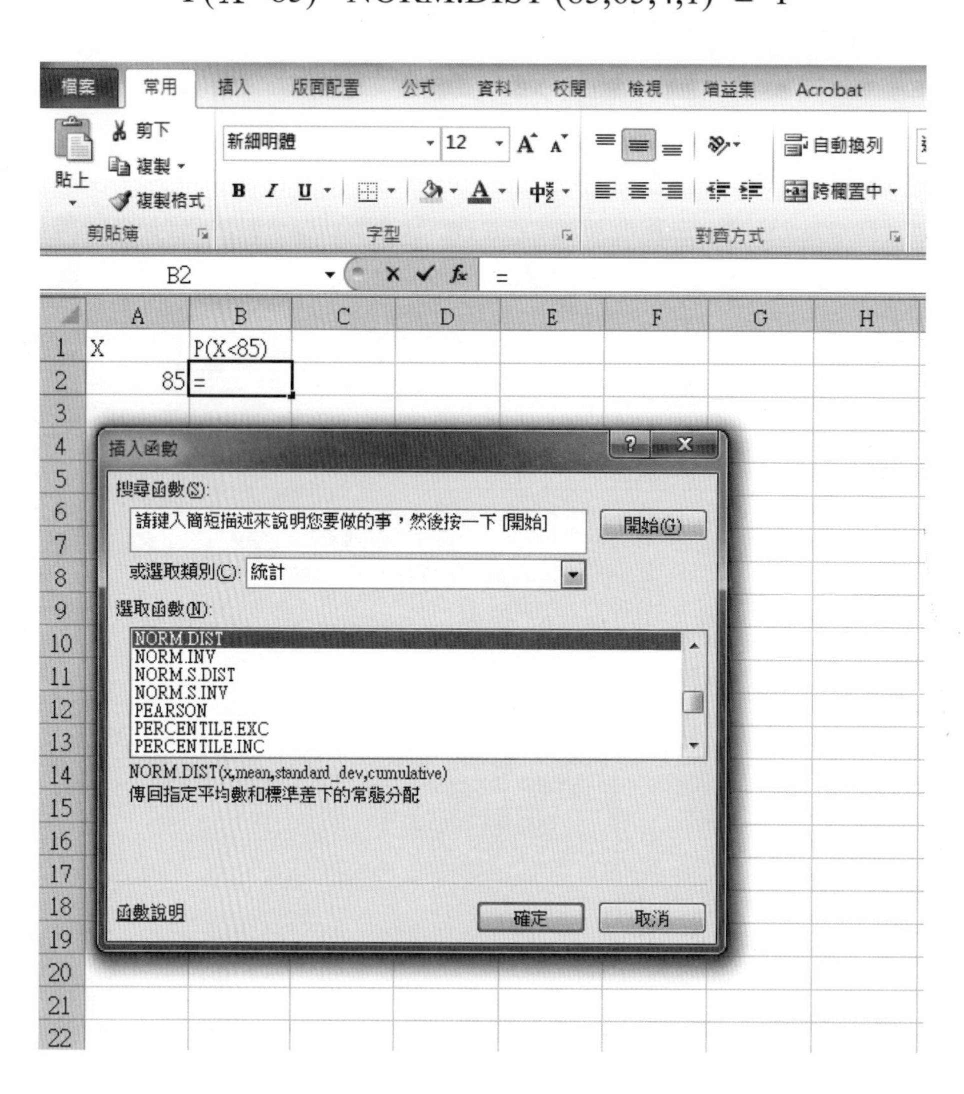

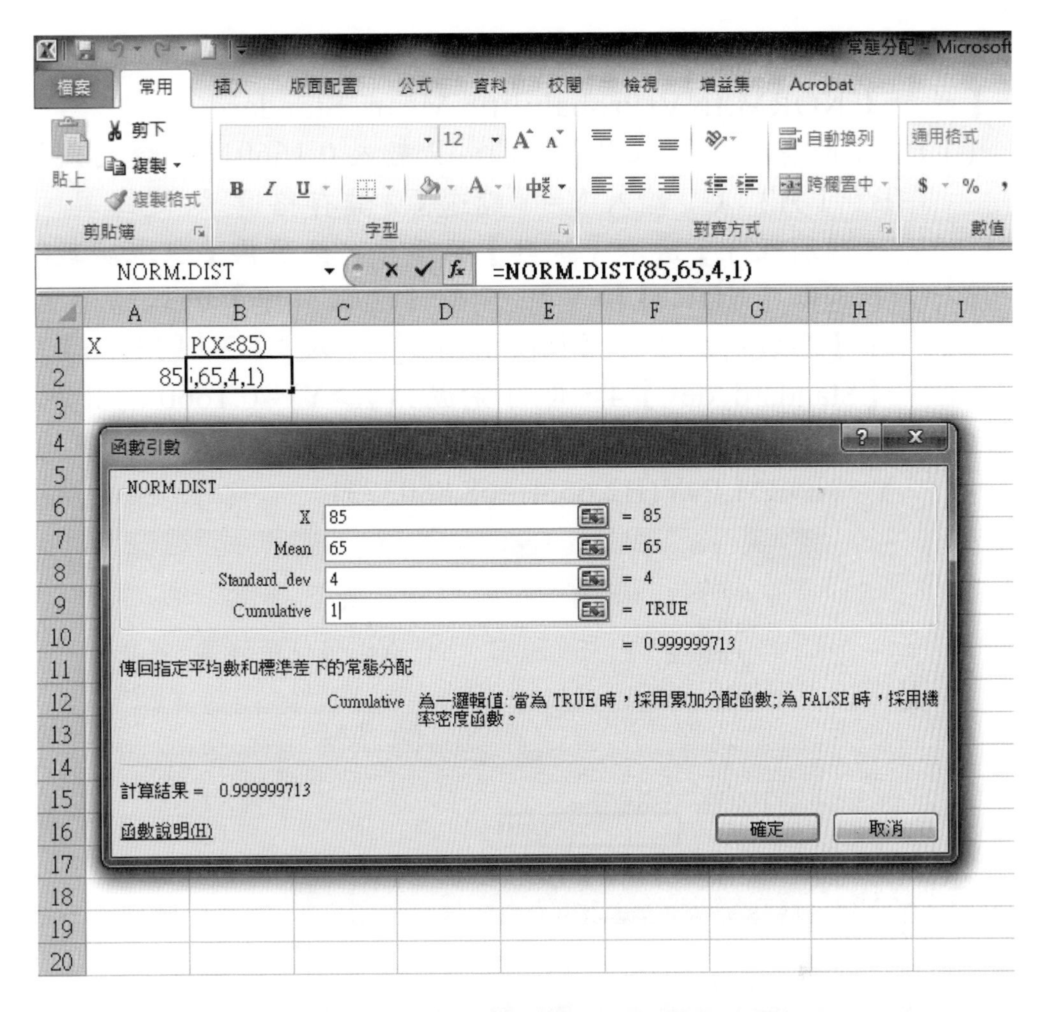

常態分配 - Microsoft
檔案
常用
插入
版面配置
公式
資料
校閱
檢視
增益集
Acrobat
剪下
複製
複製格式
貼上
剪貼簿
字型
自動換列
跨欄置中
對齊方式
通用格式
數值
NORM.DIST
=NORM.DIST(85,65,4,1)
X
P(X<85)
85
,65,4,1)
函數引數
NORM.DIST
X 85 = 85
Mean 65 = 65
Standard_dev 4 = 4
Cumulative 1 = TRUE
= 0.999999713
傳回指定平均數和標準差下的常態分配
Cumulative 為一邏輯值: 當為 TRUE 時，採用累加分配函數; 為 FALSE 時，採用機率密度函數。
計算結果 = 0.999999713
函數說明(H)
確定
取消

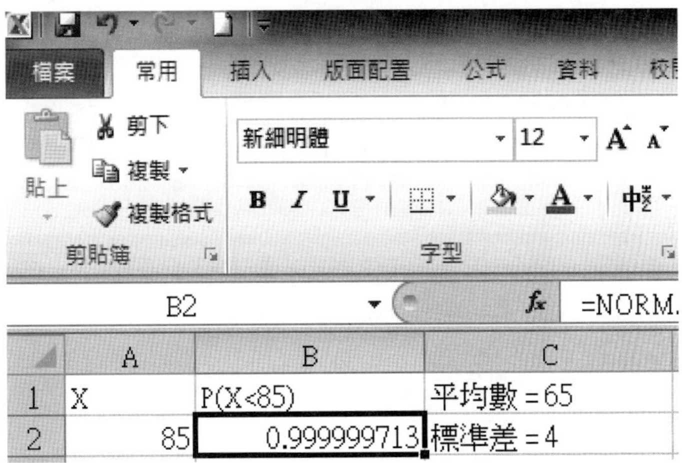

檔案
常用
插入
版面配置
公式
資料
剪下
複製
複製格式
貼上
剪貼簿
新細明體
12
字型
B2
=NORM.
X
P(X<85)
平均數=65
85
0.999999713
標準差=4

3. 常態分布 P(X>Y)=0.1660，Y=

【統計】NORM.INV(Probability, Mean, Standard_dev)

（1）A1 儲存格中輸入 P(X>Y)，A2 數入 0.1660；B1 輸入 P(X<Y)，B2=1-A2；C1 輸入 Y=，點選 C2 儲存格選 *f*x 之工具，【或選取類別(C):】選取【統計】的項目，接著再【選取函數(N)：】中選取【**NORM.INV**】，開啟【函數引述】的對話框。

（2）在【函數引數】中【Probability】輸入：B2，【Mean】65；【Standard_dev】4，即可完成 P(X>Y)= 0.1660 的計算。

（3）P(X>Y)=1-P(X<Y)=0.1660→P(X<Y)=1-0.1660=0.8340
Y= NORM.INV(B2,65,4)=68.8803731

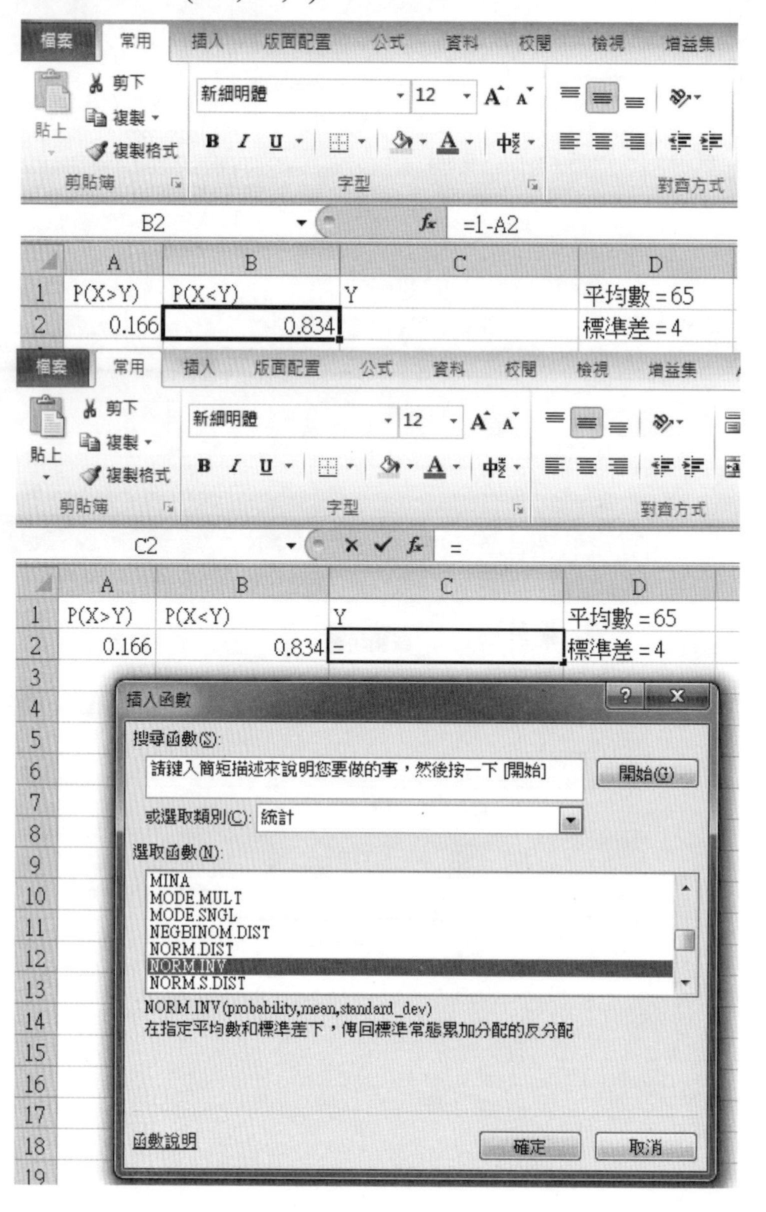

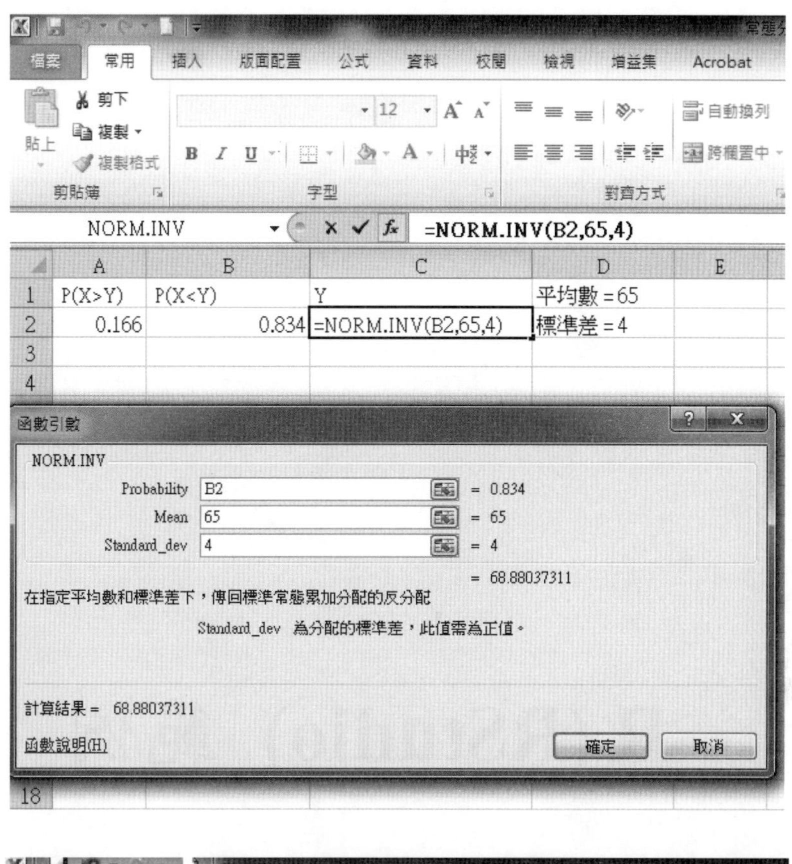
NORM.INV
=NORM.INV(B2,65,4)
P(X>Y)
P(X<Y)
Y
平均數=65
0.166
0.834
=NORM.INV(B2,65,4)
標準差=4
函數引數
Probability B2 = 0.834
Mean 65 = 65
Standard_dev 4 = 4
= 68.88037311
在指定平均數和標準差下，傳回標準常態累加分配的反分配
Standard_dev 為分配的標準差，此值需為正值。
計算結果 = 68.88037311
函數說明(H)
確定
取消

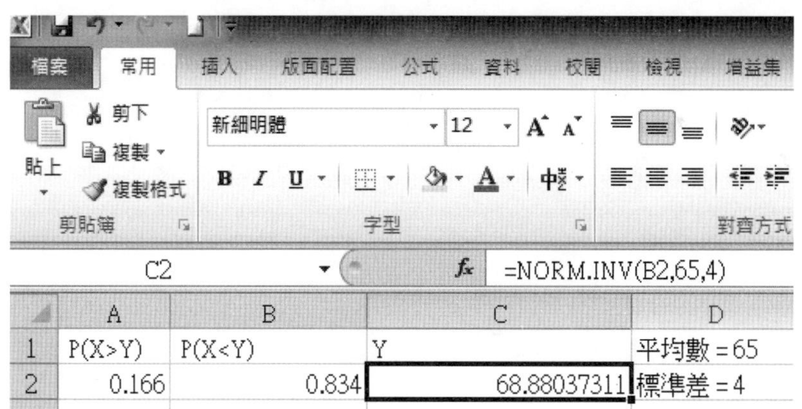
C2
=NORM.INV(B2,65,4)
P(X>Y)
P(X<Y)
Y
平均數=65
0.166
0.834
68.88037311
標準差=4

R (RStudio) 範例

一、標準常態分布

1. 標準常態分布 P(Z>-1.55)

於 R 或 RStudio 軟體視窗內，輸入以下內容：

```
# 使用 pnorm 函數計算 P(Z <= -1.55)
p_less_than_minus_1.55 <- pnorm(-1.55)
# 計算 P(Z > -1.55)
p_greater_than_minus_1.55 <- 1 - p_less_than_minus_1.55
# 列印本題答案
cat("P(Z > -1.55)=", p_greater_than_minus_1.55)
```

執行結果如下：

```
> # 使用 pnorm 函數計算 P(Z <= -1.55)
> p_less_than_minus_1.55 <- pnorm(-1.55)
> # 計算 P(Z > -1.55)
> p_greater_than_minus_1.55 <- 1 - p_less_than_minus_1.55
> # 列印本題答案
> cat("P(Z > -1.55)=", p_greater_than_minus_1.55)
P(Z > -1.55)= 0.9394292
```

2. 標準常態分布 P(-4.05<Z<0.05)

於 R 或 RStudio 軟體視窗內，輸入以下內容：

```
# 使用 pnorm 函數計算 P(Z < 0.05)
p_less_than_0.05 <- pnorm(0.05)
# 使用 pnorm 函數計算 P(Z < -4.05)
p_less_than_minus_4.05 <- pnorm(-4.05)
# 計算 P(-4.05 < Z < 0.05)
p_between <- p_less_than_0.05 - p_less_than_minus_4.05
# 列印本題答案
cat("P(-4.05 < Z < 0.05)=", p_between)
```

執行結果如下：

```
> # 使用 pnorm 函數計算 P(Z < 0.05)
> p_less_than_0.05 <- pnorm(0.05)
> # 使用 pnorm 函數計算 P(Z < -4.05)
> p_less_than_minus_4.05 <- pnorm(-4.05)
> # 計算 P(-4.05 < Z < 0.05)
> p_between <- p_less_than_0.05 - p_less_than_minus_4.05
> # 列印本題答案
> cat("P(-4.05 < Z < 0.05)=", p_between)
P(-4.05 < Z < 0.05)= 0.5199132
```

3. 標準常態分布 P(Z>Y)=0.1660，Y=

於 R 或 RStudio 軟體視窗內，輸入以下內容：

```
# 計算累積分布函數值
p_value <- 1 - 0.1660
# 使用 qnorm 函數計算對應的 Y 值
Y <- qnorm(p_value)
# 列印本題答案
cat("Y=", Y)
```

執行結果如下：

```
> # 計算累積分布函數值
> p_value <- 1 - 0.1660
> # 使用 qnorm 函數計算對應的 Y 值
> Y <- qnorm(p_value)
> # 列印本題答案
> cat("Y=", Y)
Y= 0.9700933
```

二、常態分布

1. X～N(65,4²)的常態隨機變數，P(66<X<70)=?

於 R 或 RStudio 軟體視窗內，輸入以下內容：

```
# 計算 Z 值的下界及上界
lower_bound <- (66 - 65) / 4
upper_bound <- (70 - 65) / 4
# 使用 pnorm 函數 P(Z < upper_bound) - P(Z < lower_bound)
p_between <- pnorm(upper_bound) - pnorm(lower_bound)
# 列印本題答案
cat("P(66<X<70)=", p_between)
```

執行結果如下：

```
> # 計算 Z 值的下界及上界
> lower_bound <- (66 - 65) / 4
> upper_bound <- (70 - 65) / 4
> # 使用 pnorm 函數 P(Z < upper_bound) - P(Z < lower_bou
  nd)
> p_between <- pnorm(upper_bound) - pnorm(lower_bound)
> # 列印本題答案
> cat("P(66<X<70)=", p_between)
P(66<X<70)= 0.2956439
```

2. X～N(65,4^2)的常態隨機變數，P(X<85)=?

於 R 或 RStudio 軟體視窗內，輸入以下內容：

```
# 計算 Z 值
z_value <- (85 - 65) / 4
# 計算 P(Z < z_value)
p_less_than_z_value <- pnorm(z_value)
# 列印本題答案
cat("P(X<85)=", p_less_than_z_value)
```

執行結果如下：

```
> # 計算 Z 值
> z_value <- (85 - 65) / 4
> # 計算 P(Z < z_value)
> p_less_than_z_value <- pnorm(z_value)
> # 列印本題答案
> cat("P(X<85)=", p_less_than_z_value)
P(X<85)= 0.9999997
```

3. $X \sim N(65,4^2)$的常態隨機變數，$P(X>Y)=0.1660$，Y=?

於 R 或 RStudio 軟體視窗內，輸入以下內容：

```
# 計算標準常態分佈的分位數
p_value <- 1 - 0.1660
z_value <- qnorm(p_value)
# 設定常態分佈的平均值和標準差
mean_value <- 65
sd_value <- 4
# 轉換為常態分佈 N(65, 4^2)的臨界值
Y <- mean_value + z_value * sd_value
# 列印本題答案
cat("Y=", Y)
```

執行結果如下：

```
> # 計算標準常態分佈的分位數
> p_value <- 1 - 0.1660
> z_value <- qnorm(p_value)
> # 設定常態分佈的平均值和標準差
> mean_value <- 65
> sd_value <- 4
> # 轉換為常態分佈 N(65, 4^2)的臨界值
> Y <- mean_value + z_value * sd_value
> # 列印本題答案
> cat("Y=", Y)
Y= 68.88037
```

三、繪製常態分布圖

1. 標準常態分布圖繪製

於 R 或 RStudio 軟體視窗內，輸入以下內容：

```
# 載入繪圖程式套件
library(ggplot2)
# 生成一組標準常態分佈的數據
x <- seq(-4, 4, length.out = 1000)
y <- dnorm(x)
# 繪製標準常態分佈的概率密度函數圖表
ggplot(data = NULL, aes(x = x, y = y)) + geom_line(color =
"blue") +   labs(x = "Z 值", y = "密度", title = "標準常態分佈的
概率密度函數圖") +   theme_minimal()
# 列印本題答案
ggplot
```

執行結果如下：

```
> # 載入繪圖程式套件
> library(ggplot2)
> # 生成一組標準常態分佈的數據
> x <- seq(-4, 4, length.out = 1000)
> y <- dnorm(x)
> # 繪製標準常態分佈的概率密度函數圖表
> ggplot(data = NULL, aes(x = x, y = y)) + geom_line(color=
    "blue") + labs(x = "Z 值", y = "密度", title = "標準常
    態分佈的概率密度函數圖") + theme_minimal()
> # 列印本題答案
> ggplot
function (data = NULL, mapping = aes(), ..., environment =
  parent.frame())
{
    UseMethod("ggplot")
}
```

<bytecode: 0x000001dc026f5330>
<environment: namespace:ggplot2>

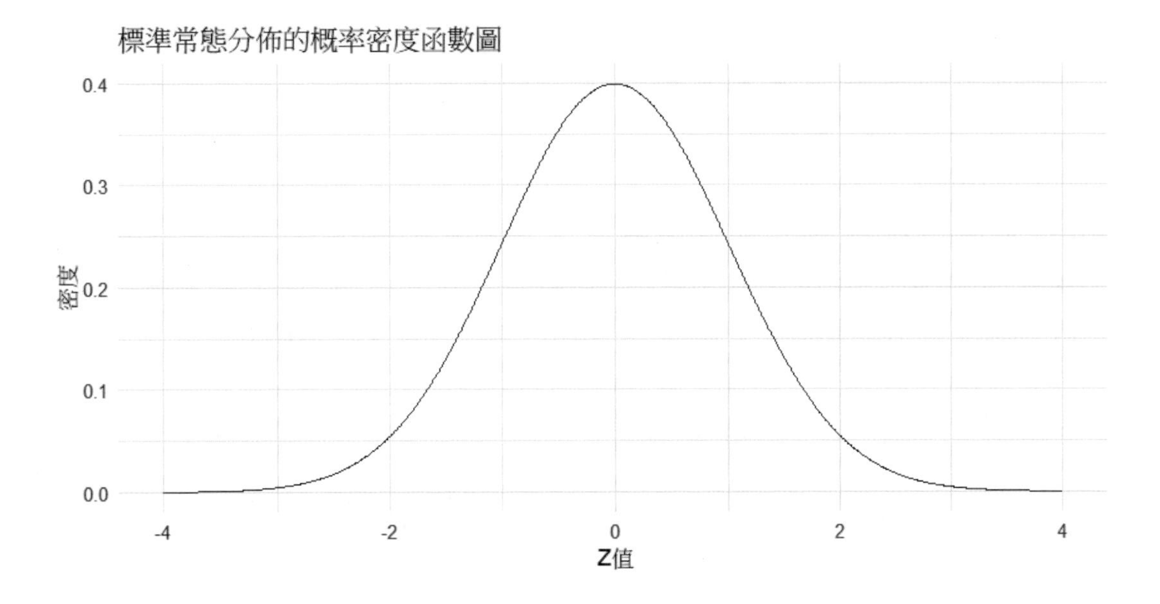

2. X~N(50, 10^2)常態分布圖繪製

於 R 或 RStudio 軟體視窗內，輸入以下內容：

```
# 載入繪圖程式套件
library(ggplot2)
# 設定均值和標準差
mean_value <- 50
sd_value <- 10
# 生成一組常態分佈的數據
x <- seq(0, 100, length.out = 1000)
y <- dnorm(x, mean = mean_value, sd = sd_value)
# 繪製常態分佈的概率密度函數圖表
ggplot(data = NULL, aes(x = x, y = y)) + geom_line(color =
    "blue") + labs(x = "值", y = "密度", title = " X~N(50, 10^2)
    的常態分佈概率密度函數圖") + theme_minimal()
# 列印本題答案
ggplot
```

執行結果如下：

```
> # 載入繪圖程式套件
> library(ggplot2)
> # 設定均值和標準差
> mean_value <- 50
> sd_value <- 10
> # 生成一組常態分佈的數據
> x <- seq(0, 100, length.out = 1000)
> y <- dnorm(x, mean = mean_value, sd = sd_value)
> # 繪製常態分佈的概率密度函數圖表
> ggplot(data = NULL, aes(x = x, y = y)) + geom_line(color =
  "blue") + labs(x = "值", y = "密度", title = "X~N(50, 10
  ^2)的常態分佈概率密度函數圖") + theme_minimal()
> # 列印本題答案
> ggplot
```

```
function (data = NULL, mapping = aes(), ..., environment = parent.fr
ame())
{
    UseMethod("ggplot")
}
<bytecode: 0x000001dc026f5330>
<environment: namespace:ggplot2>
```

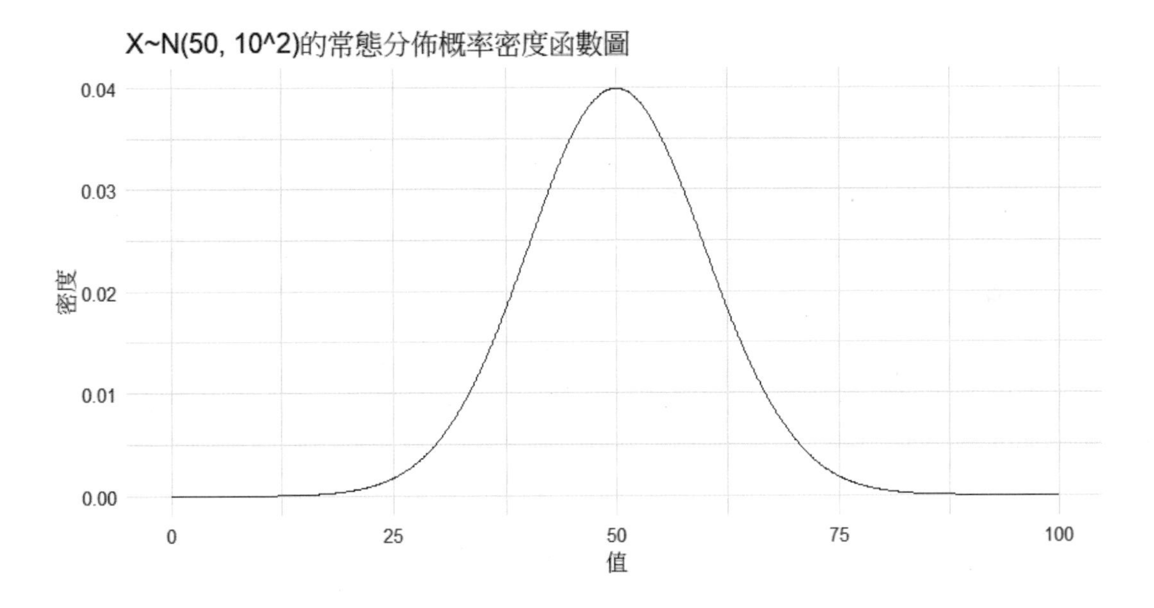

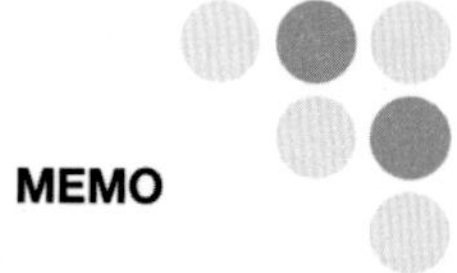

MEMO

CHAPTER 08 樞紐分析

徐敏恭　國立屏東科技大學研究總中心
羅凱安　國立屏東科技大學森林系

Microsoft Excel 範例

一、 一維樞紐分析表

1. 在原始資料中點選→**【插入】**→**【樞紐分析表】**。
2. 選取表格或範圍(S)：選取欲分析之資料欄位。
3. 選擇您要放置樞紐分析表的位置
   新工作表 或 存在的工作表 中輸出

   選擇確定後即產生「**樞紐分析表欄位**」清單。

4. 將所需要分析資料的表格中的「**列**」名稱拖曳到**【列標籤】**，分析資料表上所呈現的「**果品類別**」拖曳到**【Σ值】**即可完成。

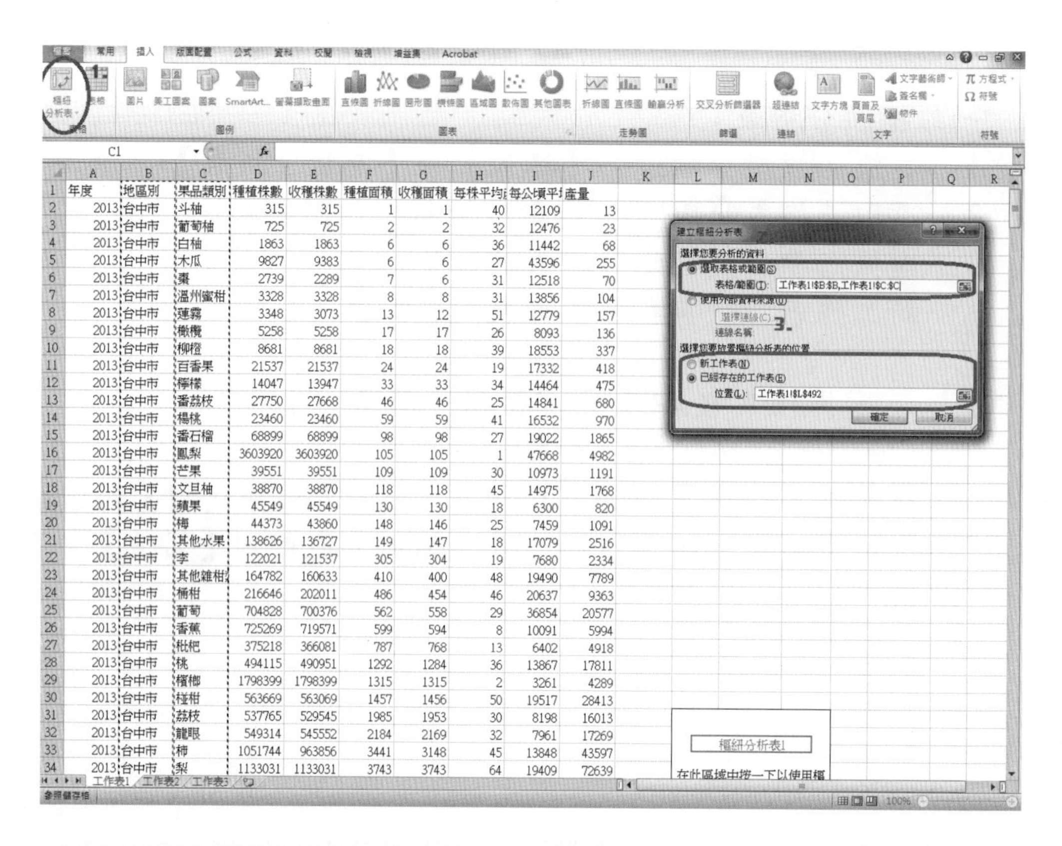

年度	地區別	果品類別	種植株數	收穫株數	種植面積	收穫面積	每株平均	每公頃平	產量
2013	台中市	斗柚	315	315	1	1	40	12109	13
2013	台中市	葡萄柚	725	725	2	2	32	12476	23
2013	台中市	白柚	1863	1863	6	6	36	11442	68
2013	台中市	木瓜	9827	9383	6	6	27	43596	255
2013	台中市	棗	2739	2289	7	6	31	12518	70
2013	台中市	溫州蜜柑	3328	3328	8	8	31	13856	104
2013	台中市	蓮霧	3348	3073	13	12	51	12779	157
2013	台中市	橄欖	5258	5258	17	17	26	8093	136
2013	台中市	柳橙	8681	8681	18	18	39	18553	337
2013	台中市	百香果	21537	21537	24	24	19	17332	418
2013	台中市	檸檬	14047	13947	33	33	34	14464	475
2013	台中市	番荔枝	27750	27668	46	46	25	14841	680
2013	台中市	楊桃	23460	23460	59	59	41	16532	970
2013	台中市	番石榴	68899	68899	98	98	27	19022	1865
2013	台中市	鳳梨	3603920	3603920	105	105	1	47668	4982
2013	台中市	芒果	39551	39551	109	109	30	10973	1191
2013	台中市	文旦柚	38870	38870	118	118	45	14975	1768
2013	台中市	蘋果	45549	45549	130	130	18	6300	820
2013	台中市	梅	44373	43860	148	146	25	7459	1091
2013	台中市	其他水果	138626	136727	149	147	18	17079	2516
2013	台中市	李	122021	121537	305	304	19	7680	2334
2013	台中市	其他雜柑	164782	160633	410	400	48	19490	7789
2013	台中市	桶柑	216646	202011	486	454	46	20637	9363
2013	台中市	葡萄	704828	700376	562	558	29	36854	20577
2013	台中市	香蕉	725269	719571	599	594	8	10091	5994
2013	台中市	枇杷	375218	366081	787	768	13	6402	4918
2013	台中市	桃	494115	490951	1292	1284	36	13867	17811
2013	台中市	檳榔	1798399	1798399	1315	1315	2	3261	4289
2013	台中市	椪柑	563669	563069	1457	1456	50	19517	28413
2013	台中市	荔枝	537765	529545	1985	1953	30	8198	16013
2013	台中市	龍眼	549314	545552	2184	2169	32	7961	17269
2013	台中市	柿	1051744	963856	3441	3148	45	13848	43597
2013	台中市	梨	1133031	1133031	3743	3743	64	19409	72639

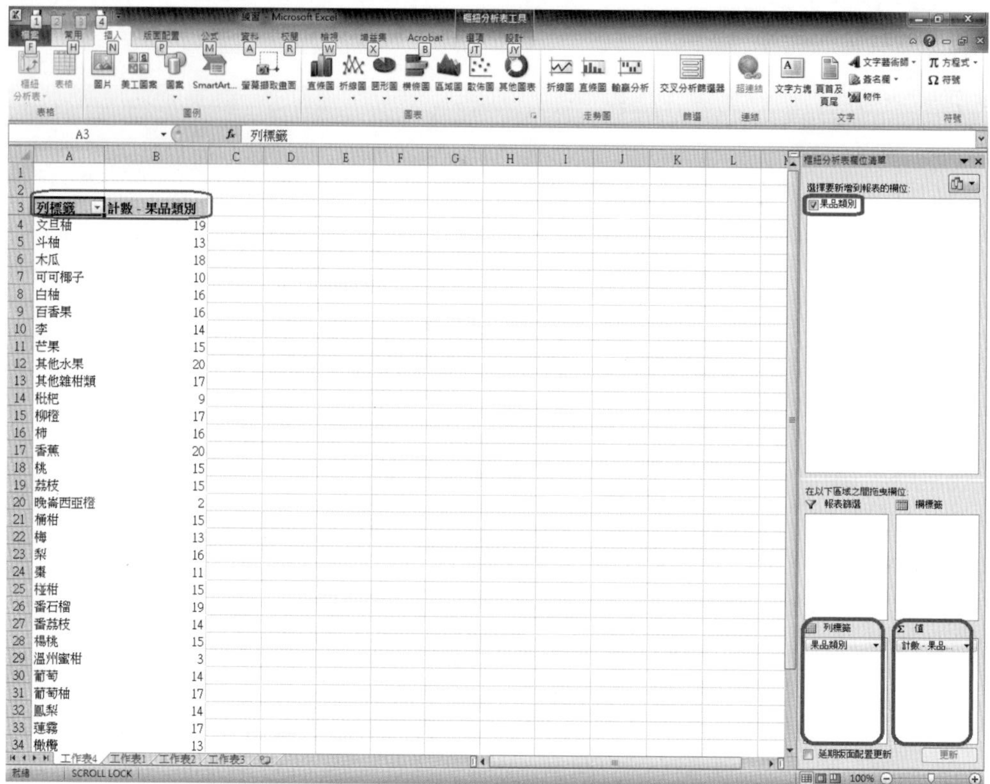

列標籤	計數 - 果品類別
文旦柚	19
斗柚	13
木瓜	18
可可椰子	10
白柚	16
百香果	16
李	14
芒果	15
其他水果	20
其他雜柑類	17
枇杷	9
柳橙	17
柿	16
香蕉	20
桃	15
荔枝	15
晚崙西亞橙	2
桶柑	15
梅	13
梨	16
棗	11
椪柑	15
番石榴	19
番荔枝	14
楊桃	15
溫州蜜柑	3
葡萄	14
葡萄柚	17
鳳梨	14
蓮霧	17
橄欖	13

二、 二維樞紐分析表

（一）靜態樞紐分析表

例：表格資料不變動或不增加任何資料，所分析出來的分析表。

1. 在原始資料中點選【插入】→【**樞紐分析表**】。
2. 選取表格或範圍(S)：選取欲分析之資料欄位
3. 選擇您要放置樞紐分析表的位置
   新工作表 或 存在的工作表 中輸出

   選擇確定後即產生「**樞紐分析表欄位**」清單。

4. 將所需要分析資料的表格中的「**欄**」名稱拖曳到【**欄標籤**】,「**列**」名稱拖曳到【**列標籤**】，分析資料表上所呈現的「**果品類別**」拖曳到【**Σ值**】即可完成。

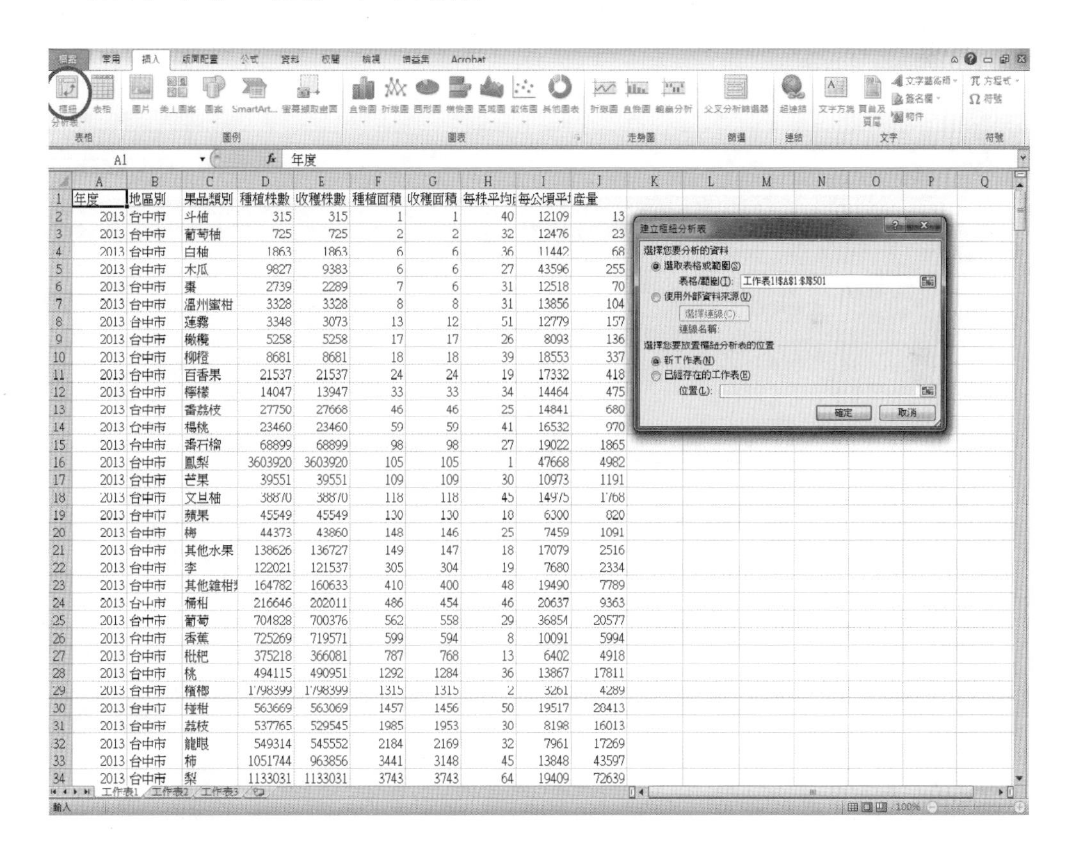

年度	地區別	果品類別	種植株數	收穫株數	種植面積	收穫面積	每株平均	每公頃平均	產量
2013	台中市	斗柚	315	315	1	1	40	12109	13
2013	台中市	葡萄柚	725	725	2	2	32	12476	23
2013	台中市	白柚	1863	1863	6	6	36	11442	68
2013	台中市	木瓜	9827	9383	6	6	27	43596	255
2013	台中市	棗	2739	2289	7	6	31	12518	70
2013	台中市	溫州蜜柑	3328	3328	8	8	31	13856	104
2013	台中市	蓮霧	3348	3073	13	12	51	12779	157
2013	台中市	橄欖	5258	5258	17	17	26	8093	136
2013	台中市	柳橙	8681	8681	18	18	39	18553	337
2013	台中市	百香果	21537	21537	24	24	19	17332	418
2013	台中市	檸檬	14047	13947	33	33	34	14464	475
2013	台中市	番荔枝	27750	27668	46	46	25	14841	680
2013	台中市	楊桃	23460	23460	59	59	41	16532	970
2013	台中市	番石榴	68899	68899	98	98	27	19022	1865
2013	台中市	鳳梨	3603920	3603920	105	105	1	47668	4982
2013	台中市	芒果	39551	39551	109	109	30	10973	1191
2013	台中市	文旦柚	38870	38870	118	118	45	14975	1768
2013	台中市	蘋果	45549	45549	130	130	18	6300	820
2013	台中市	梅	44373	43860	148	146	25	7459	1091
2013	台中市	其他水果	138626	136727	149	147	18	17079	2516
2013	台中市	李	122021	121537	305	304	19	7680	2334
2013	台中市	其他雜柑	164782	160633	410	400	48	19490	7789
2013	台中市	桶柑	216646	202011	486	454	46	20637	9363
2013	台中市	葡萄	704828	700376	562	558	29	36854	20577
2013	台中市	香蕉	725269	719571	599	594	8	10091	5994
2013	台中市	枇杷	375218	366081	787	768	13	6402	4918
2013	台中市	桃	494115	490951	1292	1284	36	13867	17811
2013	台中市	檳榔	1798399	1798399	1315	1315	2	3261	4289
2013	台中市	椪柑	563669	563069	1457	1456	50	19517	28413
2013	台中市	荔枝	537765	529545	1985	1953	30	8198	16013
2013	台中市	龍眼	549314	545552	2184	2169	32	7961	17269
2013	台中市	柿	1051744	963856	3441	3148	45	13848	43597
2013	台中市	梨	1133031	1133031	3743	3743	64	19409	72639

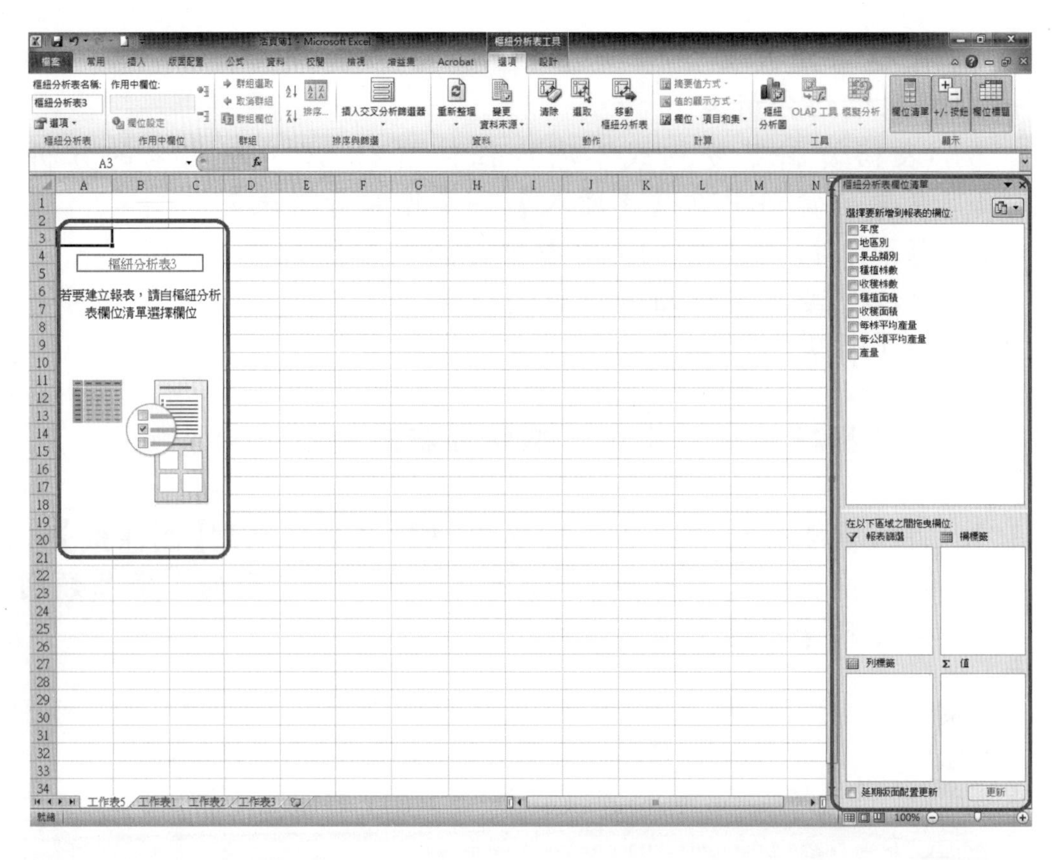
樞紐分析表3
若要建立報表，請自樞紐分析表欄位清單選擇欄位
樞紐分析表欄位清單
選擇要新增到報表的欄位:
年度
地區別
果品類別
種植株數
收穫株數
種植面積
收穫面積
每株平均產量
每公頃平均產量
產量
在以下區域之間拖曳欄位:
報表篩選
欄標籤
列標籤
Σ 值
延期版面配置更新
更新

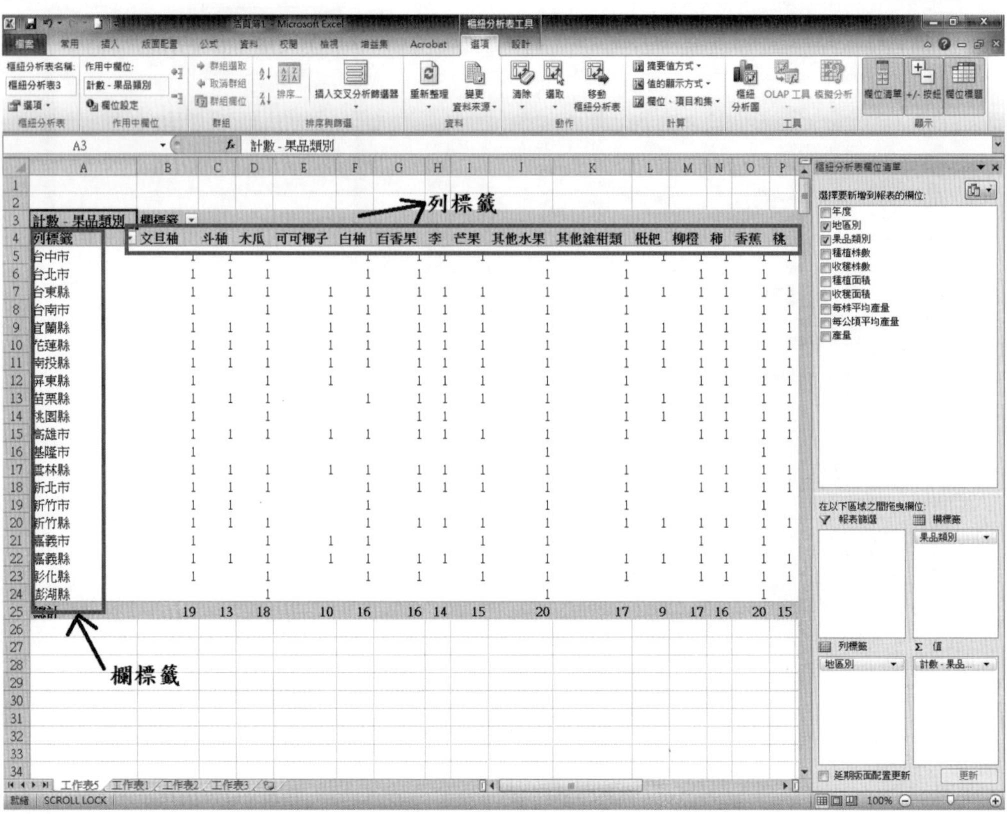
計數 - 果品類別
列標籤
欄標籤

（二）動態樞紐分析表

例：原始資料增加或刪減，在樞紐分析表案重新整理後，即得到新的樞紐分析表。

1. 在原始資料中點選**儲存格 A1→【常用】→【格式化為表格】**，選取一個你想要的樣式。
2. 在**【插入】→【樞紐分析表】**，選取表格或範圍：表格或你所設定的表格名稱。
3. 選擇您要放置樞紐分析表的位置
   新工作表 或 存在的工作表　中輸出
   i. 選擇確定後即產生「**樞紐分析表欄位**」清單。
4. 將所需要分析資料的表格中的「**欄**」名稱拖曳到**【欄標籤】**,「**列**」名稱拖曳到**【列標籤】**，分析資料表上所呈現的「**果品類別**」拖曳到**【Σ值】**即可完成。
5. 完成之後，原始資料表中的資料新增或刪減完成後，在樞紐分析資料表中，**按右鍵→【重新整理】**，所得到的新的樞紐分析表即是新增或刪減後的樞紐分析表。

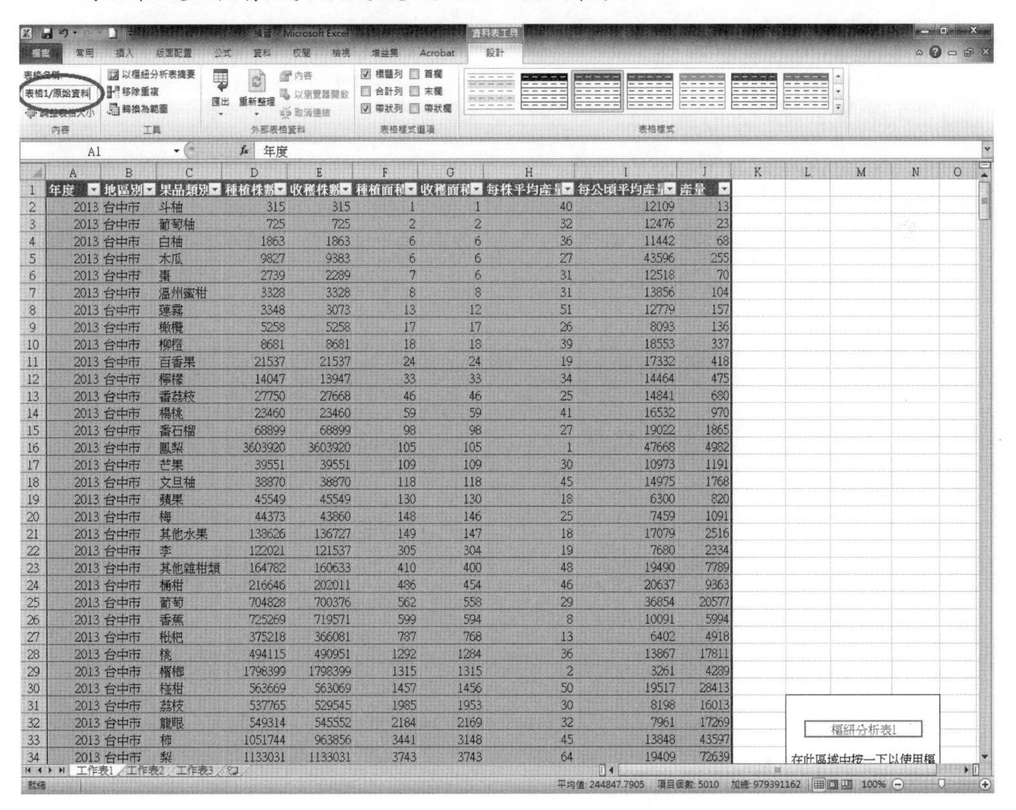

年度	地區別	果品類別	種植株數	收穫株數	種植面積	收穫面積	每株平均產量	每公頃平均產量	產量
2013	台中市	斗柚	315	315	1	1	40	12109	13
2013	台中市	葡萄柚	725	725	2	2	32	12476	23
2013	台中市	白柚	1863	1863	6	6	36	11442	68
2013	台中市	木瓜	9827	9383	6	6	27	43596	255
2013	台中市	棗	2739	2289	7	6	31	12518	70
2013	台中市	溫州蜜柑	3328	3328	8	8	31	13856	104
2013	台中市	蓮霧	3348	3073	13	12	51	12779	157
2013	台中市	橄欖	5258	5258	17	17	26	8093	136
2013	台中市	柳橙	8681	8681	18	18	39	18553	337
2013	台中市	百香果	21537	21537	24	24	19	17332	418
2013	台中市	檸檬	14047	13947	33	33	34	14464	475
2013	台中市	番荔枝	27750	27668	46	46	25	14841	680
2013	台中市	楊桃	23460	23460	59	59	41	16532	970
2013	台中市	番石榴	68899	68899	98	98	27	19022	1865
2013	台中市	鳳梨	3603920	3603920	105	105	1	47668	4982
2013	台中市	芒果	39551	39551	109	109	30	10973	1191
2013	台中市	文旦柚	38870	38870	118	118	45	14975	1768
2013	台中市	蘋果	45549	45549	130	130	18	6300	820
2013	台中市	梅	44373	43860	148	146	25	7459	1091
2013	台中市	其他水果	138626	136727	149	147	18	17079	2516
2013	台中市	李	122021	121537	305	304	19	7680	2334
2013	台中市	其他雜柑類	164782	160633	410	400	48	19490	7789
2013	台中市	桶柑	216646	202011	486	454	46	20637	9363
2013	台中市	葡萄	704828	700376	562	558	29	36854	20577
2013	台中市	香蕉	725269	719571	599	594	8	10091	5994
2013	台中市	枇杷	375218	366081	787	768	13	6402	4918
2013	台中市	桃	494115	490951	1292	1284	36	13867	17811
2013	台中市	檳榔	1798399	1798399	1315	1315	2	3261	4289
2013	台中市	椪柑	563669	563069	1457	1456	50	19517	28413
2013	台中市	荔枝	537765	529545	1985	1953	30	8198	16013
2013	台中市	龍眼	549314	545552	2184	2169	32	7961	17269
2013	台中市	柿	1051744	963856	3441	3148	45	13848	43597
2013	台中市	梨	1133031	1133031	3743	3743	64	19409	72639

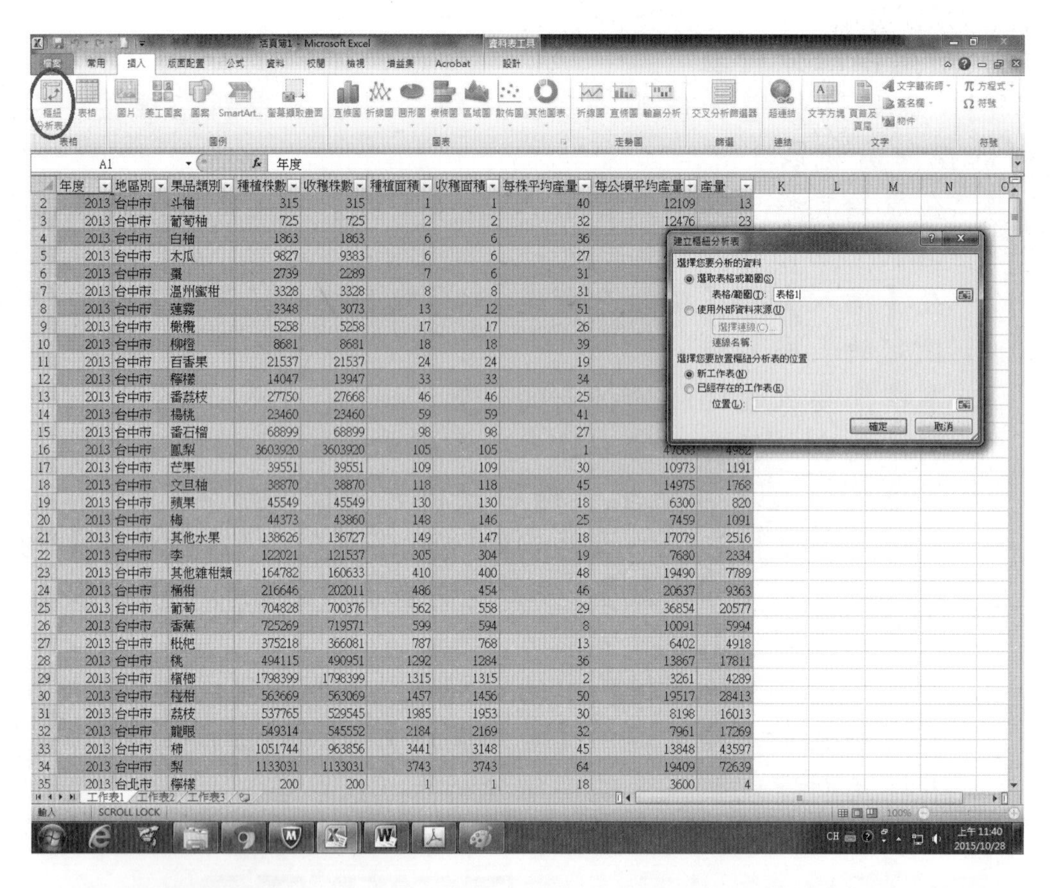
活頁簿1 - Microsoft Excel
資料表工具
建立樞紐分析表
選擇您要分析的資料
選取表格或範圍(S)
表格/範圍(T): 表格1
使用外部資料來源(U)
選擇連線(C)...
連線名稱:
選擇您要放置樞紐分析表的位置
新工作表(N)
已經存在的工作表(E)
位置(L):
確定
取消
年度
地區別
果品類別
種植株數
收穫株數
種植面積
收穫面積
每株平均產量
每公頃平均產量
產量

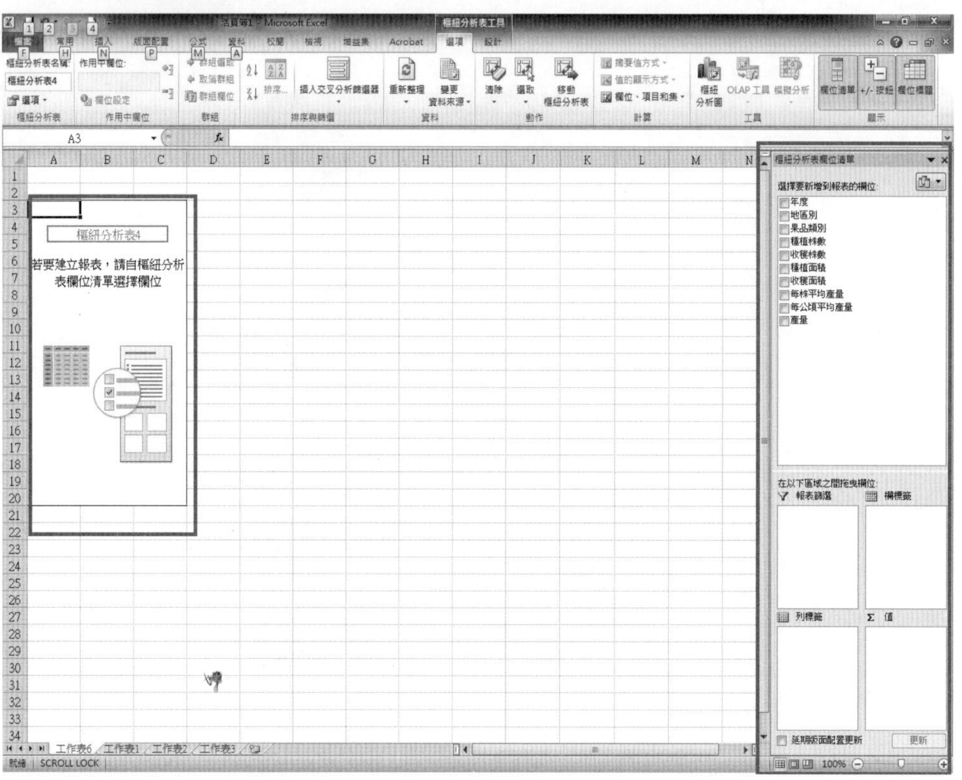
樞紐分析表工具
樞紐分析表4
若要建立報表，請自樞紐分析表欄位清單選擇欄位
樞紐分析表欄位清單
選擇要新增到報表的欄位:
年度
地區別
果品類別
種植株數
收穫株數
種植面積
收穫面積
每株平均產量
每公頃平均產量
產量
在以下區域之間拖曳欄位:
報表篩選
欄標籤
列標籤
Σ 值
延期版面配置更新
更新

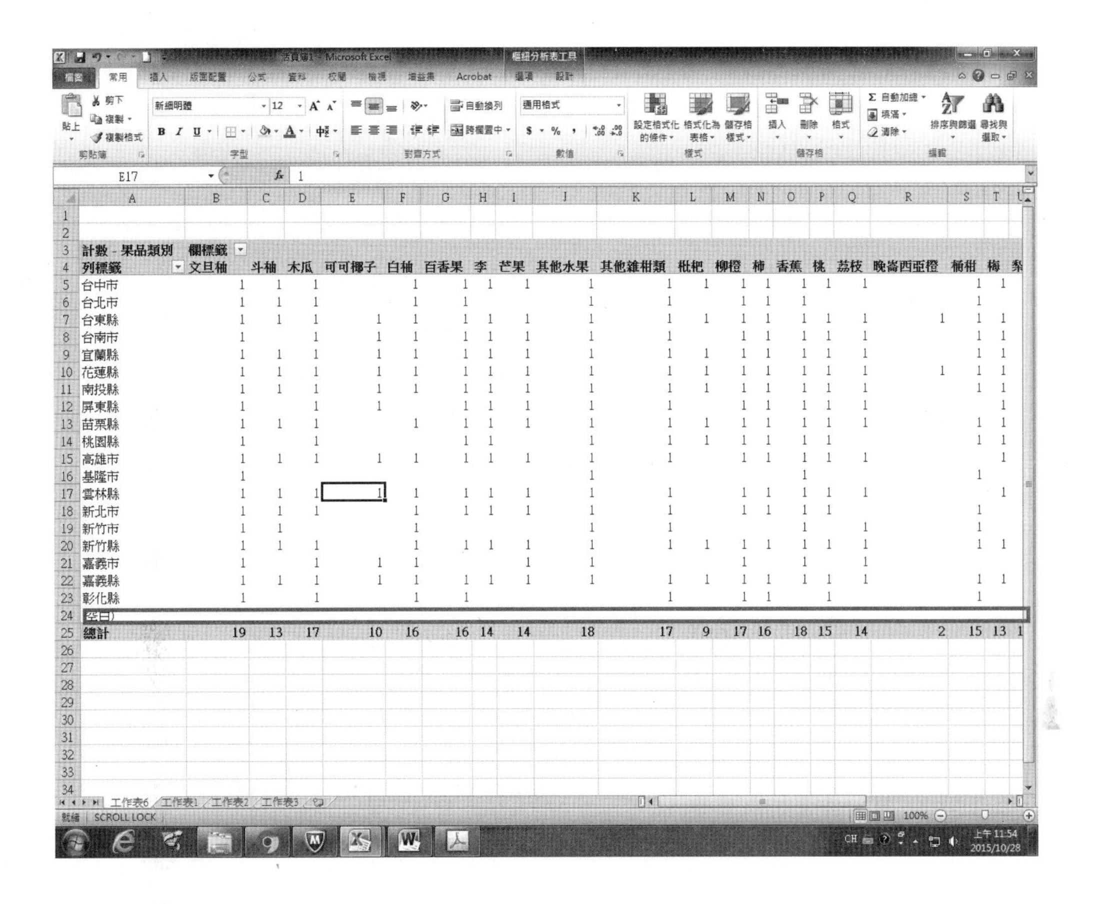

計數 - 果品類別	欄標籤																			
列標籤	文旦柚	斗柚	木瓜	可可椰子	白柚	百香果	李	芒果	其他水果	其他雜柑類	枇杷	柳橙	柿	香蕉	桃	荔枝	晚崙西亞橙	椪柑	梅	梨
台中市	1	1	1		1	1	1	1	1	1	1	1	1	1	1	1		1	1	
台北市	1	1	1		1	1			1	1		1	1	1				1		
台東縣	1	1	1	1	1	1	1	1	1	1	1	1	1	1	1	1	1	1	1	
台南市	1		1	1	1	1	1	1	1	1		1	1	1	1	1		1	1	
宜蘭縣	1	1	1	1	1	1	1	1	1	1	1	1	1	1	1	1		1	1	
花蓮縣	1	1	1	1	1	1	1	1	1	1	1	1	1	1	1	1	1	1	1	
南投縣	1	1	1	1	1	1	1	1	1	1	1	1	1	1	1	1		1	1	
屏東縣	1		1	1		1	1	1	1	1		1	1	1	1	1			1	
苗栗縣	1	1	1		1	1	1	1	1	1	1	1	1	1	1	1		1	1	
桃園縣	1		1			1	1		1	1	1	1	1	1	1			1	1	
高雄市	1	1	1	1	1	1	1	1	1	1		1	1	1	1	1			1	
基隆市	1								1					1				1		
雲林縣	1	1	1	1	1	1	1	1	1	1		1	1	1	1	1			1	
新北市	1	1	1		1	1	1	1	1	1		1	1	1	1			1		
新竹市	1	1			1				1	1				1		1		1		
新竹縣	1	1	1		1	1	1	1	1	1	1	1	1	1	1	1		1	1	
嘉義市	1		1	1	1			1	1			1		1		1				
嘉義縣	1	1	1	1	1	1	1	1	1	1	1	1	1	1	1	1		1	1	
彰化縣	1		1		1	1				1		1	1		1			1		
(空白)																				
總計	19	13	17	10	16	16	14	14	18	17	9	17	16	18	15	14	2	15	13	1

R (RStudio) 範例

一、 一維樞紐分析表

例：根據果品類別進行計數。

■ 方法：

1. 載入讀取 Excel 檔案函式庫 **readxl**，在 R 或 RStudio 的命令(console)介面輸入：
   ```
   library(readxl)
   ```
2. 從檔案讀取資料，在 R 或 RStudio 的命令(console)介面輸入：
   ```
   data <- read_excel("data.xlsx")
   ```
   Rstudio 也可以使用工具列來輸入資料：
   File ⇒ Import Dataset ⇒ From Excel
3. 要檢視輸入的資料，在 R 或 RStudio 的命令(console)介面輸入：
   ```
   data
   ```
   Rstudio 也可以在環境變數介面點選變數 data 來顯示數值表。
4. R 沒有如 excel 的樞紐分析表功能，但是可以使用 R 函數 **aggregate()** 來模擬一維樞紐分析表功能，在 R 或 RStudio 的命令(console)介面輸入：
   ```
   pivot.1d <- aggregate(data$果品類別, by = list(data$果品類別), length)
   ```
5. 要檢視模擬一維樞紐分析表的結果，在 R 或 RStudio 的命令(console)介面輸入：
   ```
   pivot.1d
   ```
   Rstudio 也可以在環境變數介面點選變數 pivot.1d 來顯示數值表。

■ 函數介紹：

- **aggregate(x, by, FUN)**

  x: 需要進行處理的變數，即 Excel 樞紐分析表中的值。

  by: 按照變數進行分組，需要使用 **list** 函數轉換，即 Excel 樞紐分析表中的列標籤。

  FUN: 要進行處理的函數方法：

  1. length: 計數。
  2. sum: 總和
  3. mean: 平均值

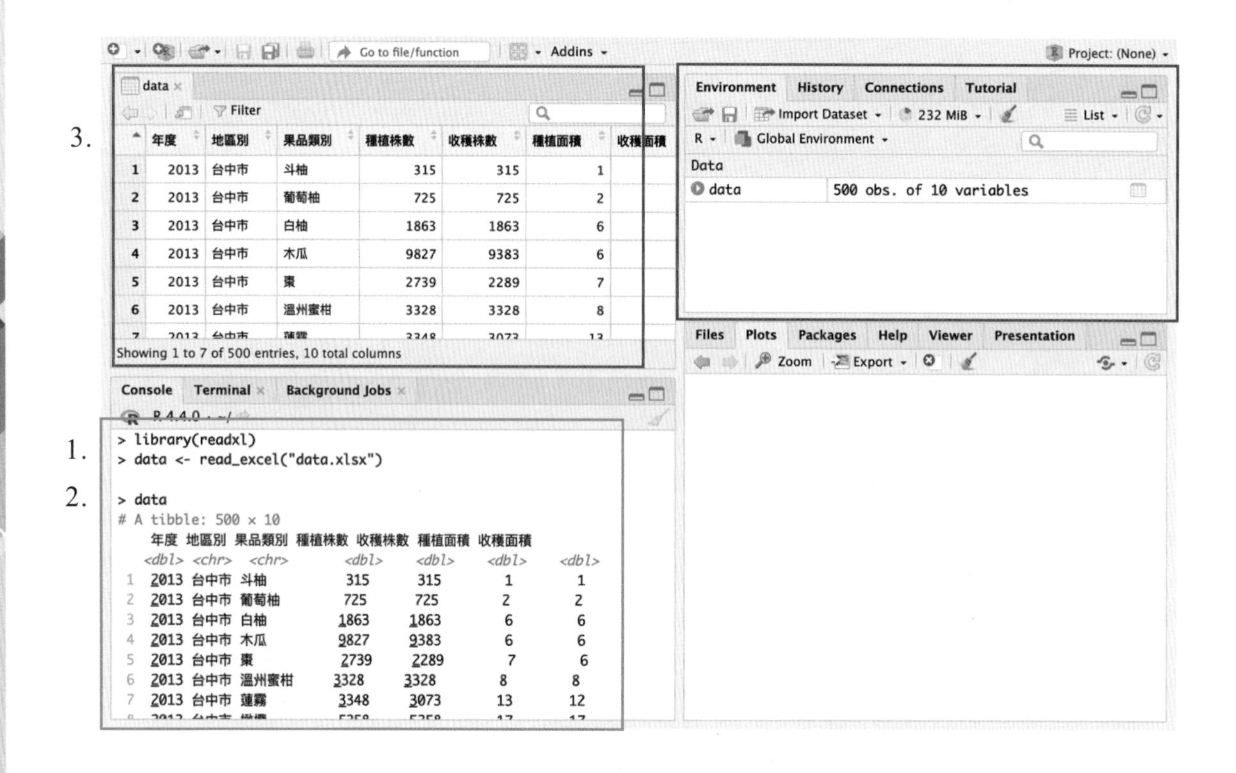
3.
data
Filter
年度 地區別 果品類別 種植株數 收穫株數 種植面積 收穫面積
1 2013 台中市 斗柚 315 315 1
2 2013 台中市 葡萄柚 725 725 2
3 2013 台中市 白柚 1863 1863 6
4 2013 台中市 木瓜 9827 9383 6
5 2013 台中市 棗 2739 2289 7
6 2013 台中市 溫州蜜柑 3328 3328 8
Showing 1 to 7 of 500 entries, 10 total columns
Environment History Connections Tutorial
Import Dataset 232 MiB List
Global Environment
Data
data 500 obs. of 10 variables
Files Plots Packages Help Viewer Presentation
Zoom Export
Console Terminal Background Jobs
1.
> library(readxl)
> data <- read_excel("data.xlsx")
2.
> data
A tibble: 500 × 10
年度 地區別 果品類別 種植株數 收穫株數 種植面積 收穫面積
<dbl> <chr> <chr> <dbl> <dbl> <dbl> <dbl>
1 2013 台中市 斗柚 315 315 1 1
2 2013 台中市 葡萄柚 725 725 2 2
3 2013 台中市 白柚 1863 1863 6 6
4 2013 台中市 木瓜 9827 9383 6 6
5 2013 台中市 棗 2739 2289 7 6
6 2013 台中市 溫州蜜柑 3328 3328 8 8
7 2013 台中市 蓮霧 3348 3073 13 12

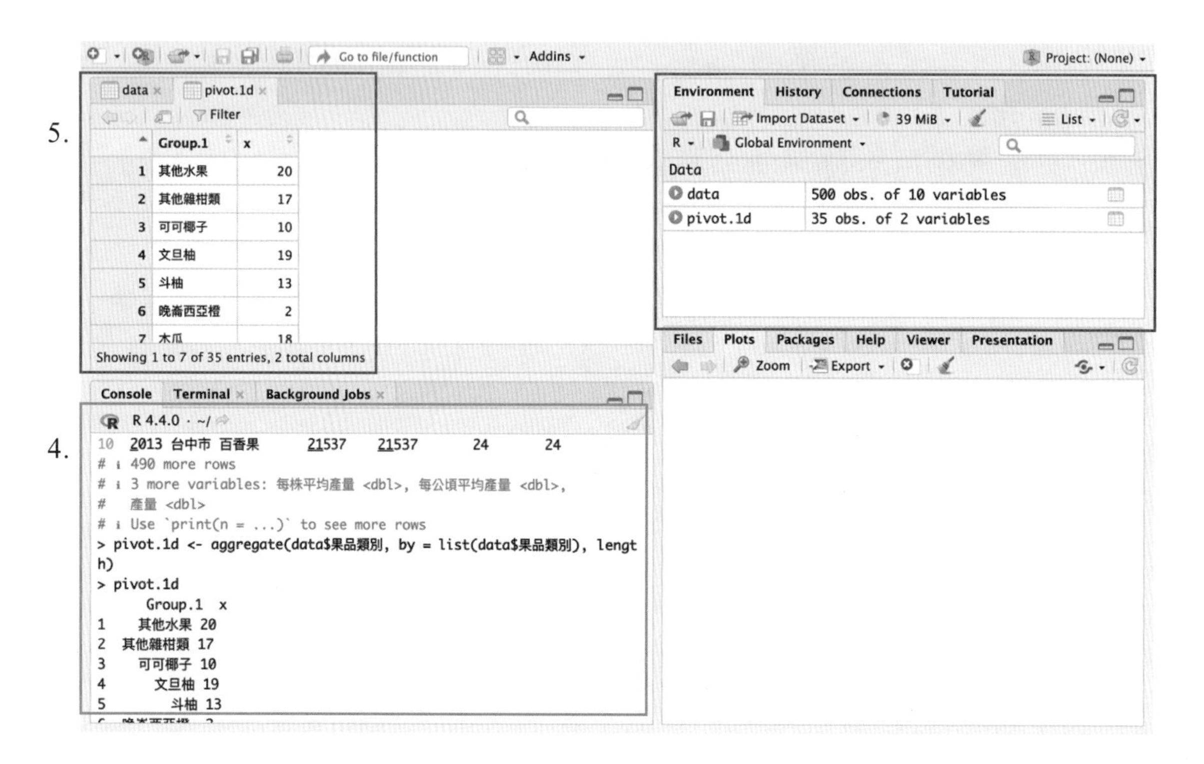
5.
data pivot.1d
Filter
Group.1 x
1 其他水果 20
2 其他雜柑類 17
3 可可椰子 10
4 文旦柚 19
5 斗柚 13
6 晚崙西亞橙 2
Showing 1 to 7 of 35 entries, 2 total columns
Environment History Connections Tutorial
Import Dataset 39 MiB List
Global Environment
Data
data 500 obs. of 10 variables
pivot.1d 35 obs. of 2 variables
Files Plots Packages Help Viewer Presentation
Zoom Export
Console Terminal Background Jobs
4.
R 4.4.0 · ~/
10 2013 台中市 百香果 21537 21537 24 24
ℹ 490 more rows
ℹ 3 more variables: 每株平均產量 <dbl>, 每公頃平均產量 <dbl>,
產量 <dbl>
ℹ Use `print(n = ...)` to see more rows
> pivot.1d <- aggregate(data$果品類別, by = list(data$果品類別), length)
> pivot.1d
Group.1 x
1 其他水果 20
2 其他雜柑類 17
3 可可椰子 10
4 文旦柚 19
5 斗柚 13

二、 二維樞紐分析表

例：根據果品類別及地區別進行計數。

■ 方法：

1. 載入讀取 Excel 檔案函式庫 **readxl**，在 R 或 RStudio 的命令(console)介面輸入：
   library(readxl)
2. 從檔案讀取資料，在 R 或 RStudio 的命令(console)介面輸入：
   data <- read_excel("data.xlsx")
   Rstudio 也可以使用工具列來輸入資料：
   File ⇒ Import Dataset ⇒ From Excel
3. 要檢視輸入的資料，在 R 或 RStudio 的命令(console)介面輸入：
   data
   Rstudio 也可以在環境變數介面點選變數 data 來顯示數值表。
4. R 沒有如 excel 的樞紐分析表功能，但是可以使用 R 函數 **tapply()** 來模擬一維樞紐分析表功能，在 R 或 RStudio 的命令(console)介面輸入：
   pivot.2d <- tapply(data$果品類別, list(data$地區別, data$果品類別), length)
5. 要檢視模擬一維樞紐分析表的結果，在 R 或 RStudio 的命令(console)介面輸入：
   pivot.2d
   Rstudio 也可以在環境變數介面點選變數 pivot.2d 來顯示數值表。

■ 函數介紹：

- **tapply (X, INDEX, FUN)**

  X: 需要進行處理的變數，即 Excel 樞紐分析表中的值。
  INDEX: 按照變數進行分組，需要使用 **list** 函數轉換，第一個變數即 Excel 樞紐分析表中的列標籤，第二個變數即 Excel 樞紐分析表中的欄標籤。
  FUN: 要進行處理的函數方法：
  1. length: 計數。
  2. sum: 總和
  3. mean: 平均值

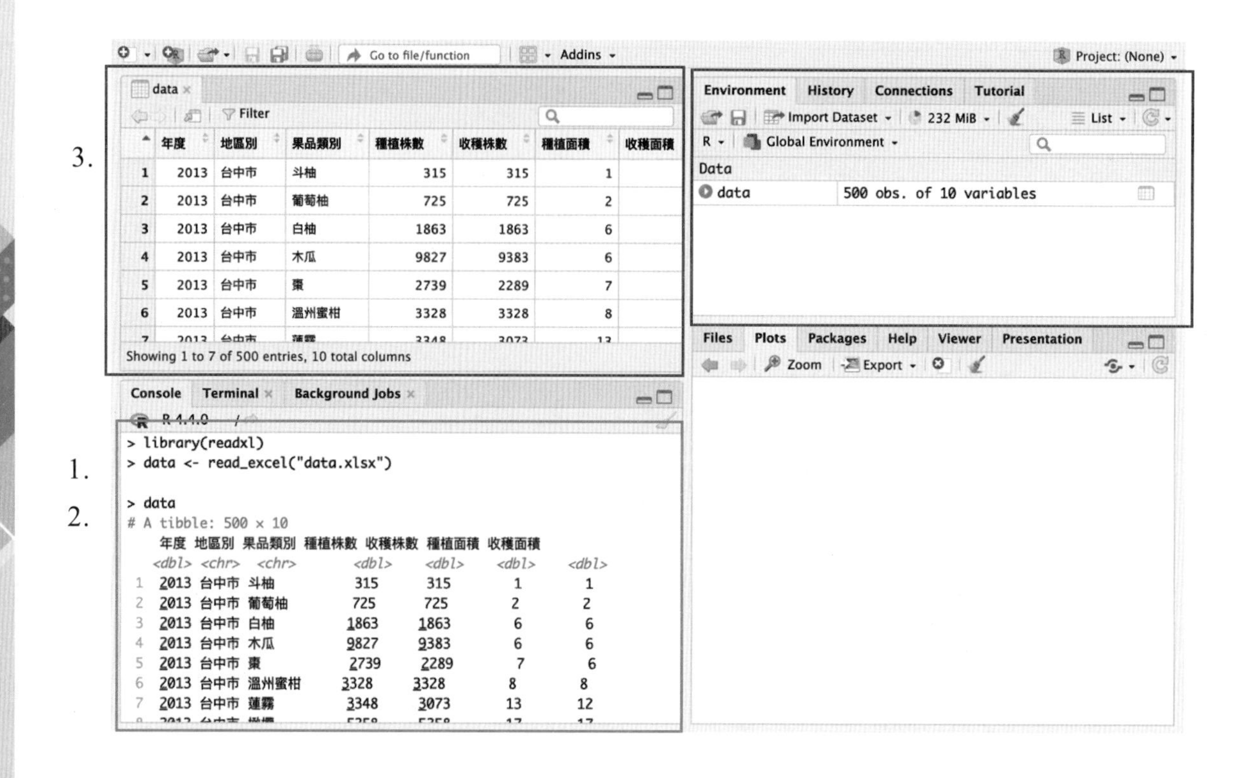
3.
1.
2.
data
Filter
年度 地區別 果品類別 種植株數 收穫株數 種植面積 收穫面積
1 2013 台中市 斗柚 315 315 1
2 2013 台中市 葡萄柚 725 725 2
3 2013 台中市 白柚 1863 1863 6
4 2013 台中市 木瓜 9827 9383 6
5 2013 台中市 棗 2739 2289 7
6 2013 台中市 溫州蜜柑 3328 3328 8
Showing 1 to 7 of 500 entries, 10 total columns
Environment History Connections Tutorial
Import Dataset 232 MiB List
Global Environment
Data
data 500 obs. of 10 variables
Files Plots Packages Help Viewer Presentation
Zoom Export
Console Terminal Background Jobs
> library(readxl)
> data <- read_excel("data.xlsx")
> data
A tibble: 500 × 10
年度 地區別 果品類別 種植株數 收穫株數 種植面積 收穫面積
<dbl> <chr> <chr> <dbl> <dbl> <dbl> <dbl>
1 2013 台中市 斗柚 315 315 1 1
2 2013 台中市 葡萄柚 725 725 2 2
3 2013 台中市 白柚 1863 1863 6 6
4 2013 台中市 木瓜 9827 9383 6 6
5 2013 台中市 棗 2739 2289 7 6
6 2013 台中市 溫州蜜柑 3328 3328 8 8
7 2013 台中市 蓮霧 3348 3073 13 12

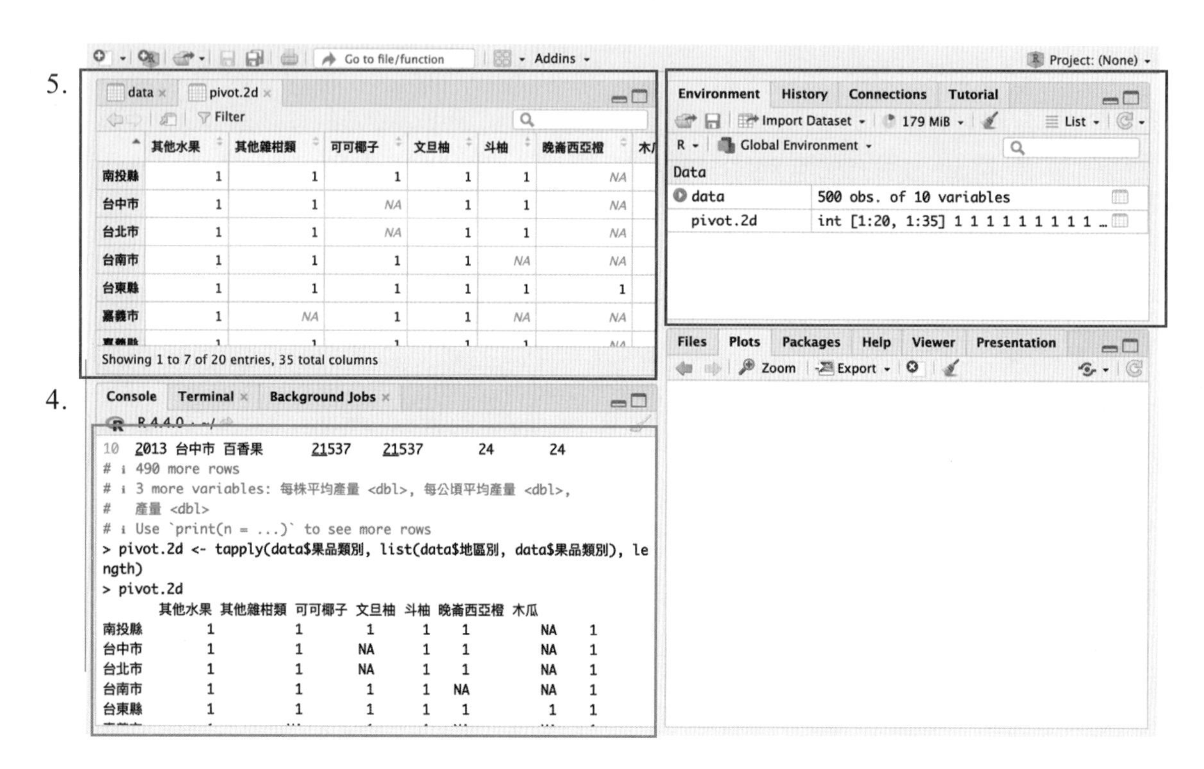
5.
4.
data pivot.2d
Filter
其他水果 其他雜柑類 可可椰子 文旦柚 斗柚 晚崙西亞橙
南投縣 1 1 1 1 1 NA
台中市 1 1 NA 1 1 NA
台北市 1 1 NA 1 1 NA
台南市 1 1 1 1 NA NA
台東縣 1 1 1 1 1 1
嘉義市 1 NA 1 1 NA NA
Showing 1 to 7 of 20 entries, 35 total columns
Environment History Connections Tutorial
Import Dataset 179 MiB List
Global Environment
Data
data 500 obs. of 10 variables
pivot.2d int [1:20, 1:35] 1 1 1 1 1 1 1 1 1 ...
Files Plots Packages Help Viewer Presentation
Zoom Export
Console Terminal Background Jobs
10 2013 台中市 百香果 21537 21537 24 24
ℹ 490 more rows
ℹ 3 more variables: 每株平均產量 <dbl>, 每公頃平均產量 <dbl>,
產量 <dbl>
ℹ Use `print(n = ...)` to see more rows
> pivot.2d <- tapply(data$果品類別, list(data$地區別, data$果品類別), length)
> pivot.2d
其他水果 其他雜柑類 可可椰子 文旦柚 斗柚 晚崙西亞橙 木瓜
南投縣 1 1 1 1 1 NA 1
台中市 1 1 NA 1 1 NA 1
台北市 1 1 NA 1 1 NA 1
台南市 1 1 1 1 NA NA 1
台東縣 1 1 1 1 1 1 1

CHAPTER 09 區間估計

蔡添順　國立屏東科技大學生物科技系
林汶鑫　國立屏東科技大學農園生產系

Microsoft Excel 範例

【例題一】抽取25個大二生物統計學的成績，族群標準差未知下，計算95%信賴水準下之信賴區間。

75、90、54、78、59、69、86、67、82、43、82、71、87、88、76、65、66、55、90、77、63、96、61、68、93

一、點選【資料分析】→【敘述統計】。

二、選擇其輸入範圍，分組方式為【逐欄】(數值為垂直排列)，勾選【摘要統計】及【平均數信賴度】，輸入95%。

【註】以25位大二學生之生物統計學成績為例，其95%信賴度約為5.67，5.67即為單邊信賴區間寬度$t_{\frac{\alpha}{2},n-1} \times (S/\sqrt{n})$。信賴區間上下限分別為(73.64-5.6659, 73.64+5.6659)=(67.9741, 79.3059)。

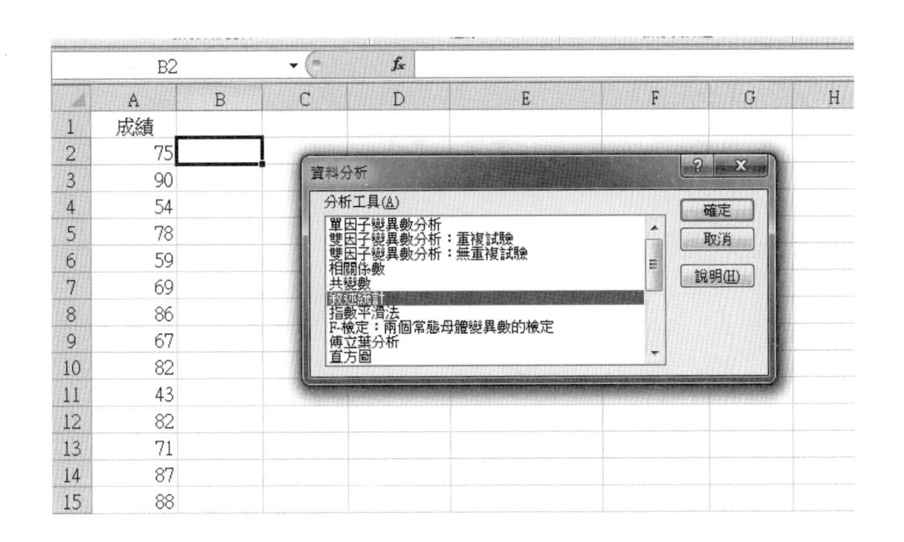

成績	
平均數	73.64
標準誤	2.745226159
中間值	75
眾數	90
標準差	13.7261308
變異數	188.4066667
峰度	-0.566178915
偏態	-0.264940043
範圍	53
最小值	43
最大值	96
總和	1841
個數	25
信賴度(95.0%)	5.665868322

成績	
平均數	73.64
標準誤	2.745226159
中間值	75
眾數	90
標準差	13.7261308
變異數	188.4066667
峰度	-0.566178915
偏態	-0.264940043
範圍	53
最小值	43
最大值	96
總和	1841
個數	25
信賴度(95.0%)	5.665868322
L	=D3-D16
U	

成績	
平均數	73.64
標準誤	2.745226159
中間值	75
眾數	90
標準差	13.7261308
變異數	188.4066667
峰度	-0.566178915
偏態	-0.264940043
範圍	53
最小值	43
最大值	96
總和	1841
個數	25
信賴度(95.0%)	5.665868322
L	67.97413168
U	=D3+D16

成績	
平均數	73.64
標準誤	2.745226159
中間值	75
眾數	90
標準差	13.7261308
變異數	188.4066667
峰度	-0.566178915
偏態	-0.264940043
範圍	53
最小值	43
最大值	96
總和	1841
個數	25
信賴度(95.0%)	5.665868322
L	67.97413168
U	79.30586832

【例題二】某校新生之身高標準差為 10 公分，今從新生中隨機抽選 25 人進行測量結果此 25 人平均身高為 169cm：試推論此校新生平均身高的 90%、95%以及 99%信賴區間。

1. 信賴區間 90%

（1）信賴度（單邊信賴區間寬度）計算－Z 統計，選 ***fx*** 之工具，【或選取類別(C):】選取【統計】的項目，接著再【選取函數(N)：】中選取【**CONFIDENCE.NORM**】，開啟【函數引述】的對話框；【Alpha】：0.1 【Standard_dev】：10 或儲存格標準差的數值，【Size】：25，確定即可求出身高 90%信賴度。

（2）確定後，計算此統計資料的信賴區間上下限，B2 儲存格設為上限，輸入：=D3（平均）+B1；B3 儲存格設為下限，輸入：=D3（平均）-B1。

（3）即可求出，165.7102927< μ < 172.2897073

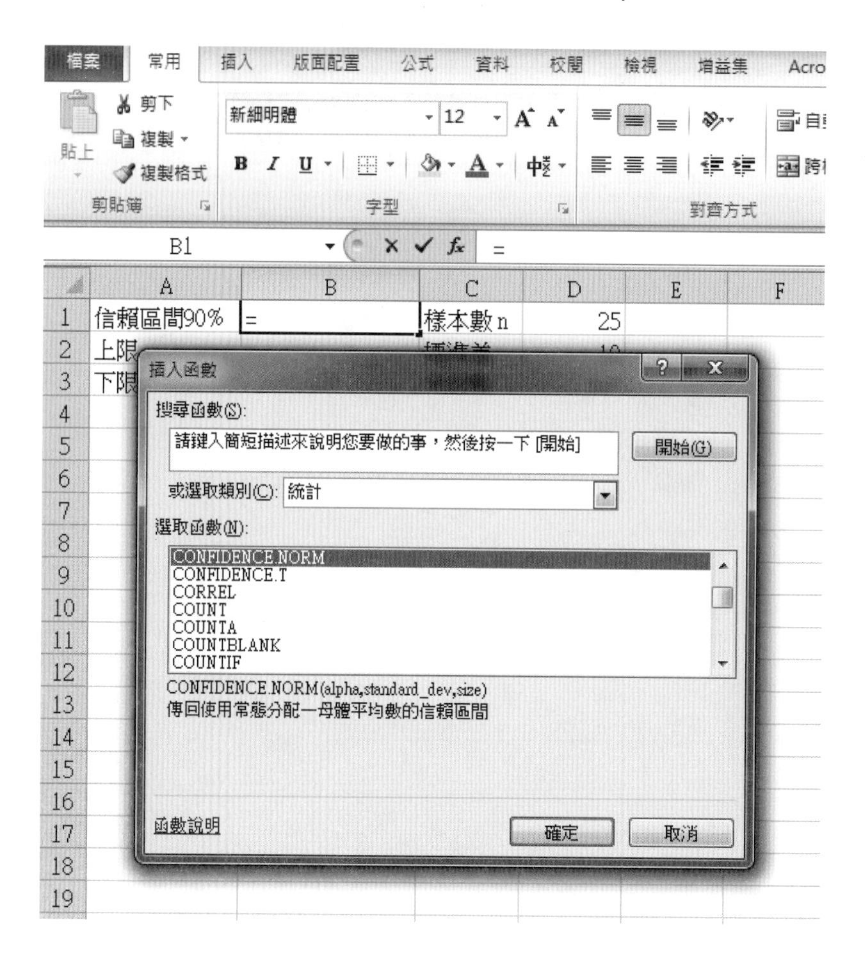

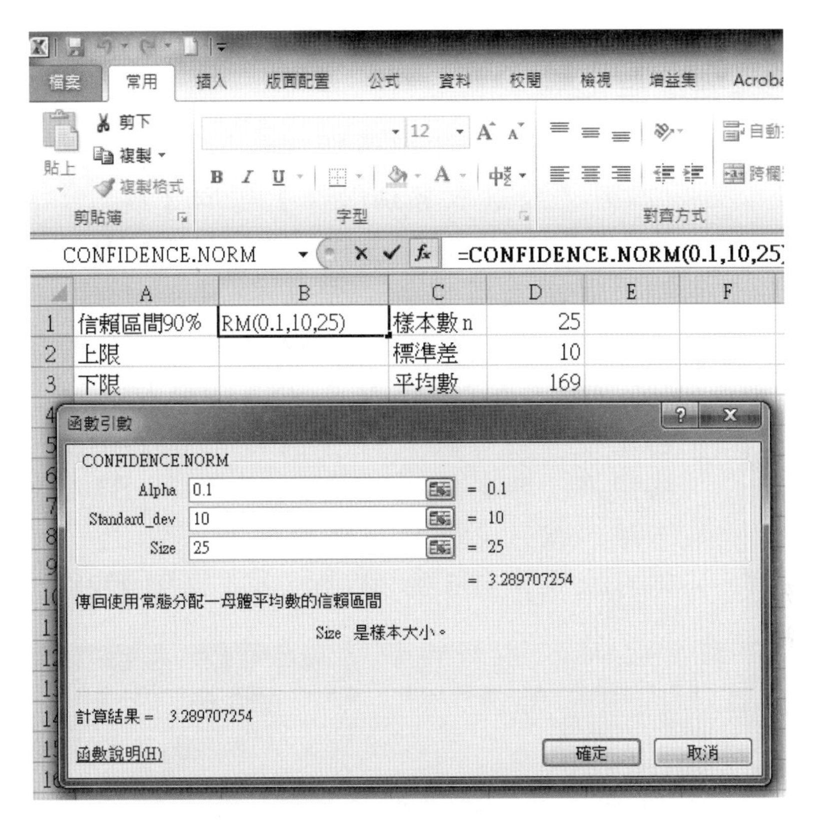

CONFIDENCE.NORM
=CONFIDENCE.NORM(0.1,10,25)
信賴區間90%
RM(0.1,10,25)
樣本數n
25
上限
標準差
10
下限
平均數
169
函數引數
Alpha 0.1 = 0.1
Standard_dev 10 = 10
Size 25 = 25
= 3.289707254
傳回使用常態分配一母體平均數的信賴區間
Size 是樣本大小。
計算結果 = 3.289707254
函數說明(H)
確定
取消

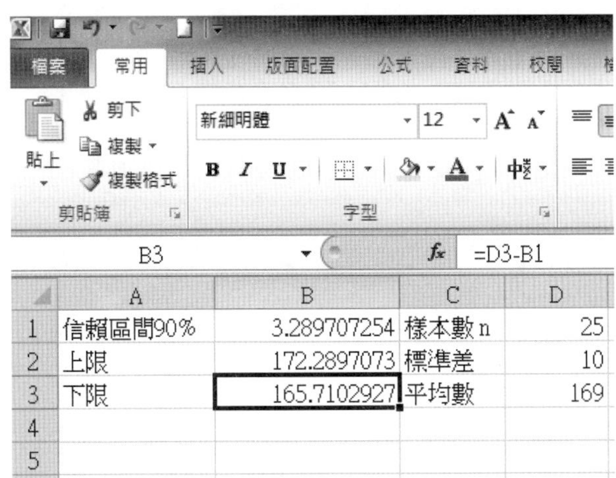

B3
=D3-B1
信賴區間90%
3.289707254
樣本數n
25
上限
172.2897073
標準差
10
下限
165.7102927
平均數
169

2. 信賴區間 95%

（1）信賴度（單邊信賴區間寬度）計算－Z 統計，選 ***fx*** 之工具，【或選取類別(C):】選取【統計】的項目，接著再【選取函數(N)：】中選取【**CONFIDENCE.NORM**】，開啟【函數引述】的對話框；【Alpha】：0.05【Standard_dev】：10 或儲存格標準差的數值，【Size】：25，確定即可求出身高 95%信賴度。

（2）確定後，計算此統計資料的信賴區間上下限，B2 儲存格設為上限，輸入：=D3（平均）+B1；B3 儲存格設為下限，輸入：=D3（平均）-B1。

（3）即可求出，$165.080072<\mu<172.919928$

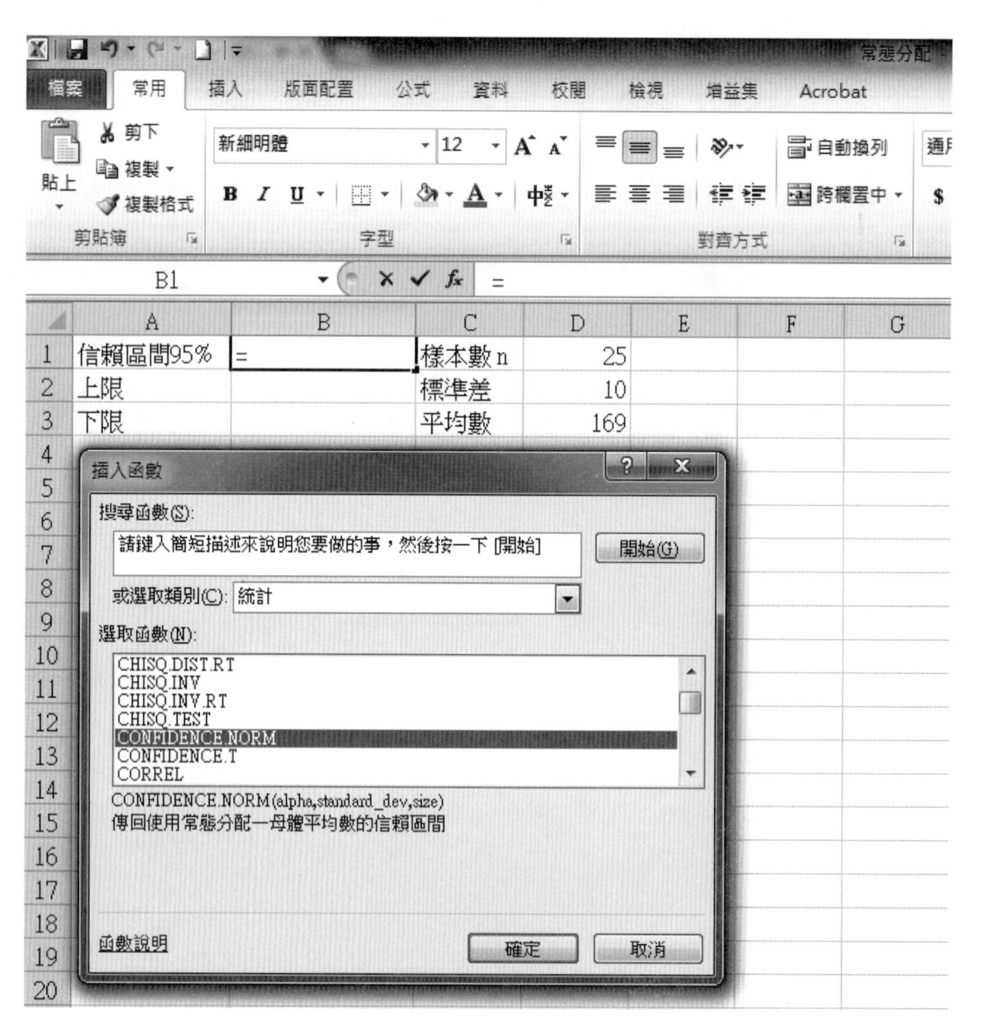

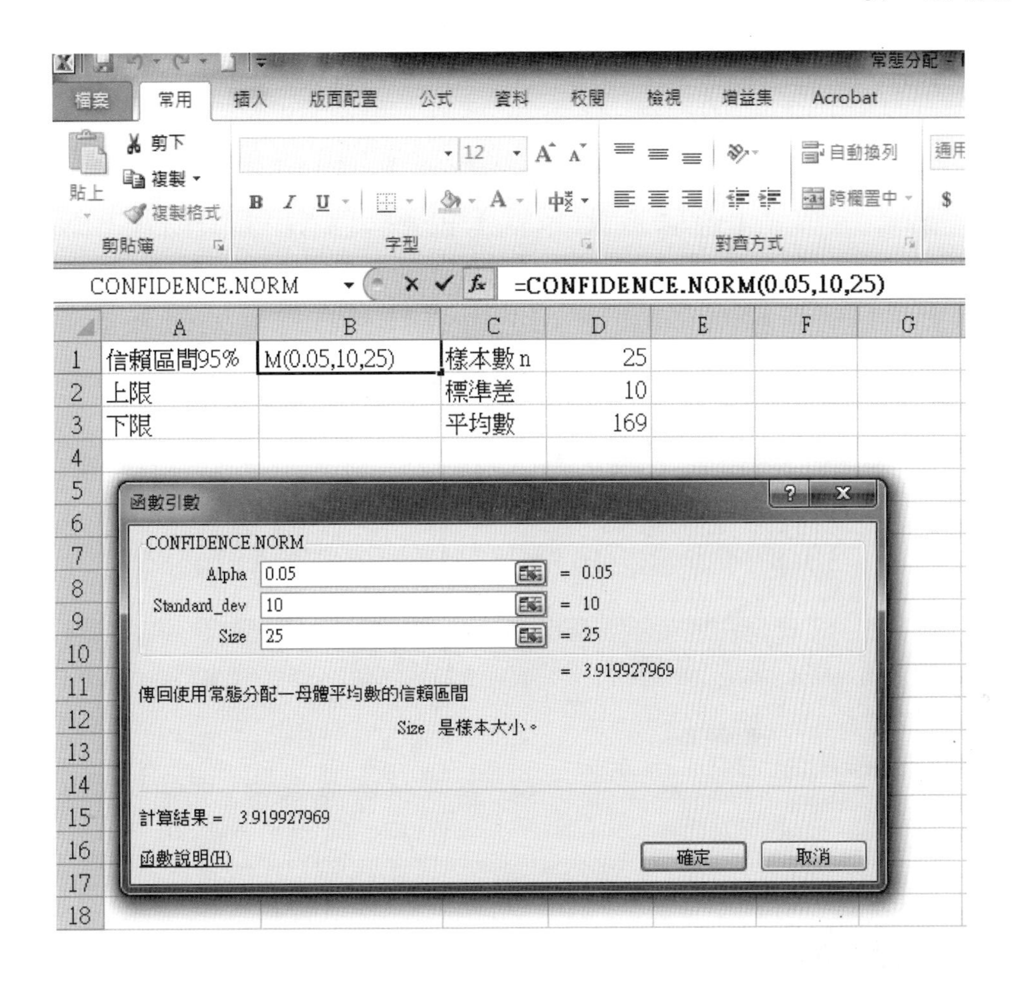

檔案 常用 插入 版面配置 公式 資料 校閱 檢視 增益集 Acrobat
CONFIDENCE.NORM
=CONFIDENCE.NORM(0.05,10,25)
信賴區間95%
M(0.05,10,25)
樣本數n 25
上限
標準差 10
下限
平均數 169
函數引數
CONFIDENCE.NORM
Alpha 0.05 = 0.05
Standard_dev 10 = 10
Size 25 = 25
= 3.919927969
傳回使用常態分配一母體平均數的信賴區間
Size 是樣本大小。
計算結果 = 3.919927969
函數說明(H)
確定
取消

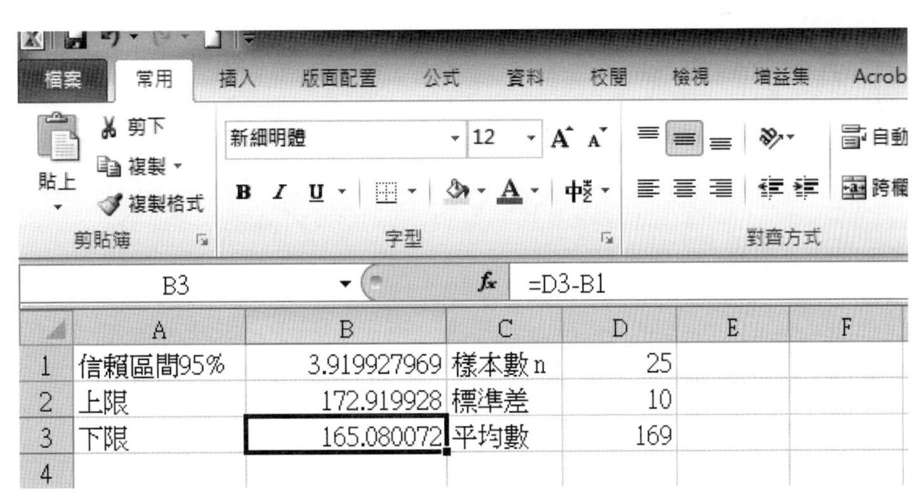

檔案 常用 插入 版面配置 公式 資料 校閱 檢視 增益集
B3
=D3-B1
信賴區間95% 3.919927969 樣本數n 25
上限 172.919928 標準差 10
下限 165.080072 平均數 169

3. 信賴區間 99%

(1) 信賴度(單邊信賴區間寬度)計算－Z 統計,選 *fx* 之工具,【或選取類別(C):】選取【統計】的項目,接著再【選取函數(N):】中選取【**CONFIDENCE.NORM**】,開啟【函數引述】的對話框;【Alpha】:0.01;【Standard_dev】:10 或儲存格標準差的數值,【Size】:25,確定即可求出身高 99%信賴度。

(2) 確定後,計算此統計資料的信賴區間上下限,B2 儲存格設為上限,輸入:=D3(平均)+B1;B3 儲存格設為下限,輸入:=D3(平均)-B1。

(3) 即可求出,$163.8483414 < \mu < 174.1516586$

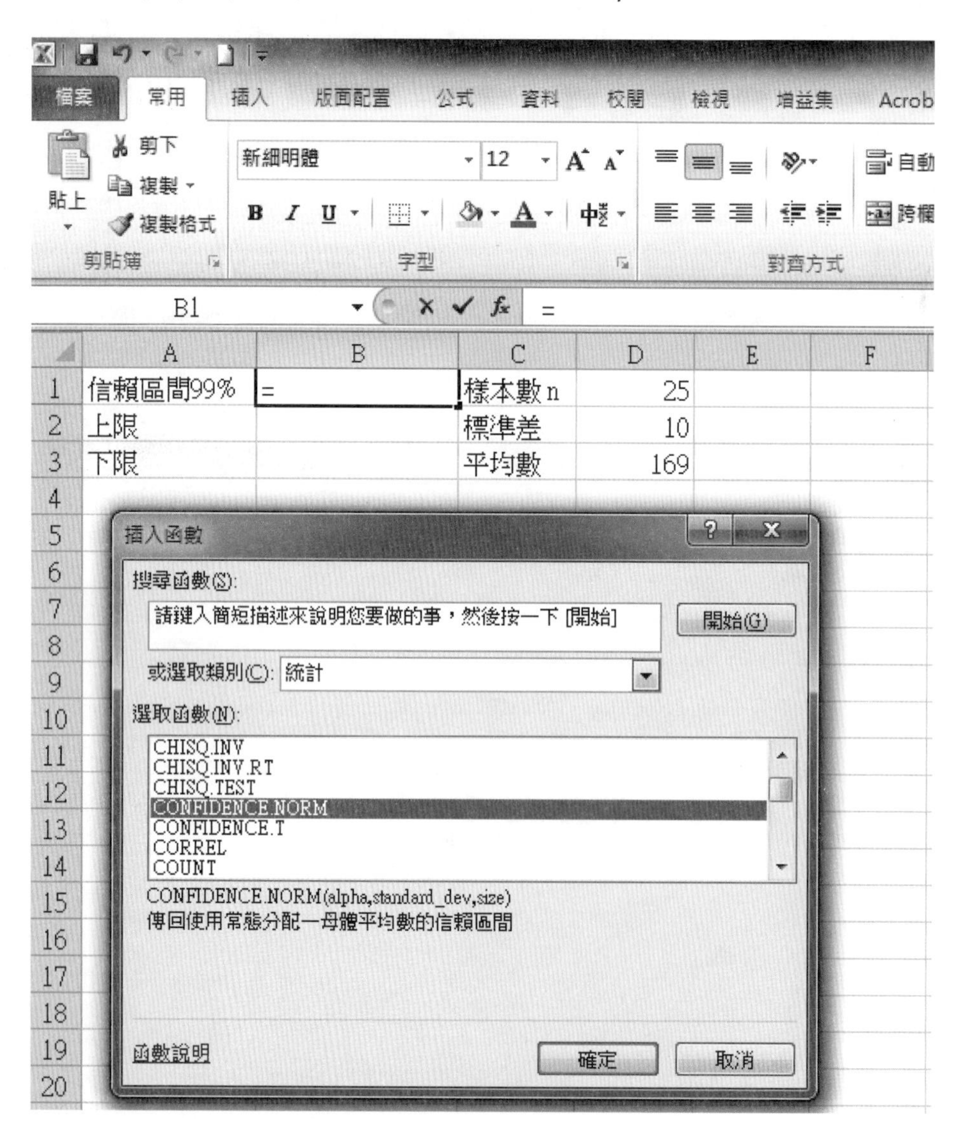

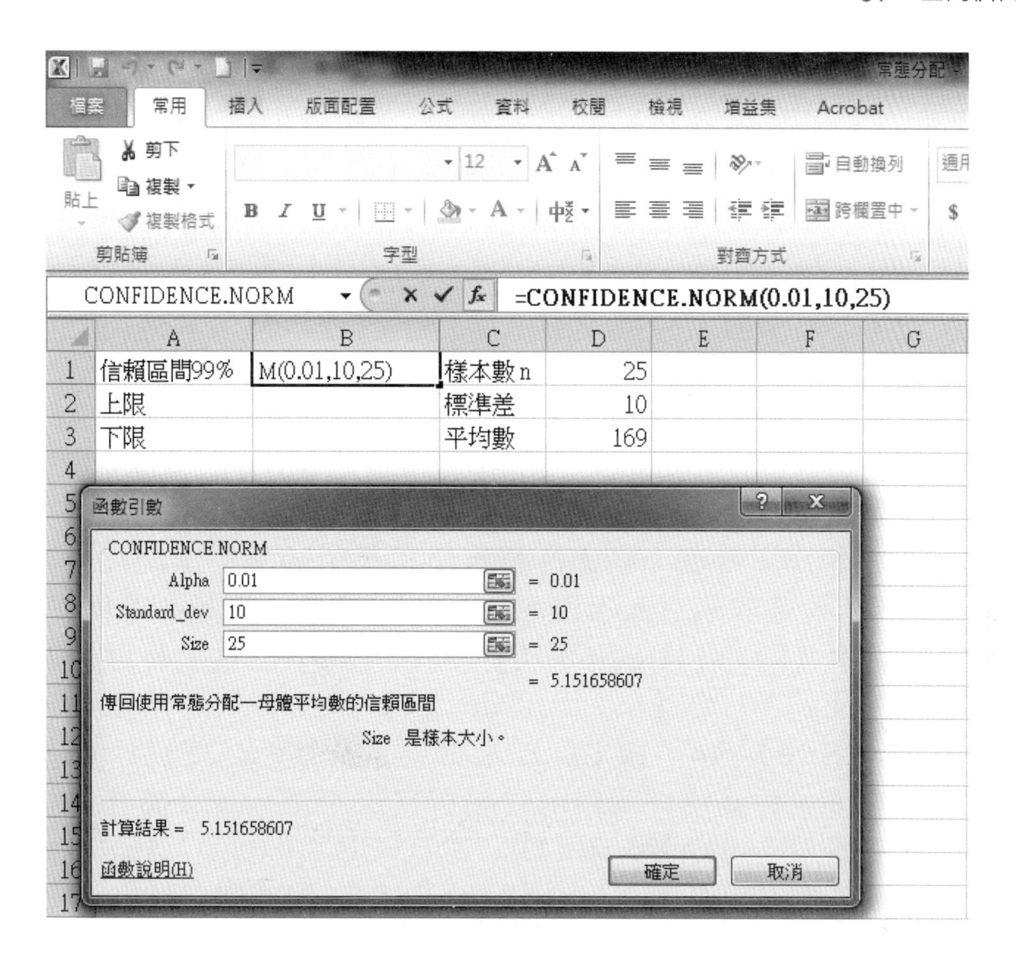
CONFIDENCE.NORM
=CONFIDENCE.NORM(0.01,10,25)
信賴區間99%
M(0.01,10,25)
樣本數n
25
上限
標準差
10
下限
平均數
169
函數引數
CONFIDENCE.NORM
Alpha 0.01 = 0.01
Standard_dev 10 = 10
Size 25 = 25
= 5.151658607
傳回使用常態分配一母體平均數的信賴區間
Size 是樣本大小。
計算結果 = 5.151658607
函數說明(H)
確定
取消

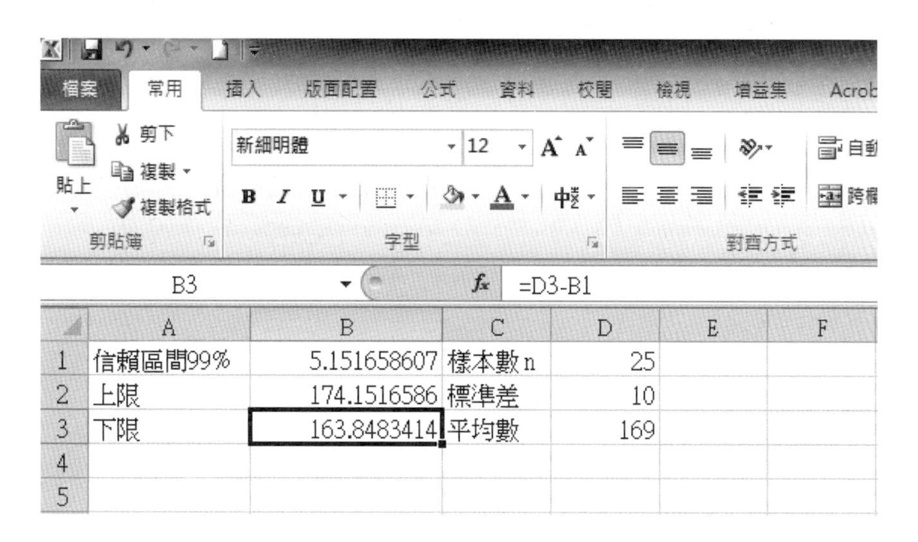
B3
=D3-B1
信賴區間99%
5.151658607
樣本數n
25
上限
174.1516586
標準差
10
下限
163.8483414
平均數
169

【例題三】某研究人員宣稱一個菊花新品種所生產的花卉種子的平均發芽天數大約為 5 天。以下資料是從市場中隨機選出的 16 包該公司生產的花卉種子產品的種植發芽天數，試問依據**信賴區間**之結果，該銷售員的宣稱是否正確？ (α=0.05)

10、7、3、10、9、8、8、4、2、9、4、7、11、4、5、6

（1）**《法一》**進行計算敘述統計，先將發芽天數逐筆輸入到儲存格內，在【資料】→【資料分析】→選取敘述統計。在敘述統計，設定輸入範圍以及輸出範圍，勾選**類別軸標記是在第一列上(L)**，勾選**摘要統計(S)**，輸入**平均信賴度(N)：95%**；按下確定。**信賴度(95%)**則為**單邊信賴區間寬度**。

（2）**《法二》**信賴度（**單邊信賴區間寬度**）計算－T 統計，選 ***fx*** 之工具，**或選取類別(C):**選取【統計】的項目，接著在**選取函數(N)：**中選取【**CONFIDENCE.T**】，開啟【函數引數】的對話框，設定【Alpha】：0.05、【Standard_dev】：2.774137 或儲存格標準差的數值，【Size】：16，確定即可求出發芽天數的敘述統計資料。

（3）確定後，計算統計資料的信賴區間上下限，A20 儲存格設為上限，輸入：=D3(平均)+CONFIDENCE.T(0.05,D7 ,16)；A21 儲存格設為下限，輸入：=D3(平均)-CONFIDENCE.T(0.05,D7,16)。

（4）結論，銷售員宣稱的發芽天數 5 天不在信賴區間上下界限內，因此銷售員的宣稱不正確。

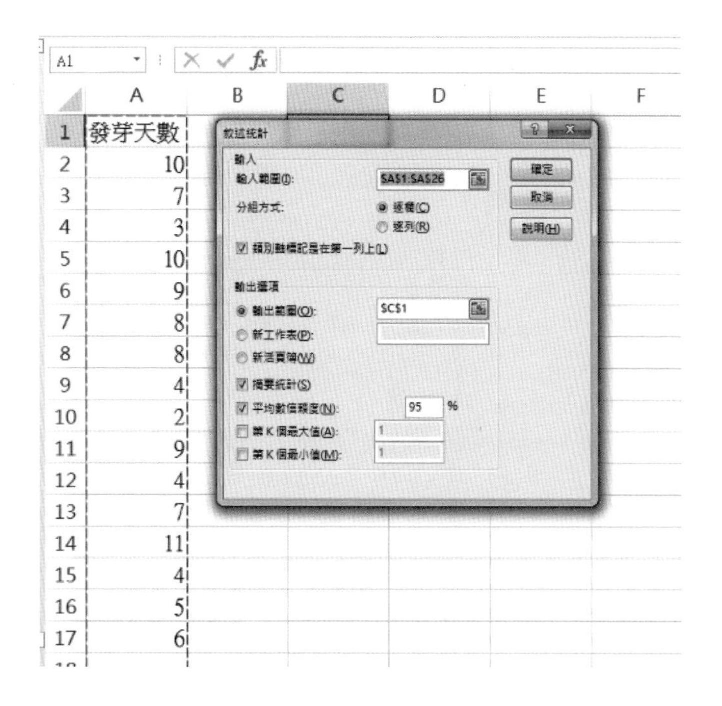

	A	B	C	D	E	F
1	發芽天數		發芽天數			
2	10					
3	7		平均數	6.6875		
4	3		標準誤	0.693534		
5	10		中間值	7		
6	9		眾數	4		
7	8		標準差	2.774137		
8	8		變異數	7.695833		
9	4		峰度	-1.21509		
10	2		偏態	-0.12237		
11	9		範圍	9		
12	4		最小值	2		
13	7		最大值	11		
14	11		總和	107		
15	4		個數	16		
16	5		信賴度(95.0%)	1.478233		
17	6					
18						
19						
20						

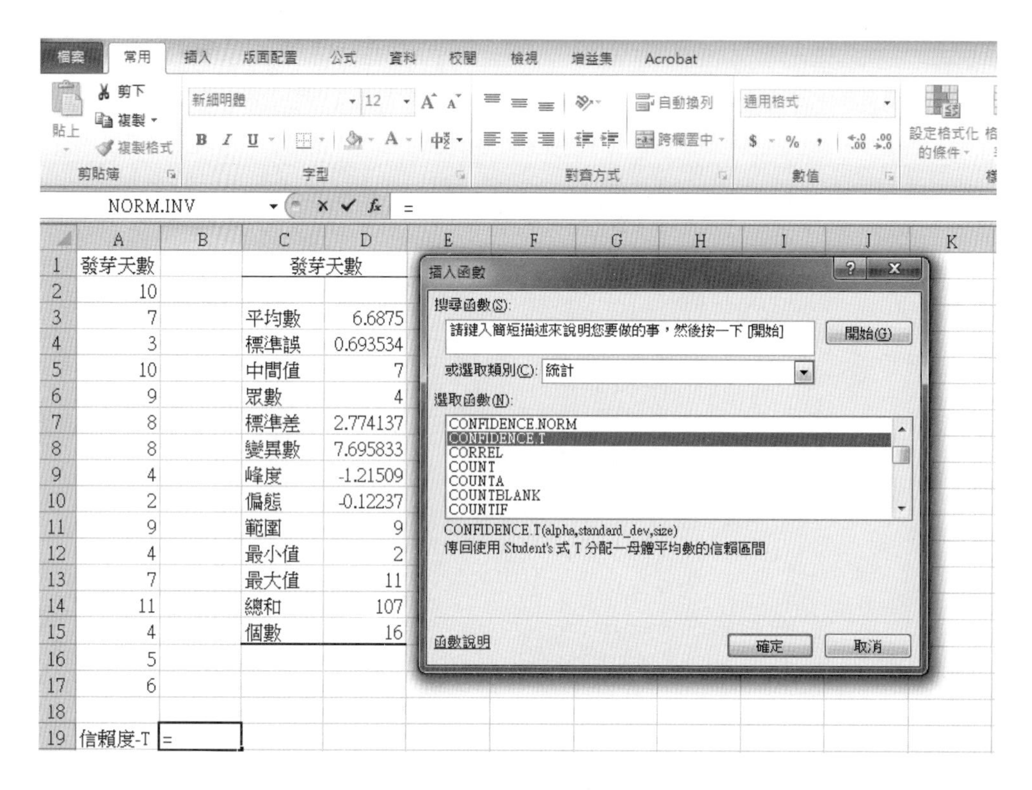

NORM.INV
=
發芽天數
平均數 6.6875
標準誤 0.693534
中間值 7
眾數 4
標準差 2.774137
變異數 7.695833
峰度 -1.21509
偏態 -0.12237
範圍 9
最小值 2
最大值 11
總和 107
個數 16
信賴度-T =
插入函數
搜尋函數(S):
請鍵入簡短描述來說明您要做的事，然後按一下 [開始]
開始(G)
或選取類別(C): 統計
選取函數(N):
CONFIDENCE.NORM
CONFIDENCE.T
CORREL
COUNT
COUNTA
COUNTBLANK
COUNTIF
CONFIDENCE.T(alpha,standard_dev,size)
傳回使用 Student's 式 T 分配一母體平均數的信賴區間
函數說明
確定
取消

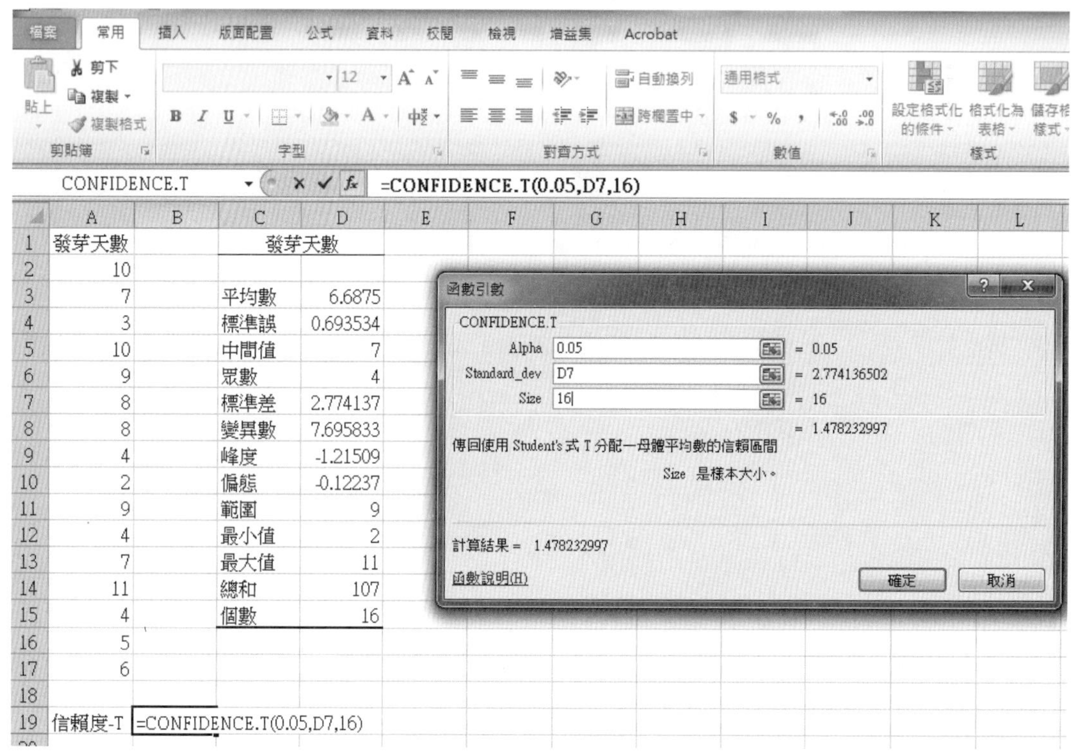

CONFIDENCE.T
=CONFIDENCE.T(0.05,D7,16)
函數引數
CONFIDENCE.T
Alpha 0.05 = 0.05
Standard_dev D7 = 2.774136502
Size 16 = 16
= 1.478232997
傳回使用 Student's 式 T 分配一母體平均數的信賴區間
Size 是樣本大小。
計算結果 = 1.478232997
函數說明(H)
確定
取消
信賴度-T =CONFIDENCE.T(0.05,D7,16)

CONFIDENCE.T
=D3+CONFIDENCE.T(0.05,D7,16)
發芽天數
10
7
3
10
9
8
8
4
2
9
4
7
11
4
5
6
發芽天數
平均數 6.6875
標準誤 0.693534
中間值 7
眾數 4
標準差 2.774137
變異數 7.695833
峰度 -1.21509
偏態 -0.12237
範圍 9
最小值 2
最大值 11
總和 107
個數 16
信賴度-T 1.478233
上限 =D3+CONFIDENCE.T(0.05,D7,16)
函數引數
CONFIDENCE.T
Alpha 0.05 = 0.05
Standard_dev D7 = 2.774136502
Size 16 = 16
= 1.478232997
傳回使用 Student's 式 T 分配一母體平均數的信賴區間
Size 是樣本大小。
計算結果 = 8.165732997
函數說明(H)
確定
取消

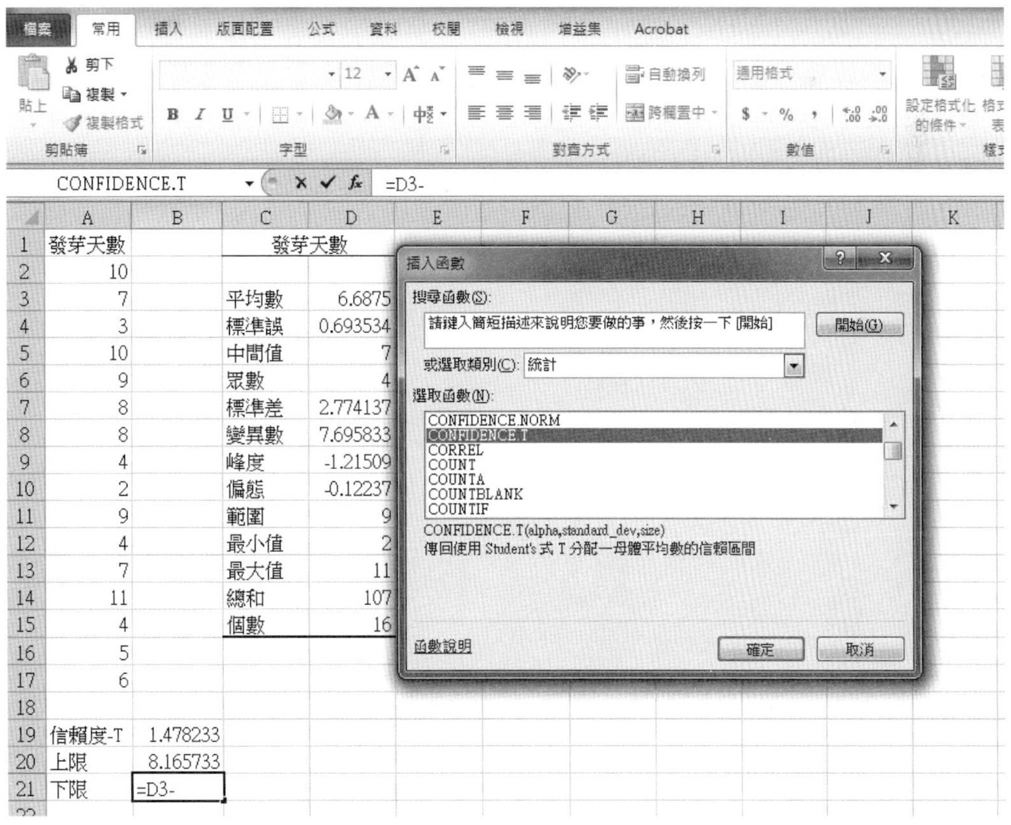
CONFIDENCE.T
=D3-
發芽天數
10
7
3
10
9
8
8
4
2
9
4
7
11
4
5
6
發芽天數
平均數 6.6875
標準誤 0.693534
中間值 7
眾數 4
標準差 2.774137
變異數 7.695833
峰度 -1.21509
偏態 -0.12237
範圍 9
最小值 2
最大值 11
總和 107
個數 16
信賴度-T 1.478233
上限 8.165733
下限 =D3-
插入函數
搜尋函數(S):
請鍵入簡短描述來說明您要做的事，然後按一下 [開始]
開始(G)
或選取類別(C): 統計
選取函數(N):
CONFIDENCE.NORM
CONFIDENCE.T
CORREL
COUNT
COUNTA
COUNTBLANK
COUNTIF
CONFIDENCE.T(alpha,standard_dev,size)
傳回使用 Student's 式 T 分配一母體平均數的信賴區間
函數說明
確定
取消

CONFIDENCE.T
=D3-CONFIDENCE.T(0.05,D7,16)
發芽天數
發芽天數
平均數 6.6875
標準誤 0.693534
中間值 7
眾數 4
標準差 2.774137
變異數 7.695833
峰度 -1.21509
偏態 -0.12237
範圍 9
最小值 2
最大值 11
總和 107
個數 16
10 7 3 10 9 8 8 4 2 9 4 7 11 4 5 6
信賴度-T 1.478233
上限 8.165733
下限 =D3-CONFIDENCE.T(0.05,D7,16)
函數引數
CONFIDENCE.T
Alpha 0.05 = 0.05
Standard_dev D7 = 2.774136502
Size 16 = 16
= 1.478232997
傳回使用 Student's 式 T 分配一母體平均數的信賴區間
Size 是樣本大小。
計算結果 = 5.209267003
函數說明(H)
確定
取消

B21
=D3-CONFI
發芽天數
發芽天數
平均數 6.6875
標準誤 0.693534
中間值 7
眾數 4
標準差 2.774137
變異數 7.695833
峰度 -1.21509
偏態 -0.12237
範圍 9
最小值 2
最大值 11
總和 107
個數 16
10 7 3 10 9 8 8 4 2 9 4 7 11 4 5 6
信賴度-T 1.478233
上限 8.165733
下限 5.209267

R (RStudio) 範例

【例題一】抽取25個大二生物統計學的成績，族群標準差未知下，計算95%信賴水準下之信賴區間。

75、90、54、78、59、69、86、67、82、43、82、71、87、88、76、65、66、55、90、77、63、96、61、68、93

於 R 或 RStudio 軟體視窗內，輸入以下內容：

```
# 輸入樣本數據
scores <- c(75, 90, 54, 78, 59, 69, 86, 67, 82, 43, 82, 71, 87, 88,
76, 65, 66, 55, 90, 77, 63, 96, 61, 68, 93)
# 計算樣本大小
n <- length(scores)
# 計算樣本平均值
mean_score <- mean(scores)
# 計算樣本標準差
sd_score <- sd(scores)
# 輸入信賴水準
confidence_level <- 0.95
# 計算自由度
df <- n - 1
# 計算 t 分布臨界值
t_critical <- qt((1 + confidence_level) / 2, df)
# 計算樣本平均值的標準誤
standard_error <- sd_score / sqrt(n)
# 計算信賴度
margin_of_error <- t_critical * standard_error
# 計算信賴區間的下界及上界
lower_bound <- mean_score - margin_of_error
upper_bound <- mean_score + margin_of_error
# 列印本題答案
cat("95% 信賴水準下之信賴區間：(", lower_bound, ", ",
upper_bound, ")")
```

執行結果如下：

```
> # 輸入樣本數據
> scores <- c(75, 90, 54, 78, 59, 69, 86, 67, 82, 43, 82, 71, 87,
 88, 76, 65, 66, 55, 90, 77, 63, 96, 61, 68, 93)
> # 計算樣本大小
> n <- length(scores)
> # 計算樣本平均值
> mean_score <- mean(scores)
> # 計算樣本標準差
> sd_score <- sd(scores)
> # 輸入信賴水準
> confidence_level <- 0.95
> # 計算自由度
> df <- n - 1
> # 計算 t 分布臨界值
> t_critical <- qt((1 + confidence_level) / 2, df)
> # 計算樣本平均值的標準誤
> standard_error <- sd_score / sqrt(n)
> # 計算信賴度
> margin_of_error <- t_critical * standard_error
> # 計算信賴區間的下界及上界
> lower_bound <- mean_score - margin_of_error
> upper_bound <- mean_score + margin_of_error
> # 列印本題答案
> cat("95%信賴水準下之信賴區間: (", lower_bound, ", ", upper_
bound, ")")
95%信賴水準下之信賴區間: ( 67.97413 ,  79.30587 )
```

【例題二】某校新生之身高標準差為10公分，今從新生中隨機抽選25人進行測量結果此25人平均身高為169cm：試推論此校新生平均身高的90%、95%以及99%信賴區間。

於 R 或 RStudio 軟體視窗內，輸入以下內容：

```
# 輸入族群參數數據
std_dev <- 10
# 輸入樣本統計值數據
mean_height <- 169
n <- 25
# 樣本均值的標準誤
standard_error <- std_dev / sqrt(n)
# 計算 Z 分布臨界值
z_90 <- qnorm((1+90/100)/2)
z_95 <- qnorm((1+95/100)/2)
z_99 <- qnorm((1+99/100)/2)
# 計算信賴區間的下界及上界
margin_of_error_90 <- z_90 * standard_error
 ci_90 <- c(mean_height - margin_of_error_90, mean_height +
  margin_of_error_90)
margin_of_error_95 <- z_95 * standard_error
 ci_95 <- c(mean_height - margin_of_error_95, mean_height +
  margin_of_error_95)
margin_of_error_99 <- z_99 * standard_error
 ci_99 <- c(mean_height - margin_of_error_99, mean_height +
  margin_of_error_99)
# 列印本題答案
cat("90% 信賴區間: (", ci_90[1], ", ", ci_90[2], ")\n")
cat("95% 信賴區間: (", ci_95[1], ", ", ci_95[2], ")\n")
cat("99% 信賴區間: (", ci_99[1], ", ", ci_99[2], ")\n")
```

執行結果如下：

```
> # 輸入族群參數數據
> std_dev <- 10
> # 輸入樣本統計值數據
> mean_height <- 169
> n <- 25
> # 樣本均值的標準誤
> standard_error <- std_dev / sqrt(n)
> # 計算 Z 分布臨界值
> z_90 <- qnorm((1+90/100)/2)
> z_95 <- qnorm((1+95/100)/2)
> z_99 <- qnorm((1+99/100)/2)
> # 計算信賴區間的下界及上界
> margin_of_error_90 <- z_90 * standard_error
> ci_90 <- c(mean_height - margin_of_error_90, mean_height +
margin_of_error_90)
> margin_of_error_95 <- z_95 * standard_error
> ci_95 <- c(mean_height - margin_of_error_95, mean_height +
margin_of_error_95)
> margin_of_error_99 <- z_99 * standard_error
> ci_99 <- c(mean_height - margin_of_error_99, mean_height +
margin_of_error_99)
> # 列印本題答案
> cat("90% 信賴區間: (", ci_90[1], ", ", ci_90[2], ")\n")
90% 信賴區間: ( 165.7103 ,  172.2897 )
> cat("95% 信賴區間: (", ci_95[1], ", ", ci_95[2], ")\n")
95% 信賴區間: ( 165.0801 ,  172.9199 )
> cat("99% 信賴區間: (", ci_99[1], ", ", ci_99[2], ")\n")
99% 信賴區間: ( 163.8483 ,  174.1517 )
```

【例題三】某研究人員宣稱一個菊花新品種所生產的花卉種子的平均發芽天數大約為5天。以下資料是從市場中隨機選出的16包該公司生產的花卉種子產品的種植發芽天數，試問依據信賴區間之結果，該研究人員的宣稱是否正確？ (α=0.05)

10、7、3、10、9、8、8、4、2、9、4、7、11、4、5、6

於 R 或 RStudio 軟體視窗內，輸入以下內容：

```
# 輸入樣本數據
data <- c(10, 7, 3, 10, 9, 8, 8, 4, 2, 9, 4, 7, 11, 4, 5, 6)
# 計算樣本大小
n <- length(data)
# 計算樣本平均值
mean_data <- mean(data)
# 計算樣本標準差
sd_data <- sd(data)
# 輸入信賴水準
confidence_level <- 0.95
# 計算自由度
df <- n - 1
# 計算 t 分布臨界值
t_critical <- qt((1 + confidence_level) / 2, df)
# 計算樣本平均值的標準誤
standard_error <- sd_data / sqrt(n)
# 計算信賴度
margin_of_error <- t_critical * standard_error
# 計算信賴區間的下界及上界
lower_bound <- mean_data - margin_of_error
upper_bound <- mean_data + margin_of_error
# 列印信賴區間
cat("95%信賴區間: (", lower_bound, ", ", upper_bound, ")\n")
# 檢查研究人員的宣稱值是否在信賴區間內
if (lower_bound <= 5 && upper_bound >= 5) {
  cat("研究人員的宣稱值在信賴區間內，宣稱正確。\n")
```

```
} else {
  cat("研究人員的宣稱值不在信賴區間內，宣稱不正確。\n")
}
```

執行結果如下：

```
># 輸入樣本數據
> data <- c(10, 7, 3, 10, 9, 8, 8, 4, 2, 9, 4, 7, 11, 4, 5, 6)
> # 計算樣本大小
> n <- length(data)
> # 計算樣本平均值
> mean_data <- mean(data)
> # 計算樣本標準差
> sd_data <- sd(data)
> # 輸入信賴水準
> confidence_level <- 0.95
> # 計算自由度
> df <- n - 1
> # 計算 t 分布臨界值
> t_critical <- qt((1 + confidence_level) / 2, df)
># 計算樣本平均值的標準誤
> standard_error <- sd_data / sqrt(n)
># 計算信賴度
> margin_of_error <- t_critical * standard_error
># 計算信賴區間的下界及上界
> lower_bound <- mean_data - margin_of_error
> upper_bound <- mean_data + margin_of_error
># 列印信賴區間
> cat("95%信賴區間: (", lower_bound, ", ", upper_bound, ")\n ")
95%信賴區間: ( 5.209267 ,  8.165733 )
># 檢查研究人員的宣稱值是否在信賴區間內
> if (lower_bound <= 5 && upper_bound >= 5) { cat("研究人員的宣
稱值在信賴區間內，宣稱正確。\n")
} else { cat("研究人員的宣稱值不在信賴區間內，宣稱不正確。\ n")
 }
研究人員的宣稱值不在信賴區間內，宣稱不正確。
```

CHAPTER 10 族群均值比較

吳立心　國立屏東科技大學植物醫學系
林汶鑫　國立屏東科技大學農園生產系

假設檢定(hypothesis testing)

藉由族群中隨機抽出的隨機樣本，對族群作出推論的過程即稱之為統計推論，主要分為區間估計及假設檢定。其中，經由事先建立對於族群參數（例如：平均數(μ)、標準差(σ)、變異數(σ^2)）的敘述句（假設），再利用樣本資料檢定在一定機率保證下，該假設是否成立或被推翻的決策方法，即稱之為假設檢定。透過族群中所得到的樣本資料，評估對所提出假設的不利證據（極端值出現機率），藉以決定該假設是否正確。若從樣本中所獲得的結果指出，在假設的條件下比該樣本更極端的事件是非常罕見時，則評判此研擬的假設不正確，因而拒絕此假設。假設檢定之檢定程序如下：

1. **虛無假設(H_0)**：針對族群設定之基本假設，欲否定的假設
2. **對立假設(H_1)**：針對研究目的（研究者）欲測試或證明的假設
3. **顯著水準(significant level) α**：
   - 指罕見機率的門檻，通常訂為 **0.05**、**0.01**，或 **0.001**
4. **計算檢定統計量(test statistic)值**
   - 依據研究目的或條件選定抽樣分布，並利用隨機樣本計算在該抽樣分布下之檢定統計量值
5. **決策**
   - 比較檢定統計量值與臨界值，決定是否拒絕虛無假設
   - 依照對立假設的方向，選擇拒絕域(rejection region or critical region)的位置
   - 計算 P-value
6. **根據題意下結論**

Microsoft Excel 範例

一、配對 t 檢定─兩配對族群平均數差異之檢定

例：12 位年輕人參加一項體能訓練，計算以顯著水準 α=0.05 進行假設檢定，檢定訓練前後的體重是否有顯著改變。

	1	2	3	4	5	6	7	8	9	10	11	12
訓練前	70	62	69	75	80	62	64	79	72	60	68	75
訓練後	64	56	72	75	72	60	68	72	65	64	71	70

(一) 點選【資料分析】→【t 檢定:成對母體平均數差異檢定】。

(二) 對話框內，變數 1 的範圍輸入『訓練前』的數據；變數 2 的範圍輸入『訓練後』的數據；假設的均數差為 0；α 為顯著水準 0.05，並選擇其輸出範圍。

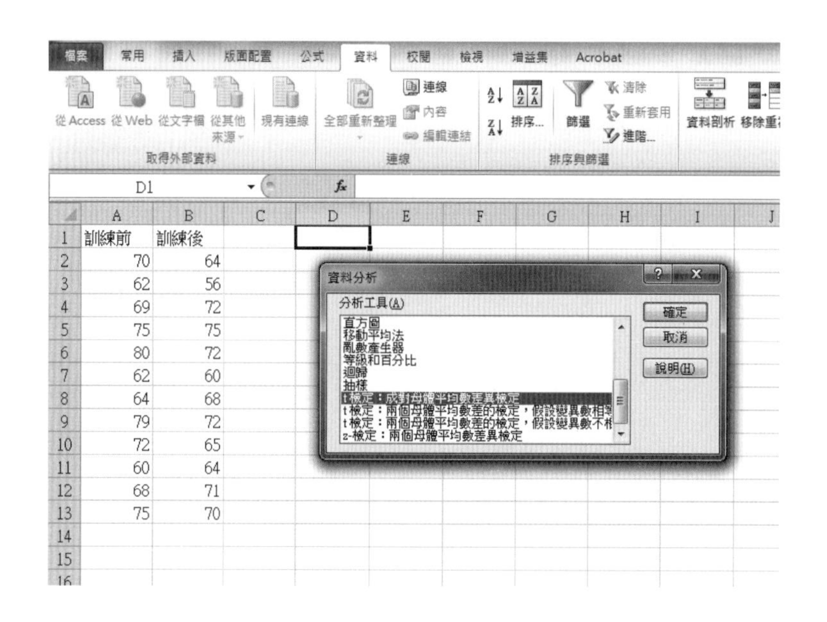

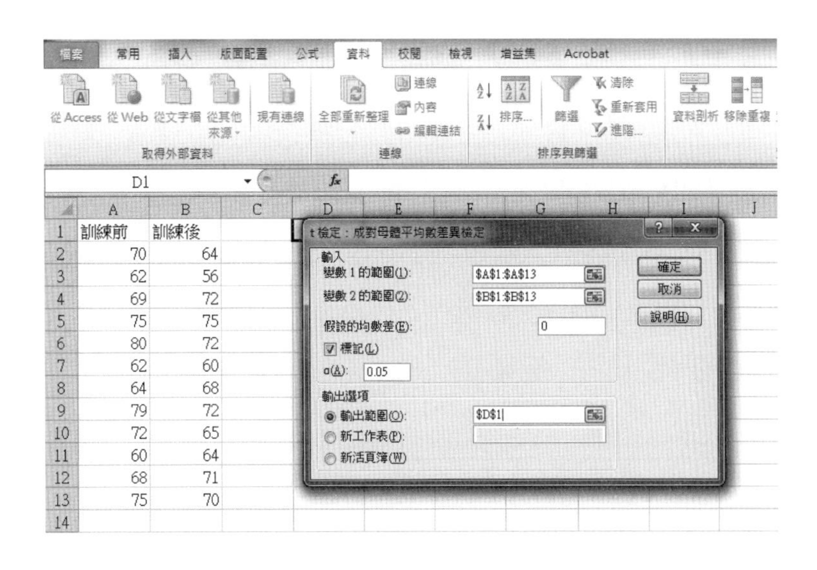

	A	B	C	D	E	F
1	訓練前	訓練後		t 檢定：成對母體平均數差異檢定		
2	70	64				
3	62	56			訓練前	訓練後
4	69	72		平均數	69.66667	67.41667
5	75	75		變異數	45.69697	32.26515
6	80	72		觀察值個數	12	12
7	62	60		皮耳森相關係數	0.716575	
8	64	68		假設的均數差	0	
9	79	72		自由度	11	
10	72	65		t 統計	1.627623	
11	60	64		P(T<=t) 單尾	0.065941	
12	68	71		臨界值：單尾	1.795885	
13	75	70		P(T<=t) 雙尾	0.131883	
14				臨界值：雙尾	2.200985	
15						

由【t 檢定：成對母體平均數差異檢定】分析結果可得知 t 統計 1.628 小於臨界值(雙尾)2.201，並且 P value=0.131883 > $\alpha=0.05$。表示在 $\alpha=0.05$ 情況下，訓練前後的平均體重沒有顯著改變。

二、z 檢定—族群標準差（or 變異數）已知

例：欲了解 A、B 兩班生物統計學的成績是否有差異，自 A、B 兩班隨機抽取 28 名及 26 名學生，已知 A 班生物統計學成績族群標準差為 12.6（族群變異數=160.3），B 班生物統計學成績族群標準差為 17.2（族群變異數=297.5），以 α=0.05 檢定 A 班生物統計學成績是否比 B 班成績高。

A 班	84	83	91	73	64	68	55	54	41	90	76	84	83	76
	77	96	74	85	81	53	74	79	87	93	74	88	63	72
B 班	54	43	69	67	41	83	76	91	84	64	34	75	84	61
	59	81	73	54	46	97	49	76	80	36	61	60		

(一) 點選【資料分析】→【Z 檢定:兩個母體平均數差異檢定】。

(二) 對話框內，變數 1 的範圍輸入『A 班』的成績；變數 2 的範圍輸入『B 班』的成績；假設的均數差為 0；顯著水準 α=0.05，並選擇其輸出範圍。

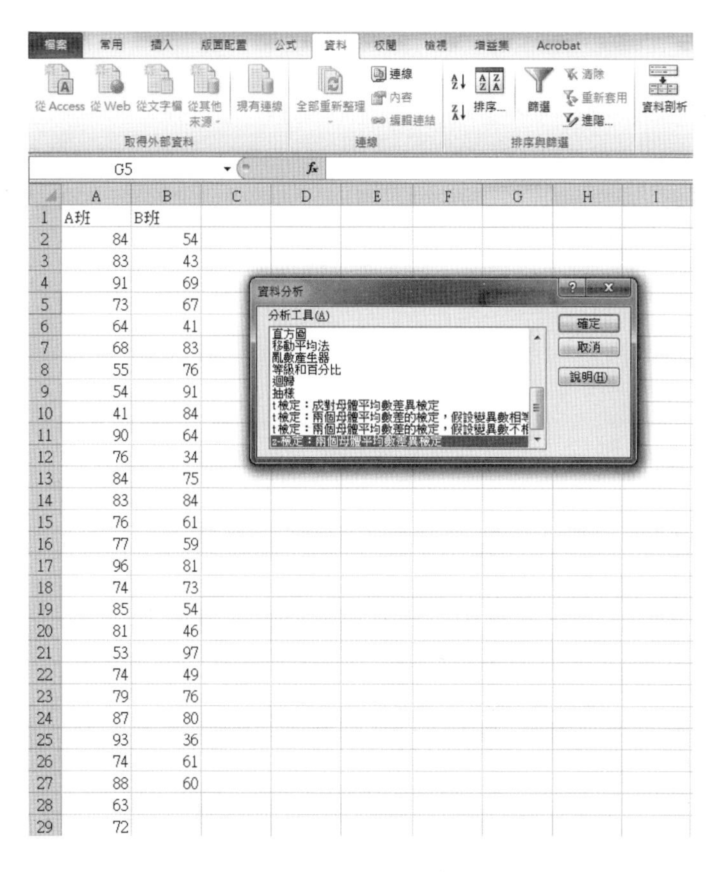
資料分析
分析工具(A)
直方圖
移動平均法
亂數產生器
等級和百分比
迴歸
抽樣
t 檢定：成對母體平均數差異檢定
t 檢定：兩個母體平均數差的檢定，假設變異數相等
t 檢定：兩個母體平均數差的檢定，假設變異數不相等
z-檢定：兩個母體平均數差異檢定
確定
取消
說明(H)

z-檢定：兩個母體平均數差異檢定
輸入
變數 1 的範圍(1):
$A$1:$A$29
變數 2 的範圍(2):
$B$1:$B$27
假設的均數差(P):
變數 1 之變異數(已知)(V):
160.3
變數 2 之變異數(已知)(A):
297.5
標記(L)
α(A):
0.05
輸出選項
輸出範圍(O):
$D$1
新工作表(P):
新活頁簿(W)
確定
取消
說明(H)

	A	B	C	D	E	F	G
1	A班	B班		z 檢定：兩個母體平均數差異檢定			
2	84	54					
3	83	43			A班	B班	
4	91	69		平均數	75.64285714	65.30769231	
5	73	67		已知的變異數	160.3	297.5	
6	64	41		觀察值個數	28	26	
7	68	83		假設的均數差	0		
8	55	76		z	2.49440123		
9	54	91		P(Z<=z) 單尾	0.006308492		
10	41	84		臨界值：單尾	1.644853627		
11	90	64		P(Z<=z) 雙尾	0.012616984		
12	76	34		臨界值：雙尾	1.959963985		
13	84	75					
14	83	84					
15	76	61					
16	77	59					
17	96	81					
18	74	73					
19	85	54					
20	81	46					
21	53	97					
22	74	49					
23	79	76					
24	87	80					
25	93	36					
26	74	61					
27	88	60					
28	63						
29	72						

由【z 檢定：兩母體平均數差異檢定】分析結果可得知 z 值 2.49 大於臨界值（單尾）1.64，並且 P value =0.01262 < $\alpha=0.05$。表示在 $\alpha=0.05$ 情況下，A 班的生物統計學平均成績確實比 B 班高。

三、兩族群 t 檢定—族群標準差（or 變異數）未知但相等

例：隨機於牛群中選出 12 頭以脫水牧草飼養，另外選出 13 頭乳牛餵食枯萎的牧草。以 α=0.05 檢定兩飼料對乳牛平均產乳量的效果是否有顯著差異。

枯萎牧草	44	44	56	46	47	38	58	53	49	35	46	30	41
脫水牧草	35	47	55	29	40	39	32	41	42	57	51	39	

(一) 點選【資料】功能表中的【資料分析】之【t 檢定：兩個母體平均數差的檢定，假設變異數相等】。

(二) 對話框內，變數 1 的範圍輸入『枯萎牧草』的乳牛產乳量；變數 2 的範圍輸入『枯萎牧草』的乳牛產乳量；假設的均數差為 0；顯著水準 α=0.05，並選擇其輸出範圍。

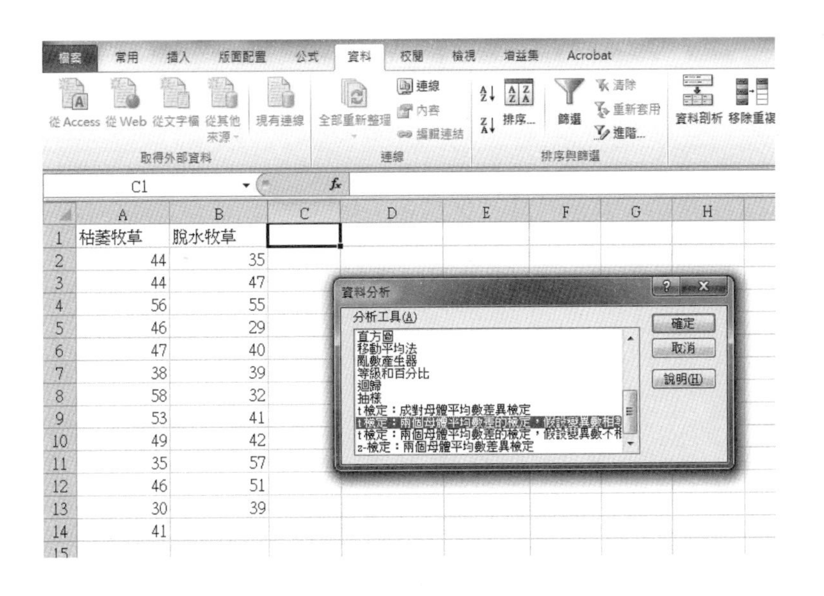

	A	B
1	枯萎牧草	脫水牧草
2	44	35
3	44	47
4	56	55
5	46	29
6	47	40
7	38	39
8	58	32
9	53	41
10	49	42
11	35	57
12	46	51
13	30	39
14	41	

t 檢定：兩個母體平均數差的檢定，假設變異數相等

	枯萎牧草	脫水牧草
平均數	45.15384615	42.25
變異數	63.97435897	76.38636364
觀察值個數	13	12
Pooled 變異數	69.91053512	
假設的均數差	0	
自由度	23	
t 統計	0.867550142	
P(T<=t) 單尾	0.197301162	
臨界值：單尾	1.713871528	
P(T<=t) 雙尾	0.394602325	
臨界值：雙尾	2.06865761	

由【t 檢定：兩個母體平均數差異的檢定，假設變異數相等】分析結果可得知 t 統計 0.868 小於臨界值（雙尾）2.069，並且 P value=0.3946 ＞ $\alpha=0.05$。表示在$\alpha=0.05$情況下，兩飼料對乳牛平均產量的效果沒有顯著差異。

四、兩族群 t'檢定—族群標準差（or 變異數）未知且不等

例：比較痛風病人和一般正常人的血液中尿酸含量，以 α=0.05 檢定其兩者血液中平均尿酸含量是否比正常人高。

痛風病人	8.2	10.7	7.5	14.6	6.3	9.2	11.9	5.6	12.8	4.9
正常人	4.7	6.3	5.2	6.8	5.6	4.2	6.0	7.4		

(一) 點選【資料分析】→【t 檢定：兩個母體平均數差的檢定，假設變異數不相等】。

(二) 對話框內，變數 1 的範圍輸入『痛風病人』尿酸含量之數據；變數 2 的範圍輸入『正常人』尿酸含量之數據；假設的均數差為 0；顯著水準 α=0.05，並選擇其輸出範圍。

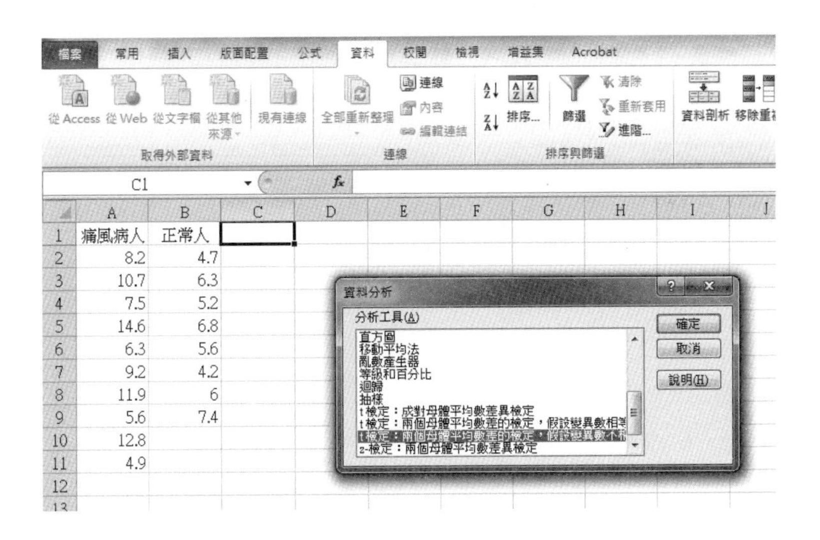

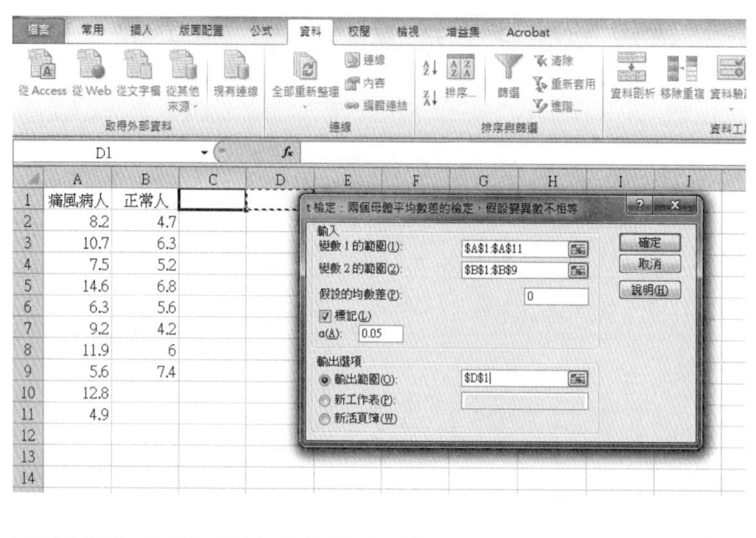

痛風病人	正常人
8.2	4.7
10.7	6.3
7.5	5.2
14.6	6.8
6.3	5.6
9.2	4.2
11.9	6
5.6	7.4
12.8	
4.9	

t 檢定：兩個母體平均數差的檢定，假設變異數不相等

	痛風病人	正常人
平均數	9.17	5.775
變異數	10.60011111	1.145
觀察值個數	10	8
假設的均數差	0	
自由度	11	
t 統計	3.095154964	
P(T<=t) 單尾	0.005095937	
臨界值：單尾	1.795884819	
P(T<=t) 雙尾	0.010191873	
臨界值：雙尾	2.20098516	

由【t 檢定：兩個母體平均數差異的檢定，假設變異數不相等】分析結果可得知 t 統計 3.095 大於臨界值（單尾）1.796，並且 P value=0.0051 < $\alpha=0.05$。表示在$\alpha=0.05$情況下，痛風病人的血液中平均尿酸含量比正常人高。

五、F 檢定—檢定兩個獨立族群變異數是否相等

例：比較痛風病人和一般正常人的血液中尿酸含量，以 α=0.05 檢定其兩者變異數是否相等。

痛風病人	8.2	10.7	7.5	14.6	6.3	9.2	11.9	5.6	12.8	4.9
正常人	4.7	6.3	5.2	6.8	5.6	4.2	6.0	7.4		

(一) 在 Excel 的 F 檢定功能中，需先利用【敘述統計】判讀哪組樣本變異數大，再進行 F 檢定。而 F 檢定中，需將變異數大的樣本（痛風病人）圈選為變數 1 範圍，變異數小的樣本（正常人）圈選為變數 2 範圍。

(二) 點選【資料分析】→【F 檢定：兩個常態母體變異數的檢定】。

(三) 對話框內，變數 1 的範圍輸入『痛風病人』尿酸含量之數據；變數 2 的範圍輸入『正常人』尿酸含量之數據；顯著水準 α=0.05，並選擇其輸出範圍。

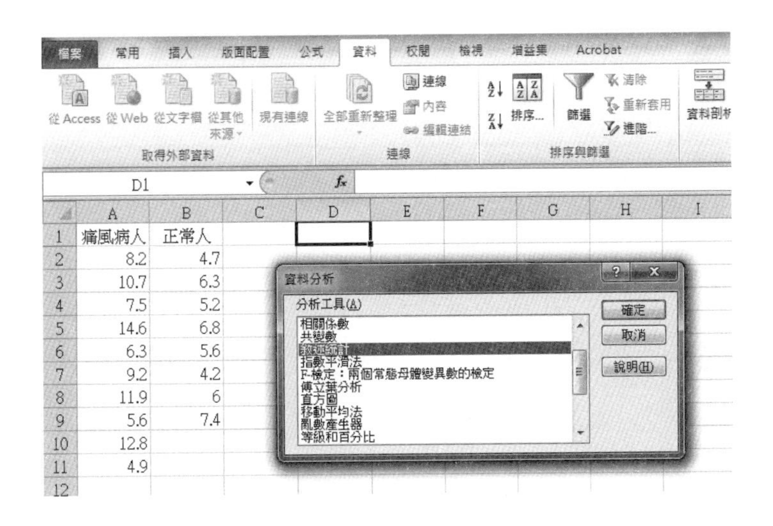

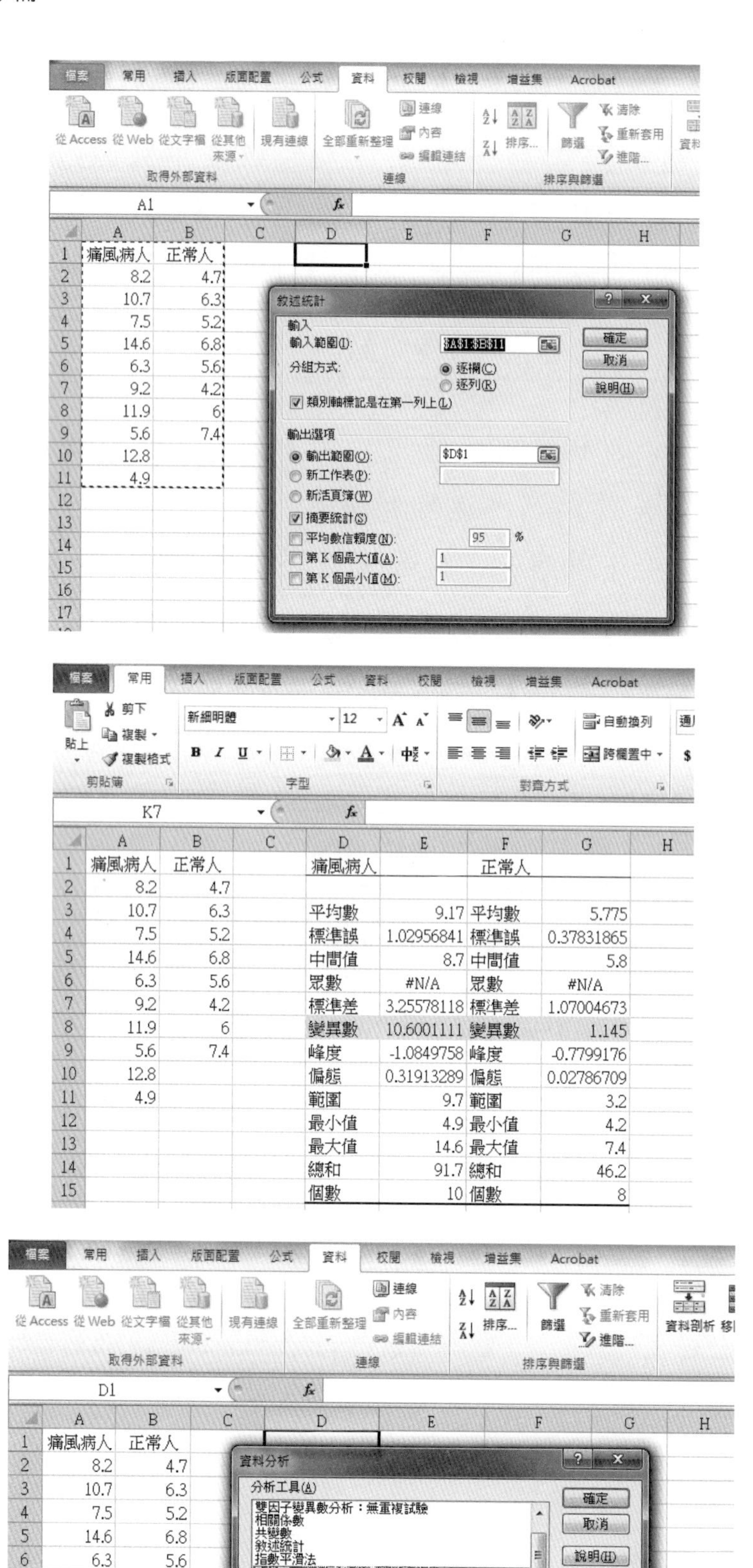
敘述統計
輸入
輸入範圍(I):
$A$1:$B$11
分組方式:
逐欄(C)
逐列(R)
類別軸標記是在第一列上(L)
輸出選項
輸出範圍(O):
$D$1
新工作表(P):
新活頁簿(W)
摘要統計(S)
平均數信賴度(N):
95
%
第 K 個最大值(A):
第 K 個最小值(M):
確定
取消
說明(H)
痛風病人
正常人
平均數
9.17
5.775
標準誤
1.02956841
0.37831865
中間值
8.7
5.8
眾數
#N/A
標準差
3.25578118
1.07004673
變異數
10.6001111
1.145
峰度
-1.0849758
-0.7799176
偏態
0.31913289
0.02786709
範圍
9.7
3.2
最小值
4.9
4.2
最大值
14.6
7.4
總和
91.7
46.2
個數
10
8
資料分析
分析工具(A)
雙因子變異數分析：無重複試驗
相關係數
共變數
敘述統計
指數平滑法
F-檢定：兩個常態母體變異數的檢定
傅立葉分析
直方圖
移動平均法
亂數產生器
確定
取消
說明(H)

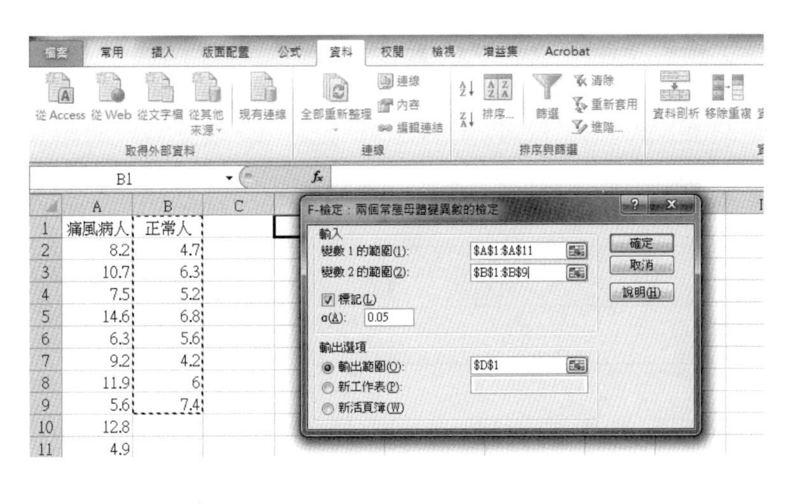

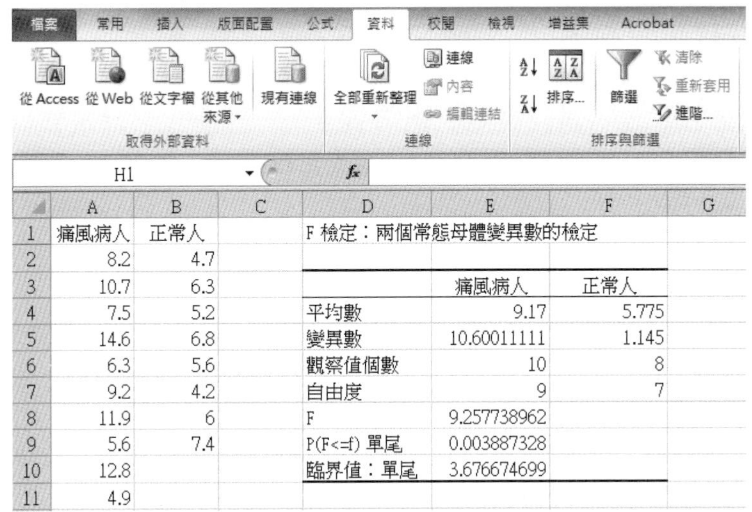

由【F 檢定：兩個常態母體變異數的檢定】分析結果可得知 F 值為 9.258 大於臨界值(單尾)3.677，並且 P value=0.0039 < $\alpha=0.05$。表示在 $\alpha=0.05$ 情況下，兩族群變異數不相等。因此，後續族群平均數的檢定需選擇族群標準差（or 變異數）未知且不相等下之 t'檢定【t 檢定：兩個母體平均數差的檢定，假設變異數不相等】。

六、族群均值比較分析流程

例：今欲進行一項養分配給的研究，隨機於牛群中選出 12 頭以脫水牧草飼養，另外選出 13 頭乳牛餵食枯萎的牧草。以 α=0.05 檢定兩種飼料對乳牛平均產乳量的效果是否有顯著差異？

枯萎牧草	44	44	56	46	47	38	58	53	49	35	46	30	41
脫水牧草	35	47	55	29	40	39	32	41	42	57	51	39	

(一) **《變異數檢定》**在 Excel 的 F 檢定功能中，需先利用【敘述統計】判讀哪組樣本變異數大，再進行 F 檢定。而 F 檢定中，需將變異數大的樣本（脫水牧草）圈選為變數 1 範圍，變異數小的樣本（枯萎牧草）圈選為變數 2 範圍。

- i. **可利用樣本數，初步檢核報表是否正確。**
- ii. **可利用信賴度(95%)建立族群平均數之信賴區間。**

(二) 點選【資料分析】→【F 檢定：兩個常態母體變異數的檢定】。

(三) 對話框內，變數 1 的範圍輸入『脫水牧草』尿酸含量之數據；變數 2 的範圍輸入『枯萎牧草』尿酸含量之數據；顯著水準 α=0.05，並選擇其輸出範圍。

- i. **可利用樣本數，初步檢核報表是否正確。**

(四) **《平均數檢定》**點選【資料】功能表中的【資料分析】之【t 檢定：兩個母體平均數差的檢定，假設變異數相等】。

(五) 對話框內，變數 1 的範圍輸入『枯萎牧草』的乳牛產乳量；變數 2 的範圍輸入『枯萎牧草』的乳牛產乳量；假設的均數差為 0；顯著水準 =0.05，並選擇其輸出範圍。

- i. **可利用樣本數，初步檢核報表是否正確。**

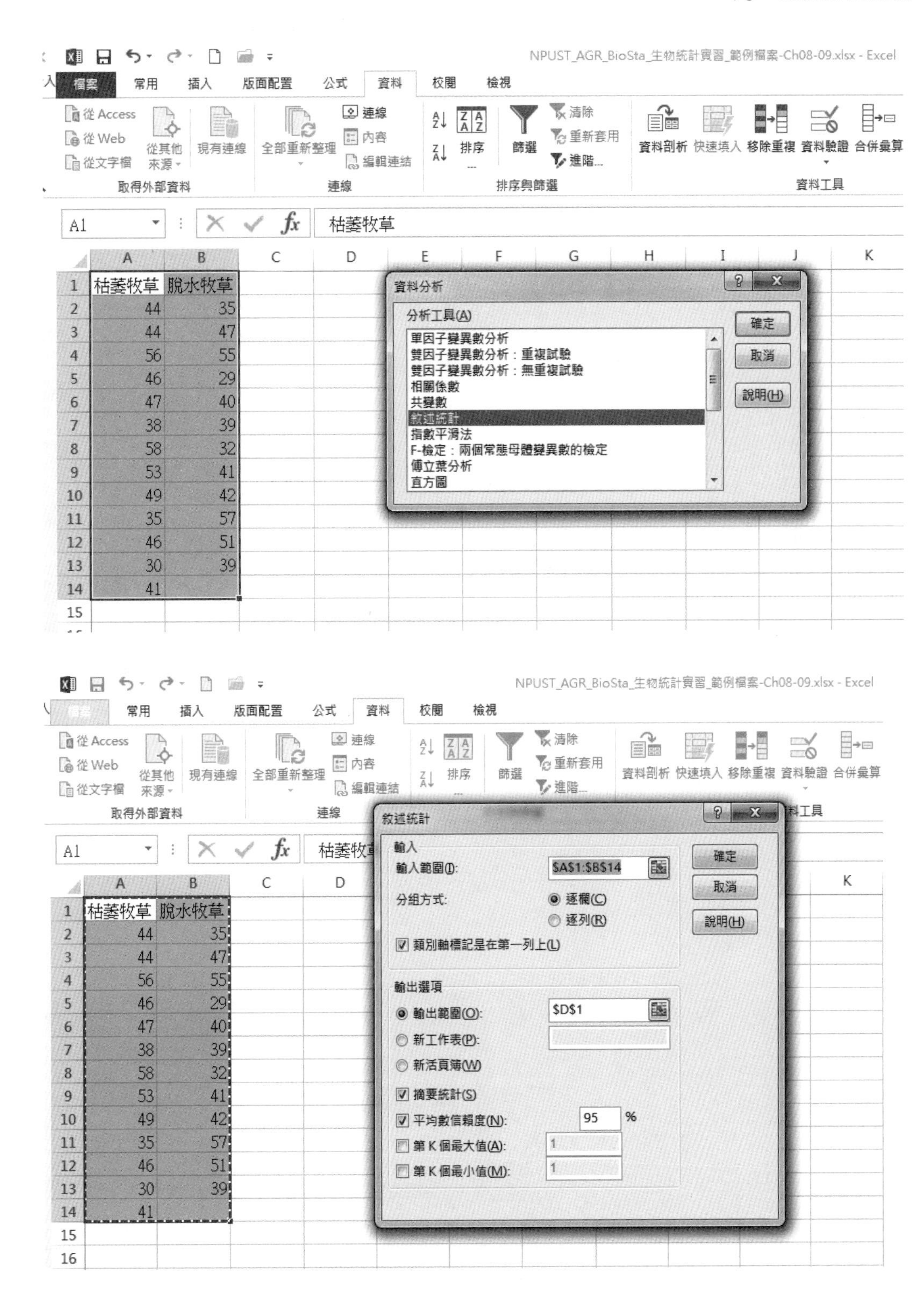
NPUST_AGR_BioSta_生物統計實習_範例檔案-Ch08-09.xlsx - Excel
檔案
常用
插入
版面配置
公式
資料
校閱
檢視
從 Access
從 Web
從文字檔
從其他來源
現有連線
取得外部資料
全部重新整理
連線
內容
編輯連結
排序
篩選
清除
重新套用
進階...
排序與篩選
資料剖析
快速填入
移除重複
資料驗證
合併彙算
資料工具
A1
枯萎牧草
枯萎牧草
脫水牧草
44
35
44
47
56
55
46
29
47
40
38
39
58
32
53
41
49
42
35
57
46
51
30
39
41
資料分析
分析工具(A)
單因子變異數分析
雙因子變異數分析：重複試驗
雙因子變異數分析：無重複試驗
相關係數
共變數
敘述統計
指數平滑法
F-檢定：兩個常態母體變異數的檢定
傅立葉分析
直方圖
確定
取消
說明(H)
敘述統計
輸入
輸入範圍(I):
$A$1:$B$14
分組方式:
逐欄(C)
逐列(R)
類別軸標記是在第一列上(L)
輸出選項
輸出範圍(O):
$D$1
新工作表(P):
新活頁簿(W)
摘要統計(S)
平均數信賴度(N):
95
%
第 K 個最大值(A):
1
第 K 個最小值(M):
1
確定
取消
說明(H)

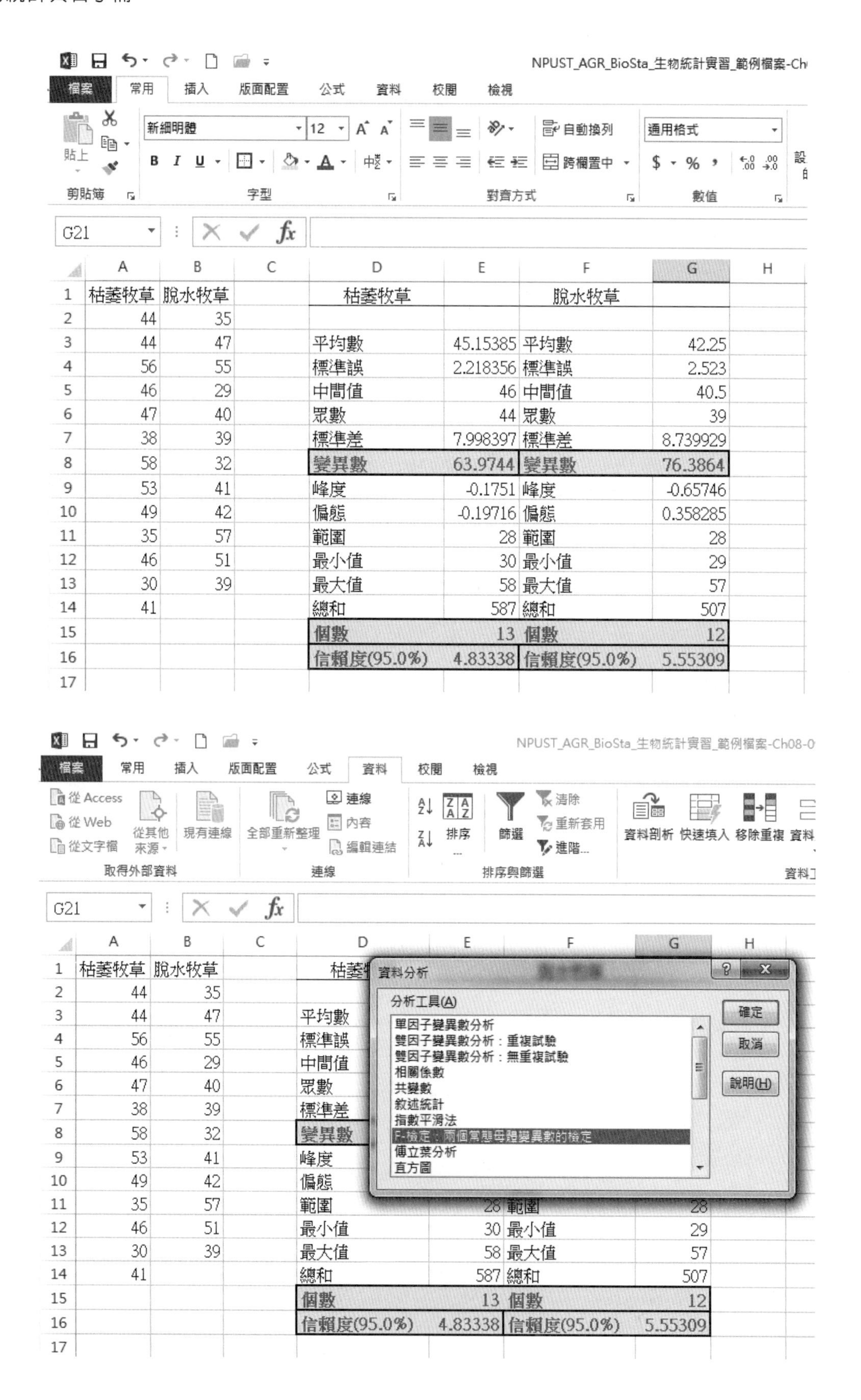

NPUST_AGR_BioSta_生物統計實習_範例檔案-Ch
檔案
常用
插入
版面配置
公式
資料
校閱
檢視
新細明體
12
貼上
剪貼簿
字型
自動換列
跨欄置中
對齊方式
通用格式
數值
G21
枯萎牧草
脫水牧草
平均數
45.15385
42.25
標準誤
2.218356
2.523
中間值
46
40.5
眾數
44
39
標準差
7.998397
8.739929
變異數
63.9744
76.3864
峰度
-0.1751
-0.65746
偏態
-0.19716
0.358285
範圍
28
最小值
30
29
最大值
58
57
總和
587
507
個數
13
12
信賴度(95.0%)
4.83338
5.55309
44 35
44 47
56 55
46 29
47 40
38 39
58 32
53 41
49 42
35 57
46 51
30 39
41
NPUST_AGR_BioSta_生物統計實習_範例檔案-Ch08-0
從 Access
從 Web
從文字檔
從其他來源
現有連線
全部重新整理
連線
內容
編輯連結
取得外部資料
排序
篩選
清除
重新套用
進階...
排序與篩選
資料剖析
快速填入
移除重複
資料
資料分析
分析工具(A)
單因子變異數分析
雙因子變異數分析：重複試驗
雙因子變異數分析：無重複試驗
相關係數
共變數
敘述統計
指數平滑法
F-檢定：兩個常態母體變異數的檢定
傅立葉分析
直方圖
確定
取消
說明(H)

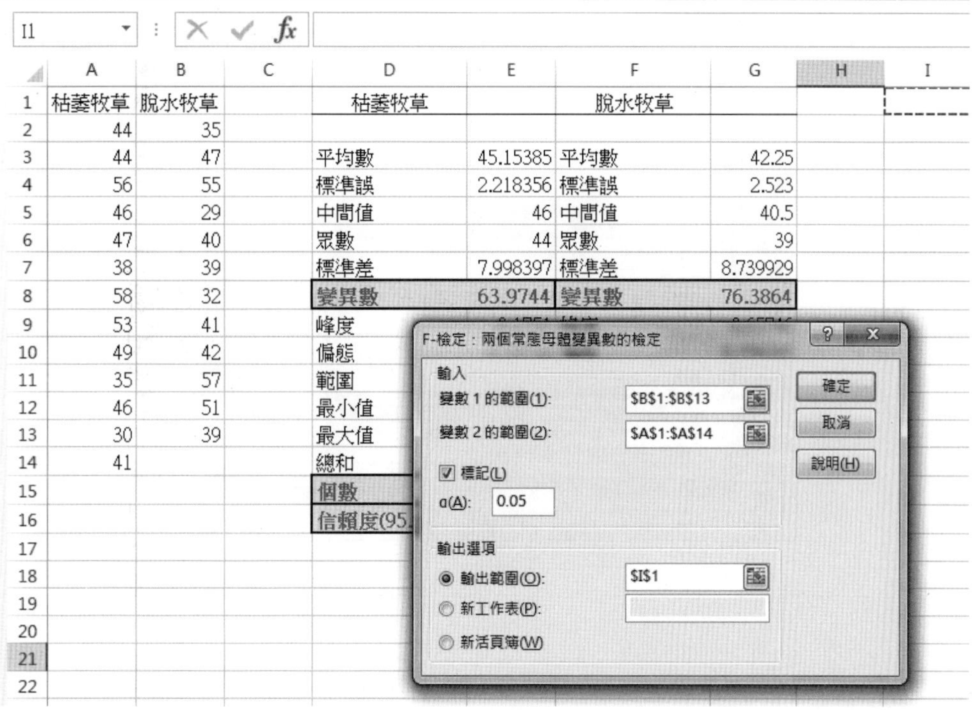

I1

	A	B	C	D	E	F	G	H	I
1	枯萎牧草	脫水牧草		枯萎牧草		脫水牧草			
2	44	35							
3	44	47		平均數	45.15385	平均數	42.25		
4	56	55		標準誤	2.218356	標準誤	2.523		
5	46	29		中間值	46	中間值	40.5		
6	47	40		眾數	44	眾數	39		
7	38	39		標準差	7.998397	標準差	8.739929		
8	58	32		變異數	63.9744	變異數	76.3864		
9	53	41		峰度					
10	49	42		偏態					
11	35	57		範圍					
12	46	51		最小值					
13	30	39		最大值					
14	41			總和					
15				個數					
16				信賴度(95.					
17									
18									
19									
20									
21									
22									

F-檢定：兩個常態母體變異數的檢定

輸入

變數 1 的範圍(1): $B$1:$B$13

變數 2 的範圍(2): $A$1:$A$14

☑ 標記(L)

α(A): 0.05

輸出選項

◉ 輸出範圍(O): $I$1

○ 新工作表(P):

○ 新活頁簿(W)

確定

取消

說明(H)

J17

	C	D	E	F	G	H	I	J	K
1		枯萎牧草		脫水牧草			F 檢定：兩個常態母體變異數的檢定		
2									
3		平均數	45.15385	平均數	42.25			脫水牧草	枯萎牧草
4		標準誤	2.218356	標準誤	2.523		平均數	42.25	45.15385
5		中間值	46	中間值	40.5		變異數	76.38636	63.97436
6		眾數	44	眾數	39		觀察值個數	12	13
7		標準差	7.998397	標準差	8.739929		自由度	11	12
8		變異數	63.9744	變異數	76.3864		F	1.194015	
9		峰度	-0.1751	峰度	-0.65746		P(F<=f) 單尾	0.381035	
10		偏態	-0.19716	偏態	0.358285		臨界值：單尾	2.717331	
11		範圍	28	範圍	28				
12		最小值	30	最小值	29				
13		最大值	58	最大值	57				
14		總和	587	總和	507				
15		個數	13	個數	12				
16		信賴度(95.0%)	4.83338	信賴度(95.0%)	5.55309				
17									

由【F 檢定：兩個常態母體變異數的檢定】分析結果可得知 F 值為 1.194 小於臨界值（單尾）2.717，並且 P value=0.3810 > $\alpha=0.05$。表示在$\alpha=0.05$情況下，兩族群變異數相等。因此，後續族群平均數的檢定需選擇族群標準差（or 變異數）未知且相等下之 t 檢定【t 檢定：兩個母體平均數差的檢定，假設變異數相等】。

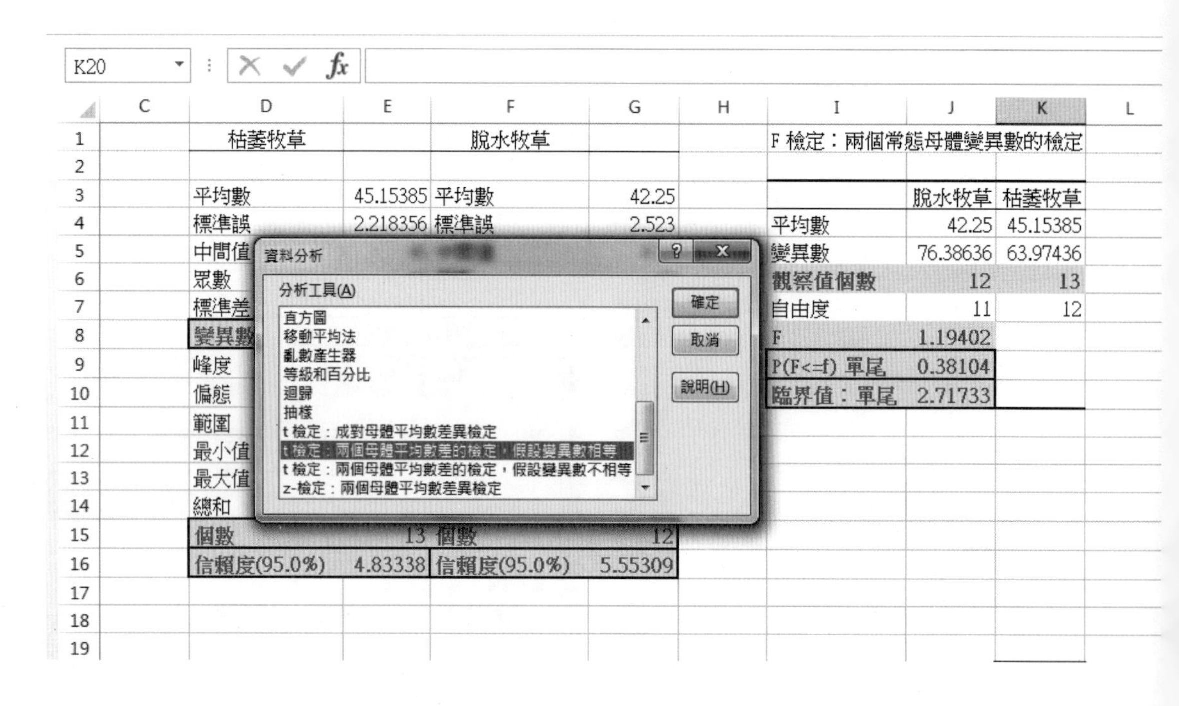
K20
枯萎牧草
脫水牧草
平均數 45.15385 平均數 42.25
標準誤 2.218356 標準誤 2.523
中間值
眾數
標準差
變異數
峰度
偏態
範圍
最小值
最大值
總和
個數 13 個數 12
信賴度(95.0%) 4.83338 信賴度(95.0%) 5.55309
資料分析
分析工具(A)
直方圖
移動平均法
亂數產生器
等級和百分比
迴歸
抽樣
t 檢定：成對母體平均數差異檢定
t 檢定：兩個母體平均數差的檢定，假設變異數相等
t 檢定：兩個母體平均數差的檢定，假設變異數不相等
z-檢定：兩個母體平均數差異檢定
確定
取消
說明(H)
F 檢定：兩個常態母體變異數的檢定
脫水牧草 枯萎牧草
平均數 42.25 45.15385
變異數 76.38636 63.97436
觀察值個數 12 13
自由度 11 12
F 1.19402
P(F<=f) 單尾 0.38104
臨界值：單尾 2.71733

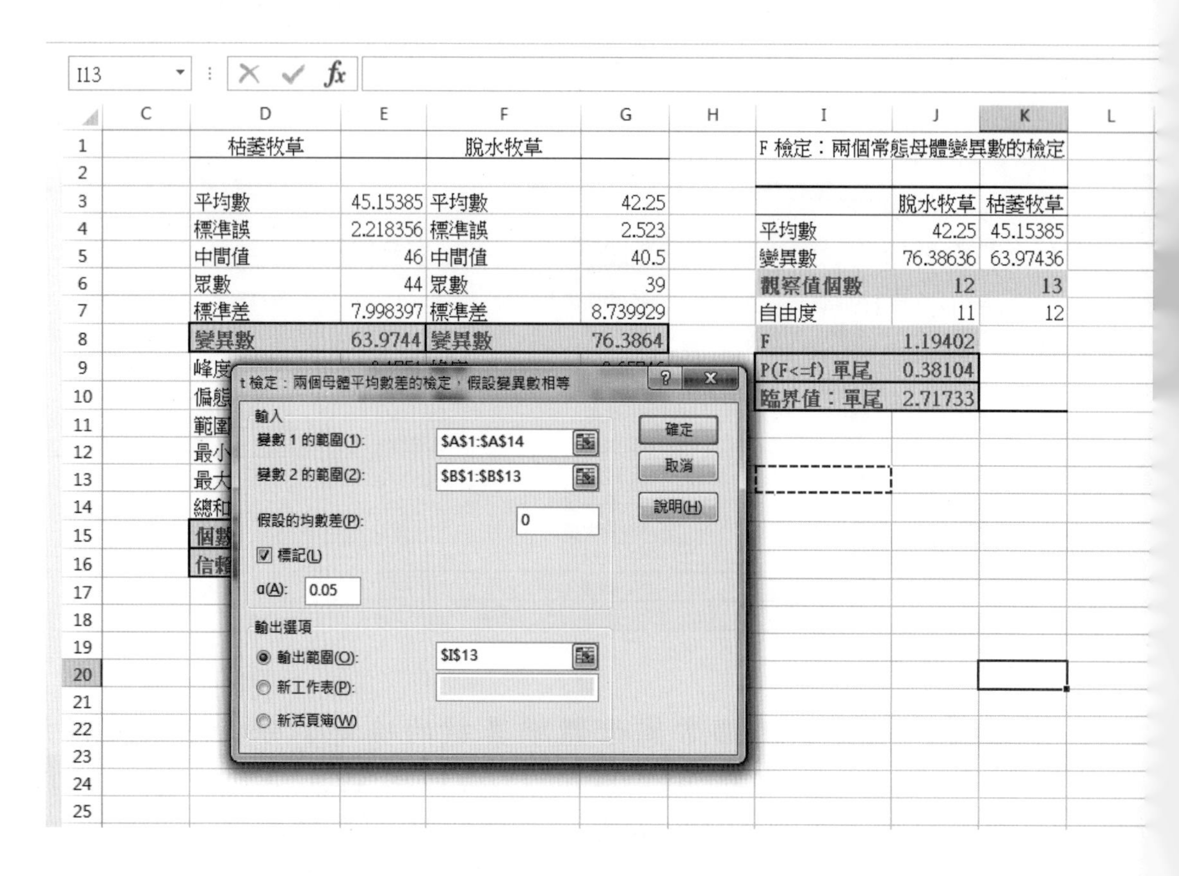
I13
枯萎牧草
脫水牧草
平均數 45.15385 平均數 42.25
標準誤 2.218356 標準誤 2.523
中間值 46 中間值 40.5
眾數 44 眾數 39
標準差 7.998397 標準差 8.739929
變異數 63.9744 變異數 76.3864
t 檢定：兩個母體平均數差的檢定，假設變異數相等
輸入
變數 1 的範圍(1): $A$1:$A$14
變數 2 的範圍(2): $B$1:$B$13
假設的均數差(P): 0
標記(L)
α(A): 0.05
輸出選項
輸出範圍(O): $I$13
新工作表(P):
新活頁簿(W)
確定
取消
說明(H)
F 檢定：兩個常態母體變異數的檢定
脫水牧草 枯萎牧草
平均數 42.25 45.15385
變異數 76.38636 63.97436
觀察值個數 12 13
自由度 11 12
F 1.19402
P(F<=f) 單尾 0.38104
臨界值：單尾 2.71733

G26

	C	D	E	F	G	H	I	J	K	L	M
1		枯萎牧草		脫水牧草			F 檢定：兩個常態母體變異數的檢定				
2											
3		平均數	45.15385	平均數	42.25			脫水牧草	枯萎牧草		
4		標準誤	2.218356	標準誤	2.523		平均數	42.25	45.15385		
5		中間值	46	中間值	40.5		變異數	76.38636	63.97436		
6		眾數	44	眾數	39		觀察值個數	12	13		
7		標準差	7.998397	標準差	8.739929		自由度	11	12		
8		變異數	63.9744	變異數	76.3864		F	1.19402			
9		峰度	-0.1751	峰度	-0.65746		P(F<=f) 單尾	0.38104			
10		偏態	-0.19716	偏態	0.358285		臨界值：單尾	2.71733			
11		範圍	28	範圍	28						
12		最小值	30	最小值	29						
13		最大值	58	最大值	57		t 檢定：兩個母體平均數差的檢定，假設變異數相等				
14		總和	587	總和	507						
15		個數	13	個數	12			枯萎牧草	脫水牧草		
16		信賴度(95.0%)	4.83338	信賴度(95.0%)	5.55309		平均數	45.15385	42.25		
17							變異數	63.97436	76.38636		
18							觀察值個數	13	12		
19							Pooled 變異數	69.91054			
20							假設的均數差	0			
21							自由度	23			
22							t 統計	0.86755			
23							P(T<=t) 單尾	0.197301			
24							臨界值：單尾	1.713872			
25							P(T<=t) 雙尾	0.3946			
26							臨界值：雙尾	2.06866			
27											

由【t 檢定：兩個母體平均數差異的檢定，假設變異數相等】分析結果可得知 t 統計 0.868 小於臨界值（雙尾）2.069，並且 P value=0.3946 > $\alpha = 0.05$。表示在 $\alpha = 0.05$ 情況下，兩飼料對乳牛平均產量的效果沒有顯著差異。

R (RStudio) 範例

一、配對 t 檢定─兩配對族群平均數差異之檢定

例：12 位年輕人參加一項體能訓練，計算以顯著水準 α=0.05 進行假設檢定，檢定訓練前後的體重是否有顯著改變。

	1	2	3	4	5	6	7	8	9	10	11	12
訓練前	70	62	69	75	80	62	64	79	72	60	68	75
訓練後	64	56	72	75	72	60	68	72	65	64	71	70

首先定義並輸入資料：

```
# 原始數據
vec1 <- c(70,62,69,75,80,62,64,79,72,60,68,75)
vec2 <- c(64,56,72,75,72,60,68,72,65,64,71,70)
# 創建數據框架
df <- data.frame(
   value = c(vec1, vec2),
   group = c(rep("before",12), rep("after",12))
)
```

確認資料框架內容和結構

df

```
> df
   value  group
1     70 before
2     62 before
3     69 before
4     75 before
5     80 before
6     62 before
7     64 before
8     79 before
9     72 before
10    60 before
11    68 before
12    75 before
13    64  after
14    56  after
15    72  after
16    75  after
17    72  after
18    60  after
19    68  after
20    72  after
21    65  after
22    64  after
23    71  after
24    70  after
```

進行成對族群平均數差異檢定 t 檢定

t.test(value~group, paired=T, data=df)

#運行成對 t 檢定,說明：

value~group: 設定自變量和依變量

paired=T: 指定為成對樣本

data=df: 使用的數據框架

反白本行指令，按下 Run 按鈕

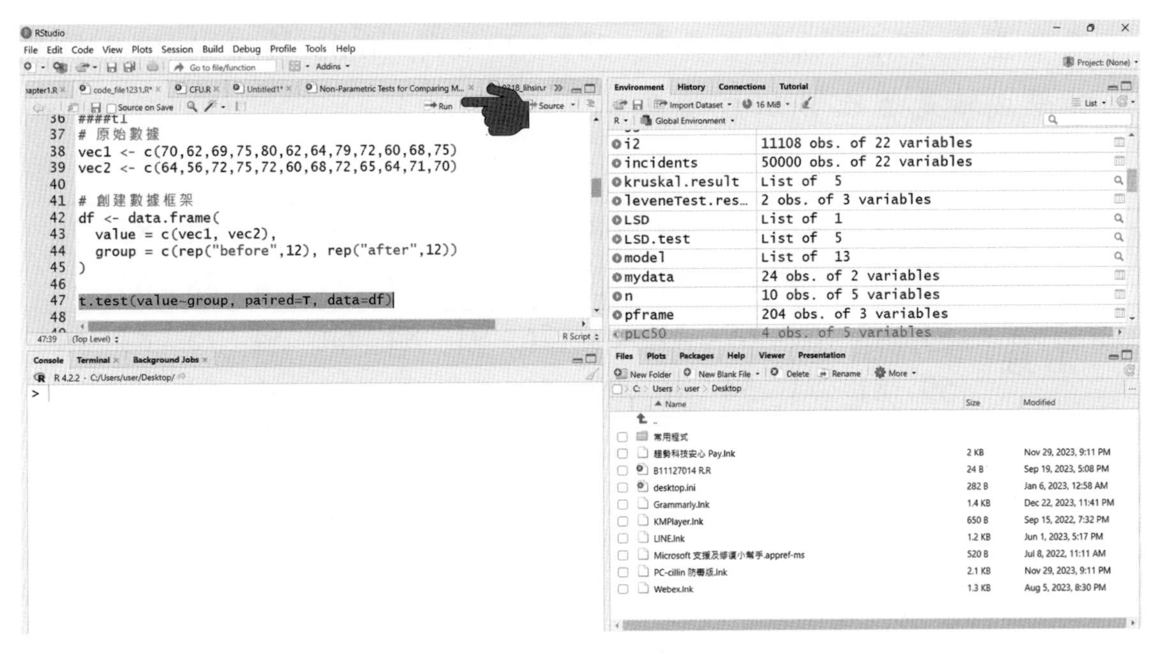


```
> t.test(value~group, paired=T, data=df)

        Paired t-test

data:  value by group
t = -1.6276, df = 11, p-value = 0.1319
alternative hypothesis: true mean difference is not equal to 0
95 percent confidence interval:
 -5.2926061  0.7926061
sample estimates:
mean difference 
          -2.25 
```

分析結果可得知 t 統計-1.628，並且 P value=0.1319 > $\alpha = 0.05$。表示在 $\alpha = 0.05$ 情況下，訓練前後的平均體重沒有顯著改變。

二、z 檢定—族群標準差（or 變異數）已知

例:欲了解 A、B 兩班生物統計學的成績是否有差異，自 A、B 兩班隨機抽取 28 名及 26 名學生，已知 A 班生物統計學成績族群標準差為 12.6（族群變異數=160.3），B 班生物統計學成績族群標準差為 17.2（族群變異數=297.5），以 α=0.05 檢定 A 班生物統計學成績是否比 B 班成績高。

A 班	84	83	91	73	64	68	55	54	41	90	76	84	83	76
	77	96	74	85	81	53	74	79	87	93	74	88	63	72
B 班	54	43	69	67	41	83	76	91	84	64	34	75	84	61
	59	81	73	54	46	97	49	76	80	36	61	60		

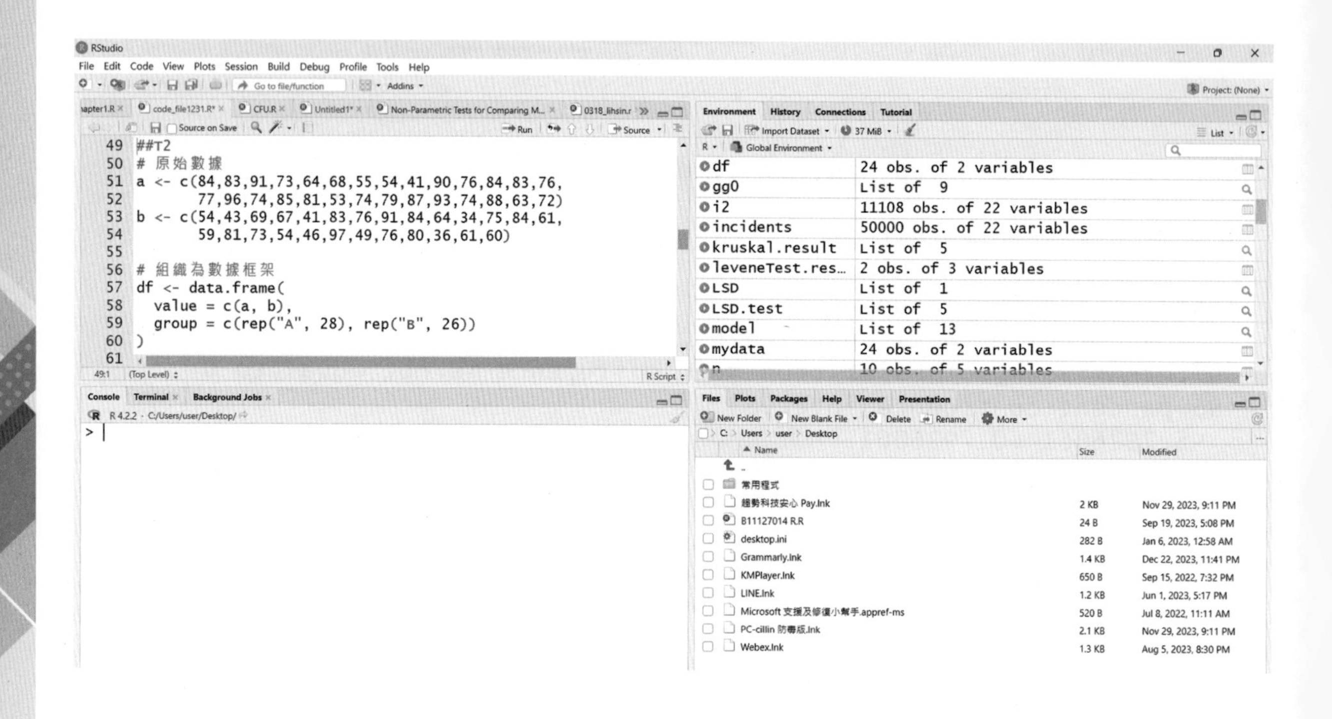

首先定義並輸入資料：

```
# 原始數據
a <- c(84,83,91,73,64,68,55,54,41,90,76,84,83,76,
       77,96,74,85,81,53,74,79,87,93,74,88,63,72)
b <- c(54,43,69,67,41,83,76,91,84,64,34,75,84,61,
       59,81,73,54,46,97,49,76,80,36,61,60)

# 組織為數據框架
df <- data.frame(
  value = c(a, b),
  group = c(rep("A", 28), rep("B", 26))
)
```

確認資料框架內容和結構

```
df
```

```
> df
   value group      value group      value group
1     84     A  25     74     A  49     49     B
2     83     A  26     88     A  50     76     B
3     91     A  27     63     A  51     80     B
4     73     A  28     72     A  52     36     B
5     64     A  29     54     B  53     61     B
6     68     A  30     43     B  54     60     B
7     55     A  31     69     B
8     54     A  32     67     B
9     41     A  33     41     B
10    90     A  34     83     B
11    76     A  35     76     B
12    84     A  36     91     B
13    83     A  37     84     B
14    76     A  38     64     B
15    77     A  39     34     B
16    96     A  40     75     B
17    74     A  41     84     B
18    85     A  42     61     B
19    81     A  43     59     B
20    53     A  44     81     B
21    74     A  45     73     B
22    79     A  46     54     B
23    87     A  47     46     B
24    93     A  48     97     B
```

#下載並使用 BSDA 封包

install.packages("BSDA") #僅需安裝一次，之後則不用

library("BSDA") #當你要使用這個封包時就要輸入這行

反白上述兩列，同樣按下執行 Run 按鈕

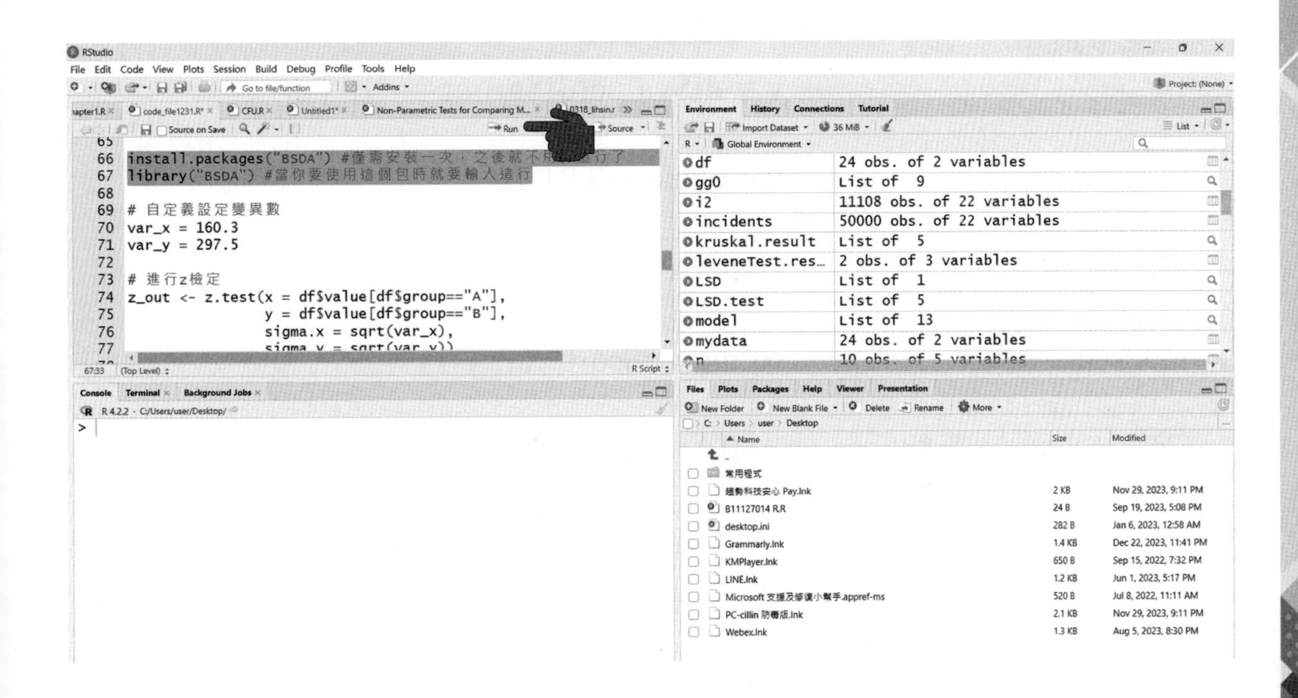

```
# 自定義設定變異數
var_x = 160.3
var_y = 297.5


# 進行 z 檢定
z_out <- z.test(x = df$value[df$group=="A"],
                y = df$value[df$group=="B"],
                var.equal = TRUE,
                sigma.x = sqrt(var_x),
                sigma.y = sqrt(var_y))
```

#定義變異數 var_x (160.3)和 var_y(297.5)

#進行 z 檢定，輸入變異數參數，並使用 sqrt 將變異數開根號求得 A 班與 B 班的標準差。同樣反白上述指令，按下執行 Run 按鈕

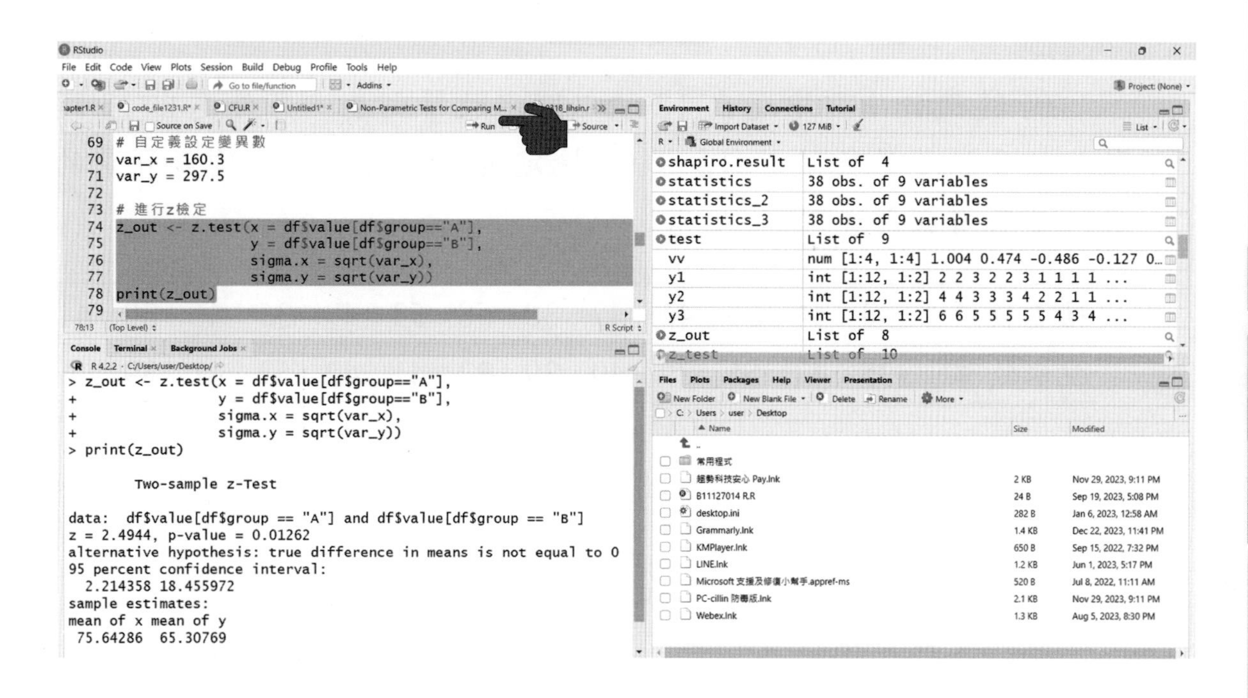

查看檢定結果

```
        Two-sample z-Test

data:  df$value[df$group == "A"] and df$value[df$group == "B"]
z = 2.4944, p-value = 0.01262
alternative hypothesis: true difference in means is not equal to 0
95 percent confidence interval:
  2.214358 18.455972
sample estimates:
mean of x mean of y
 75.64286  65.30769
```

print(z_out)

分析結果可得知 z 值 2.49，並且 P value =0.01262＜ $\alpha = 0.05$。表示在 $\alpha = 0.05$ 情況下，A 班的生物統計學平均成績(75.64286)確實比 B 班(65.30769)高。

三、兩族群 t 檢定─族群標準差（or 變異數）未知但相等

例:隨機於牛群中選出 12 頭以脫水牧草飼養，另外選出 13 頭乳牛餵食枯萎的牧草。以 α=0.05 檢定兩飼料對乳牛平均產乳量的效果是否有顯著差異。

枯萎牧草	44	44	56	46	47	38	58	53	49	35	46	30	41
脫水牧草	35	47	55	29	40	39	32	41	42	57	51	39	

首先定義並輸入資料：

```
# A 組數據

A <- c(44,44,56,46,47,38,58,53,49,35,46,30,41)

# B 組數據

B <- c(35,47,55,29,40,39,32,41,42,57,51,39)


# 構建數據框架

df <- data.frame(

  value = c(A, B),

  group = c(rep("A", 13), rep("B", 12))

)
```

#分別建立 A 和 B 向量

#合併向量為 value 變數

#添加對應的 group 變數

#構建 df 數據框架

進行 t 檢定:兩個母體平均數差的檢定，假設變異數相等

test <- t.test(value~group, data=df,

var.equal = TRUE)

同樣反白上述指令，按下執行 Run 按鈕

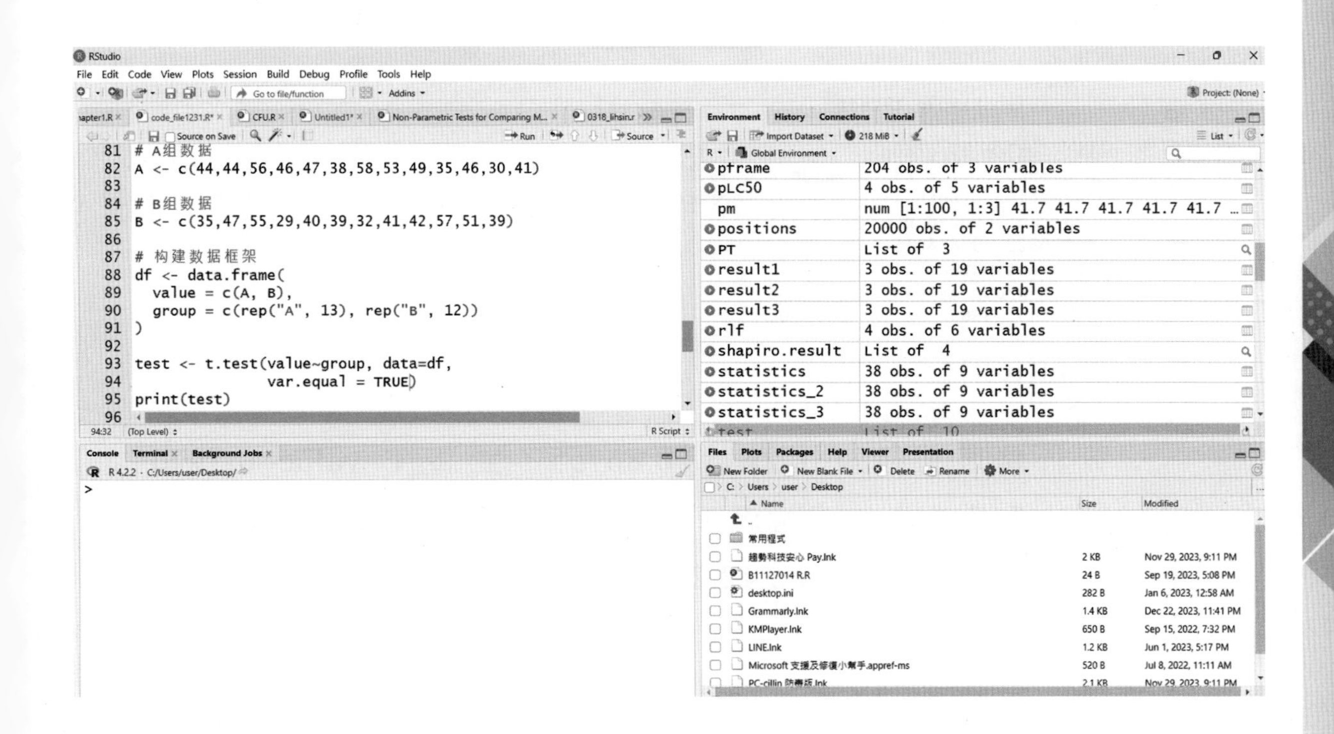

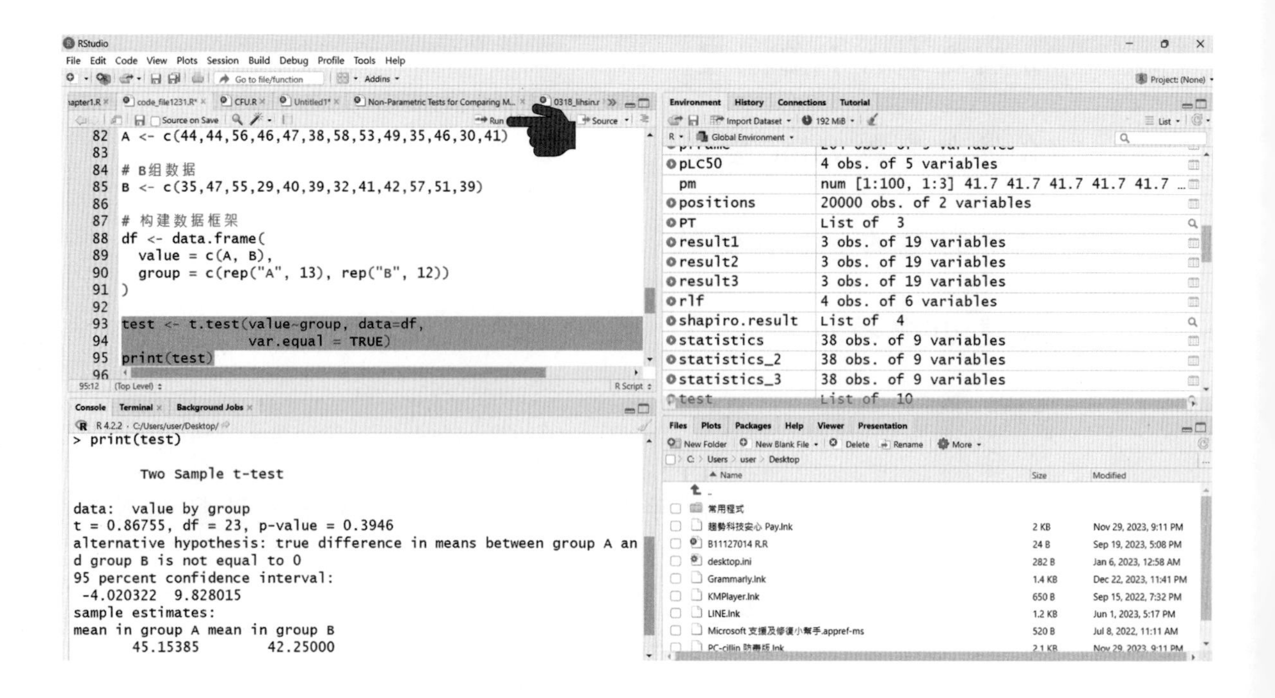

結果解釋

```
        Two Sample t-test

data:  value by group
t = 0.86755, df = 23, p-value = 0.3946
alternative hypothesis: true difference in means between group A and group B is not equal to 0
95 percent confidence interval:
 -4.020322  9.828015
sample estimates:
mean in group A mean in group B
       45.15385        42.25000
```

print(test)

分析結果可得知 t 統計 0.86755，並且 P value=0.3946 > $\alpha=0.05$。表示在$\alpha=0.05$情況下，兩飼料對乳牛平均產量的效果沒有顯著差異 (45.15385 vs. 42.25000)。

四、兩族群 t'檢定—族群標準差（or 變異數）未知且不等

例:比較痛風病人和一般正常人的血液中尿酸含量，以 α=0.05 檢定其兩者血液中平均尿酸含量是否比正常人高。

痛風病人	8.2	10.7	7.5	14.6	6.3	9.2	11.9	5.6	12.8	4.9
正常人	4.7	6.3	5.2	6.8	5.6	4.2	6.0	7.4		

首先定義並輸入資料：

```
#A 組數據 痛風病人

A <- c(8.2,10.7,7.5,14.6,6.3,9.2,11.9,5.6,12.8,4.9)

#B 組數據 正常人

B <- c(4.7,6.3,5.2,6.8,5.6,4.2,6.0,7.4)


# 構建數據框架

df <- data.frame(

  value = c(A, B),

  group = c(rep("A", 10), rep("B", 8))

)

#分別建立 A 和 B 向量

#合併向量為 value 變數
```

#添加對應的 group 變數

#構建 df 數據框架

進行 t 檢定:兩個母體平均數差的檢定，假設變異數不相等

test <- t.test(value~group, data=df,

alternative = "greater",

var.equal = FALSE)

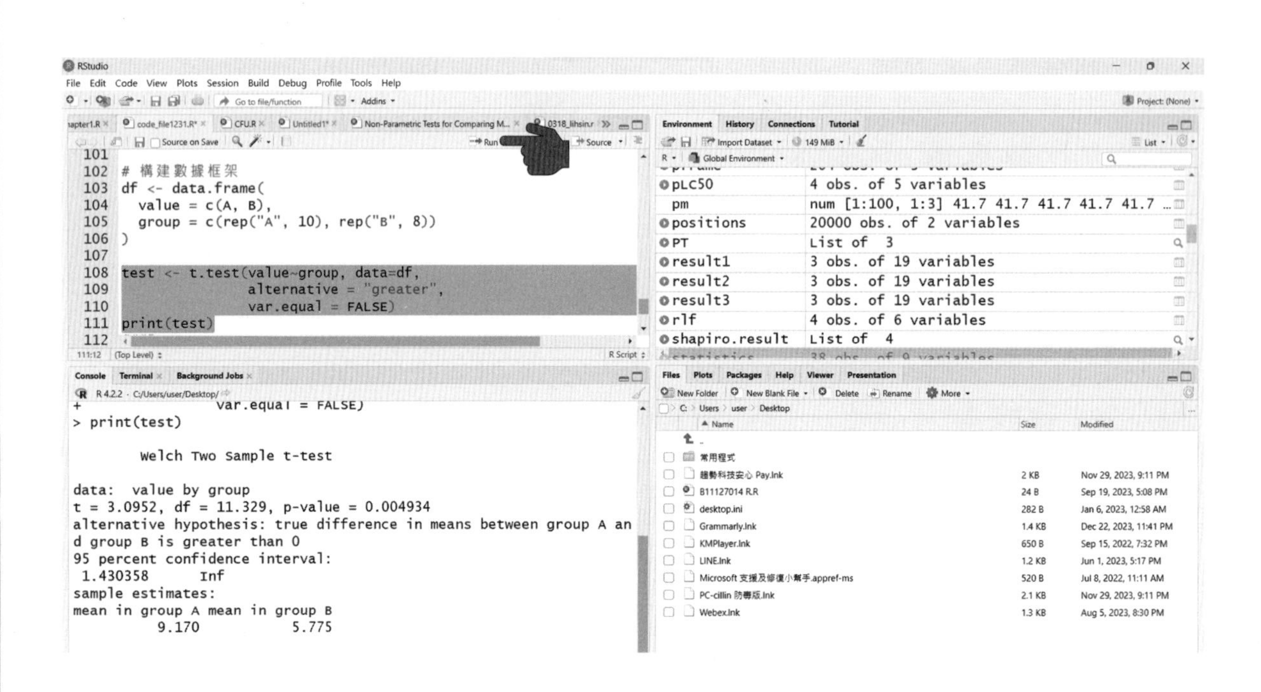

同樣反白上述指令，按下執行 Run 按鈕

結果解釋

print(test)

```
        Welch Two Sample t-test

data:  value by group
t = 3.0952, df = 11.329, p-value = 0.004934
alternative hypothesis: true difference in means between group A and group B is greater than 0
95 percent confidence interval:
 1.430358      Inf
sample estimates:
mean in group A mean in group B 
          9.170           5.775 
```

分析結果可得知 t 統計 3.0952，並且 P value=0.004934 < $\alpha = 0.05$。表示在 $\alpha = 0.05$ 情況下，痛風病人的血液中平均尿酸含量(9.170)比正常人(5.775)更高。

註:由於自由度 df =11.329 與 157 頁中使用 EXCEL 計算的 11 有些許不同，因此所對應的 P value 亦有些微差距 (0.004934 vs. 0.0051)，但不影響分析結果。

五、F 檢定—檢定兩個獨立族群變異數是否相等

例:比較痛風病人和一般正常人的血液中尿酸含量，以 α=0.05 檢定其兩者變異數是否相等。

痛風病人	8.2	10.7	7.5	14.6	6.3	9.2	11.9	5.6	12.8	4.9
正常人	4.7	6.3	5.2	6.8	5.6	4.2	6.0	7.4		

首先定義並輸入資料：

```
# A 組數據 痛風病人

A <- c(8.2,10.7,7.5,14.6,6.3,9.2,11.9,5.6,12.8,4.9)

# B 組數據 正常人

B <- c(4.7,6.3,5.2,6.8,5.6,4.2,6.0,7.4)


# 構建數據框架

df <- data.frame(

   value = c(A, B),

   group = c(rep("A", 10), rep("B", 8)))


# 進行 F 檢定:兩個常態母體變異數的檢定

test <- var.test(value~group, data=df, alternative = "greater")
```

同樣反白上述指令，按下執行 Run 按鈕

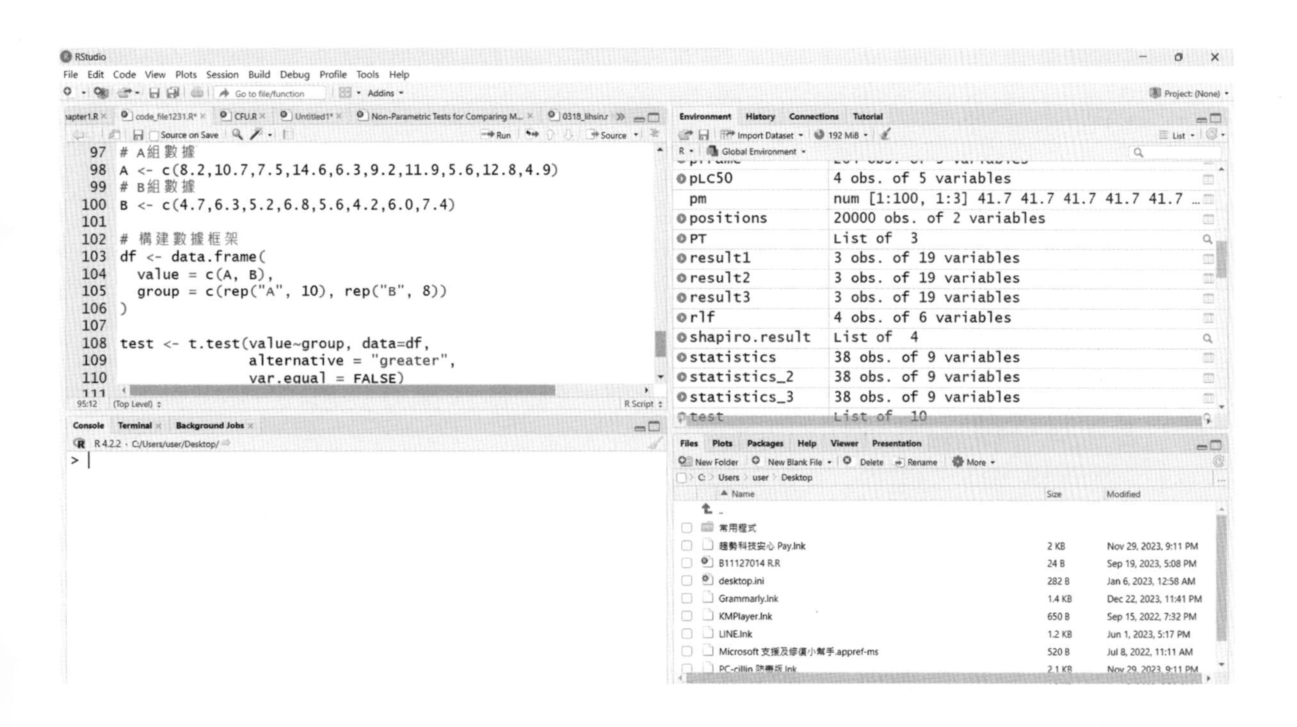
97 # A組數據
98 A <- c(8.2,10.7,7.5,14.6,6.3,9.2,11.9,5.6,12.8,4.9)
99 # B組數據
100 B <- c(4.7,6.3,5.2,6.8,5.6,4.2,6.0,7.4)
101
102 # 構建數據框架
103 df <- data.frame(
104 value = c(A, B),
105 group = c(rep("A", 10), rep("B", 8))
106)
107
108 test <- t.test(value~group, data=df,
109 alternative = "greater",
110 var.equal = FALSE)
pLC50 4 obs. of 5 variables
pm num [1:100, 1:3] 41.7 41.7 41.7 41.7 41.7 ...
positions 20000 obs. of 2 variables
PT List of 3
result1 3 obs. of 19 variables
result2 3 obs. of 19 variables
result3 3 obs. of 19 variables
rlf 4 obs. of 6 variables
shapiro.result List of 4
statistics 38 obs. of 9 variables
statistics_2 38 obs. of 9 variables
statistics_3 38 obs. of 9 variables
test List of 10
> |

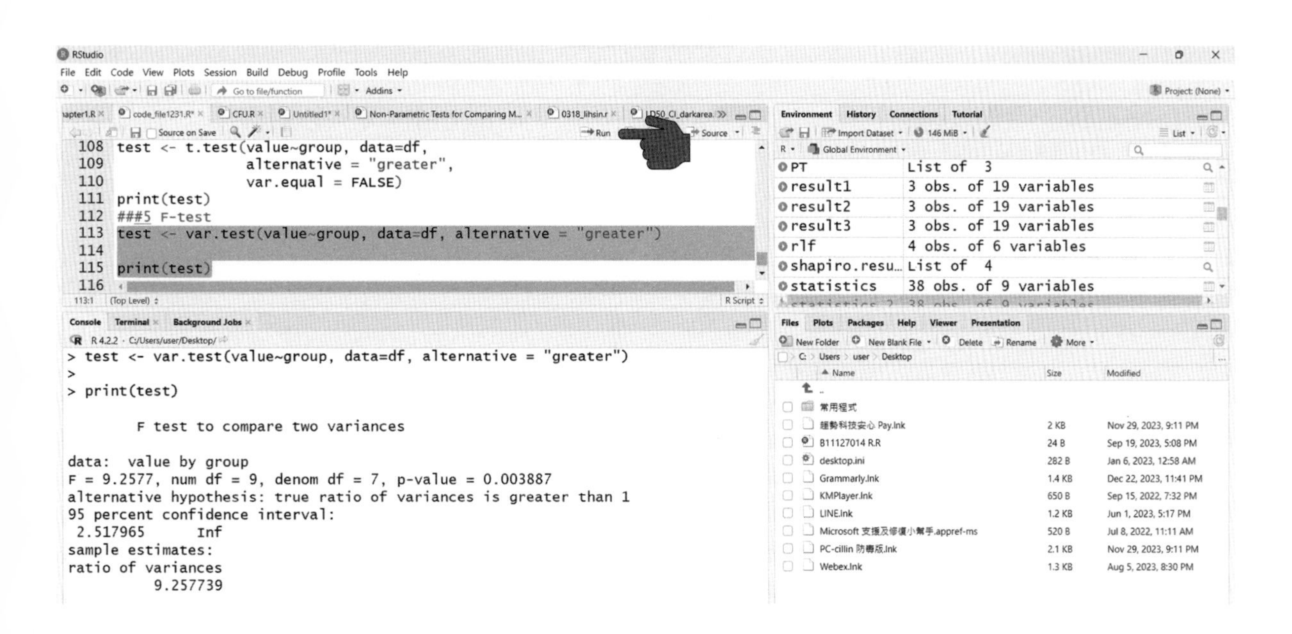
108 test <- t.test(value~group, data=df,
109 alternative = "greater",
110 var.equal = FALSE)
111 print(test)
112 ###5 F-test
113 test <- var.test(value~group, data=df, alternative = "greater")
114
115 print(test)
116
PT List of 3
result1 3 obs. of 19 variables
result2 3 obs. of 19 variables
result3 3 obs. of 19 variables
rlf 4 obs. of 6 variables
shapiro.resu... List of 4
statistics 38 obs. of 9 variables
> test <- var.test(value~group, data=df, alternative = "greater")
>
> print(test)
F test to compare two variances
data: value by group
F = 9.2577, num df = 9, denom df = 7, p-value = 0.003887
alternative hypothesis: true ratio of variances is greater than 1
95 percent confidence interval:
2.517965 Inf
sample estimates:
ratio of variances
9.257739

結果解釋

print(test)

```
        F test to compare two variances

data:  value by group
F = 9.2577, num df = 9, denom df = 7, p-value = 0.003887
alternative hypothesis: true ratio of variances is greater than 1
95 percent confidence interval:
 2.517965      Inf
sample estimates:
ratio of variances
          9.257739
```

分析結果可得知F值為9.2577，並且P value=0.003887 $< \alpha = 0.05$。表示在$\alpha = 0.05$情況下，兩族群變異數不相等。因此，後續族群平均數的檢定需選擇族群標準差（or 變異數）未知且不相等下之 t' 檢定 (test <- t.test(value~group, data=df, alternative = "greater", var.equal = FALSE))。可由底線之指令調整，變異數相等(TRUE)與否(FALSE)。

CHAPTER 11 卡方分布

徐敏恭　國立屏東科技大學研究總中心
林汶鑫　國立屏東科技大學農園生產系

Microsoft Excel 範例

一、適合度檢定

(一) 機率值

例：此為擲一骰子 300 次出現各點數的次數分布，試問此組資料是否足以顯示此骰子為一公平骰子？(α=0.01)

點數	1	2	3	4	5	6
次數	33	61	49	65	55	37

1. 計算其期望次數，即 300/6=50 次。(如為一公平骰子，各點數應會平均出現。)
2. 計算機率值，**指令：CHISQ .TEST(actual_range, expected_range)**。actual_range 為觀測次數之範圍，expected_range 為期望次數之範圍。

VAR.P　=$B$8*(1/6)

	A	B	C	D	E
1	點數	次數	期望次數		
2	1	33	=$B$8*(1/6)		
3	2	61			
4	3	49			
5	4	65			
6	5	55			
7	6	37			
8	總次數	300			
9					

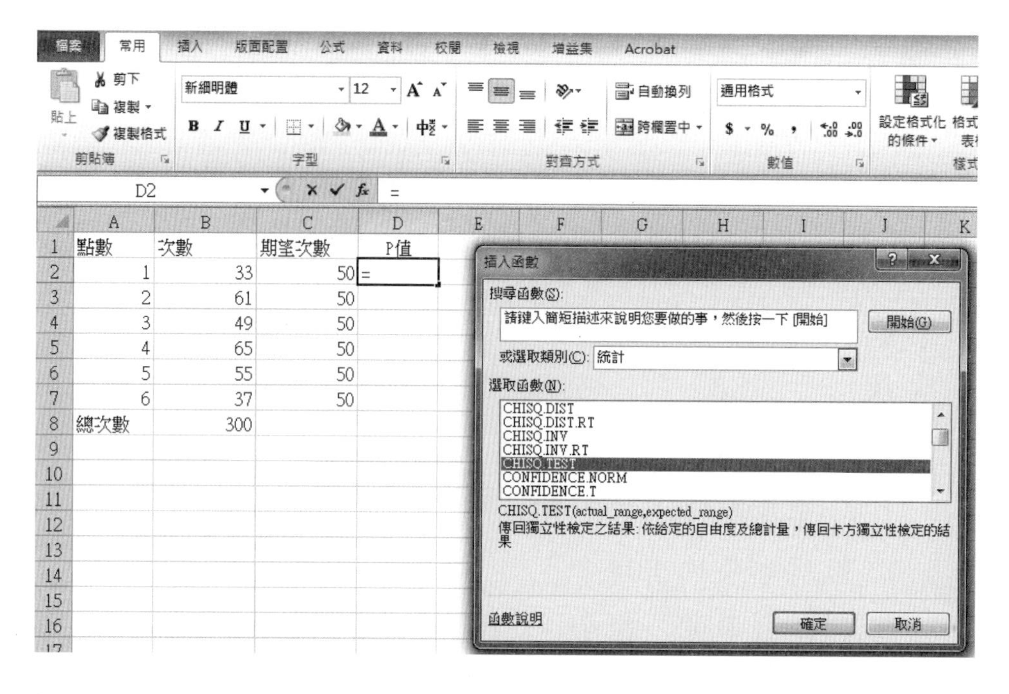

D2
=
點數
次數
期望次數
P值
1 33 50
2 61 50
3 49 50
4 65 50
5 55 50
6 37 50
總次數 300
插入函數
搜尋函數(S):
請鍵入簡短描述來說明您要做的事，然後按一下 [開始]
開始(G)
或選取類別(C): 統計
選取函數(N):
CHISQ.DIST
CHISQ.DIST.RT
CHISQ.INV
CHISQ.INV.RT
CHISQ.TEST
CONFIDENCE.NORM
CONFIDENCE.T
CHISQ.TEST(actual_range,expected_range)
傳回獨立性檢定之結果：依給定的自由度及總計量，傳回卡方獨立性檢定的結果
函數說明
確定
取消

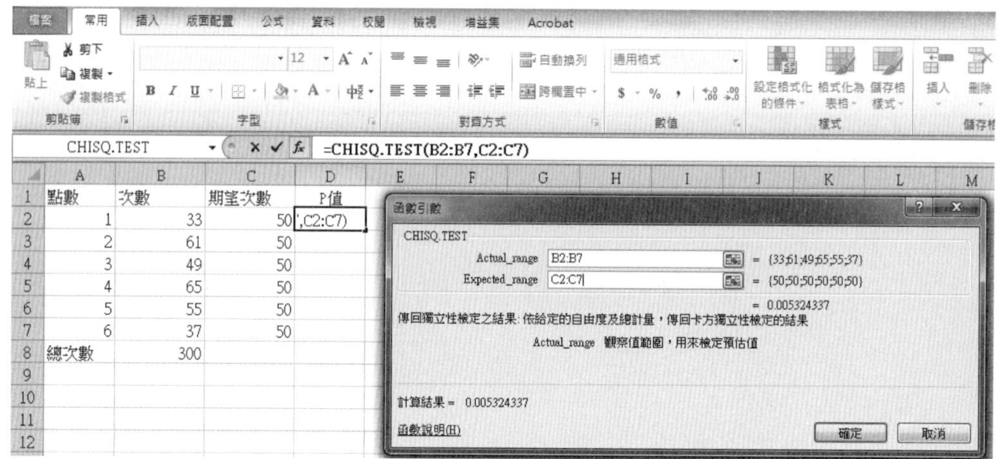

CHISQ.TEST
=CHISQ.TEST(B2:B7,C2:C7)
點數
次數
期望次數
P值
1 33 50
2 61 50
3 49 50
4 65 50
5 55 50
6 37 50
總次數 300
函數引數
CHISQ.TEST
Actual_range B2:B7 = {33;61;49;65;55;37}
Expected_range C2:C7 = {50;50;50;50;50;50}
= 0.005324337
傳回獨立性檢定之結果：依給定的自由度及總計量，傳回卡方獨立性檢定的結果
Actual_range 觀察值範圍，用來檢定預估值
計算結果 = 0.005324337
函數說明(H)
確定
取消

檔案 常用 插入 版面配置 公式 資料 校閱

剪下 複製 複製格式 貼上 剪貼簿 新細明體 12 字型

K17 f_x

	A	B	C	D
1	點數	次數	期望次數	P值
2	1	33	50	0.005324
3	2	61	50	
4	3	49	50	
5	4	65	50	
6	5	55	50	
7	6	37	50	
8	總次數	300		

於 CHISQ.TEST 函數中，所呈現結果為機率值，可將其機率值與 α=0.01 進行比較。此例題之機率值為 0.005324 小於 α=0.01，則其骰子不是一公平骰子。

(二)卡方值

例：有一碗豆實驗，得 315 個圓而黃的，108 個圓而綠的，101 個皺而黃的，32 個皺而綠的碗豆。依孟德爾(Mendel)遺傳理論比例應為 9:3:3:1。試以 α=0.05 的顯著水準，檢定此實驗結果是否符合遺傳理論?

1. 先計算出理論比例，利用理論比例計算碗豆的期望次數。
2. 利用卡方統計量公式 $\chi^2=\Sigma(O_i-E_i)^2/E_i$，計算其卡方值。
3. 利用 CHISQ .INV. RT 函數計算於 α=0.05，自由度為 3 的臨界值。**指令：CHISQ .INV. RT(probability, deg_freedom)**。

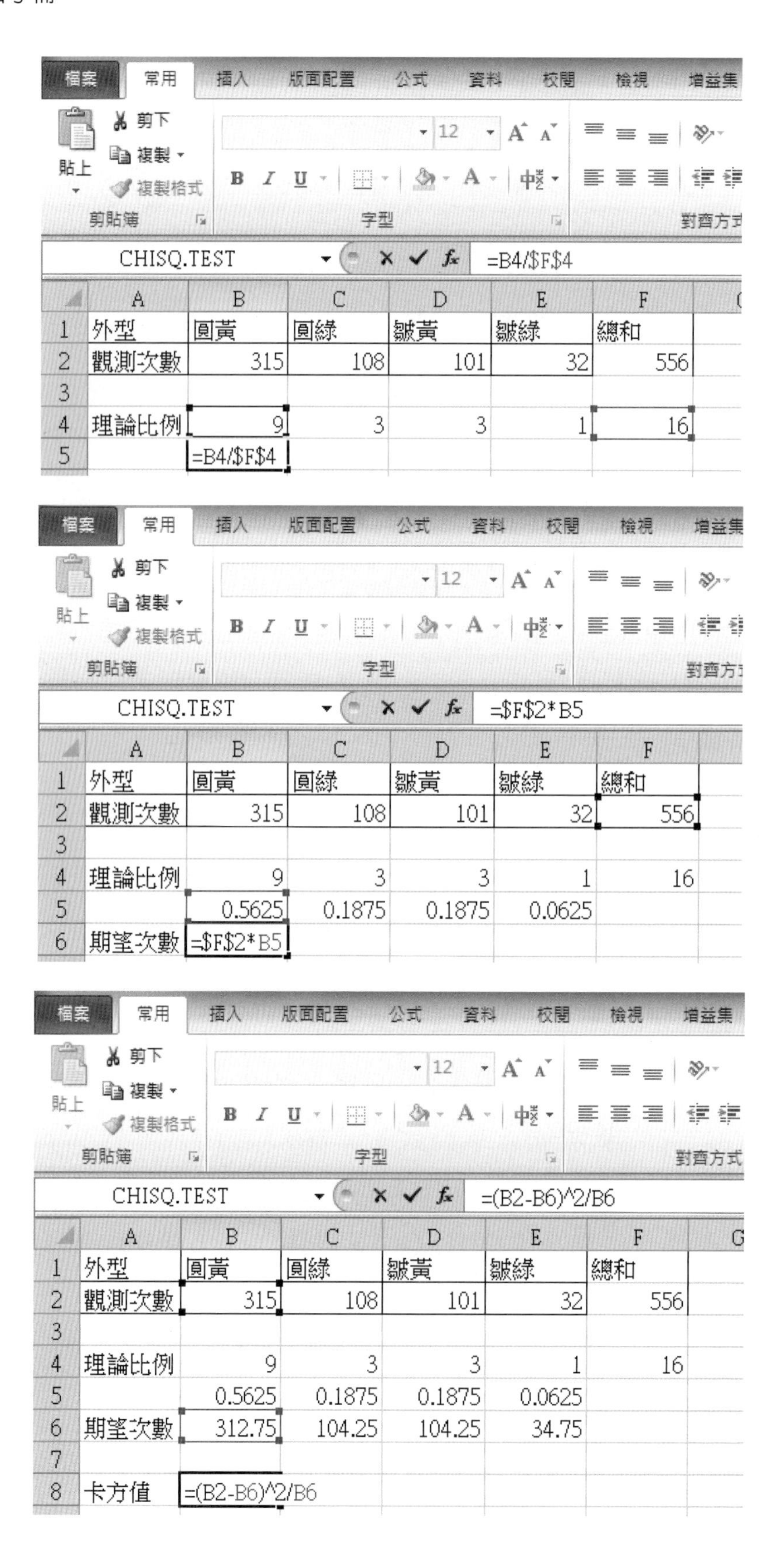

CHISQ.TEST
=B4/$F$4
外型 圓黃 圓綠 皺黃 皺綠 總和
觀測次數 315 108 101 32 556
理論比例 9 3 3 1 16
=B4/$F$4
CHISQ.TEST
=$F$2*B5
外型 圓黃 圓綠 皺黃 皺綠 總和
觀測次數 315 108 101 32 556
理論比例 9 3 3 1 16
0.5625 0.1875 0.1875 0.0625
期望次數 =$F$2*B5
CHISQ.TEST
=(B2-B6)^2/B6
外型 圓黃 圓綠 皺黃 皺綠 總和
觀測次數 315 108 101 32 556
理論比例 9 3 3 1 16
0.5625 0.1875 0.1875 0.0625
期望次數 312.75 104.25 104.25 34.75
卡方值 =(B2-B6)^2/B6

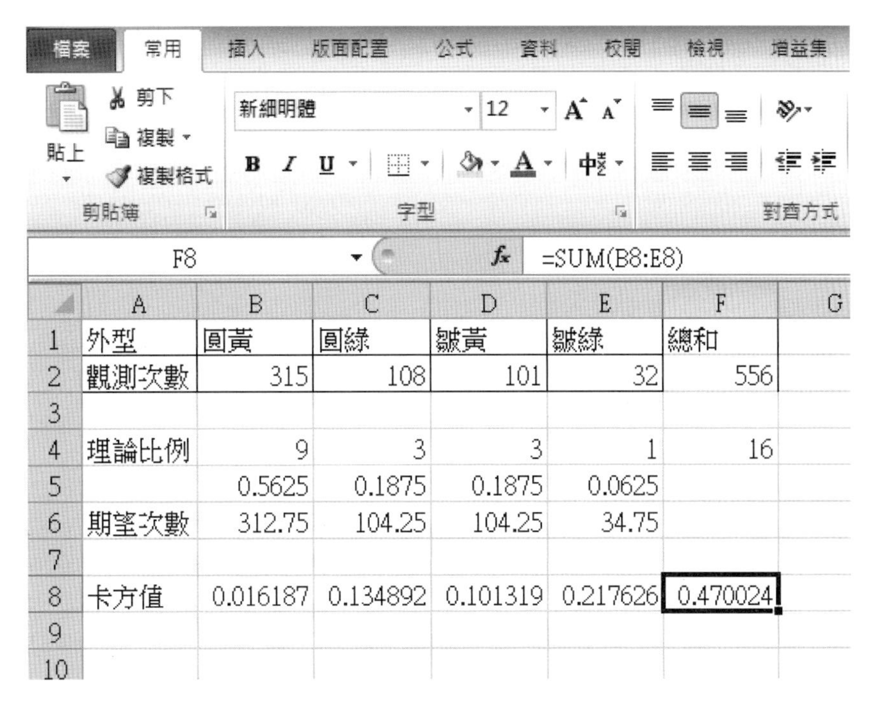
檔案
常用
插入
版面配置
公式
資料
校閱
檢視
增益集
剪下
複製
複製格式
貼上
剪貼簿
新細明體
12
字型
對齊方式
F8
=SUM(B8:E8)
外型 圓黃 圓綠 皺黃 皺綠 總和
觀測次數 315 108 101 32 556
理論比例 9 3 3 1 16
0.5625 0.1875 0.1875 0.0625
期望次數 312.75 104.25 104.25 34.75
卡方值 0.016187 0.134892 0.101319 0.217626 0.470024

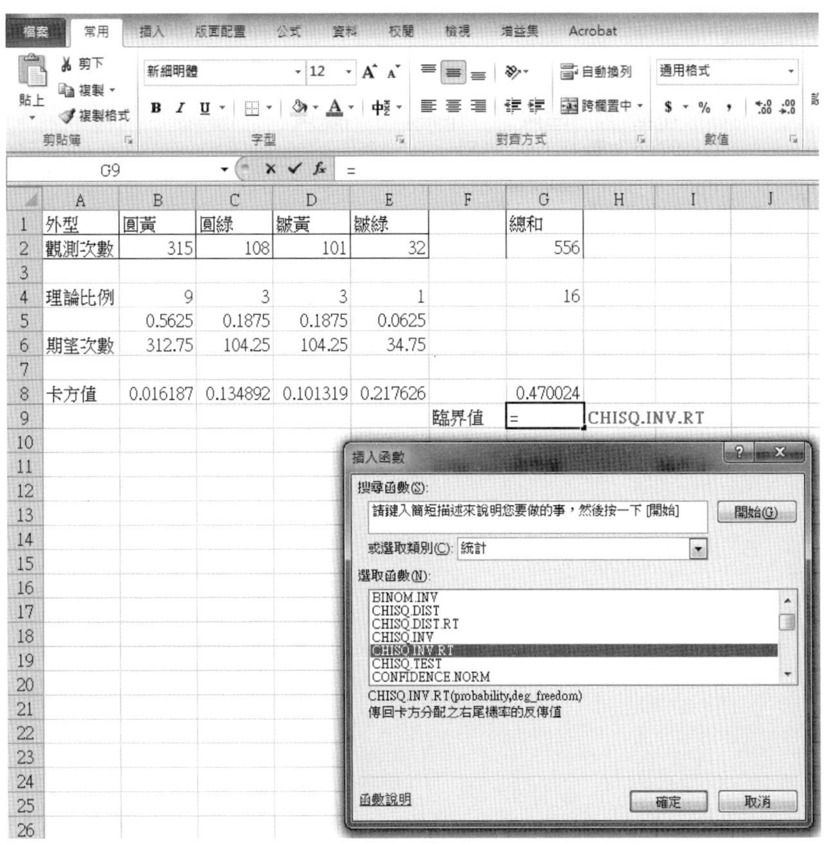
檔案
常用
插入
版面配置
公式
資料
校閱
檢視
增益集
Acrobat
剪下
複製
複製格式
貼上
剪貼簿
新細明體
12
字型
自動換列
跨欄置中
對齊方式
通用格式
數值
G9
=
外型 圓黃 圓綠 皺黃 皺綠 總和
觀測次數 315 108 101 32 556
理論比例 9 3 3 1 16
0.5625 0.1875 0.1875 0.0625
期望次數 312.75 104.25 104.25 34.75
卡方值 0.016187 0.134892 0.101319 0.217626 0.470024
臨界值 = CHISQ.INV.RT
插入函數
搜尋函數(S):
請鍵入簡短描述來說明您要做的事，然後按一下 [開始]
開始(G)
或選取類別(C): 統計
選取函數(N):
BINOM.INV
CHISQ.DIST
CHISQ.DIST.RT
CHISQ.INV
CHISQ.INV.RT
CHISQ.TEST
CONFIDENCE.NORM
CHISQ.INV.RT(probability,deg_freedom)
傳回卡方分配之右尾機率的反傳值
函數說明
確定
取消

	A	B	C	D	E	F	G	H
1	外型	圓黃	圓綠	皺黃	皺綠		總和	
2	觀測次數	315	108	101	32		556	
3								
4	理論比例	9	3	3	1		16	
5		0.5625	0.1875	0.1875	0.0625			
6	期望次數	312.75	104.25	104.25	34.75			
7								
8	卡方值	0.016187	0.134892	0.101319	0.217626		0.470024	
9						臨界值	(0.05,3)	CHISQ.INV.RT

	A	B	C	D	E	F	G	H	I
1	外型	圓黃	圓綠	皺黃	皺綠		總和		
2	觀測次數	315	108	101	32		556		
3									
4	理論比例	9	3	3	1		16		
5		0.5625	0.1875	0.1875	0.0625				
6	期望次數	312.75	104.25	104.25	34.75				
7									
8	卡方值	0.016187	0.134892	0.101319	0.217626		0.470024		
9						臨界值	7.814728	CHISQ.INV.RT	
10									
11						結論	卡方值		臨界值
12							0.470024	<	7.814728

由上述計算結果顯示，卡方值 0.47 小於臨界值 7.81。因此，在顯著水準 α=0.05 的情況下，此實驗結果符合遺傳理論。

二、同質性檢定

(一) 機率值

例：某項民意測驗調查甲、乙兩地區居民是否支持勞動基準法，自甲地區抽出 300 人，乙地區抽出 250 人，以α=0.05，檢定甲、乙兩地區居民對勞動基準法的意見是否一致?

地區/意見	支持	反對	無意見
甲地區	158	105	37
乙地區	119	94	37

1. 先計算甲、乙地區各意見之期望次數。
2. 最後計算機率值，**指令：CHISQ .TEST(actual_range, expected_range)**。actual_range 為觀測次數之範圍，expected_range 為期望次數之範圍。

CHISQ.DIST.RT　=B4*E2/E4

	A	B	C	D	E	F
1	觀察次數	支持	反對	無意見	合計	
2	甲地區	158	105	37	300	
3	乙地區	119	94	37	250	
4	合計	277	199	74	550	
5						
6	預期次數	支持	反對	無意見	合計	
7	甲地區	=B4*E2/E4				
8	乙地區					
9	合計					
10						
11						

CHISQ.DIST.RT　=B4*E3/E4

	A	B	C	D	E	F
1	觀察次數	支持	反對	無意見	合計	
2	甲地區	158	105	37	300	
3	乙地區	119	94	37	250	
4	合計	277	199	74	550	
5						
6	預期次數	支持	反對	無意見	合計	
7	甲地區	151.0909				
8	乙地區	=B4*E3/E4				
9	合計					
10						

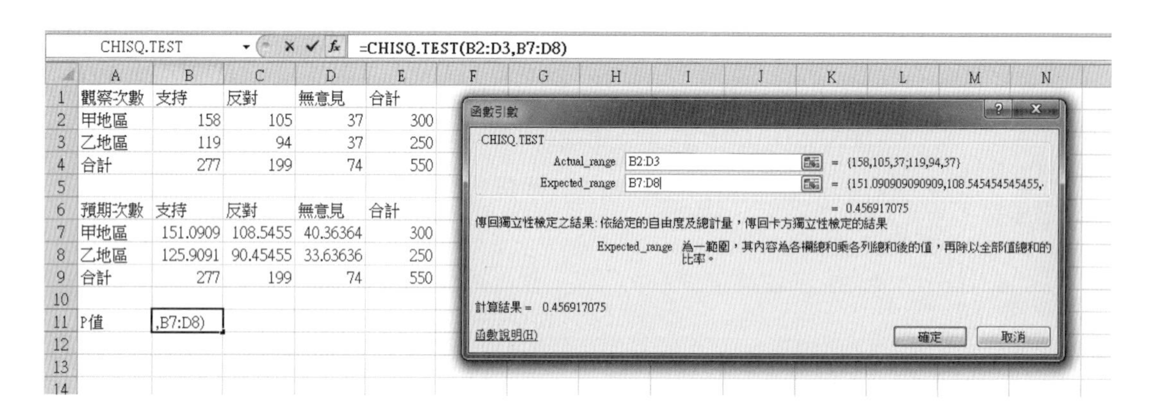
CHISQ.TEST　=CHISQ.TEST(B2:D3,B7:D8)

	A	B	C	D	E
1	觀察次數	支持	反對	無意見	合計
2	甲地區	158	105	37	300
3	乙地區	119	94	37	250
4	合計	277	199	74	550
5					
6	預期次數	支持	反對	無意見	合計
7	甲地區	151.0909	108.5455	40.36364	300
8	乙地區	125.9091	90.45455	33.63636	250
9	合計	277	199	74	550
10					
11	P值	,B7:D8)			

函數引數
CHISQ.TEST
Actual_range　B2:D3　= {158,105,37;119,94,37}
Expected_range　B7:D8　= {151.090909090909,108.545454545455,
= 0.456917075
傳回獨立性檢定之結果: 依給定的自由度及總計量，傳回卡方獨立性檢定的結果
Expected_range　為一範圍，其內容為各欄總和乘各列總和後的值，再除以全部值總和的比率。
計算結果 = 0.456917075
函數說明(H)
確定
取消

D11

	A	B	C	D	E	F
1	觀察次數	支持	反對	無意見	合計	
2	甲地區	158	105	37	300	
3	乙地區	119	94	37	250	
4	合計	277	199	74	550	
5						
6	預期次數	支持	反對	無意見	合計	
7	甲地區	151.0909	108.5455	40.36364	300	
8	乙地區	125.9091	90.45455	33.63636	250	
9	合計	277	199	74	550	
10						
11	P值	0.456917				
12						

上述結果呈現，此例題之機率值為 0.456917 大於 α=0.05，表示在顯著水準 α=0.05 情況下，甲、乙兩地區居民對勞動基準法的意見一致。

(二) 卡方值

例：某項民意測驗調查甲、乙兩地區居民是否支持勞動基準法，自甲地區抽出 300 人，乙地區抽出 250 人，以 α=0.05，檢定甲、乙兩地區居民對勞動基準法的意見是否一致?

地區/意見	支持	反對	無意見
甲地區	158	105	37
乙地區	119	94	37

1. 計算出甲、乙兩地區之意見期望次數。
2. 利用卡方統計量公式 $\chi^2 = \Sigma(O_i - E_i)^2 / E_i$，計算其卡方值。
3. 利用 CHISQ .INV. RT 函數計算於 α=0.05，自由度為 2 的臨界值。**指令：CHISQ .INV. RT(probability, deg_freedom)**。

CHISQ.INV.RT =(B2-B7)^2/B7

	A	B	C	D	E
1	觀察次數	支持	反對	無意見	合計
2	甲地區	158	105	37	300
3	乙地區	119	94	37	250
4	合計	277	199	74	550
5					
6	預期次數	支持	反對	無意見	合計
7	甲地區	151.0909	108.5455	40.36364	300
8	乙地區	125.9091	90.45455	33.63636	250
9	合計	277	199	74	550
10					
11	卡方值	支持	反對	無意見	
12	甲地區	=(B2-B7)^2/B7			
13	乙地區				
14					

CHISQ.INV.RT =SUM(B12:D13)

	A	B	C	D	E
1	觀察次數	支持	反對	無意見	合計
2	甲地區	158	105	37	300
3	乙地區	119	94	37	250
4	合計	277	199	74	550
5					
6	預期次數	支持	反對	無意見	合計
7	甲地區	151.0909	108.5455	40.36364	300
8	乙地區	125.9091	90.45455	33.63636	250
9	合計	277	199	74	550
10					
11	卡方值	支持	反對	無意見	
12	甲地區	0.315939	0.115806	0.280303	
13	乙地區	0.379127	0.138968	0.336364	
14					
15	卡方值總和	=SUM(B12:D13)			
16					

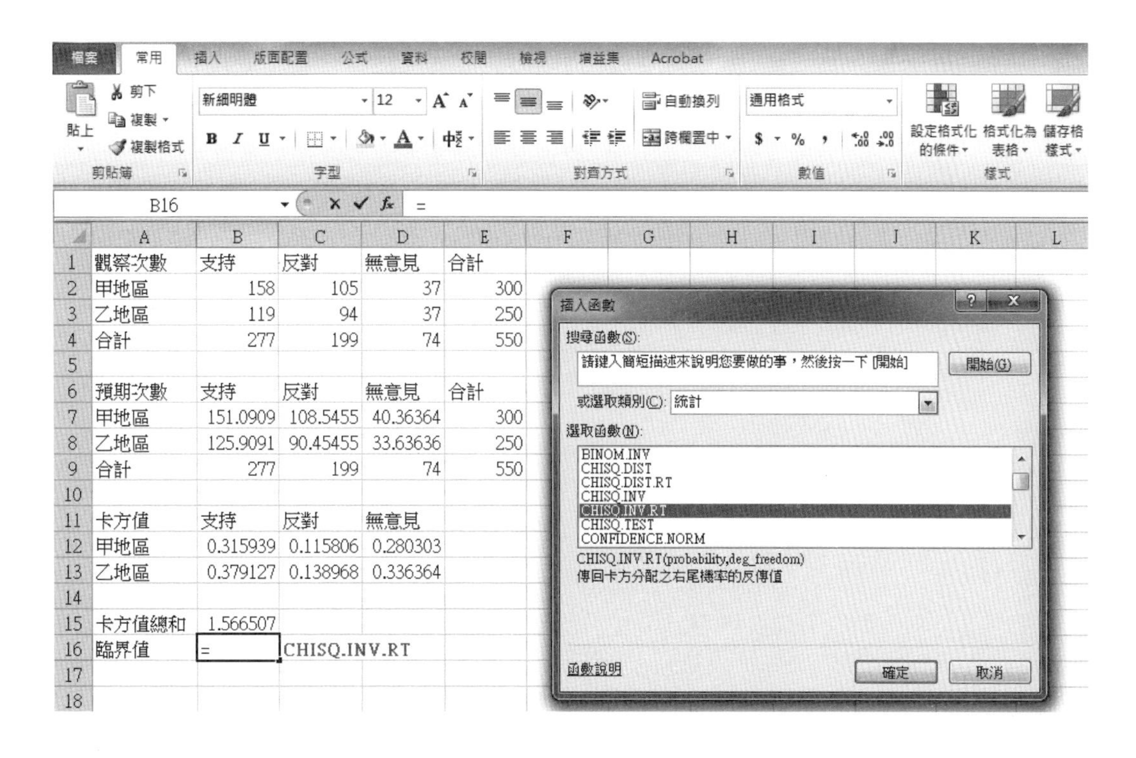

B16
=
觀察次數 支持 反對 無意見 合計
甲地區 158 105 37 300
乙地區 119 94 37 250
合計 277 199 74 550
預期次數 支持 反對 無意見 合計
甲地區 151.0909 108.5455 40.36364 300
乙地區 125.9091 90.45455 33.63636 250
合計 277 199 74 550
卡方值 支持 反對 無意見
甲地區 0.315939 0.115806 0.280303
乙地區 0.379127 0.138968 0.336364
卡方值總和 1.566507
臨界值 = CHISQ.INV.RT
插入函數
搜尋函數(S):
請鍵入簡短描述來說明您要做的事，然後按一下 [開始]
開始(G)
或選取類別(C): 統計
選取函數(N):
BINOM.INV
CHISQ.DIST
CHISQ.DIST.RT
CHISQ.INV
CHISQ.INV.RT
CHISQ.TEST
CONFIDENCE.NORM
CHISQ.INV.RT(probability,deg_freedom)
傳回卡方分配之右尾機率的反傳值
函數說明
確定
取消

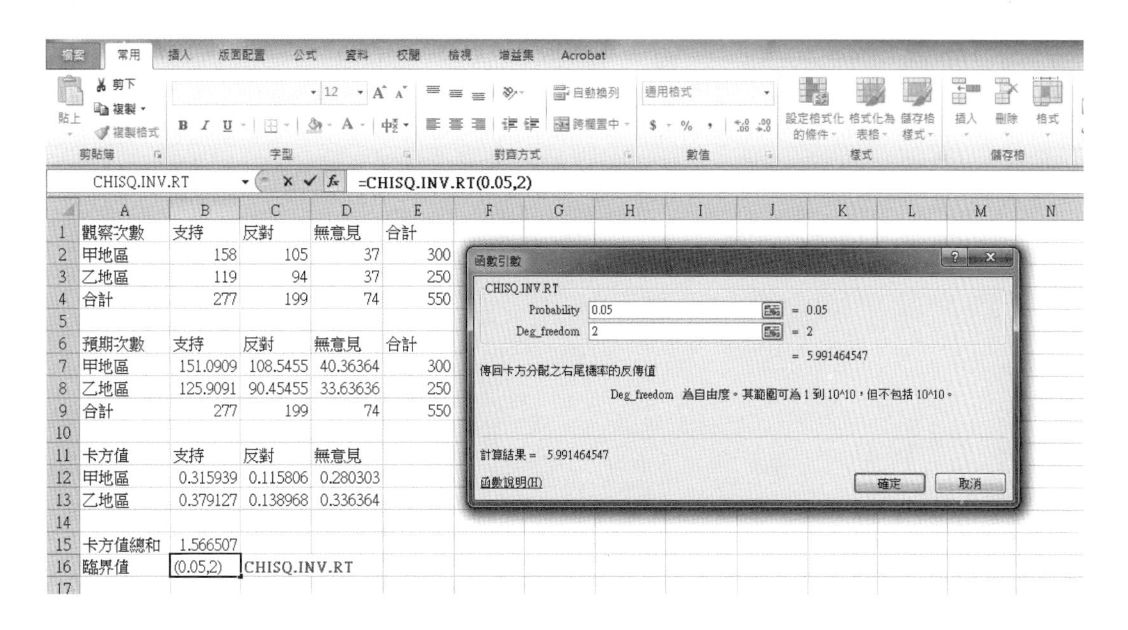

CHISQ.INV.RT
=CHISQ.INV.RT(0.05,2)
觀察次數 支持 反對 無意見 合計
甲地區 158 105 37 300
乙地區 119 94 37 250
合計 277 199 74 550
預期次數 支持 反對 無意見 合計
甲地區 151.0909 108.5455 40.36364 300
乙地區 125.9091 90.45455 33.63636 250
合計 277 199 74 550
卡方值 支持 反對 無意見
甲地區 0.315939 0.115806 0.280303
乙地區 0.379127 0.138968 0.336364
卡方值總和 1.566507
臨界值 (0.05,2) CHISQ.INV.RT
函數引數
CHISQ.INV.RT
Probability 0.05 = 0.05
Deg_freedom 2 = 2
= 5.991464547
傳回卡方分配之右尾機率的反傳值
Deg_freedom 為自由度。其範圍可為 1 到 10^10，但不包括 10^10。
計算結果 = 5.991464547
函數說明(H)
確定
取消

L27

	A	B	C	D	E
1	觀察次數	支持	反對	無意見	合計
2	甲地區	158	105	37	300
3	乙地區	119	94	37	250
4	合計	277	199	74	550
5					
6	預期次數	支持	反對	無意見	合計
7	甲地區	151.0909	108.5455	40.36364	300
8	乙地區	125.9091	90.45455	33.63636	250
9	合計	277	199	74	550
10					
11	卡方值	支持	反對	無意見	
12	甲地區	0.315939	0.115806	0.280303	
13	乙地區	0.379127	0.138968	0.336364	
14					
15	卡方值總和	1.566507			
16	臨界值	5.991465	CHISQ.INV.RT		
17					
18	結論	卡方值		臨界值	
19		1.566507	<	5.991465	
20					

由上述結果顯示，卡方值 1.567 小於臨界值 5.991。因此，在顯著水準 α=0.05 的情況下，甲、乙兩地區居民對勞動基準法的意見一致。

三、獨立性檢定

(一) 機率值

例：學校為了解男女生對兩性共同用廁所的意見，抽選 100 位男女學生對共用廁所「贊成」與「反對」之意見，比較是否隨男女性別而有所不同。(α=0.05)

性別/意見	贊成	反對	合計次數
男	44	16	60
女	16	24	40
合計次數	60	40	100

1. 計算男、女學生各意見之期望次數。
2. 計算機率值，**指令：CHISQ .TEST(actual_range, expected_range)**。actual_range 為觀測次數之範圍，expected_range 為期望次數之範圍。

CHISQ.INV　=B4*D2/D4

	A	B	C	D	E
1	觀測次數	贊成	反對	合計	
2	男	44	16	60	
3	女	16	24	40	
4	合計	60	40	100	
5					
6	期望次數	贊成	反對	合計	
7	男	=B4*D2/D			
8	女				
9	合計				
10					
11					

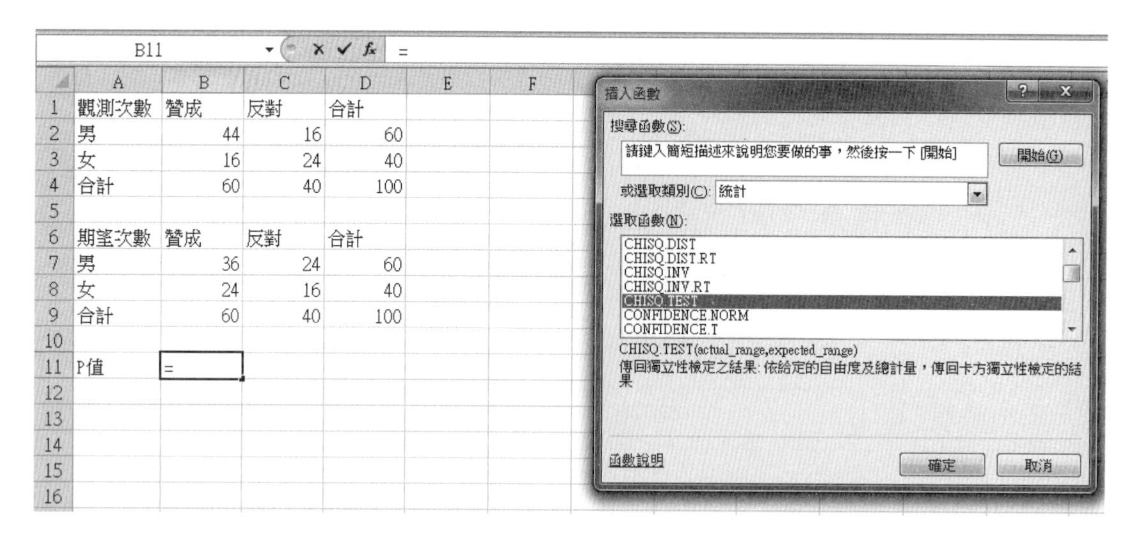

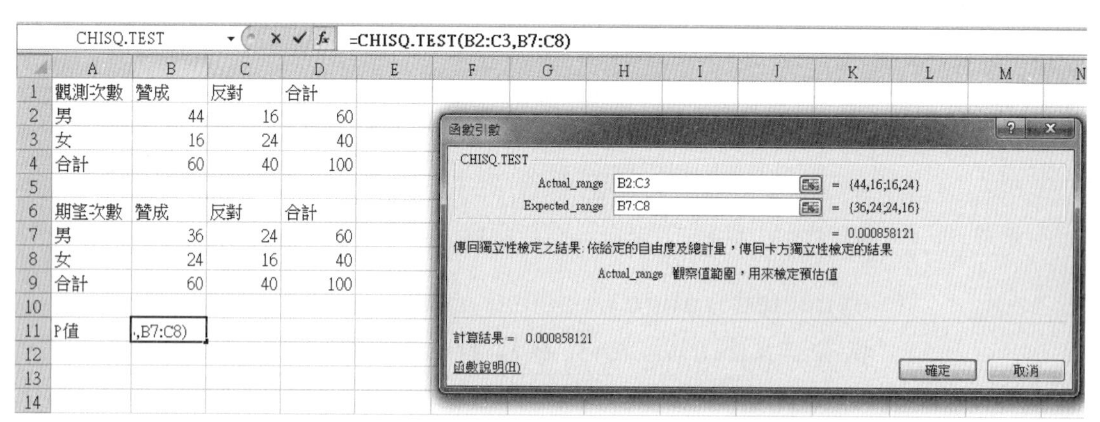

B11 =CHISQ.TEST(B2:C3,B7:C8)

	A	B	C	D	E	F	G
1	觀測次數	贊成	反對	合計			
2	男	44	16	60			
3	女	16	24	40			
4	合計	60	40	100			
5							
6	期望次數	贊成	反對	合計			
7	男	36	24	60			
8	女	24	16	40			
9	合計	60	40	100			
10							
11	P值	0.000858					
12							
13							

此例題之機率值為 0.000858 小於 α=0.05，表示在顯著水準 α=0.05 情況下，學生對兩性共同用廁所問題隨著性別而有所不同。

(二)卡方值

例：學校為了解男女生對兩性共同用廁所的意見，抽選 100 位男女學生對共用廁所「贊成」與「反對」之意見，比較是否隨男女性別而有所不同。(α=0.05)

性別/意見	贊成	反對	合計次數
男	44	16	60
女	16	24	40
合計次數	60	40	100

1. 計算出男、女學生之意見期望次數。
2. 利用卡方統計量公式 $\chi^2 = \Sigma(O_i - E_i)^2 / E_i$，計算其卡方值。
3. 利用 CHISQ .INV. RT 函數計算於 α=0.05，自由度為 1 的臨界值。

指令：CHISQ .INV. RT(probability, deg_freedom)。

檔案 常用 插入 版面配置 公式 資料 校閱

剪下 複製 複製格式 貼上 剪貼簿 字型

CHISQ.INV.RT =(B2-B7)^2/E

	A	B	C	D	E
1	觀測次數	贊成	反對	合計	
2	男	44	16	60	
3	女	16	24	40	
4	合計	60	40	100	
5					
6	期望次數	贊成	反對	合計	
7	男	36	24	60	
8	女	24	16	40	
9	合計	60	40	100	
10					
11	卡方值	贊成	反對		
12	男	=(B2-B7)^2/B7			
13	女				
14					

	A	B	C	D	E
1	觀測次數	贊成	反對	合計	
2	男	44	16	60	
3	女	16	24	40	
4	合計	60	40	100	
5					
6	期望次數	贊成	反對	合計	
7	男	36	24	60	
8	女	24	16	40	
9	合計	60	40	100	
10					
11	卡方值	贊成	反對		
12	男	1.777778	2.666667		
13	女	2.666667	4		
14					
15	卡方值總和	=SUM(B12:C13)			
16					

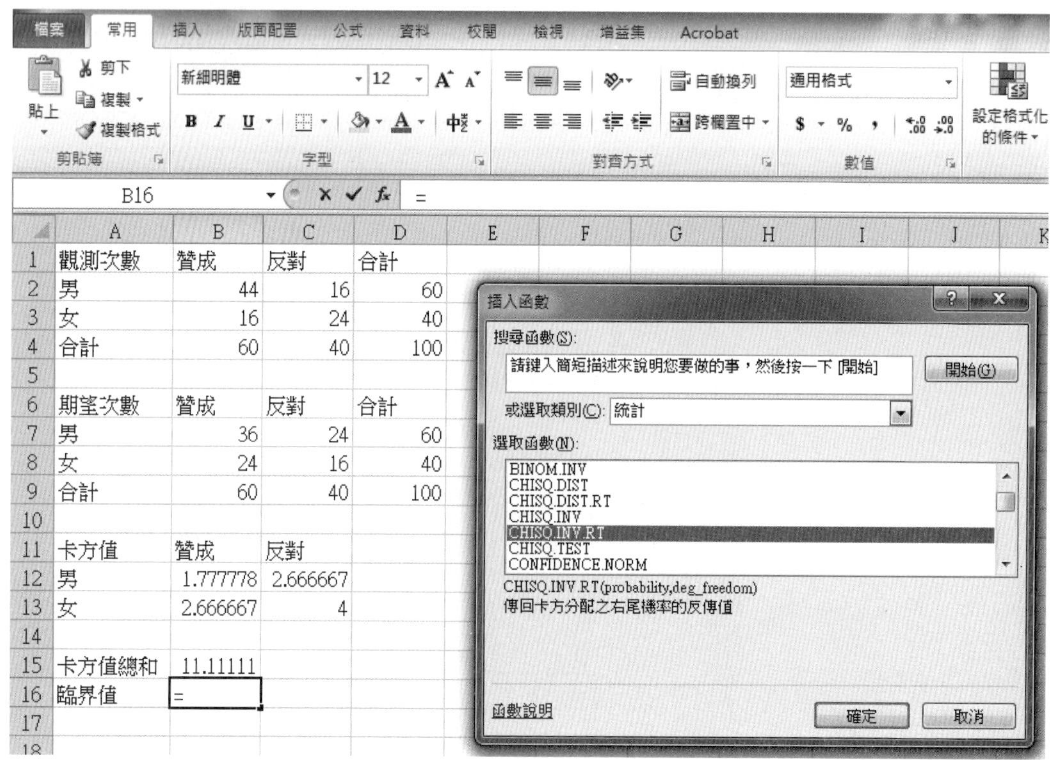

	A	B	C	D
1	觀測次數	贊成	反對	合計
2	男	44	16	60
3	女	16	24	40
4	合計	60	40	100
5				
6	期望次數	贊成	反對	合計
7	男	36	24	60
8	女	24	16	40
9	合計	60	40	100
10				
11	卡方值	贊成	反對	
12	男	1.777778	2.666667	
13	女	2.666667	4	
14				
15	卡方值總和	11.11111		
16	臨界值	=		
17				

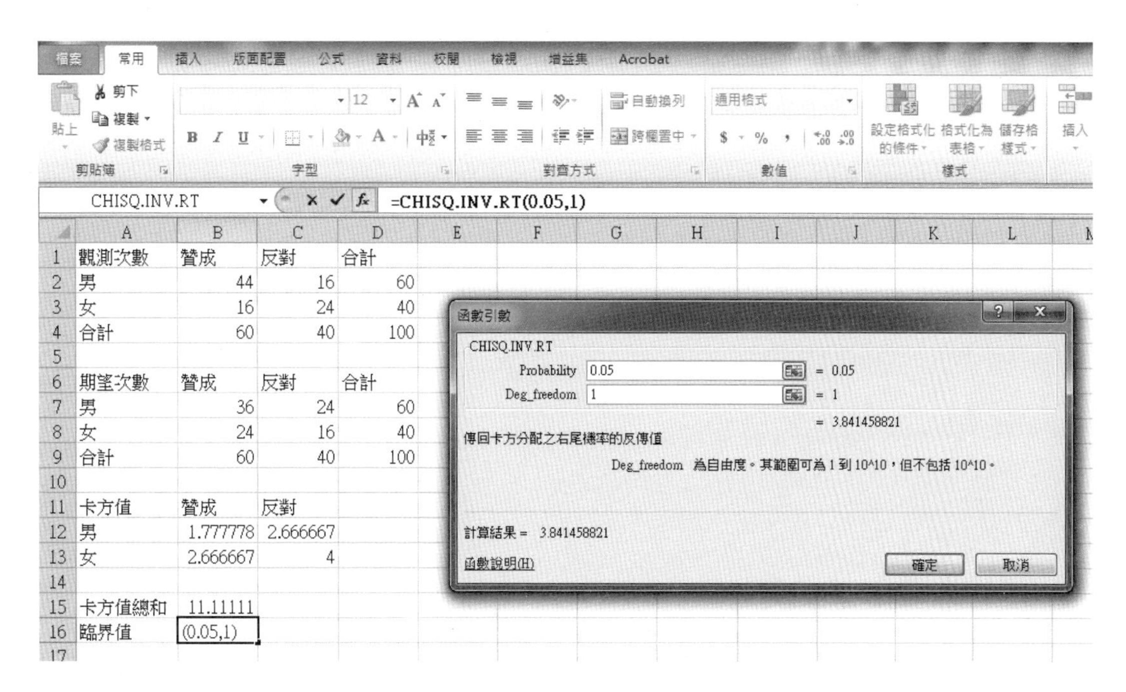

	A	B	C	D
1	觀測次數	贊成	反對	合計
2	男	44	16	60
3	女	16	24	40
4	合計	60	40	100
5				
6	期望次數	贊成	反對	合計
7	男	36	24	60
8	女	24	16	40
9	合計	60	40	100
10				
11	卡方值	贊成	反對	
12	男	1.777778	2.666667	
13	女	2.666667	4	
14				
15	卡方值總和	11.11111		
16	臨界值	(0.05,1)		

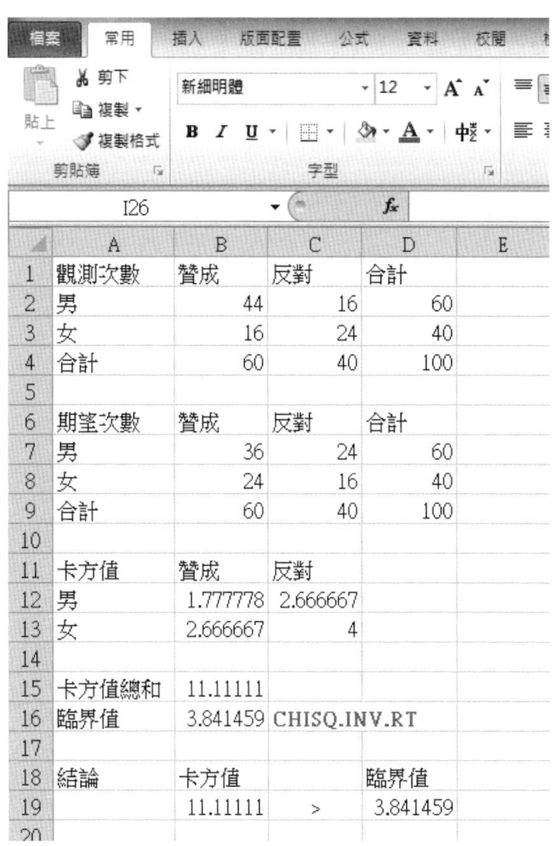

	A	B	C	D
1	觀測次數	贊成	反對	合計
2	男	44	16	60
3	女	16	24	40
4	合計	60	40	100
5				
6	期望次數	贊成	反對	合計
7	男	36	24	60
8	女	24	16	40
9	合計	60	40	100
10				
11	卡方值	贊成	反對	
12	男	1.777778	2.666667	
13	女	2.666667	4	
14				
15	卡方值總和	11.11111		
16	臨界值	3.841459	CHISQ.INV.RT	
17				
18	結論	卡方值		臨界值
19		11.11111	>	3.841459

由上述結果顯示，卡方值 11.111 大於臨界值 3.841。因此，在顯著水準 $\alpha=0.05$ 的情況下，學生對兩性共同用廁所問題隨著性別而有所不同。

R (RStudio) 範例

一、 適合度檢定

(一) 機率值

例：此為擲一骰子 300 次出現各點數的次數分布，試問此組資料是否足以顯示此骰子為一公平骰子？($\alpha = 0.01$)

點數	1	2	3	4	5	6
次數	33	61	49	65	55	37

■ 方法：

1. 使用 R 函數 **chisq.test()** 來進行適合度檢定，在 R 或 RStudio 的命令(console)介面輸入：
```
result <- chisq.test(c(33, 61, 49, 65, 55, 37), p = c(1/6, 1/6, 1/6, 1/6, 1/6, 1/6))
```
2. 要檢視適合度檢定的機率值，在 R 或 RStudio 的命令(console)介面輸入：
```
result$p.value
```
Rstudio 也可以在環境變數介面點選變數 result 來顯示數值表中 p.value 的值。
3. p.value 為機率值，可將其機率值與 $\alpha = 0.01$ 進行比較。此例題之機率值為 0.005324337 小於 $\alpha = 0.01$，則其骰子不是一公平骰子。

■ 函數介紹：

- **chisq.test(x, p)**

  x: 需要檢測的資料序列。

  p: 期望機率處列，需要和檢測資料的數目相同。

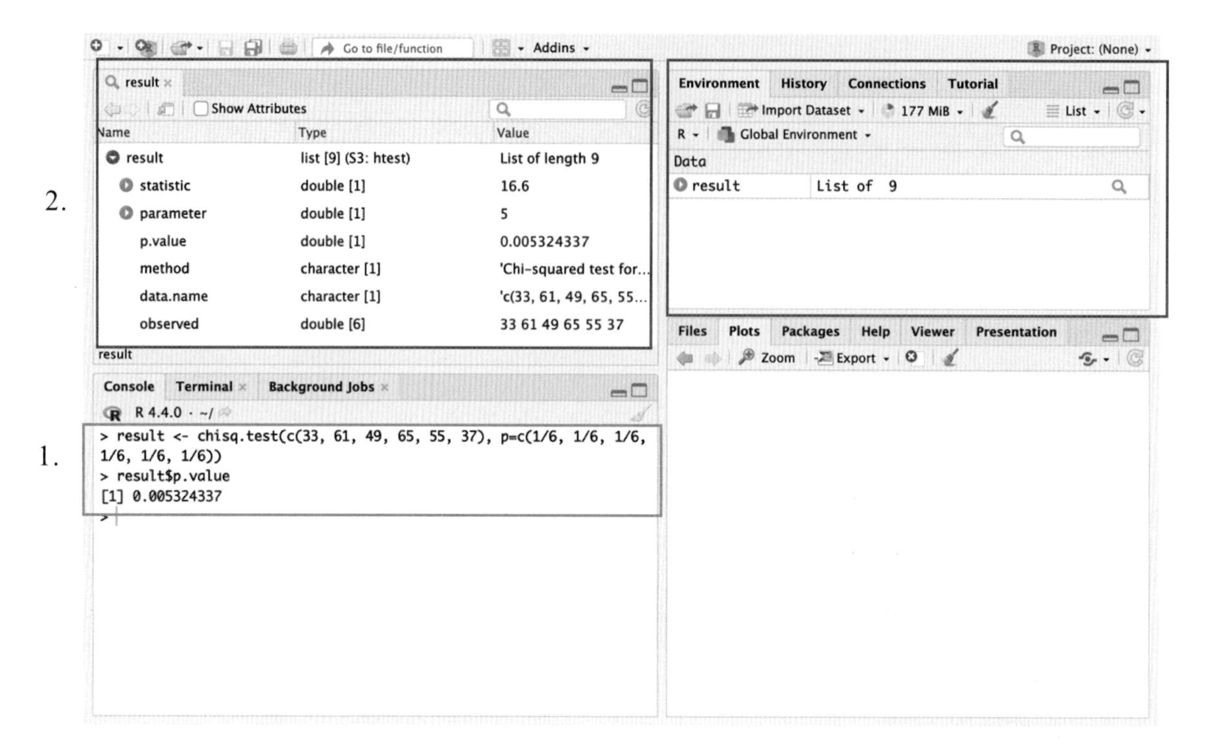
2.
1.
result
Show Attributes
Name
Type
Value
result
list [9] (S3: htest)
List of length 9
statistic
double [1]
16.6
parameter
double [1]
5
p.value
double [1]
0.005324337
method
character [1]
'Chi-squared test for...
data.name
character [1]
'c(33, 61, 49, 65, 55...
observed
double [6]
33 61 49 65 55 37
Console
Terminal
Background Jobs
R 4.4.0 · ~/
> result <- chisq.test(c(33, 61, 49, 65, 55, 37), p=c(1/6, 1/6, 1/6, 1/6, 1/6, 1/6))
> result$p.value
[1] 0.005324337
Environment
History
Connections
Tutorial
Import Dataset
177 MiB
List
Global Environment
Data
result
List of 9
Files
Plots
Packages
Help
Viewer
Presentation
Zoom
Export
Go to file/function
Addins
Project: (None)

(二) 卡方值

例：有一豌豆實驗，得 315 個圓而黃的，108 個圓而綠的，101 個皺而黃的，32 個皺而綠的豌豆，依孟德爾(Mendel)遺傳理論比例應為 9:3:3:1。試以 $\alpha = 0.05$ 的顯著水準，檢定此實驗結果是否符合遺傳理論?

■ 方法：

1. 使用 R 函數 **chisq.test()**來進行適合度檢定，在 R 或 RStudio 的命令(console)介面輸入：
```
result <- chisq.test(c(315, 108, 101, 32), p = c(9/16, 3/16, 3/16, 1/16))
```
2. 要檢視適合度檢定的卡方值，在 R 或 RStudio 的命令(console)介面輸入：
```
result$statistic
```
Rstudio 也可以在環境變數介面點選變數 result 來顯示數值表中 statistic 的值。
3. 使用 R 函數 qchisq()來計算臨界值，在 R 或 RStudio 的命令(console)介面輸入：
```
chi.value <- qchisq(0.05, 3, lower.tail = FALSE)
```
4. 要檢視臨界值的數值，在 R 或 RStudio 的命令(console)介面輸入：
```
chi.value
```
Rstudio 也可以在環境變數介面看到變數 chi.value 的值。
5. 由上述計算結果顯示，卡方值 0.470024 小於臨界值 7.814728。因此，在顯著水準 $\alpha = 0.05$ 的情況下，此實驗結果符合遺傳理論。

■ 函數介紹：

- **chisq.test(x, p)**
  x: 需要檢測的資料序列。
  p: 期望機率虛列，需要和檢測資料的數目相同。
- **qchisq(p, df, lower.tail = TRUE)**
  p: 卡方分布的顯著水準。
  df: 卡方分布的自由度。
  lower.tail: 左尾 $P[X \le x]$ 還是右尾 $P[X > x]$ (TRUE: 左尾，FALSE: 右尾，預設為 TRUE)。

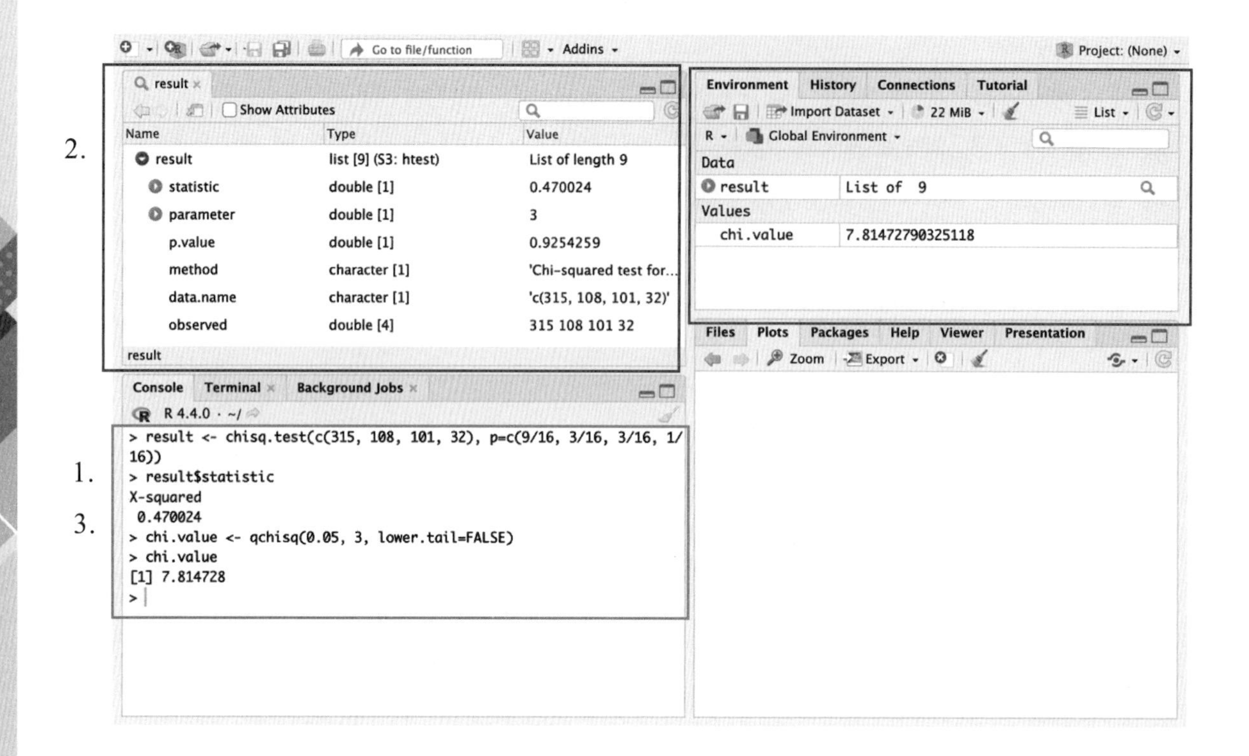
2.
1.
3.
Go to file/function
Addins
Project: (None)
result
Show Attributes
Name
Type
Value
result
list [9] (S3: htest)
List of length 9
statistic
double [1]
0.470024
parameter
double [1]
3
p.value
double [1]
0.9254259
method
character [1]
'Chi-squared test for…
data.name
character [1]
'c(315, 108, 101, 32)'
observed
double [4]
315 108 101 32
result
Environment
History
Connections
Tutorial
Import Dataset
22 MiB
List
R
Global Environment
Data
result
List of 9
Values
chi.value
7.81472790325118
Files
Plots
Packages
Help
Viewer
Presentation
Zoom
Export
Console
Terminal
Background Jobs
R 4.4.0 · ~/
> result <- chisq.test(c(315, 108, 101, 32), p=c(9/16, 3/16, 3/16, 1/
16))
> result$statistic
X-squared
0.470024
> chi.value <- qchisq(0.05, 3, lower.tail=FALSE)
> chi.value
[1] 7.814728
>

二、 同質性檢定

(一) 機率值

例：某項民意測驗調查甲、乙兩地區居民是否支持勞動基準法，自甲地區抽出 300 人，乙地區抽出 250 人，以 $\alpha = 0.05$，檢定甲、乙兩地區居民對勞動基準法的意見是否一致？

地區/意見	支持	反對	無意見
甲地區	158	105	37
乙地區	119	94	37

■ 方法：

1. 使用 R 函數 **data.frame()**建立數據表，在 R 或 RStudio 的命令(console)介面輸入：
```
data <- data.frame(支持 = c(158, 119), 反對 = c(105, 94), 無意見= c(37, 37), row.names = c("甲地區", "乙地區"))
```
2. 要檢視數據表，在 R 或 RStudio 的命令(console)介面輸入：
```
data
```
Rstudio 也可以在環境變數介面點選變數 data 來顯示數值表。
3. 使用 R 函數 **chisq.test()**來進行同質性檢定，在 R 或 RStudio 的命令(console)介面輸入：
```
result <- chisq.test(data)
```
4. 要檢視同質性檢定的機率值，在 R 或 RStudio 的命令(console)介面輸入：
```
result$p.value
```
Rstudio 也可以在環境變數介面點選變數 result 來顯示數值表中 p.value 的值。
5. 上述結果呈現，此例題之機率值為 0.4569171 大於 $\alpha = 0.05$，表示在顯著水準 $\alpha = 0.05$ 的情況下，甲、乙兩地區居民對勞動基準法的意見一致。

■ 函數介紹：

- **chisq.test(x, p)**

  x: 需要檢測的資料序列。

  p: 期望機率虛列，需要和檢測資料的數目相同。

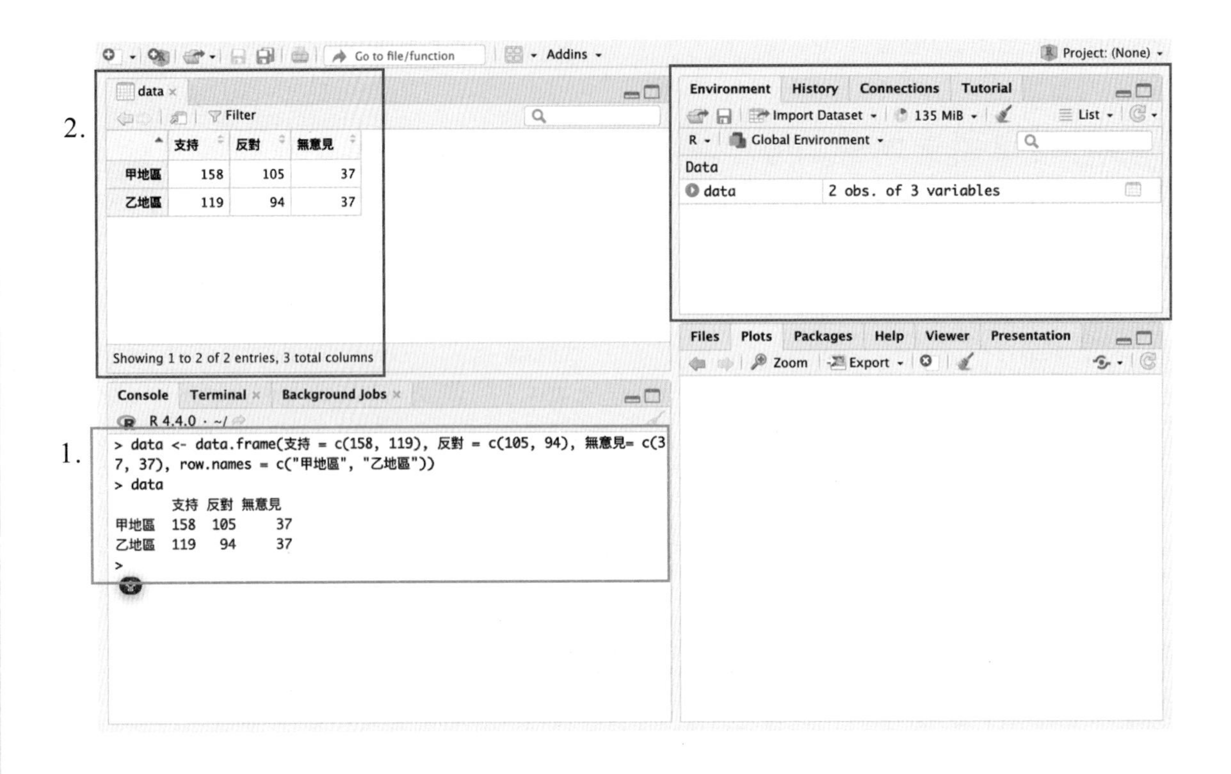

2.
data
Filter
支持 反對 無意見
甲地區 158 105 37
乙地區 119 94 37
Showing 1 to 2 of 2 entries, 3 total columns
Environment History Connections Tutorial
Import Dataset 135 MiB List
R Global Environment
Data
data 2 obs. of 3 variables
Files Plots Packages Help Viewer Presentation
Zoom Export
Console Terminal Background Jobs
R 4.4.0 · ~/
1.
> data <- data.frame(支持 = c(158, 119), 反對 = c(105, 94), 無意見= c(37, 37), row.names = c("甲地區", "乙地區"))
> data
支持 反對 無意見
甲地區 158 105 37
乙地區 119 94 37
>

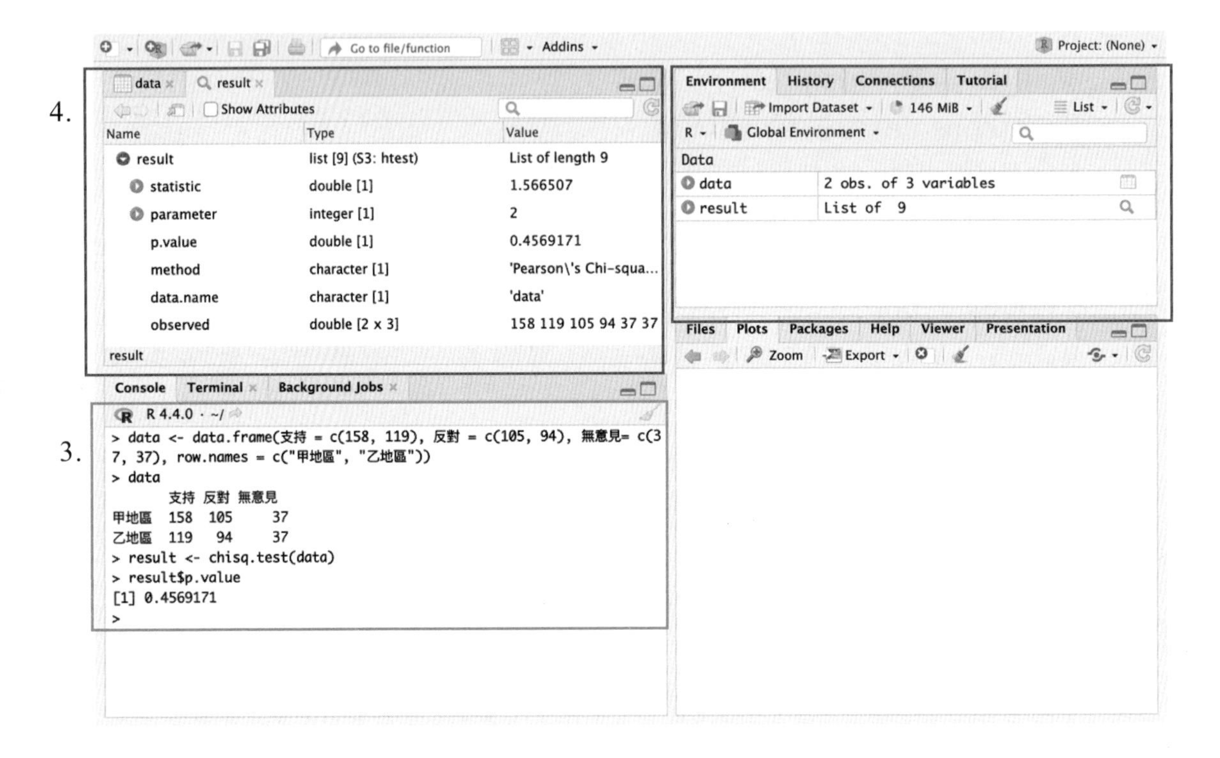

4.
data result
Show Attributes
Name Type Value
result list [9] (S3: htest) List of length 9
statistic double [1] 1.566507
parameter integer [1] 2
p.value double [1] 0.4569171
method character [1] 'Pearson\'s Chi-squa...
data.name character [1] 'data'
observed double [2 x 3] 158 119 105 94 37 37
result
Environment History Connections Tutorial
Import Dataset 146 MiB List
R Global Environment
Data
data 2 obs. of 3 variables
result List of 9
Files Plots Packages Help Viewer Presentation
Zoom Export
Console Terminal Background Jobs
R 4.4.0 · ~/
3.
> data <- data.frame(支持 = c(158, 119), 反對 = c(105, 94), 無意見= c(37, 37), row.names = c("甲地區", "乙地區"))
> data
支持 反對 無意見
甲地區 158 105 37
乙地區 119 94 37
> result <- chisq.test(data)
> result$p.value
[1] 0.4569171
>

(二) 卡方值

例：某項民意測驗調查甲、乙兩地區居民是否支持勞動基準法，自甲地區抽出 300 人，乙地區抽出 250 人，以 $\alpha = 0.05$，檢定甲、乙兩地區居民對勞動基準法的意見是否一致？

地區/意見	支持	反對	無意見
甲地區	158	105	37
乙地區	119	94	37

■ 方法：

1. 使用 R 函數 **data.frame()**建立數據表，在 R 或 RStudio 的命令(console)介面輸入：
```
data <- data.frame(支持 = c(158, 119), 反對 = c(105, 94), 無意見= c(37, 37), row.names = c("甲地區", "乙地區"))
```
2. 要檢視數據表，在 R 或 RStudio 的命令(console)介面輸入：
```
data
```
Rstudio 也可以在環境變數介面點選變數 data 來顯示數值表。
3. 使用 R 函數 **chisq.test()**來進行同質性檢定，在 R 或 RStudio 的命令(console)介面輸入：
```
result <- chisq.test(data)
```
4. 要檢視適合度檢定的卡方值，在 R 或 RStudio 的命令(console)介面輸入：
```
result$statistic
```
Rstudio 也可以在環境變數介面點選變數 result 來顯示數值表中 statistic 的值。
5. 使用 R 函數 qchisq()來計算臨界值，在 R 或 RStudio 的命令(console)介面輸入：
```
chi.value <- qchisq(0.05, 2, lower.tail = FALSE)
```
6. 要檢視臨界值的數值，在 R 或 RStudio 的命令(console)介面輸入：
```
chi.value
```
Rstudio 也可以在環境變數介面看到變數 chi.value 的值。
7. 由上述計算結果顯示，卡方值 1.566507 小於臨界值 5.991465。因此，在顯著水準 $\alpha = 0.05$ 的情況下，甲、乙兩地區居民對勞動基準法的意見一致。

■ 函數介紹：

- **chisq.test(x, p)**

  x: 需要檢測的資料序列。

  p: 期望機率處列，需要和檢測資料的數目相同。

- **qchisq(p, df, lower.tail = TRUE)**

  p: 卡方分布的顯著水準。

  df: 卡方分布的自由度。

  lower.tail: 左尾 $P[X \le x]$ 還是右尾 $P[X > x]$ (TRUE: 左尾，FALSE: 右尾，預設為 TRUE)。

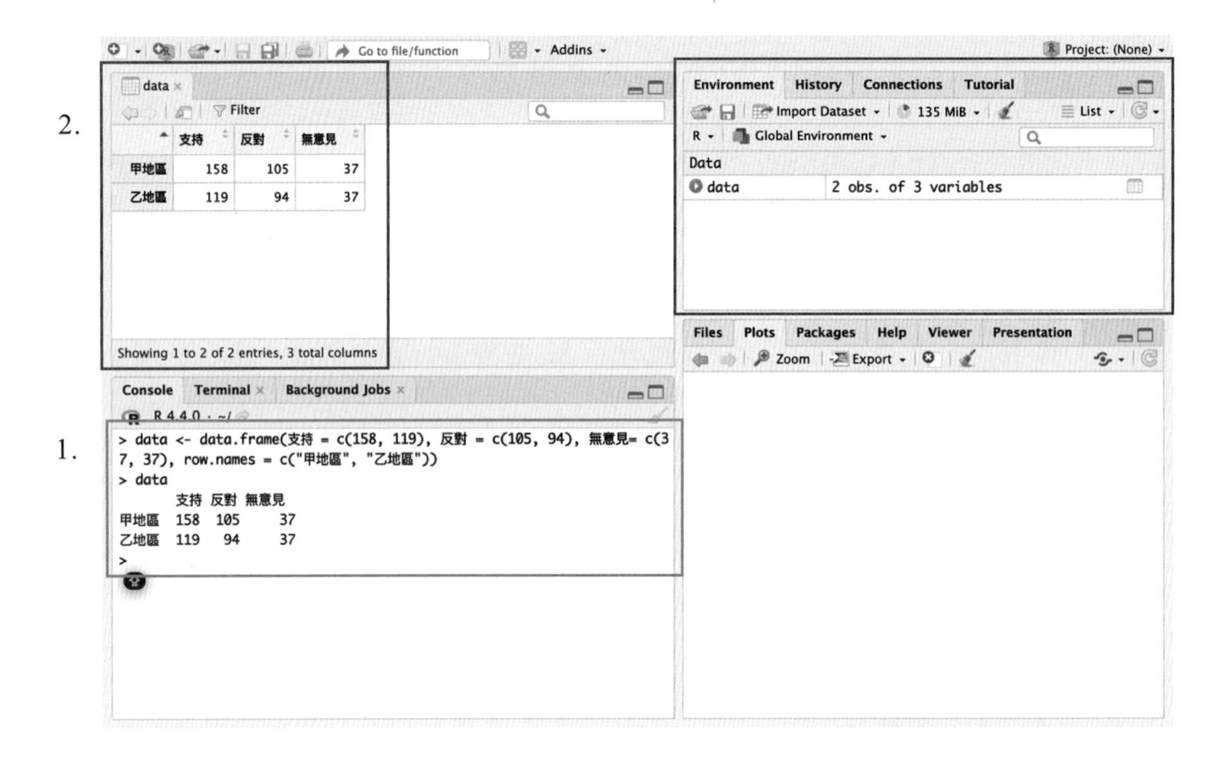

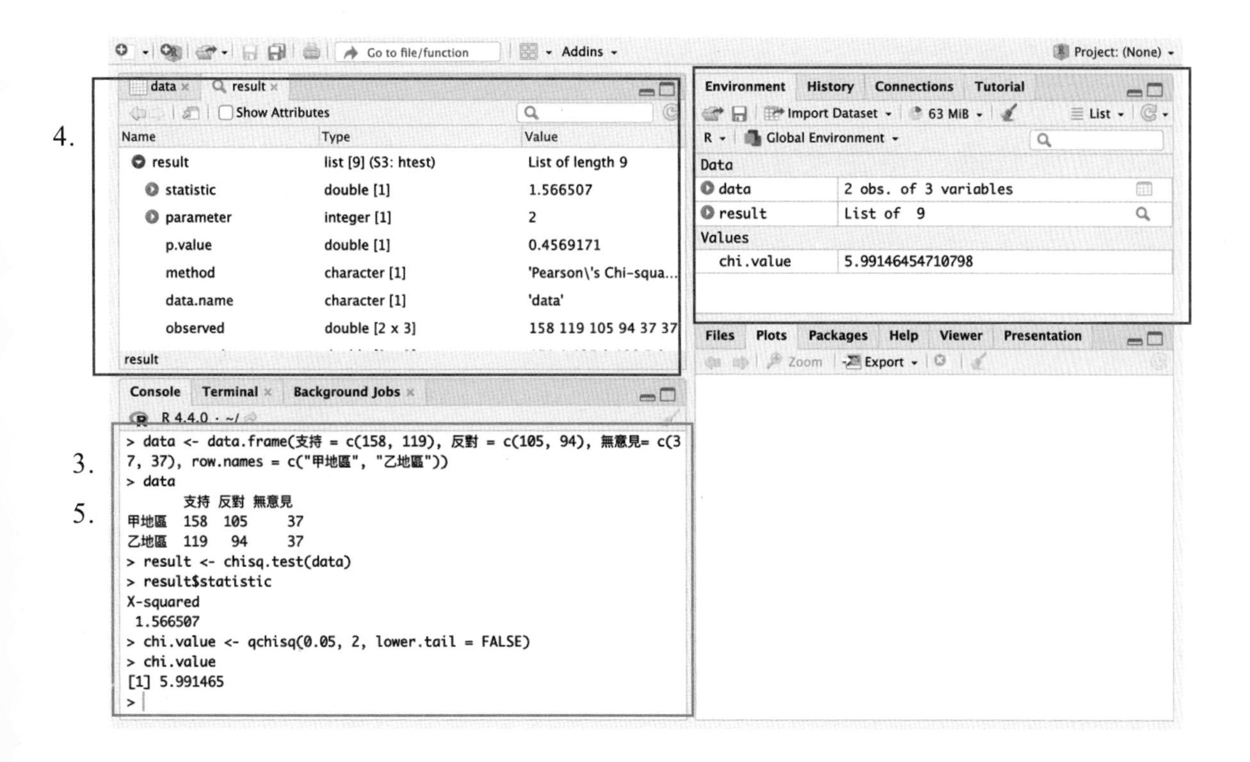
4.
3.
5.
Go to file/function
Addins
Project: (None)
data
result
Show Attributes
Name
Type
Value
result
list [9] (S3: htest)
List of length 9
statistic
double [1]
1.566507
parameter
integer [1]
2
p.value
double [1]
0.4569171
method
character [1]
'Pearson\'s Chi-squa...
data.name
character [1]
'data'
observed
double [2 x 3]
158 119 105 94 37 37
Environment
History
Connections
Tutorial
Import Dataset
63 MiB
List
R
Global Environment
Data
data
2 obs. of 3 variables
List of 9
Values
chi.value
5.99146454710798
Files
Plots
Packages
Help
Viewer
Presentation
Zoom
Export
Console
Terminal
Background Jobs
R 4.4.0 · ~/
> data <- data.frame(支持 = c(158, 119), 反對 = c(105, 94), 無意見= c(3
7, 37), row.names = c("甲地區", "乙地區"))
> data
支持 反對 無意見
甲地區 158 105 37
乙地區 119 94 37
> result <- chisq.test(data)
> result$statistic
X-squared
1.566507
> chi.value <- qchisq(0.05, 2, lower.tail = FALSE)
> chi.value
[1] 5.991465
>

三、 獨立性檢定

(一) 機率值

例：學校為了解男女生對兩性共用廁所的意見，抽選 100 位男女學生對共用廁所「贊成」與「反對」之意見，比較是否隨男女性別而有所不同。($\alpha = 0.05$)

性別/意見	贊成	反對	合計次數
男	44	16	60
女	16	24	40
合計次數	60	40	100

■ 方法：

1. 使用 R 函數 **data.frame()**建立數據表，在 R 或 RStudio 的命令(console)介面輸入：
```
data <- data.frame(贊成 = c(44, 16), 反對 = c(16, 24), row.names = c("男", "女"))
```
2. 要檢視數據表，在 R 或 RStudio 的命令(console)介面輸入：
```
data
```
Rstudio 也可以在環境變數介面點選變數 data 來顯示數值表。
3. 使用 R 函數 **chisq.test()**來進行獨立性檢定，在 R 或 RStudio 的命令(console)介面輸入：
```
result <- chisq.test(data, correct = FALSE)
```
4. 要檢視獨立性檢定的機率值，在 R 或 RStudio 的命令(console)介面輸入：
```
result$p.value
```
Rstudio 也可以在環境變數介面點選變數 result 來顯示數值表中 p.value 的值。
5. 此例題之機率值為 0.0008581207 小於$\alpha = 0.05$，表示在顯著水準$\alpha = 0.05$的情況下，學生對兩性共同用廁所問題隨著性別而有所不同。

■ 函數介紹：

- **chisq.test(x, p, correct = FALSE)**

  x: 需要檢測的資料序列。

  p: 期望機率序列，需要和檢測資料的數目相同。

  correct: 是否進行連續性校正(TRUE: 進行連續性校正，FALSE: 不進行連續性校正，預設為 TRUE)。

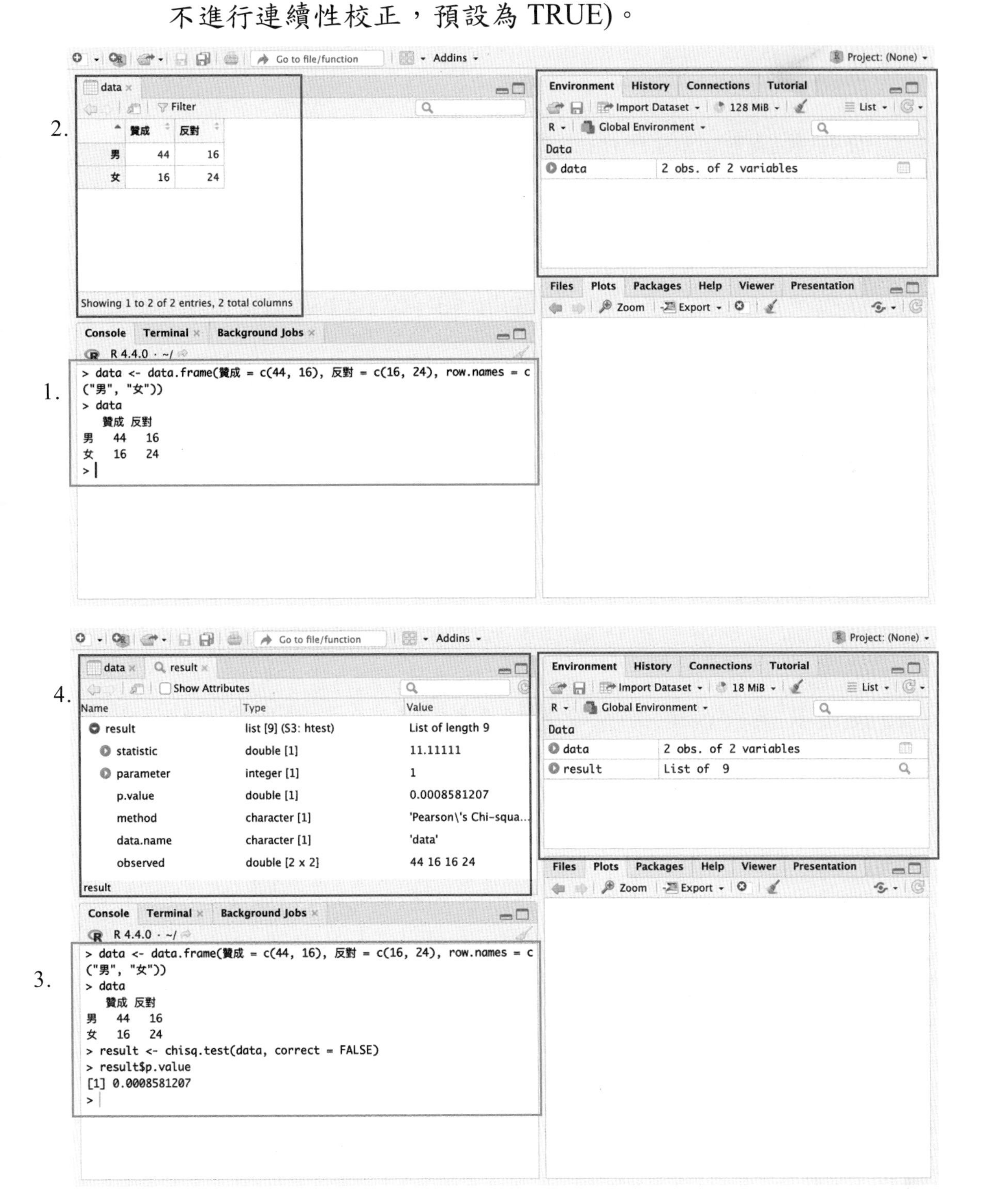

(二) 卡方值

例：學校為了解男女生對兩性共用廁所的意見，抽選 100 位男女學生對共用廁所「贊成」與「反對」之意見，比較是否隨男女性別而有所不同。($\alpha = 0.05$)

性別/意見	贊成	反對	合計次數
男	44	16	60
女	16	24	40
合計次數	60	40	100

■ 方法：

8. 使用 R 函數 **data.frame()**建立數據表，在 R 或 RStudio 的命令(console)介面輸入：

```
data <- data.frame(贊成 = c(44, 16), 反對 = c(16, 24), row.names = c("男", "女"))
```

9. 要檢視數據表，在 R 或 RStudio 的命令(console)介面輸入：

```
data
```

Rstudio 也可以在環境變數介面點選變數 data 來顯示數值表。

10. 使用 R 函數 **chisq.test()**來進行同質性檢定，在 R 或 RStudio 的命令(console)介面輸入：

```
result <- chisq.test(data, correct = FALSE)
```

11. 要檢視適合度檢定的卡方值，在 R 或 RStudio 的命令(console)介面輸入：

```
result$statistic
```

Rstudio 也可以在環境變數介面點選變數 result 來顯示數值表中 statistic 的值。

12. 使用 R 函數 qchisq()來計算臨界值，在 R 或 RStudio 的命令(console)介面輸入：

```
chi.value <- qchisq(0.05, 1, lower.tail = FALSE)
```

13. 要檢視臨界值的數值，在 R 或 RStudio 的命令(console)介面輸入：

```
chi.value
```

Rstudio 也可以在環境變數介面看到變數 chi.value 的值。

14. 由上述計算結果顯示，卡方值 11.11111 大於臨界值 3.841459。因此，在顯著水準 $\alpha = 0.05$ 的情況下，學生對兩性共同用廁所問題隨著性別而有所不同。

■ 函數介紹：

- **chisq.test(x, p)**
  x: 需要檢測的資料序列。
  p: 期望機率虛列，需要和檢測資料的數目相同。
  correct: 是否進行連續性校正(TRUE: 進行連續性校正，FALSE: 不進行連續性校正，預設為 TRUE)。
- **qchisq(p, df, lower.tail = TRUE)**
  p: 卡方分布的顯著水準。
  df: 卡方分布的自由度。
  lower.tail: 左尾$P[X \le x]$還是右尾$P[X > x]$ (TRUE: 左尾，FALSE: 右尾，預設為 TRUE)。

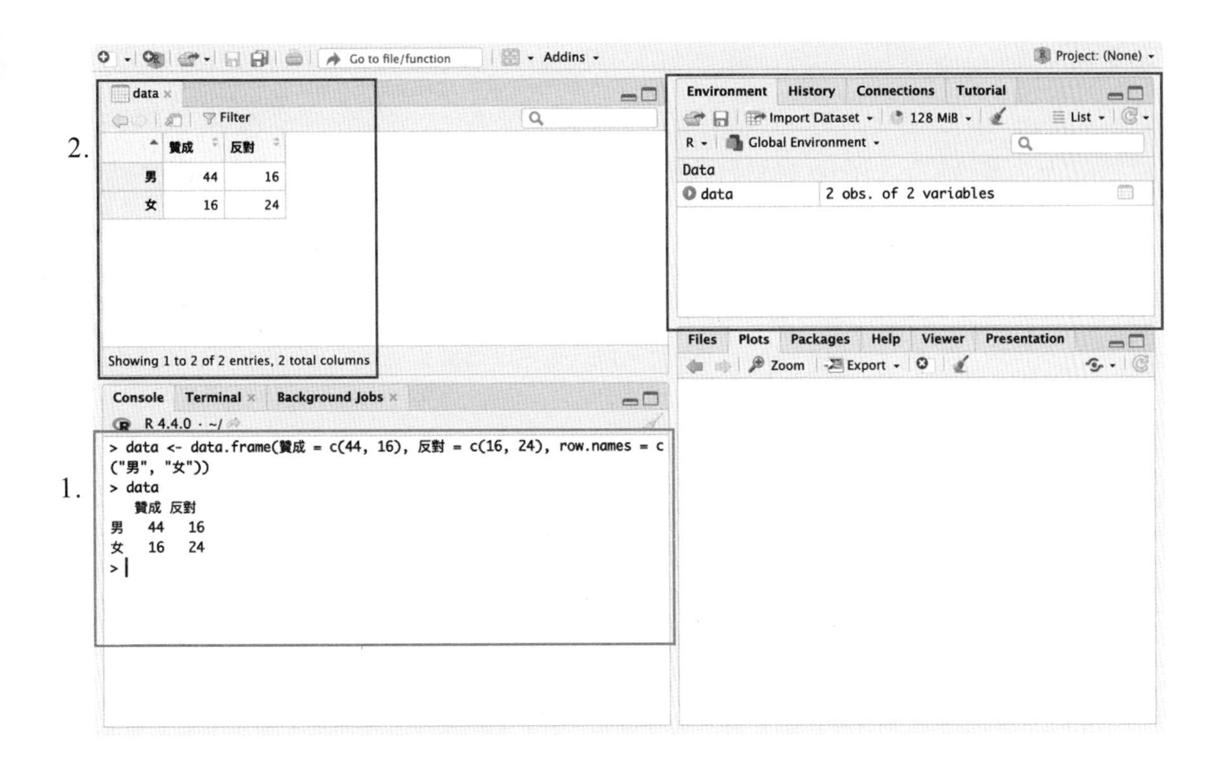

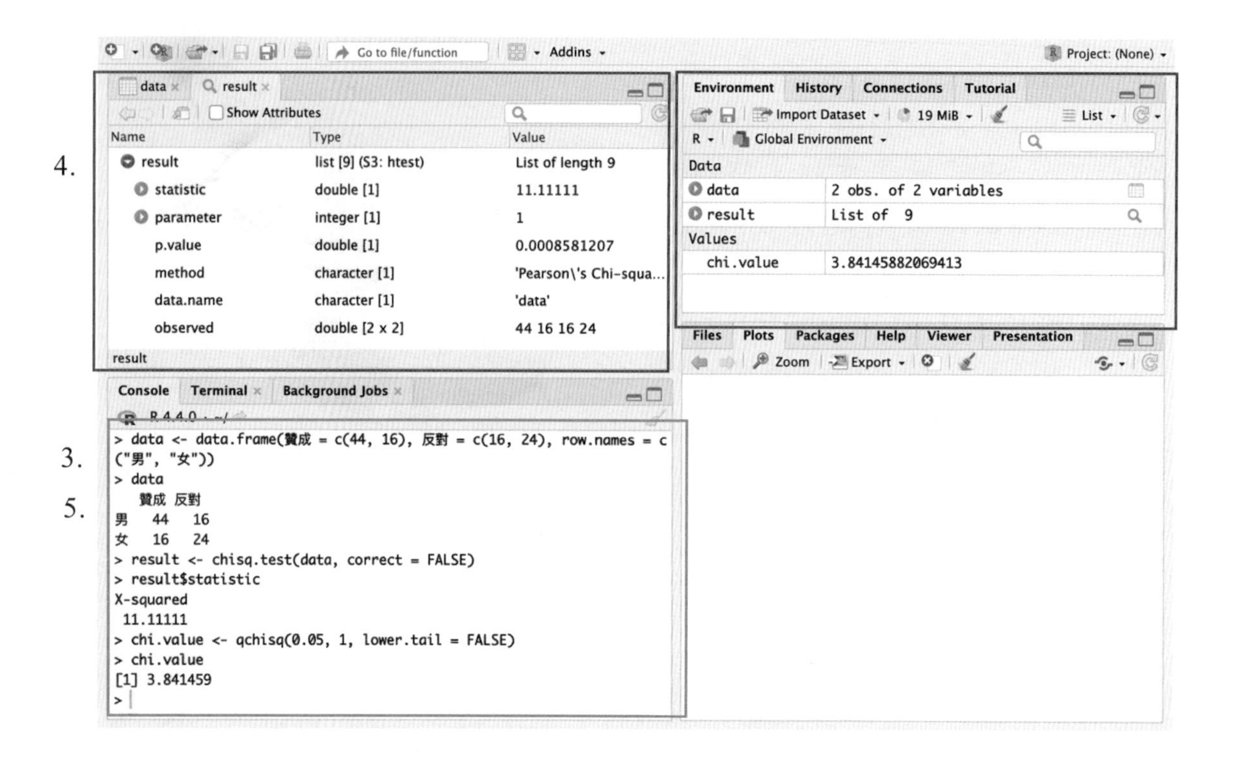

4.
3.
5.
Go to file/function
Addins
Project: (None)
data
result
Show Attributes
Name | Type | Value
result | list [9] (S3: htest) | List of length 9
statistic | double [1] | 11.11111
parameter | integer [1] | 1
p.value | double [1] | 0.0008581207
method | character [1] | 'Pearson\'s Chi-squa...
data.name | character [1] | 'data'
observed | double [2 x 2] | 44 16 16 24
Environment
History
Connections
Tutorial
Import Dataset
19 MiB
List
Global Environment
Data
data | 2 obs. of 2 variables
result | List of 9
Values
chi.value | 3.84145882069413
Files
Plots
Packages
Help
Viewer
Presentation
Zoom
Export
Console
Terminal
Background Jobs
> data <- data.frame(贊成 = c(44, 16), 反對 = c(16, 24), row.names = c("男", "女"))
> data
贊成 反對
男 44 16
女 16 24
> result <- chisq.test(data, correct = FALSE)
> result$statistic
X-squared
11.11111
> chi.value <- qchisq(0.05, 1, lower.tail = FALSE)
> chi.value
[1] 3.841459

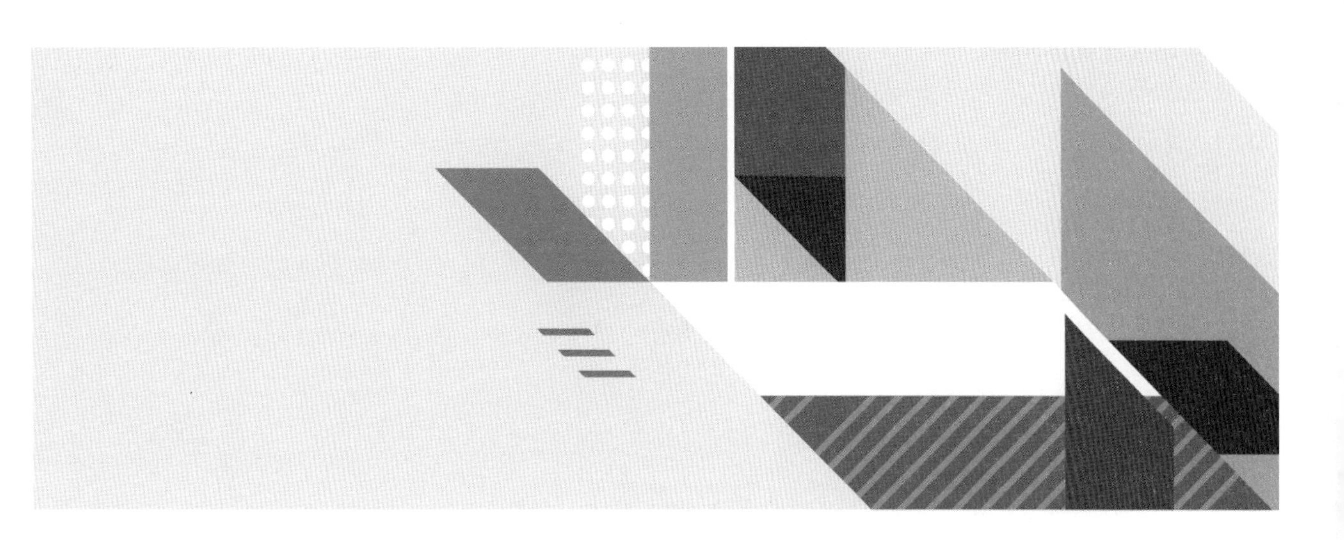

CHAPTER 12 F分布與變異數分析

吳立心　國立屏東科技大學植物醫學系
陳英男　國立屏東科技大學水產養殖系

Microsoft Excel 範例

一、重複數相同

例：今有 A、B、C 三種奶粉，每種隨機取四罐，分別測定其蛋白質含量，試比較三種奶粉之蛋白質含量有無差異。如差異達顯著水準，則再以最小顯著差異法(LSD)檢定差異所在($\alpha = 0.05$)。

重複/奶粉	A	B	C
1	17	19	20
2	18	18	23
3	15	16	21
4	14	15	20

1. 點選【資料】→【資料分析】→【單因子變異數分析】。
2. 圈選其輸入範圍；資料為直向排列，所以選擇【逐欄】的分組方式。因資料逐欄的第一列為奶粉種類，因此勾選【類別軸標記在第一列上(L)】。α 設為 0.05，並選擇其輸出範圍之儲存格。
3. 計算學生式 t 值，**指令：T.INV.2T(probability, deg_freedom)**，probability 即為顯著水準 0.05，deg_freedom 為組內自由度 9。
4. 最後計算最小顯著差異法(LSD)，其公式為 $t_{\frac{\alpha}{2},df_2}\sqrt{MSE(1/n_i+1/n_j)}$，並計算各兩種奶粉間的平均蛋白質含量差異值，與 LSD 值進行比較。

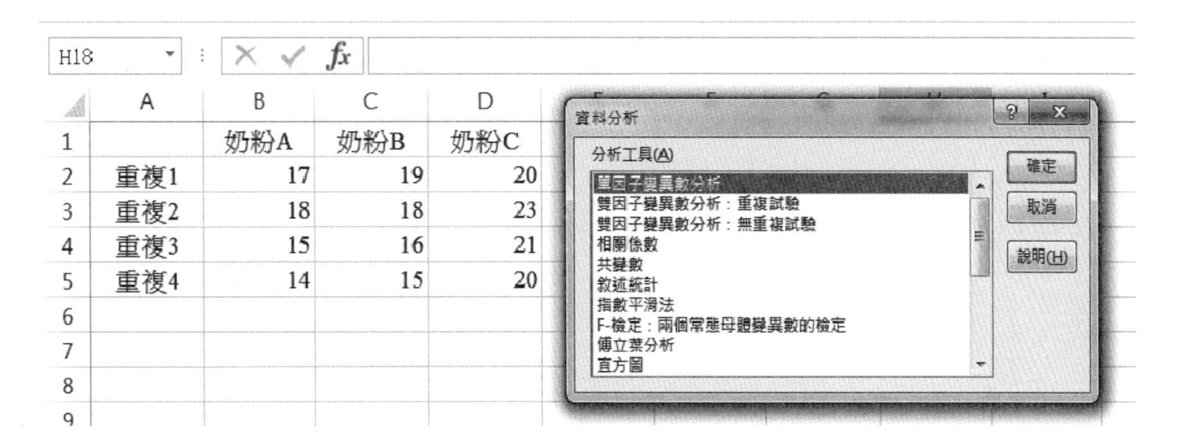

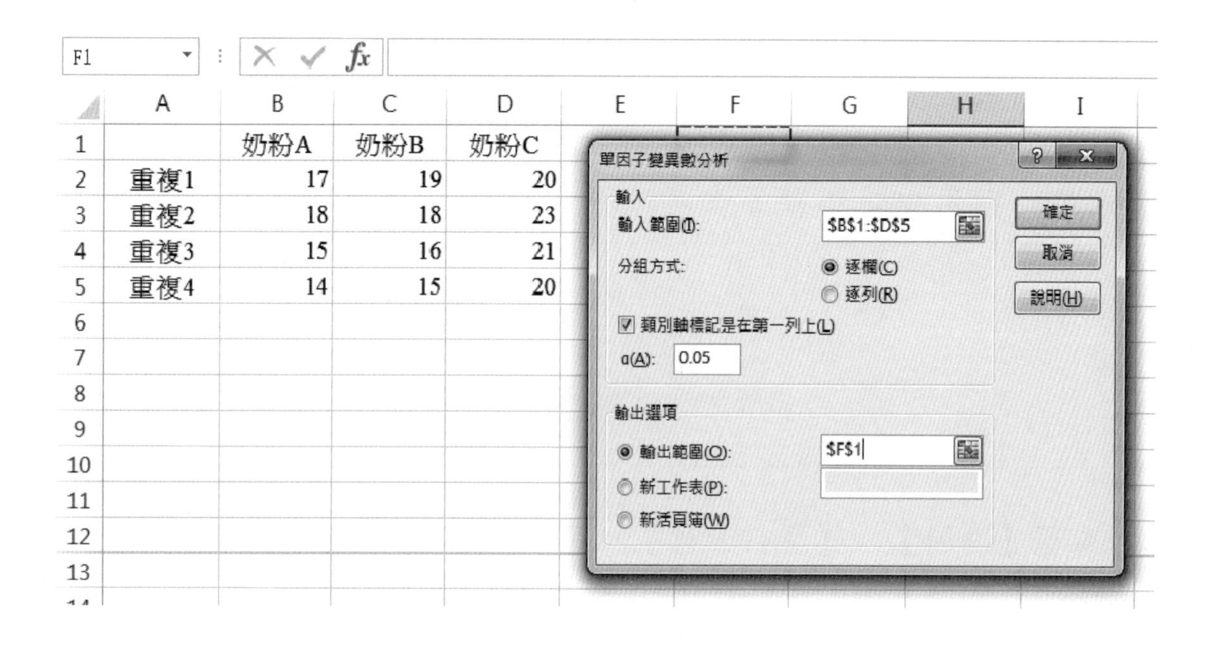

A15

	A	B	C	D	E	F	G	H	I	J	K	L
1		奶粉 A	奶粉 B	奶粉 C		單因子變異數分析						
2	重複 1	17	19	20								
3	重複 2	18	18	23		摘要						
4	重複 3	15	16	21		組	個數	總和	平均	變異數		
5	重複 4	14	15	20		奶粉 A	4	64	16	3.333333		
6						奶粉 B	4	68	17	3.333333		
7						奶粉 C	4	84	21	2		
8												
9												
10						ANOVA						
11						變源	SS	自由度	MS	F	P-值	臨界值
12						組間	56	2	28	9.692308	0.005691	4.256495
13						組內	26	9	2.888889			
14												
15						總和	82	11				
16												

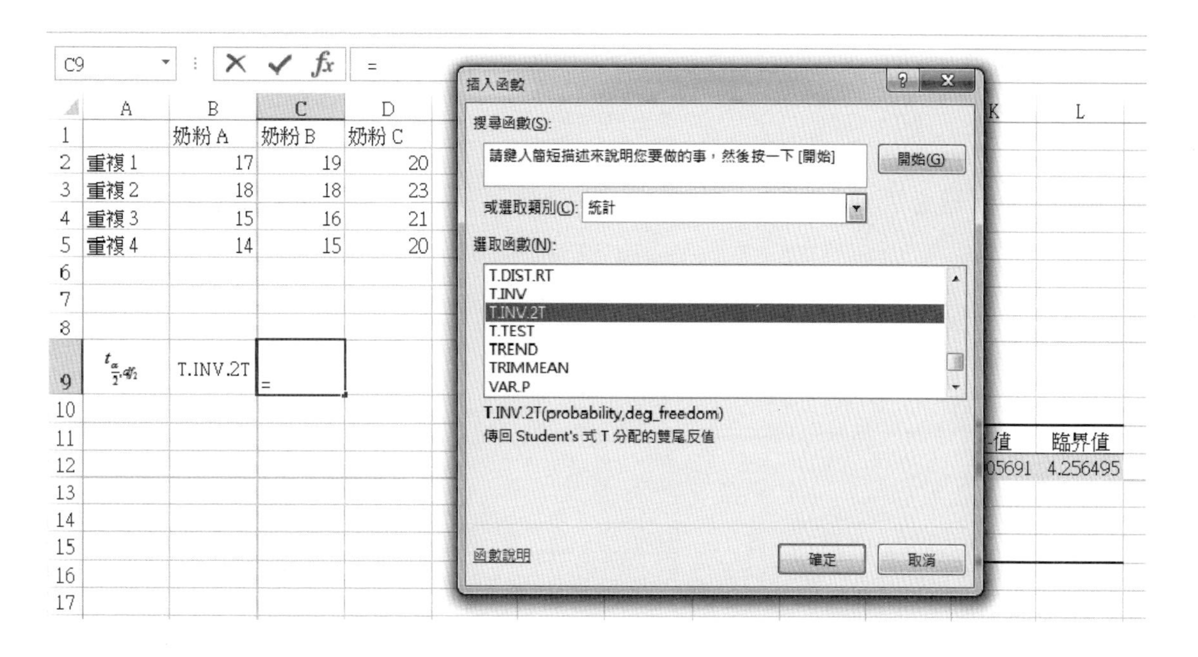

C9
=
插入函數
搜尋函數(S):
請鍵入簡短描述來說明您要做的事，然後按一下 [開始]
開始(G)
或選取類別(C): 統計
選取函數(N):
T.DIST.RT
T.INV
T.INV.2T
T.TEST
TREND
TRIMMEAN
VAR.P
T.INV.2T(probability,deg_freedom)
傳回 Student's 式 T 分配的雙尾反值
函數說明
確定
取消
奶粉 A
奶粉 B
奶粉 C
重複 1
重複 2
重複 3
重複 4
T.INV.2T
臨界值
4.256495

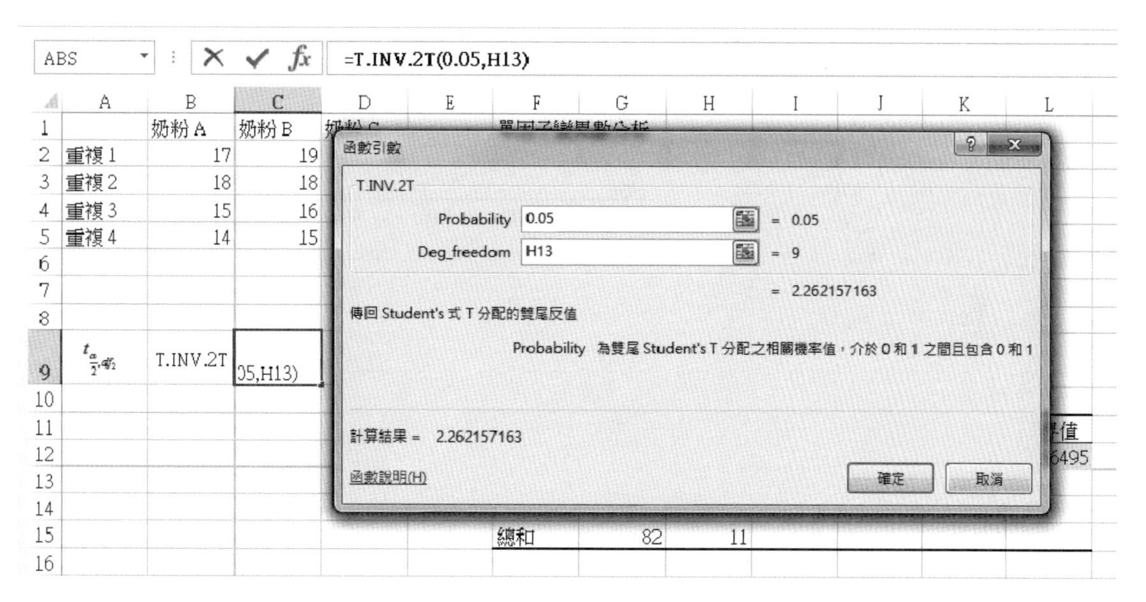

ABS
=T.INV.2T(0.05,H13)
函數引數
T.INV.2T
Probability 0.05 = 0.05
Deg_freedom H13 = 9
= 2.262157163
傳回 Student's 式 T 分配的雙尾反值
Probability 為雙尾 Student's T 分配之相關機率值，介於 0 和 1 之間且包含 0 和 1
計算結果 = 2.262157163
函數說明(H)
確定
取消
奶粉 A
奶粉 B
重複 1
重複 2
重複 3
重複 4
T.INV.2T
總和

D22 fx

	A	B	C	D	E	F	G	H	I	J	K	L
1		奶粉 A	奶粉 B	奶粉 C		單因子變異數分析						
2	重複 1	17	19	20								
3	重複 2	18	18	23		摘要						
4	重複 3	15	16	21		組	個數	總和	平均	變異數		
5	重複 4	14	15	20		奶粉 A	4	64	16	3.333333		
6						奶粉 B	4	68	17	3.333333		
7						奶粉 C	4	84	21	2		
8												
9	$t_{\frac{\alpha}{2},df_2}$	T.INV.2T	2.262157									
10	LSD	2.718775				ANOVA						
11						變源	SS	自由度	MS	F	P-值	臨界值
12						組間	56	2	28	9.692308	0.005691	4.256495
13						組內	26	9	2.888889			
14												
15						總和	82	11				
16												

D19 fx

	A	B	C	D	E	F	G	H	I	J	K	L
1		奶粉 A	奶粉 B	奶粉 C		單因子變異數分析						
2	重複 1	17	19	20								
3	重複 2	18	18	23		摘要						
4	重複 3	15	16	21		組	個數	總和	平均	變異數		
5	重複 4	14	15	20		奶粉 A	4	64	16	3.333333		
6						奶粉 B	4	68	17	3.333333		
7						奶粉 C	4	84	21	2		
8												
9	$t_{\frac{\alpha}{2},df_2}$	T.INV.2T	2.262157									
10	LSD	2.718775				ANOVA						
11						變源	SS	自由度	MS	F	P-值	臨界值
12	A-B	1	<	2.718775		組間	56	2	28	9.692308	0.005691	4.256495
13	A-C	5	>	2.718775	*	組內	26	9	2.888889			
14	B-C	4	>	2.718775	*							
15						總和	82	11				
16												

於 ANOVA 分析中，F=9.6923 大於臨界值($F_{0.05,2,9}$)=4.26（或 4.256495），表示在 $\alpha=0.05$ 情況下三種奶粉蛋白質含量至少有兩種間具顯著差異。並利用 LSD 法可得知：

A、B 間差異值=1 < LSD=2.72，無顯著差異。

A、C 間差異值=5 > LSD=2.72，有顯著差異。

B、C 間差異值=4 > LSD=2.72，有顯著差異。

二、重複數不同

例：在某地區同一飲料有 3 種口味，隨機調查各口味每日銷售量，試比較消費者對不同口味的飲料喜好是否有顯著差異，若有顯著差異則請進一步以 LSD 找出顯著差異在哪些口味間(α=0.1)。如差異達顯著水準，則再以最小顯著差異法(LSD)檢定差異所在($\alpha=0.05$)。

橘子口味	草莓口味	檸檬口味
10.3	11.2	13.5
10.2	12.3	12.6
9.7	11.2	10.8
8.5	11.1	12.2
10.6	10.5	13.3
9.2	9.9	
11.2		

1. 點選【資料】→【資料分析】→【單因子變異數分析】。
2. 圈選其輸入範圍；資料為直向排列，所以選擇【逐欄】的分組方式。因資料逐欄的第一列為飲料口味，因此勾選【類別軸標記在第一列上(L)】。α 設為 0.1，並選擇其輸出範圍之儲存格。
3. 計算學生式 t 值，**指令：T.INV.2T(probability, deg_freedom)**，probability 即為顯著水準 0.1，deg_freedom 為組內自由度 15。
4. 最後計算最小顯著差異法(LSD)，其公式為 $t_{\frac{\alpha}{2},df_2}\sqrt{MSE(1/n_i+1/n_j)}$，並計算三種口味之銷售量差異值，與 LSD 值進行比較。

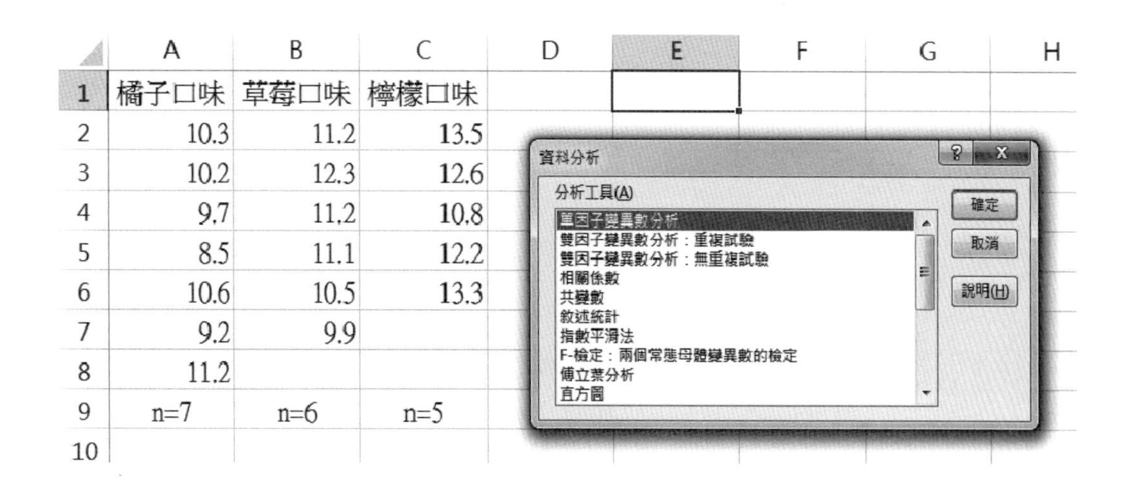

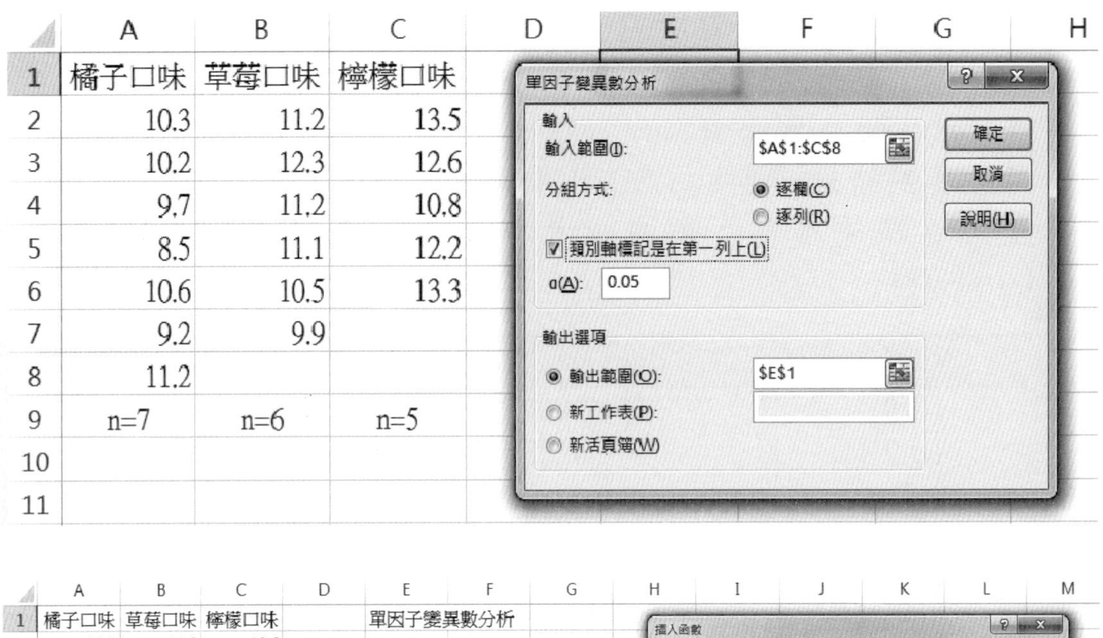
橘子口味
草莓口味
檸檬口味
10.3 11.2 13.5
10.2 12.3 12.6
9.7 11.2 10.8
8.5 11.1 12.2
10.6 10.5 13.3
9.2 9.9
11.2
n=7 n=6 n=5
單因子變異數分析
輸入
輸入範圍(I): $A$1:$C$8
分組方式: 逐欄(C) 逐列(R)
類別軸標記是在第一列上(L)
α(A): 0.05
輸出選項
輸出範圍(O): $E$1
新工作表(P):
新活頁簿(W)
確定
取消
說明(H)

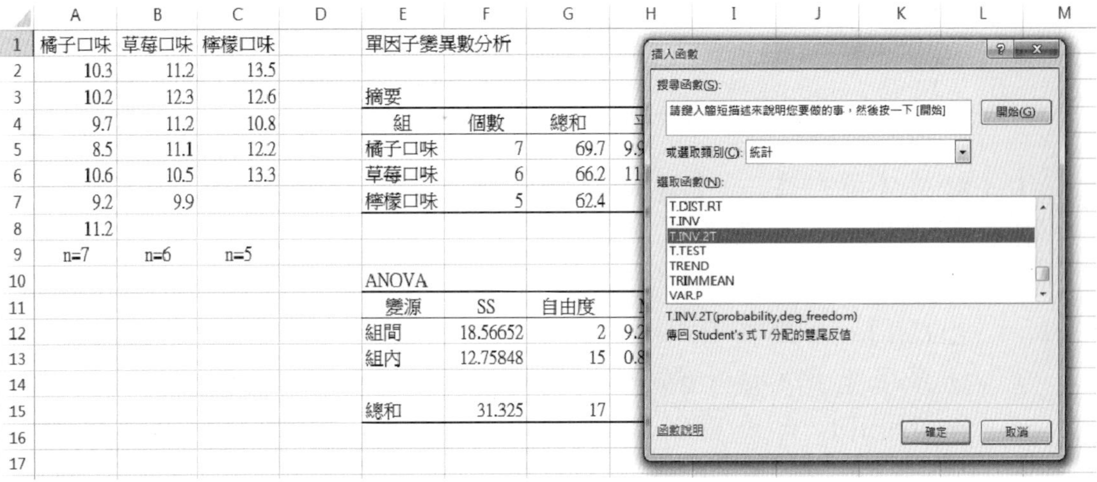
單因子變異數分析
摘要
組 個數 總和
橘子口味 7 69.7
草莓口味 6 66.2
檸檬口味 5 62.4
ANOVA
變源 SS 自由度
組間 18.56652 2
組內 12.75848 15
總和 31.325 17
插入函數
搜尋函數(S):
請鍵入簡短描述來說明您要做的事，然後按一下 [開始]
開始(G)
或選取類別(C): 統計
選取函數(N):
T.DIST.RT
T.INV
T.INV.2T
T.TEST
TREND
TRIMMEAN
VAR.P
T.INV.2T(probability,deg_freedom)
傳回 Student's 式 T 分配的雙尾反值
函數說明
確定
取消

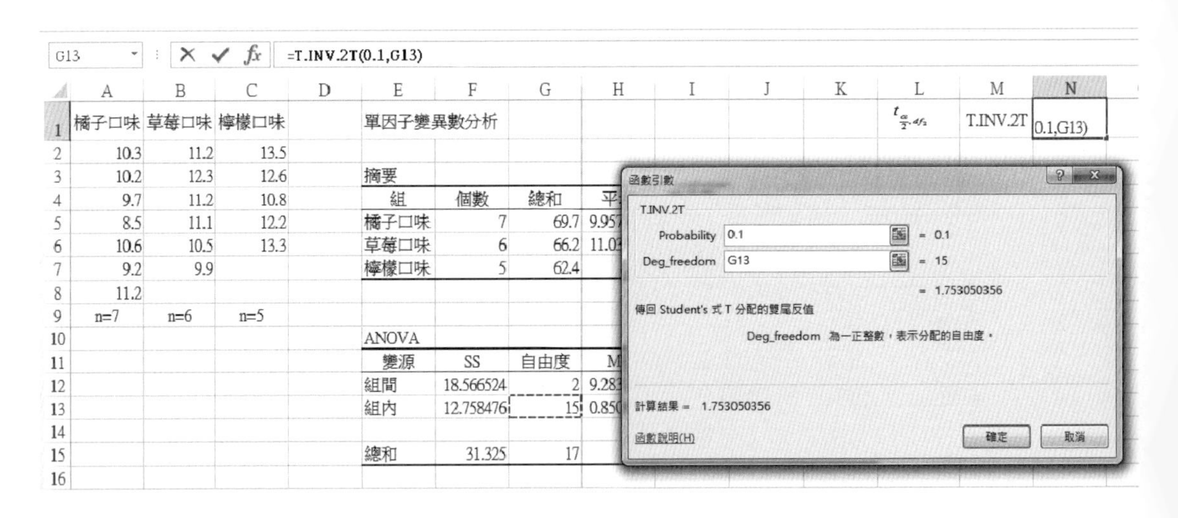
G13
=T.INV.2T(0.1,G13)
T.INV.2T
0.1,G13)
單因子變異數分析
摘要
組 個數 總和
橘子口味 7 69.7
草莓口味 6 66.2
檸檬口味 5 62.4
ANOVA
變源 SS 自由度
組間 18.566524 2
組內 12.758476 15
總和 31.325 17
函數引數
T.INV.2T
Probability 0.1 = 0.1
Deg_freedom G13 = 15
= 1.753050356
傳回 Student's 式 T 分配的雙尾反值
Deg_freedom 為一正整數，表示分配的自由度。
計算結果 = 1.753050356
函數說明(H)
確定
取消

ABS | =ABS(H5-H6)

	A	B	C	D	E	F	G	H	I	J	K	L	M	N	O
1	橘子口味	草莓口味	檸檬口味		單因子變異數分析							$t_{\frac{\alpha}{2},df_2}$	T.INV.2T	1.7530504	
2	10.3	11.2	13.5												
3	10.2	12.3	12.6		摘要								差異值		LSD
4	9.7	11.2	10.8		組	個數	總和	平均	變異數			橘子-草莓	=ABS(H5-H6)		
5	8.5	11.1	12.2		橘子口味	7	69.7	9.9571429	0.8161905			草莓-檸檬	ABS(number)		
6	10.6	10.5	13.3		草莓口味	6	66.2	11.033333	0.6466667			橘子-檸檬			
7	9.2	9.9			檸檬口味	5	62.4	12.48	1.157						
8	11.2														
9	n=7	n=6	n=5												
10					ANOVA										
11					變源	SS	自由度	MS	F	P-值	臨界值				
12					組間	18.566524	2	9.2832619	10.914229	0.0011866	2.6951729				
13					組內	12.758476	15	0.8505651							
14															
15					總和	31.325	17								
16															

ABS | =N1*SQRT(H13*(1/7+1/6))

	D	E	F	G	H	I	J	K	L	M	N	O	P	Q
1		單因子變異數分析							$t_{\frac{\alpha}{2},df_2}$	T.INV.2T	1.7530504			
2														
3		摘要								差異值		LSD		
4		組	個數	總和	平均	變異數			橘子-草莓	1.0761905		=N1*SQRT(H13*(1/7+1/6))		
5		橘子口味	7	69.7	9.9571429	0.8161905			草莓-檸檬					
6		草莓口味	6	66.2	11.033333	0.6466667			橘子-檸檬					
7		檸檬口味	5	62.4	12.48	1.157								
8														
9														
10		ANOVA												
11		變源	SS	自由度	MS	F	P-值	臨界值						
12		組間	18.566524	2	9.2832619	10.914229	0.0011866	2.6951729						
13		組內	12.758476	15	0.8505651									
14														
15		總和	31.325	17										
16														

ABS | =N$1*SQRT(H$13*(1/6+1/5))

	D	E	F	G	H	I	J	K	L	M	N	O	P	Q
1		單因子變異數分析							$t_{\frac{\alpha}{2},df_2}$	T.INV.2T	1.7530504			
2														
3		摘要								差異值		LSD		
4		組	個數	總和	平均	變異數			橘子-草莓	1.0761905		0.8994876		
5		橘子口味	7	69.7	9.9571429	0.8161905			草莓-檸檬	1.4466667		=N$1*SQRT(H$13*(1/6+1/5))		
6		草莓口味	6	66.2	11.033333	0.6466667			橘子-檸檬					
7		檸檬口味	5	62.4	12.48	1.157								
8														
9														
10		ANOVA												
11		變源	SS	自由度	MS	F	P-值	臨界值						
12		組間	18.566524	2	9.2832619	10.914229	0.0011866	2.6951729						
13		組內	12.758476	15	0.8505651									
14														
15		總和	31.325	17										
16														

	D	E	F	G	H	I	J	K	L	M	N	O
1		單因子變異數分析							$t_{\frac{\alpha}{2},df_2}$	T.INV.2T	1.7530504	
2												
3		摘要								差異值		LSD
4		組	個數	總和	平均	變異數			橘子-草莓	1.0761905	>	0.8994876
5		橘子口味	7	69.7	9.9571429	0.8161905			草莓-檸檬	1.4466667	>	0.9790027
6		草莓口味	6	66.2	11.033333	0.6466667			橘子-檸檬	2.5228571	>	0.9466834
7		檸檬口味	5	62.4	12.48	1.157						
8												
9												
10		ANOVA										
11		變源	SS	自由度	MS	F	P-值	臨界值				
12		組間	18.566524	2	9.2832619	10.914229	0.0011866	2.6951729				
13		組內	12.758476	15	0.8505651							
14												
15		總和	31.325	17								

於 ANOVA 分析中，F=10.91423 大於臨界值($F_{0.1,2,15}$)=2.6952(或 2.695173)，表示在α=0.1 情況下三種口味銷售量具顯著差異。利用 LSD 法可得知：

橘子、草莓間差異值=1.07 > LSD=0.899488，有顯著差異。

草莓、檸檬間差異值=1.45 > LSD=0.979003，有顯著差異。

橘子、檸檬間差異值=2.52 > LSD=0.946684，有顯著差異。

R (RStudio) 範例

重複數相同

例：今有 A、B、C 三種奶粉，每種隨機取四罐，分別測定其蛋白質含量，試比較三種奶粉之蛋白質含量有無差異。如差異達顯著水準，則再以最小顯著差異法(LSD)檢定差異所在($\alpha = 0.05$)。

重複/奶粉	A	B	C
1	17	19	20
2	18	18	23
3	15	16	21
4	14	15	20

1. 首先定義並載入資料

```
# 定義資料
df <- data.frame(
  group = c("A","A","A","A","B","B","B","B","C","C","C","C"),
  value = c(17,18,15,14,19,18,16,15,20,23,21,20)
)
```

這時可以使用 df （物件名稱）指令確認資料框架內容和結構

```
# 確認資料框架內容和結構
df
```

```
> df
   group value
1      A    17
2      A    18
3      A    15
4      A    14
5      B    19
6      B    18
7      B    16
8      B    15
9      C    20
10     C    23
11     C    21
12     C    20
```

然後進行 ANOVA 模型建立和分析:

model <- aov(value ~ group, data = df)

summary(model)

將此兩行指令反白後，按下執行 Run 按鈕

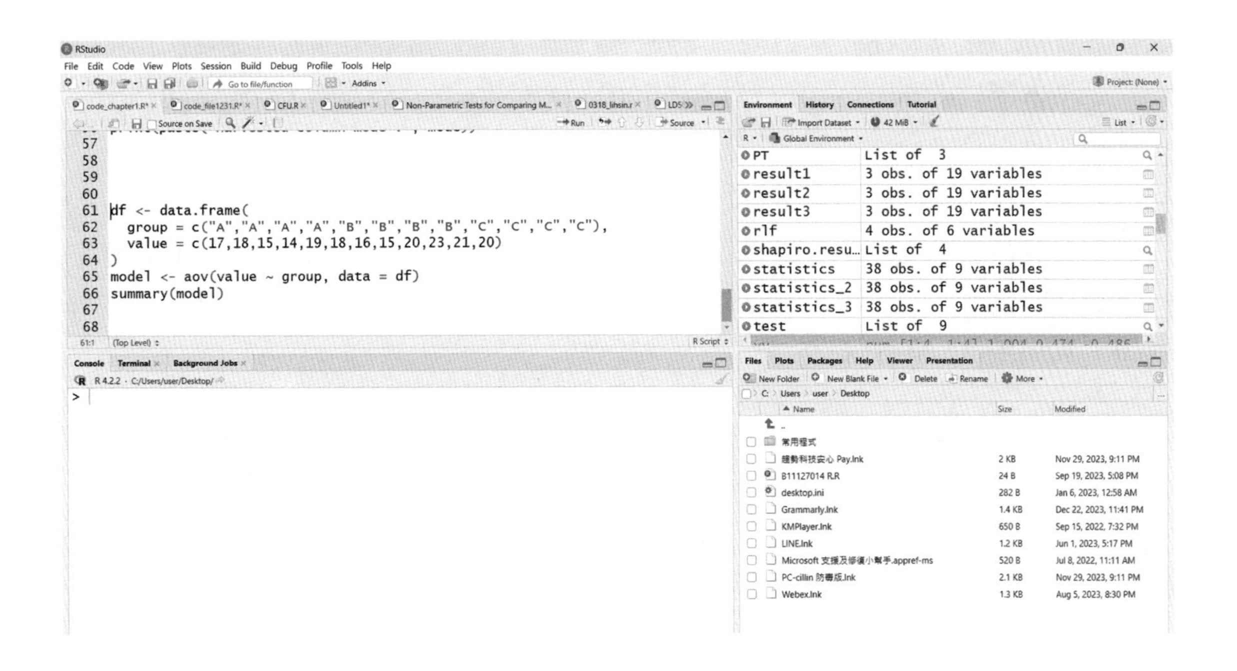

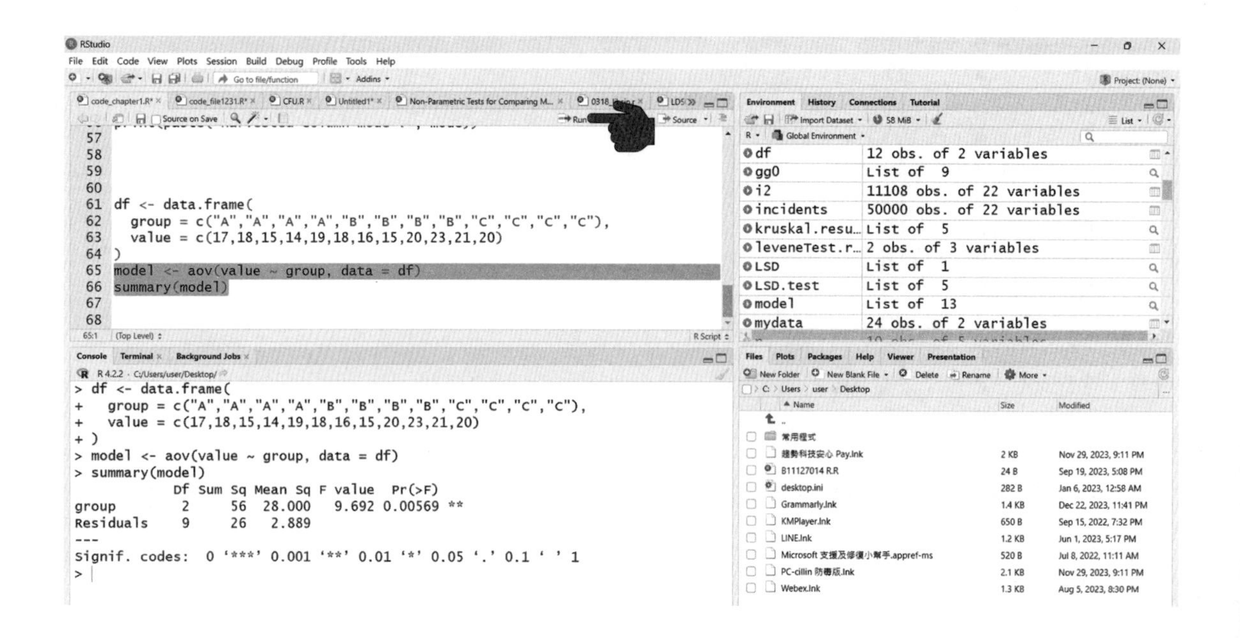

```
> summary(model)
            Df Sum Sq Mean Sq F value  Pr(>F)
group        2     56  28.000   9.692 0.00569 **
Residuals    9     26   2.889
---
Signif. codes:  0 '***' 0.001 '**' 0.01 '*' 0.05 '.' 0.1 ' ' 1
```

使用 aov()函數建立一個以 value 為依變項,group 為自變項的單因子 ANOVA 模型。並用 summary()查看結果，P 值 (Pr = 0.00569) 小於 0.05,表示存在顯著差異。

最後下載並使用 agricolae 封包中的 LSD.test 函數來繪製 ANOVA 分析的簡圖,並顯示組間比較信息。

install.packages("agricolae")

library(agricolae)

LSD 事後比較

LSD.test <- LSD.test(model, "group"); LSD.test

反白此行指令後，點選執行 Run 按鈕

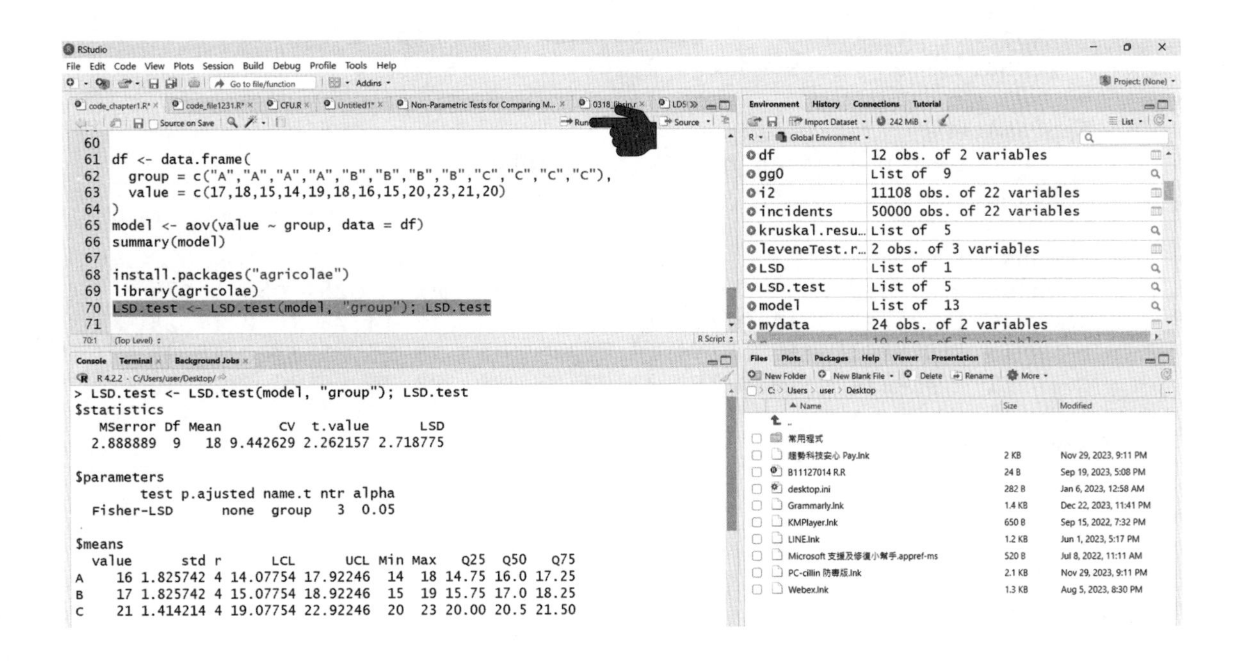

```
> # LSD事後比較
> LSD.test <- LSD.test(model, "group"); LSD.test
$statistics
   MSerror Df Mean       CV  t.value      LSD
  2.888889  9   18 9.442629 2.262157 2.718775

$parameters
        test p.ajusted name.t ntr alpha
  Fisher-LSD      none  group   3  0.05

$means
  value      std r      LCL      UCL Min Max   Q25  Q50   Q75
A    16 1.825742 4 14.07754 17.92246  14  18 14.75 16.0 17.25
B    17 1.825742 4 15.07754 18.92246  15  19 15.75 17.0 18.25
C    21 1.414214 4 19.07754 22.92246  20  23 20.00 20.5 21.50

$comparison
NULL

$groups
  value groups
C    21      a
B    17      b
A    16      b

attr(,"class")
[1] "group"
```

$statistics:
MSerror - 均方誤差 Df - 自由度 Mean - 各組均值 CV - 變異係數
t.value - t 檢定值 LSD - 最小顯著差異 (2.718775)

$parameters: test - 比較方法 (Fisher LSD)
name.t - 組別名稱 ntr - 組數量 alpha - 顯著性水準

$means: 每組的均值、標準誤、變異係數、可信區間、極值、四分位數等統計量
$comparison: 組間多重比較的 P 值,這裡顯示為 NULL

$groups: 顯示事後比較的分組結果 A、B 組無顯著差異 C 組與其他兩組有顯著差異

#繪製出簡圖

plot(LSD.test)

指令反白後，點選執行 Run 按鈕

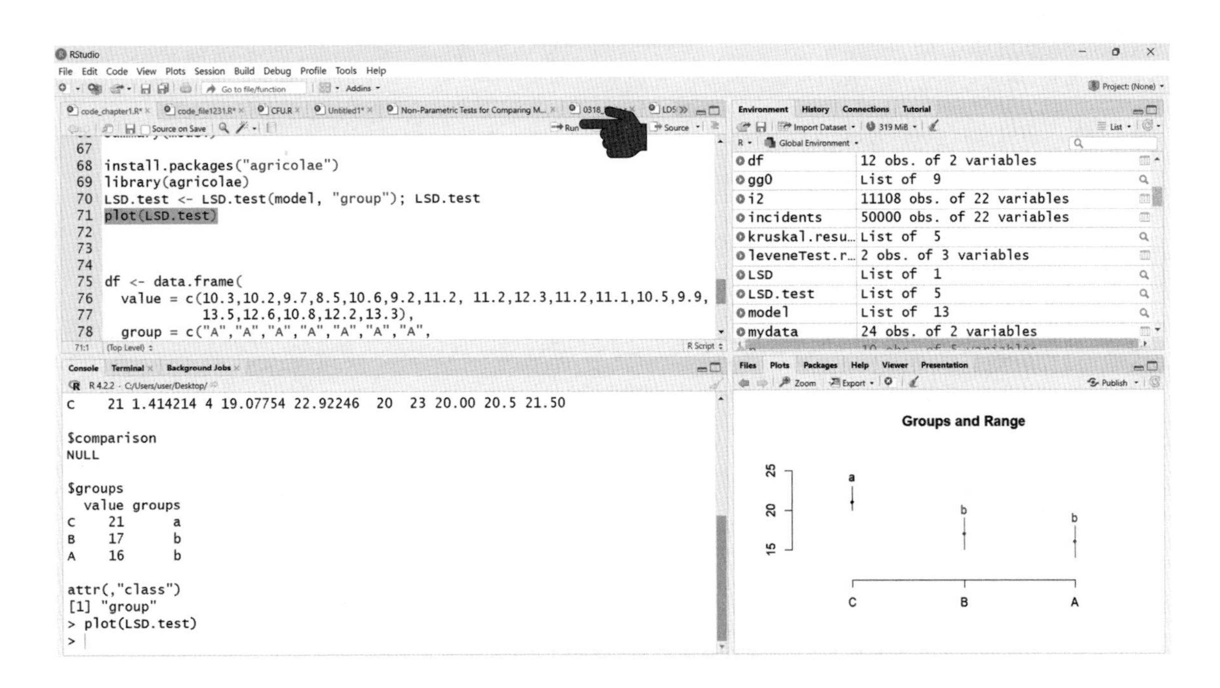

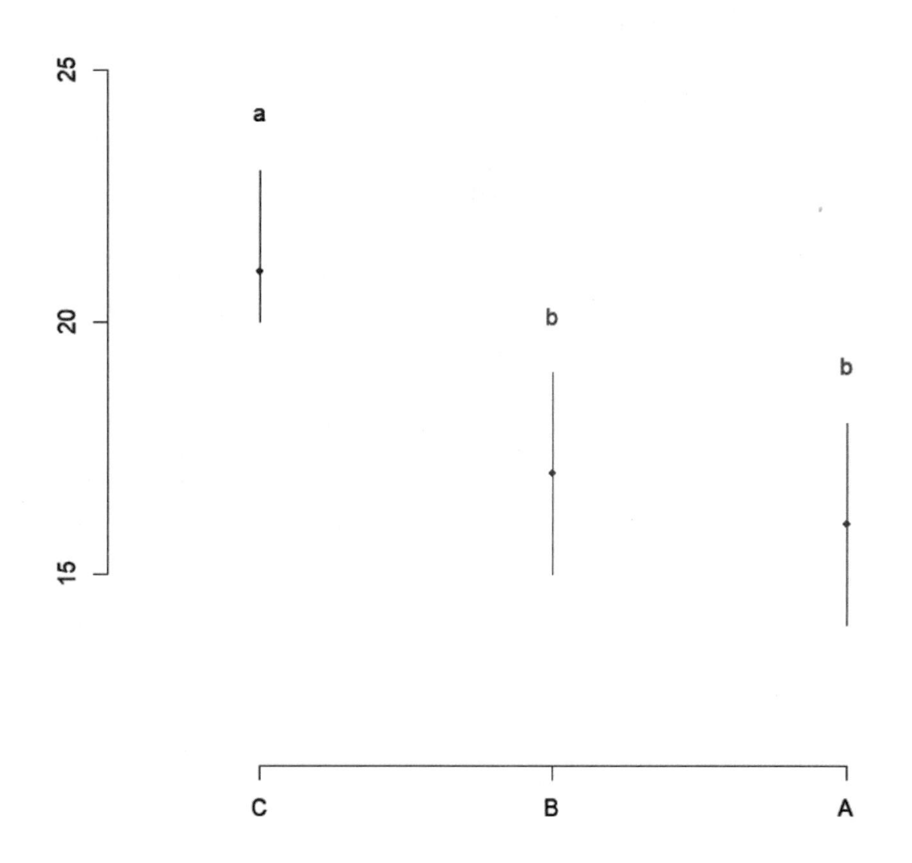

以 3 種奶粉為 X 軸，蛋白質含量為 Y 軸，平均值（點），以及標準差做圖，可以發現事後比較 LSD 法將結果分為兩組，C 品牌奶粉的蛋白質含量顯著高於其他兩種奶粉 (A、B)。

二、重複數不同

例：在某地區同一飲料有 3 種口味，隨機調查各口味每日銷售量，試比較消費者對不同口味的飲料喜好是否有顯著差異，若有顯著差異則請進一步以 LSD 找出顯著差異在哪些口味間(α=0.1)。如差異達顯著水準，則再以最小顯著差異法(LSD)檢定差異所在($\alpha = 0.05$)。

橘子口味	草莓口味	檸檬口味
10.3	11.2	13.5
10.2	12.3	12.6
9.7	11.2	10.8
8.5	11.1	12.2
10.6	10.5	13.3
9.2	9.9	
11.2		

```
# 重新組織數據
df <- data.frame(
 value = c(10.3,10.2,9.7,8.5,10.6,9.2,11.2,
             11.2,12.3,11.2,11.1,10.5,9.9,
             13.5,12.6,10.8,12.2,13.3),
group = c("A","A","A","A","A","A","A",
"B","B","B","B","B","B",
"C","C","C","C","C")
)
```

查看數據結構

df

```
> df
   value group
1   10.3     A
2   10.2     A
3    9.7     A
4    8.5     A
5   10.6     A
6    9.2     A
7   11.2     A
8   11.2     B
9   12.3     B
10  11.2     B
11  11.1     B
12  10.5     B
13   9.9     B
14  13.5     C
15  12.6     C
16  10.8     C
17  12.2     C
18  13.3     C
```

然後進行 ANOVA 模型建立和分析：

model <- aov(value ~ group, data = df)

summary(model)

將上述指令反白後，點選執行 Run 按鈕

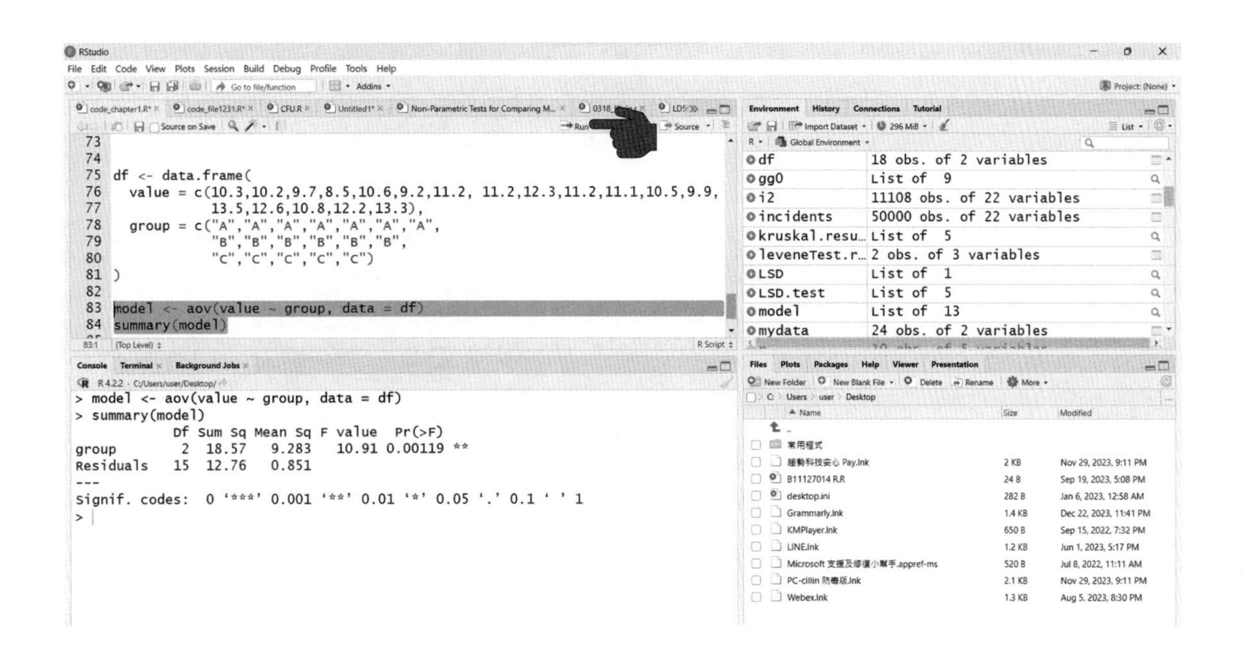

使用 aov()函數建立一個以 value 為依變項,group 為自變項的單因子 ANOVA 模型。並用 summary()查看結果,P 值 (Pr = 0.00119) 小於 0.05,表示存在顯著差異。

最後使用 agricolae 封包中的 LSD.test 函數來繪製 ANOVA 分析的簡圖,並顯示組間比較信息。

library(agricolae)

LSD 事後比較

LSD.test <- LSD.test(model, "group", alpha = 0.1); LSD.test

將上述指令反白後，點選執行 Run 按鈕

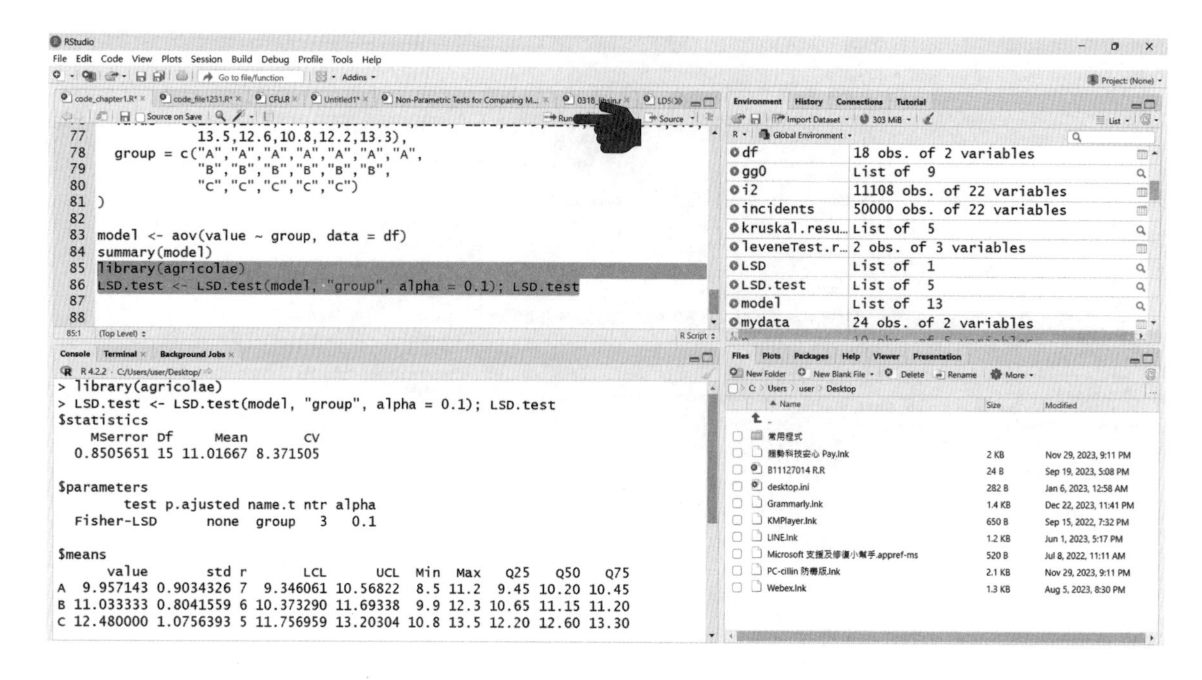

```
$statistics
   MSerror Df     Mean       CV
  0.8505651 15 11.01667 8.371505

$parameters
        test p.ajusted name.t ntr alpha
  Fisher-LSD      none  group   3   0.1

$means
      value       std r       LCL      UCL Min  Max   Q25   Q50   Q75
A  9.957143 0.9034326 7  9.346061 10.56822  8.5 11.2  9.45 10.20 10.45
B 11.033333 0.8041559 6 10.373290 11.69338  9.9 12.3 10.65 11.15 11.20
C 12.480000 1.0756393 5 11.756959 13.20304 10.8 13.5 12.20 12.60 13.30

$comparison
NULL

$groups
      value groups
C 12.480000      a
B 11.033333      b
A  9.957143      c

attr(,"class")
[1] "group"
```

$statistics:

MSerror - 均方誤差 Df - 自由度 Mean - 各組均值 CV - 變異係數

$parameters: test - 比較方法 (Fisher LSD)
name.t - 組別名稱 ntr - 組數量 alpha - 顯著性水準

$means: 每組的均值、標準誤、變異係數、可信區間、極值、四分位數等統計量
$comparison: 組間多重比較的 p 值,這裡顯示為 NULL

$groups: 顯示事後比較的分組結果 A,B 組無顯著差異 C 組與其他兩組有顯著差異

#繪製出簡圖

plot(LSD.test)

指令反白後，點選執行 Run 按鈕

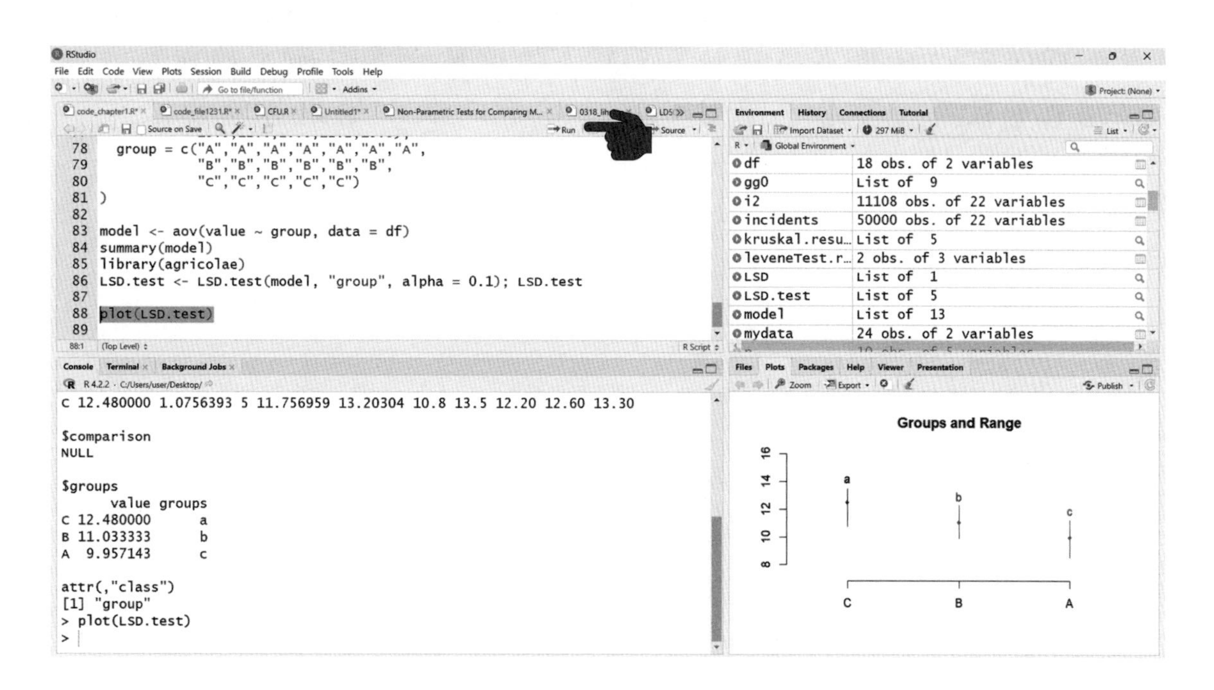

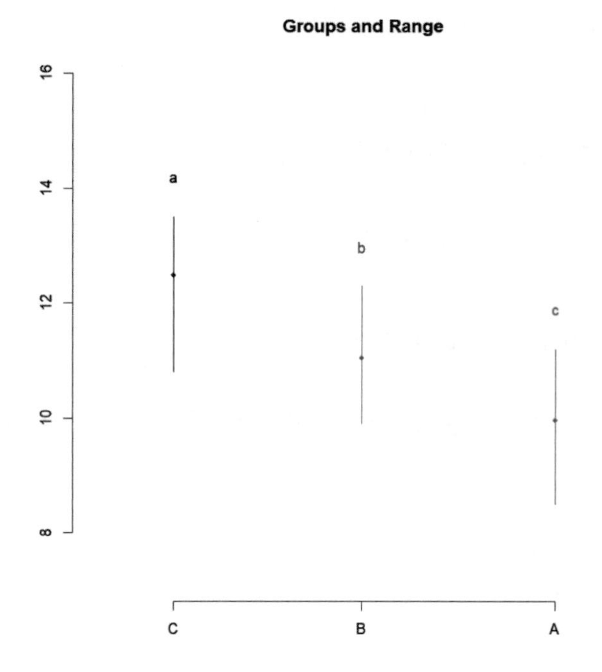

以 3 種口味為 X 軸，銷售量為 Y 軸，平均值（點），以及標準差做圖，可以發現事後比較 LSD 法將結果分為三組，檸檬口味 C 組銷售量最高，草莓口味 B 次之，橘子口味 A 的銷售量最低。

CHAPTER 13 簡單直線回歸及相關

蔡添順　國立屏東科技大學生物科技系
林汶鑫　國立屏東科技大學農園生產系

Microsoft Excel 範例

一、資料分析

例：經由隨機取樣的十頭豬，欲建立其體高與體重之回歸模式。

豬號	1	2	3	4	5	6	7	8	9	10
體高(cm)	58	53	62	59	57	60	63	55	56	52
體重(kg)	49	42	59	50	49	60	61	50	46	44

(一) 點選【資料分析】→【回歸】。

(二) Y 軸輸入體重範圍；X 軸輸入體高範圍。選擇輸出範圍，並勾選【殘差圖】及【樣本回歸線圖】。

(三) 修改座標軸之最大、最小值。

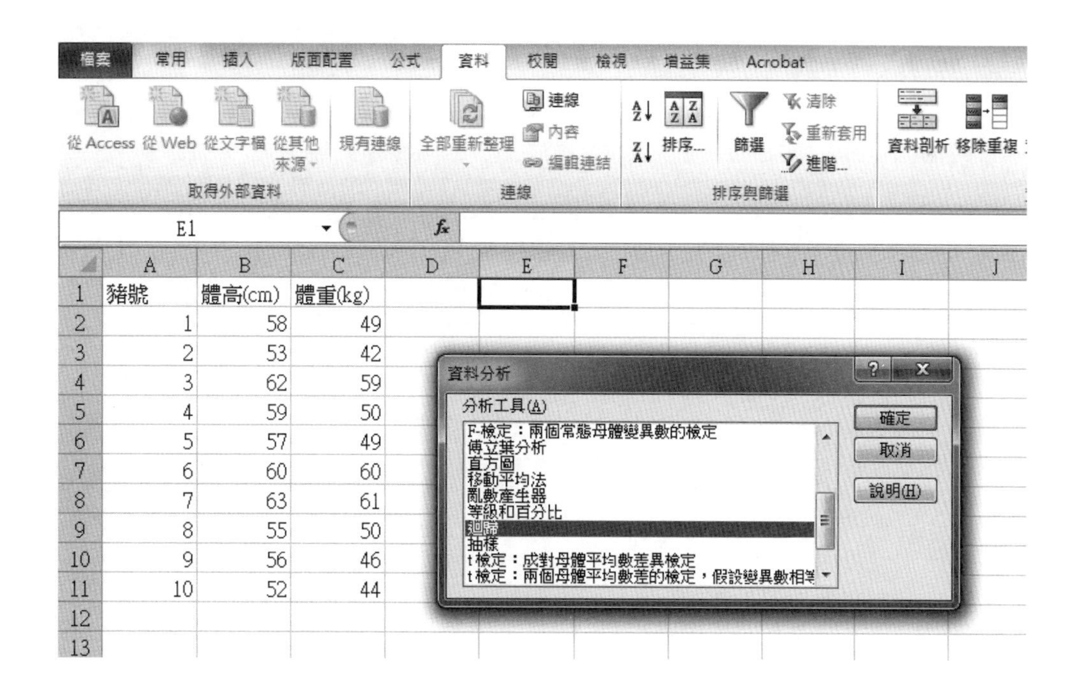

	A	B	C
1	豬號	體高(cm)	體重(kg)
2	1	58	49
3	2	53	42
4	3	62	59
5	4	59	50
6	5	57	49
7	6	60	60
8	7	63	61
9	8	55	50
10	9	56	46
11	10	52	44

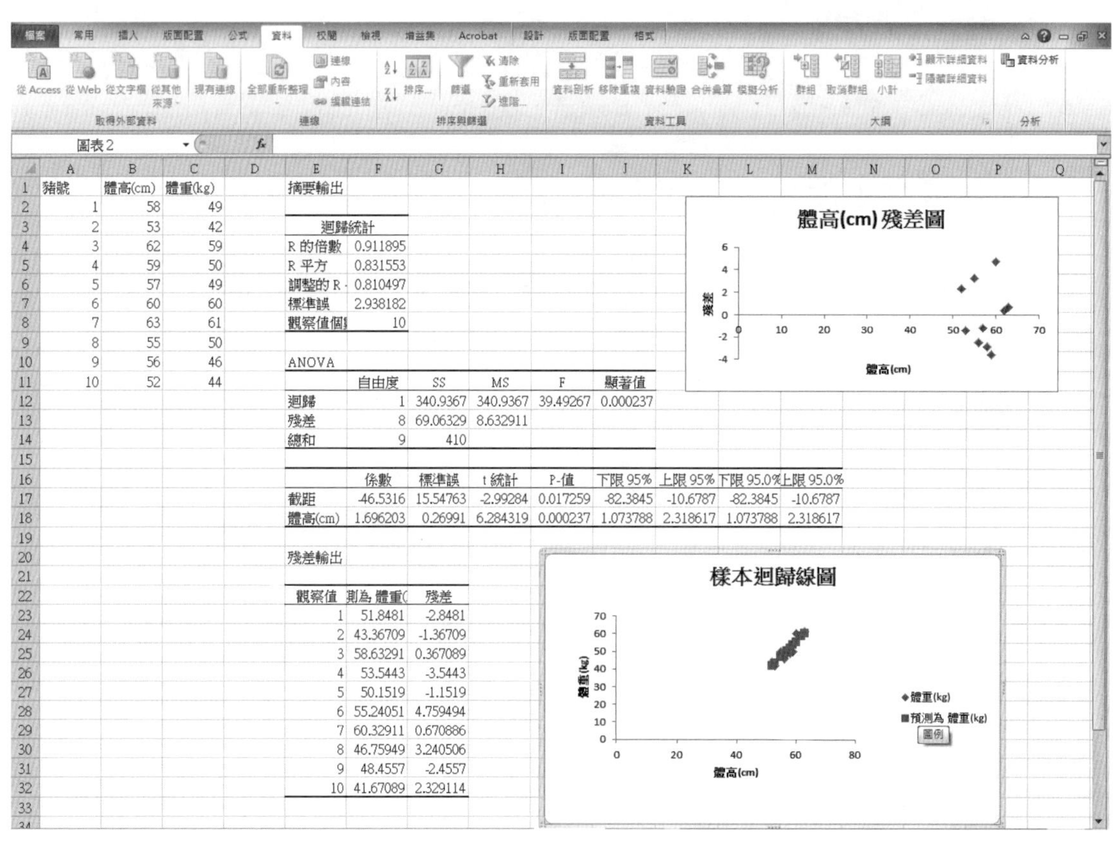

摘要輸出

迴歸統計	
R 的倍數	0.911895
R 平方	0.831553
調整的 R	0.810497
標準誤	2.938182
觀察值個數	10

ANOVA

	自由度	SS	MS	F	顯著值
迴歸	1	340.9367	340.9367	39.49267	0.000237
殘差	8	69.06329	8.632911		
總和	9	410			

	係數	標準誤	t 統計	P-值	下限 95%	上限 95%	下限 95.0%	上限 95.0%
截距	-46.5316	15.54763	-2.99284	0.017259	-82.3845	-10.6787	-82.3845	-10.6787
體高(cm)	1.696203	0.26991	6.284319	0.000237	1.073788	2.318617	1.073788	2.318617

殘差輸出

觀察值	預測為 體重(	殘差
1	51.8481	-2.8481
2	43.36709	-1.36709
3	58.63291	0.367089
4	53.5443	-3.5443
5	50.1519	-1.1519
6	55.24051	4.759494
7	60.32911	0.670886
8	46.75949	3.240506
9	48.4557	-2.4557
10	41.67089	2.329114

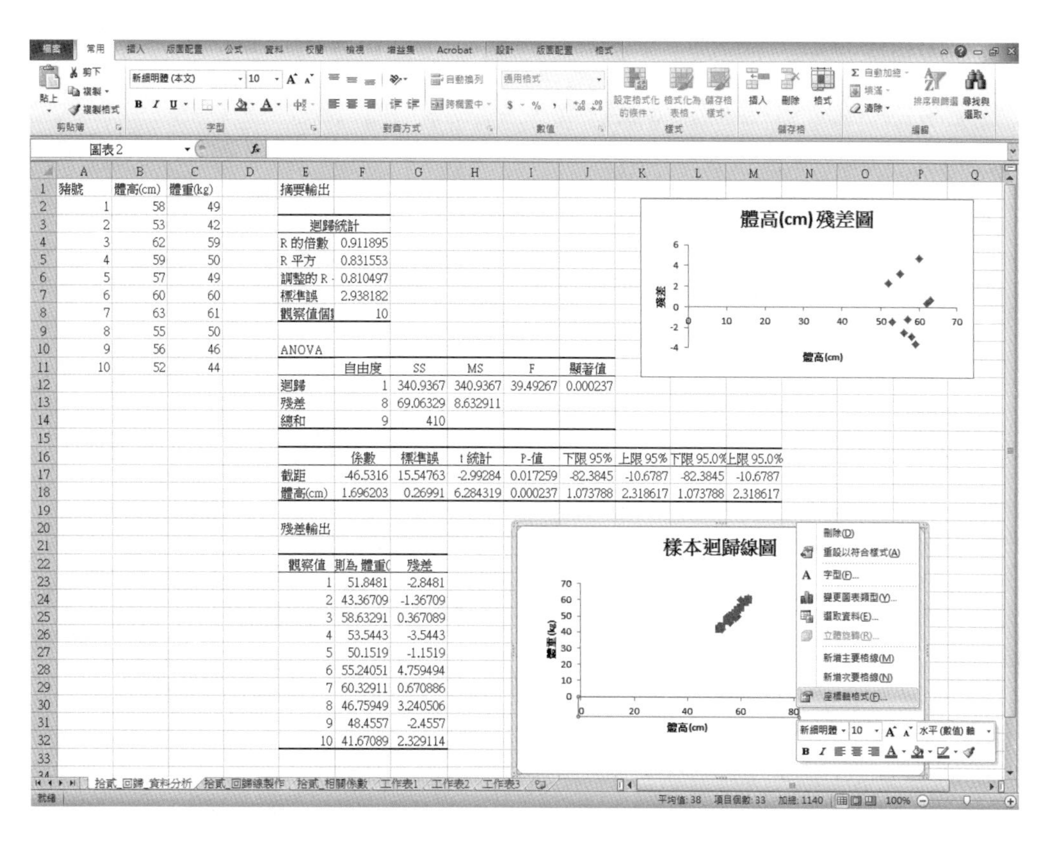
體高(cm) 殘差圖
殘差
體高(cm)
樣本迴歸線圖
體重(kg)
體高(cm)
刪除(D)
重設以符合樣式(A)
字型(F)...
變更圖表類型(Y)...
選取資料(E)...
立體旋轉(R)...
新增主要格線(M)
新增次要格線(N)
座標軸格式(F)...

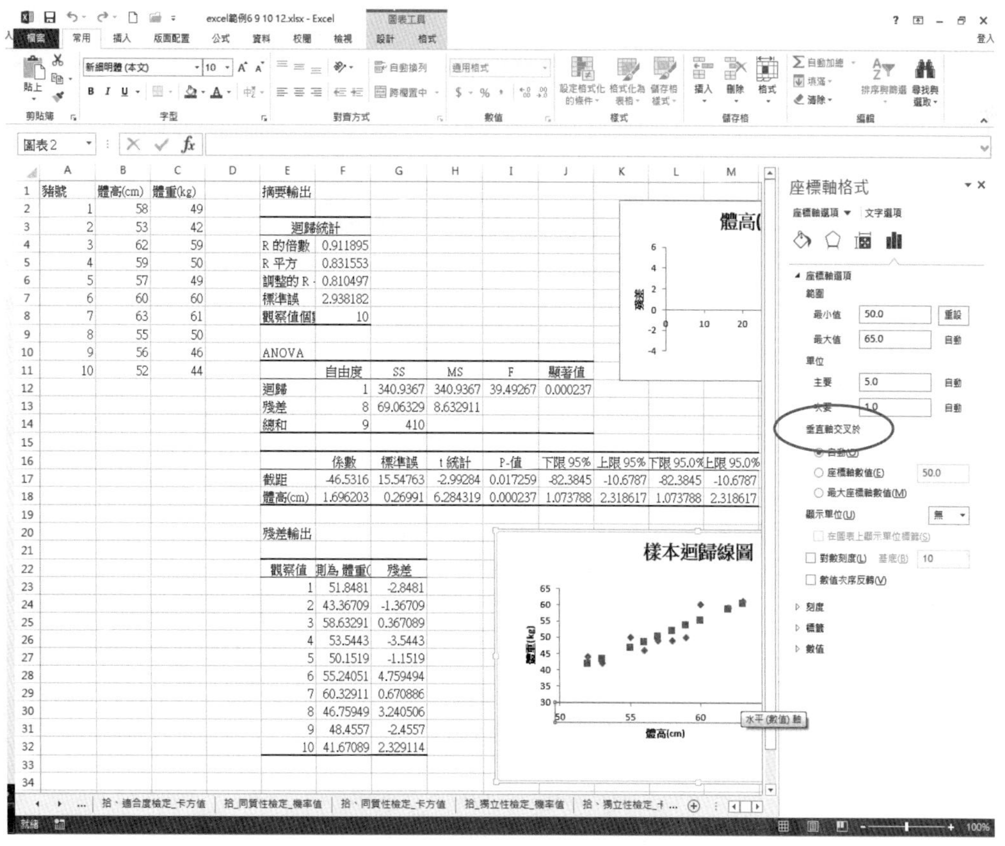
座標軸格式
座標軸選項
文字選項
最小值 50.0
最大值 65.0
主要 5.0
次要 1.0
垂直軸交叉於
座標軸數值(E) 50.0
最大座標軸數值(M)
顯示單位(U)
對數刻度(L)
數值次序反轉(V)
樣本迴歸線圖
體重(kg)
體高(cm)
水平 (數值) 軸

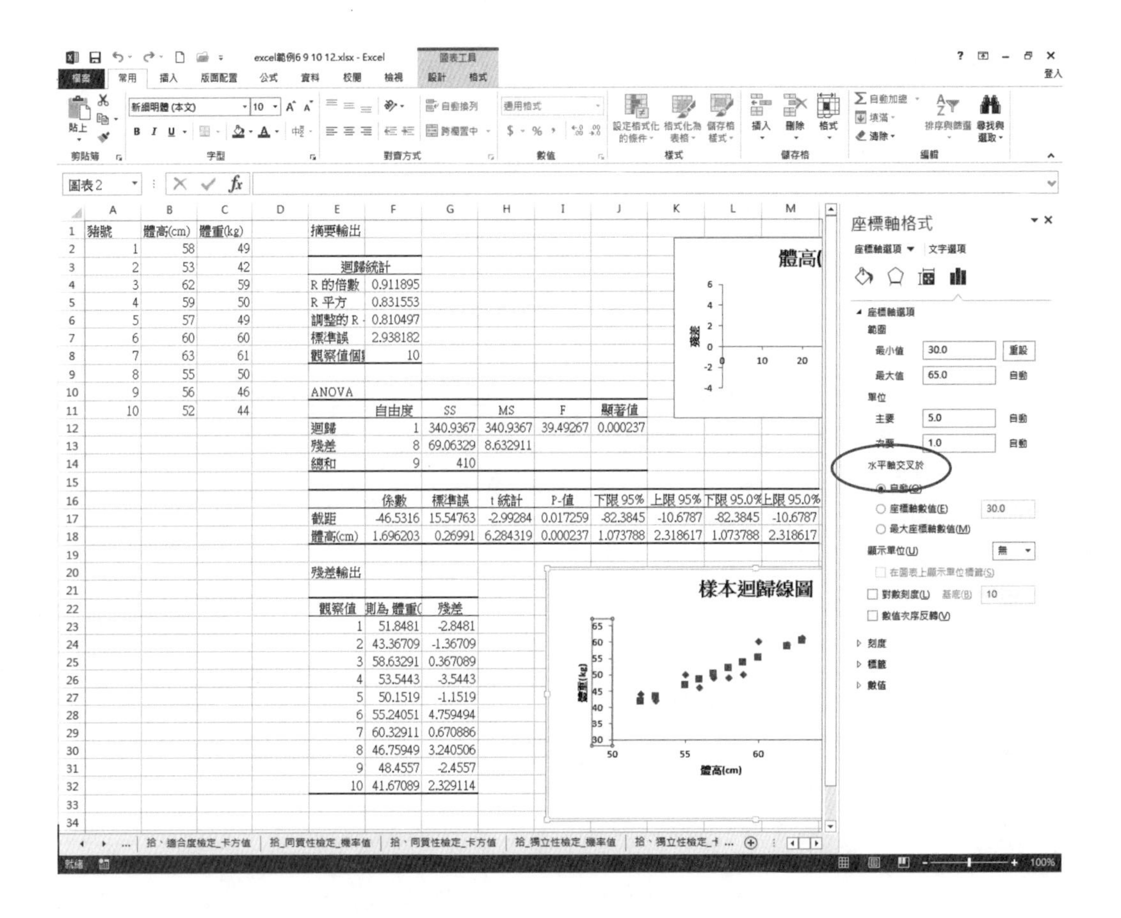
excel範例6 9 10 12.xlsx - Excel
圖表工具
檔案 常用 插入 版面配置 公式 資料 校閱 檢視 設計 格式
圖表 2
豬號 體高(cm) 體重(kg)
1 58 49
2 53 42
3 62 59
4 59 50
5 57 49
6 60 60
7 63 61
8 55 50
9 56 46
10 52 44
摘要輸出
迴歸統計
R 的倍數 0.911895
R 平方 0.831553
調整的 R 0.810497
標準誤 2.938182
觀察值個數 10
ANOVA
自由度 SS MS F 顯著值
迴歸 1 340.9367 340.9367 39.49267 0.000237
殘差 8 69.06329 8.632911
總和 9 410
係數 標準誤 t 統計 P-值 下限 95% 上限 95% 下限 95.0% 上限 95.0%
截距 -46.5316 15.54763 -2.99284 0.017259 -82.3845 -10.6787 -82.3845 -10.6787
體高(cm) 1.696203 0.26991 6.284319 0.000237 1.073788 2.318617 1.073788 2.318617
殘差輸出
觀察值 預測為 體重(殘差
1 51.8481 -2.8481
2 43.36709 -1.36709
3 58.63291 0.367089
4 53.5443 -3.5443
5 50.1519 -1.1519
6 55.24051 4.759494
7 60.32911 0.670886
8 46.75949 3.240506
9 48.4557 -2.4557
10 41.67089 2.329114
樣本迴歸線圖
體重(kg)
體高(cm)
座標軸格式
座標軸選項 文字選項
座標軸選項
範圍
最小值 30.0 重設
最大值 65.0 自動
單位
主要 5.0 自動
次要 1.0 自動
水平軸交叉於
自動(O)
座標軸數值(E) 30.0
最大座標軸數值(M)
顯示單位(U) 無
在圖表上顯示單位標籤(S)
對數刻度(L) 基底(B) 10
數值次序反轉(V)
刻度
標籤
數值

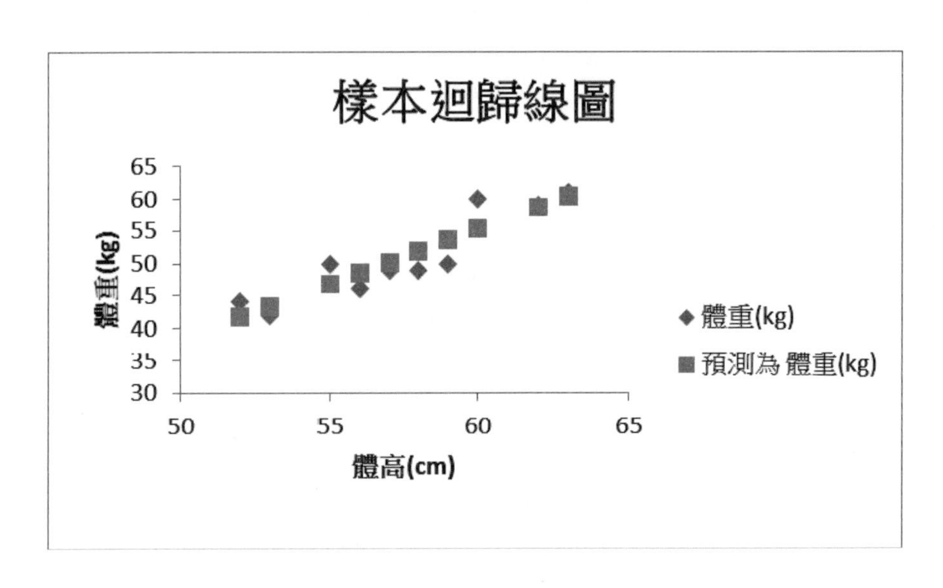
樣本迴歸線圖
65
60
55
50
45
40
35
30
體重(kg)
50
55
60
65
體高(cm)
◆ 體重(kg)
■ 預測為 體重(kg)

二、回歸線製作

例：十頭豬的體高與體重回歸線製作。

豬號	1	2	3	4	5	6	7	8	9	10
體高(cm)	58	53	62	59	57	60	63	55	56	52
體重(kg)	49	42	59	50	49	60	61	50	46	44

(一) 點選【插入】中【散佈圖】的【帶有資料標記的 XY 散佈圖】。

(二) 選取體重與體高資料，X 軸為體高資料；Y 軸為體重資料。

(三) 點選散佈圖中的資料標記點，按右鍵，選擇【加上趨勢線】。

(四) 選擇【線性】類型，並勾選【圖表上顯示公式】及【圖表上顯示 R 平方值】。

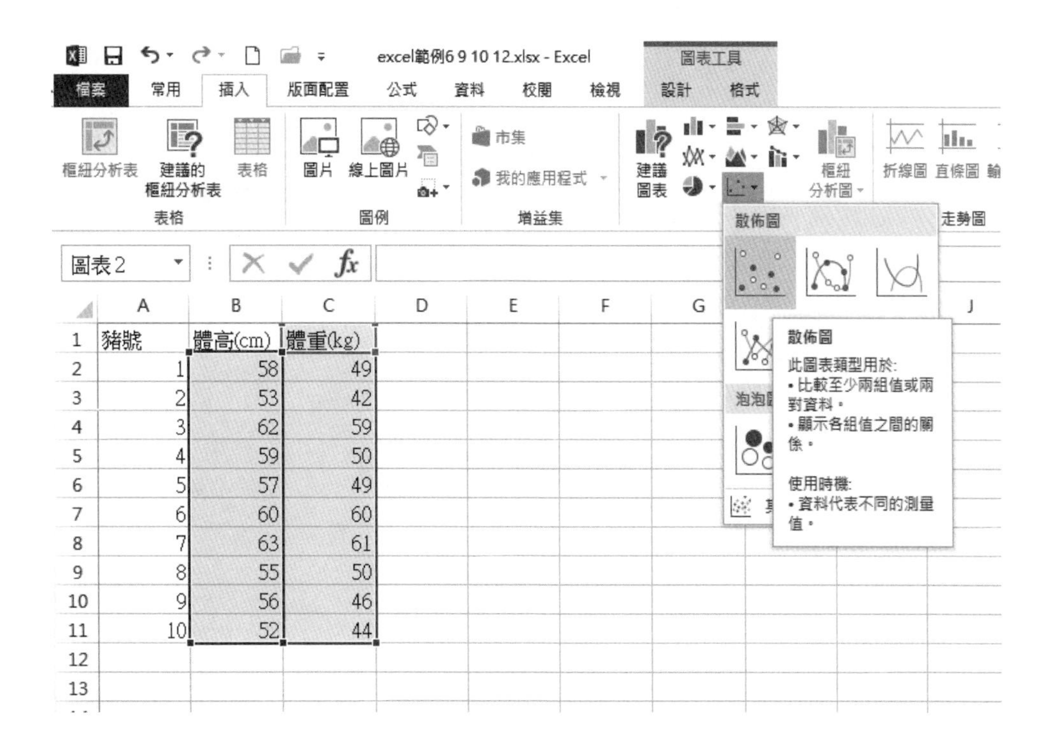

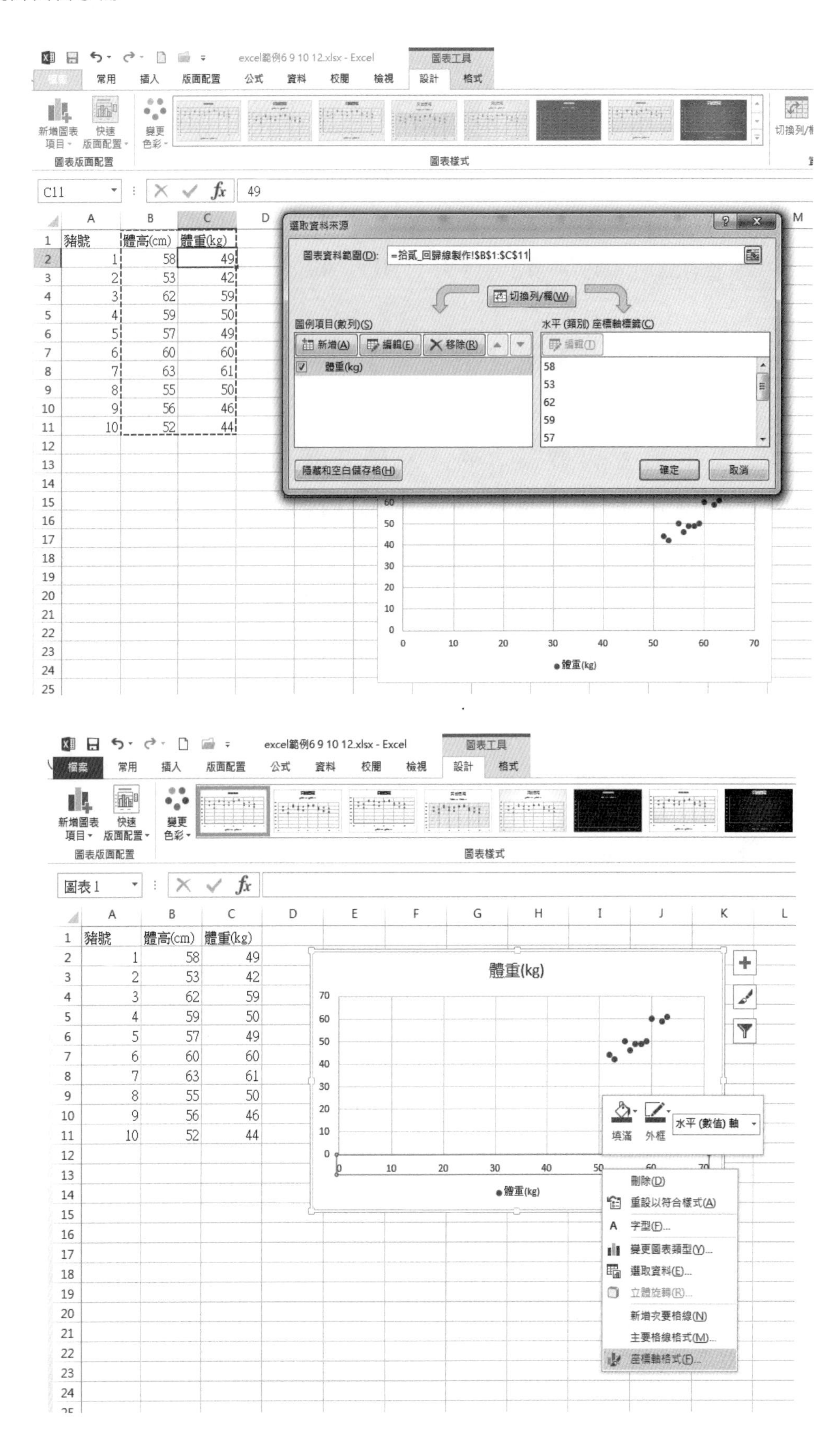

excel範例6 9 10 12.xlsx - Excel
圖表工具
常用
插入
版面配置
公式
資料
校閱
檢視
設計
格式
新增圖表項目
快速版面配置
變更色彩
圖表版面配置
圖表樣式
切換列/欄
C11
49
豬號
體高(cm)
體重(kg)
選取資料來源
圖表資料範圍(D):
=拾貳_回歸線製作!$B$1:$C$11
切換列/欄(W)
圖例項目(數列)(S)
新增(A)
編輯(E)
移除(R)
體重(kg)
水平 (類別) 座標軸標籤(C)
編輯(T)
58
53
62
59
57
隱藏和空白儲存格(H)
確定
取消
體重(kg)
圖表 1
填滿
外框
水平 (數值) 軸
刪除(D)
重設以符合樣式(A)
字型(F)...
變更圖表類型(Y)...
選取資料(E)...
立體旋轉(R)...
新增次要格線(N)
主要格線格式(M)...
座標軸格式(F)...

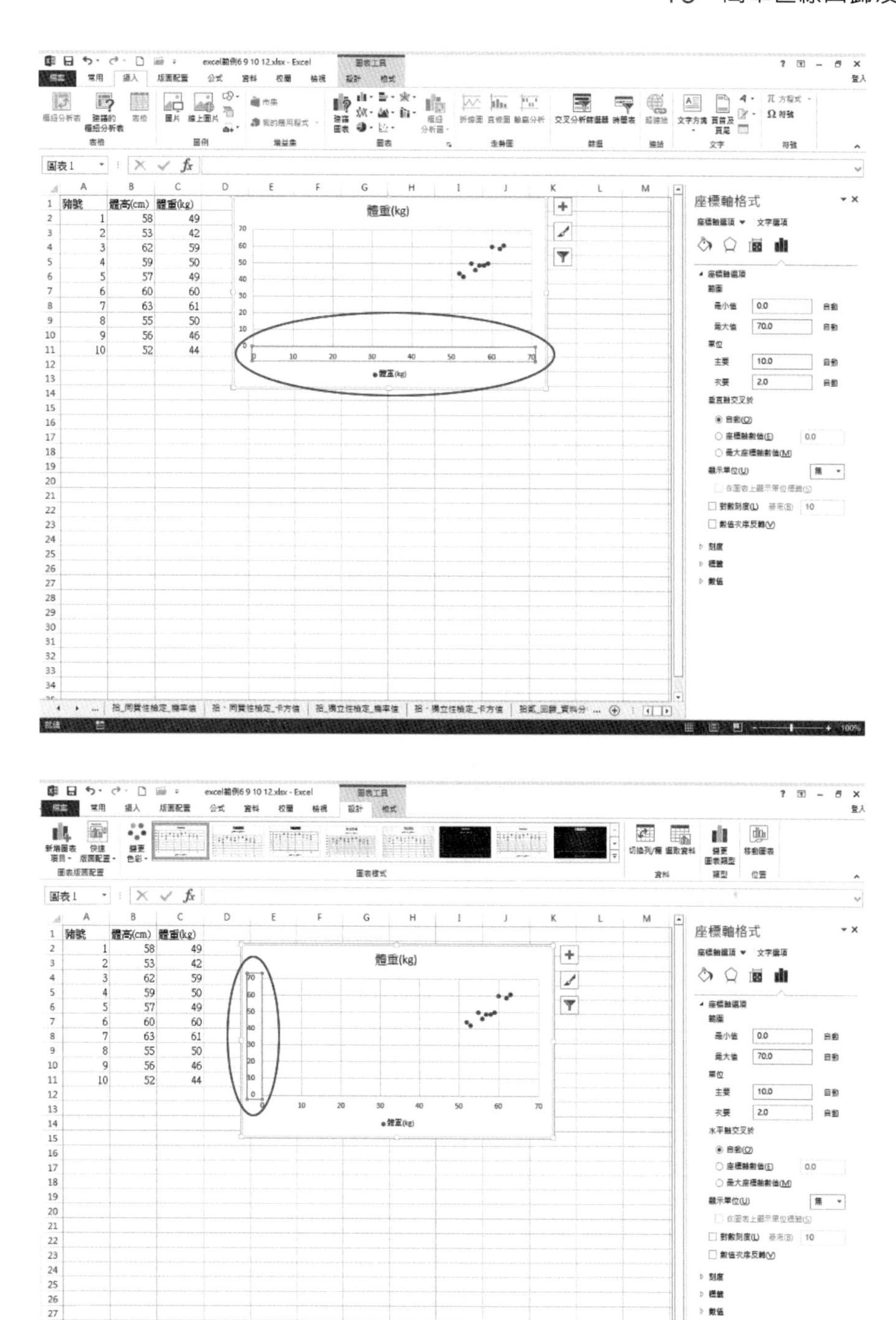
excel範例6 9 10 12.xlsx - Excel
圖表工具
座標軸格式
體重(kg)
豬號
體高(cm)
體重(kg)
最小值 0.0
最大值 70.0
主要 10.0
次要 2.0
垂直軸交叉於
水平軸交叉於

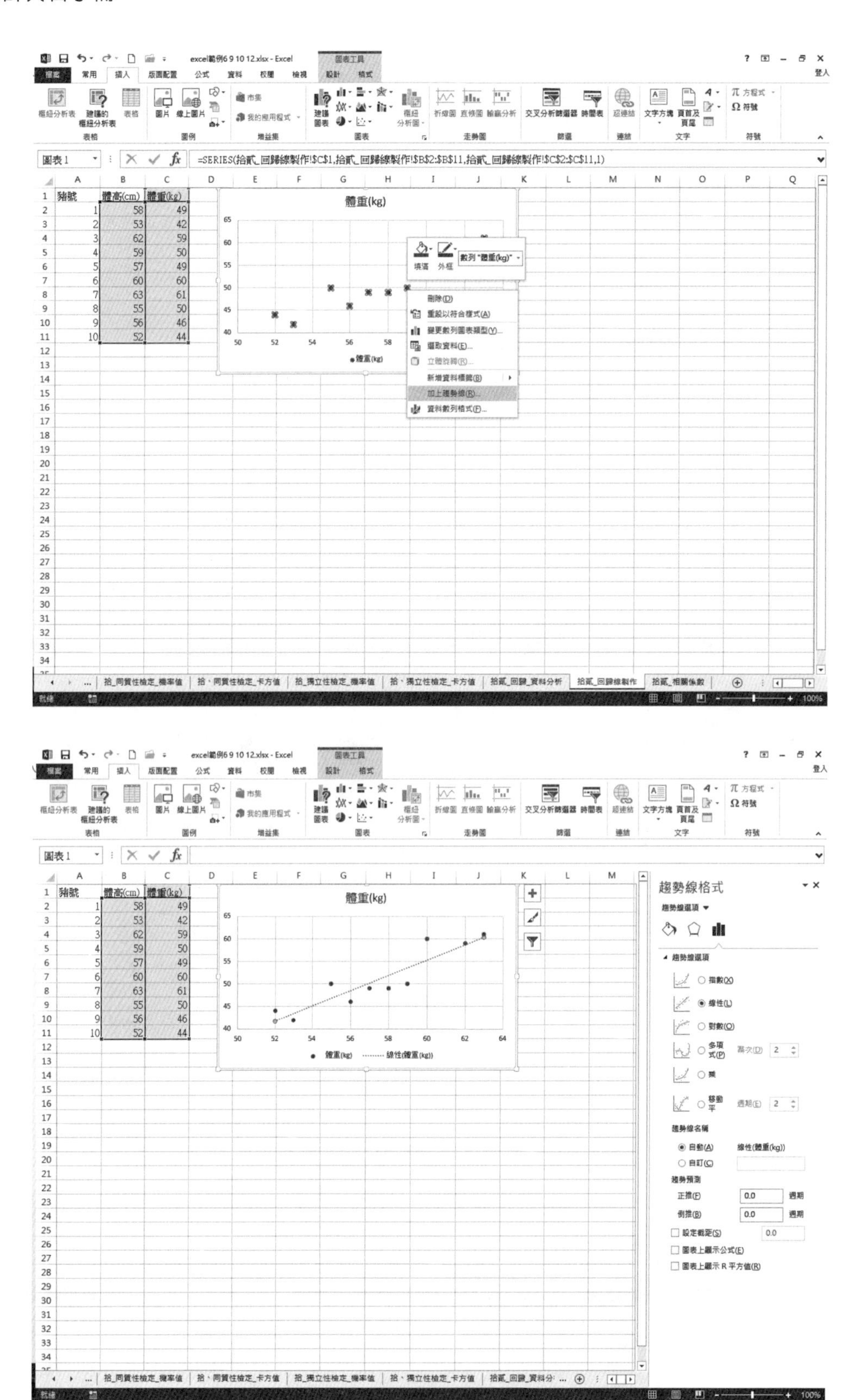
excel範例6 9 10 12.xlsx - Excel
圖表工具
=SERIES(拾貳_回歸線製作!$C$1,拾貳_回歸線製作!$B$2:$B$11,拾貳_回歸線製作!$C$2:$C$11,1)
豬號
體高(cm)
體重(kg)
體重(kg)
刪除(D)
重設以符合樣式(A)
變更數列圖表類型(Y)...
選取資料(E)...
立體旋轉(R)...
新增資料標籤(B)
加上趨勢線(R)...
資料數列格式(F)...
體重(kg)
線性(體重(kg))
趨勢線格式
趨勢線選項
指數(X)
線性(L)
對數(O)
多項式(P)
乘冪
移動平均
趨勢線名稱
自動(A)
自訂(C)
趨勢預測
正推(F)
倒推(B)
設定截距(S)
圖表上顯示公式(E)
圖表上顯示 R 平方值(R)

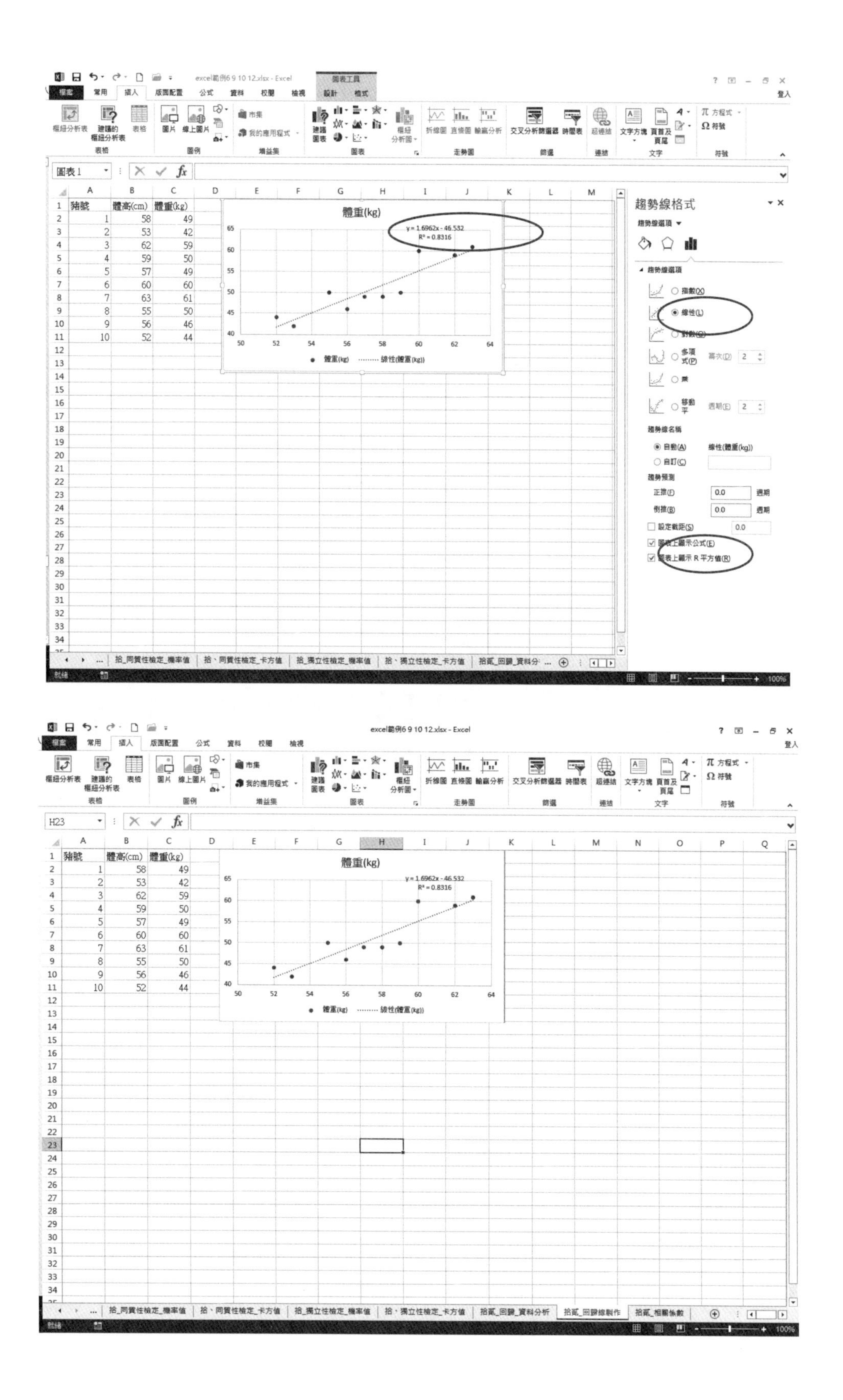

三、相關係數

例：十頭豬的體高與體重進行相關係數分析。

豬號	1	2	3	4	5	6	7	8	9	10
體高(cm)	58	53	62	59	57	60	63	55	56	52
體重(kg)	49	42	59	50	49	60	61	50	46	44

(一) 點選【資料分析】→【相關係數】。

(二) 輸入體重及體高之範圍；數據為垂直排列方式，故分組方式選擇【逐欄】；輸出其範圍之儲存格。

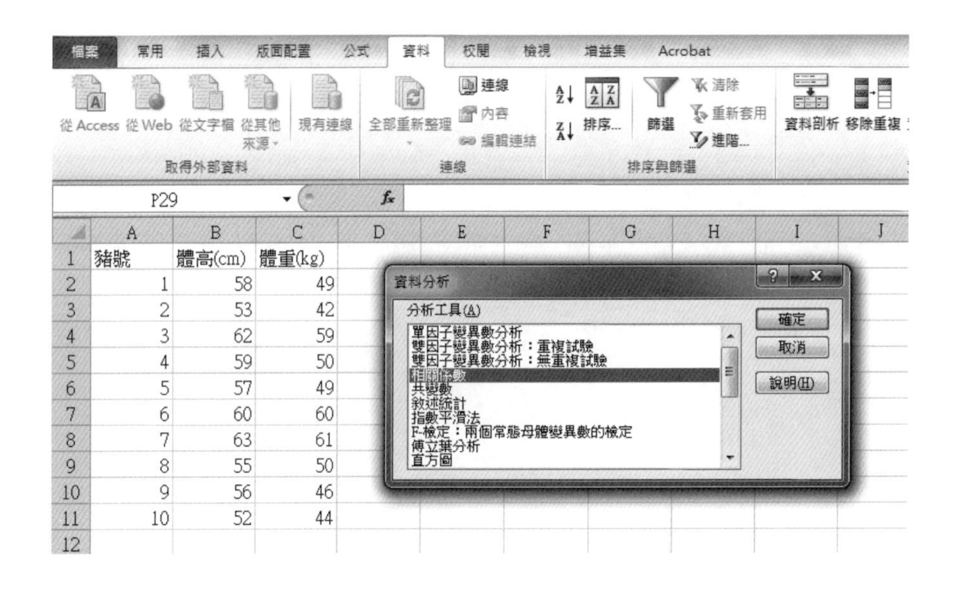

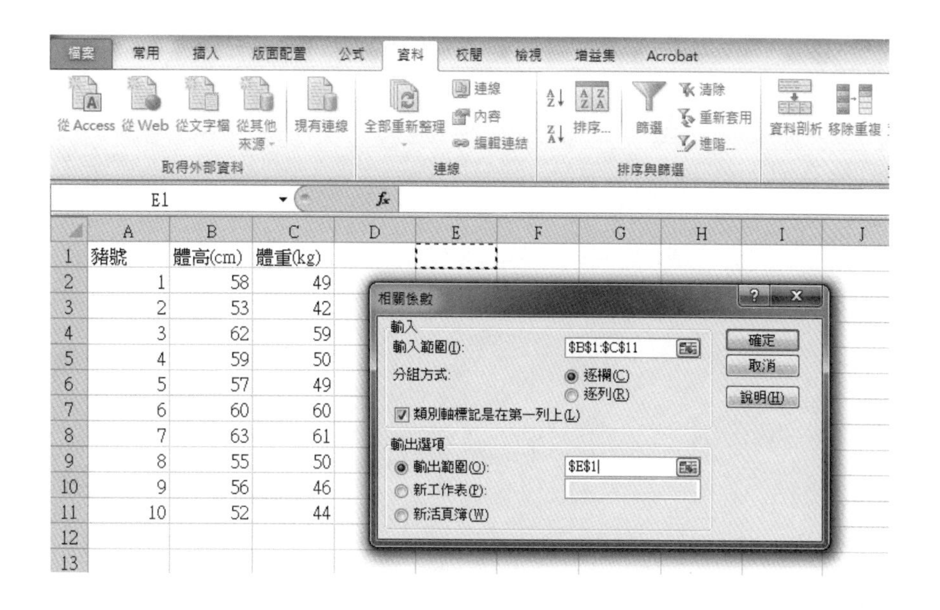

	A	B	C
1	豬號	體高(cm)	體重(kg)
2	1	58	49
3	2	53	42
4	3	62	59
5	4	59	50
6	5	57	49
7	6	60	60
8	7	63	61
9	8	55	50
10	9	56	46
11	10	52	44

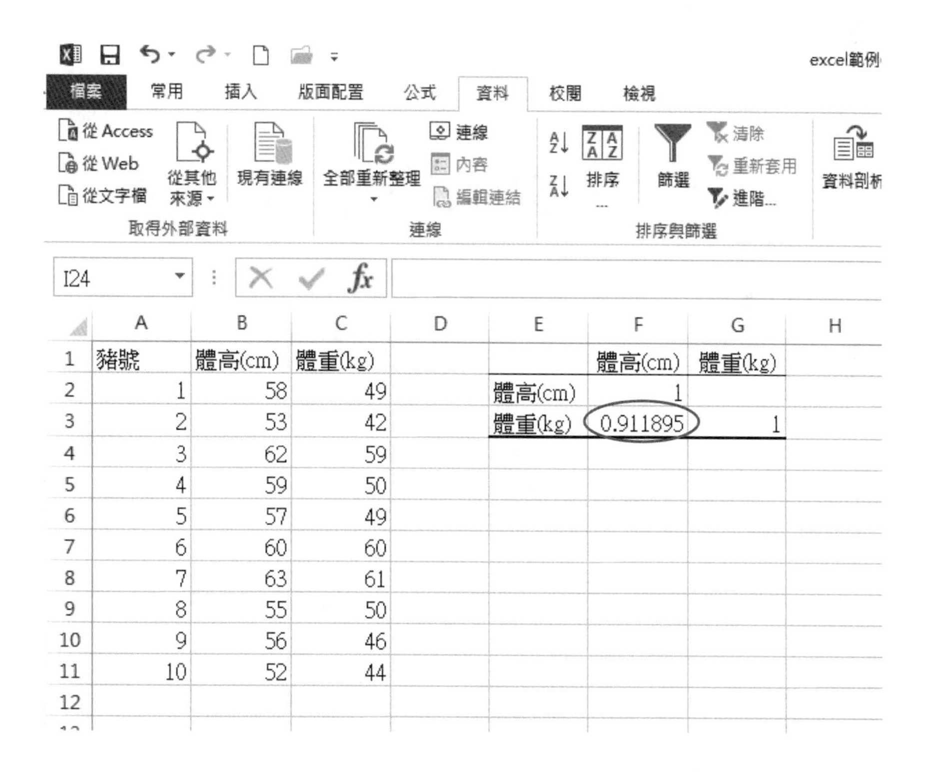

	E	F	G
1		體高(cm)	體重(kg)
2	體高(cm)	1	
3	體重(kg)	0.911895	1

如上報表所述，體高與體重之相關係數 r 為 0.9119。

R (RStudio) 範例

例：經由隨機取樣的十頭豬，建立其體高與體重之回歸模式。

豬號	1	2	3	4	5	6	7	8	9	10
體高(cm)	58	53	62	59	57	60	63	55	56	52
體重(kg)	49	42	59	50	49	60	61	50	46	44

於 R 或 RStudio 軟體視窗內，輸入以下內容：

```
# 創建豬號、體高和體重的資料
pig_data <- data.frame(
  豬號 = 1:10,
  體高 = c(58, 53, 62, 59, 57, 60, 63, 55, 56, 52),
  體重 = c(49, 42, 59, 50, 49, 60, 61, 50, 46, 44)
)
# 進行線性回歸分析
model <- lm(體重 ~ 體高, data = pig_data)
# 查看回歸模型摘要
summary(model)
```

執行結果如下：

```
> # 創建豬號、體高和體重的資料
> pig_data <- data.frame(
+   豬號 = 1:10,
+   體高 = c(58, 53, 62, 59, 57, 60, 63, 55, 56, 52),
+   體重 = c(49, 42, 59, 50, 49, 60, 61, 50, 46, 44)
+ )
> # 進行線性回歸分析
> model <- lm(體重 ~ 體高, data = pig_data)
> # 查看回歸模型摘要
> summary(model)
```

```
Call:
lm(formula = 體重 ~ 體高, data = pig_data)

Residuals:
    Min      1Q  Median      3Q     Max
-3.5443 -2.1835 -0.3924  1.9146  4.7595

Coefficients:
            Estimate Std. Error t value Pr(>|t|)
(Intercept) -46.5316    15.5476  -2.993 0.017259 *
體高           1.6962     0.2699   6.284 0.000237 ***
---
Signif. codes:  0 '***' 0.001 '**' 0.01 '*' 0.05 '.' 0.1 ' ' 1

Residual standard error: 2.938 on 8 degrees of freedom
Multiple R-squared:  0.8316, Adjusted R-squared:  0.8105
F-statistic: 39.49 on 1 and 8 DF,  p-value: 0.0002368
```

例：經由隨機取樣的十頭豬，繪製【體高與體重的樣本殘差圖】及【體高與體重的樣本回歸線圖】。

豬號	1	2	3	4	5	6	7	8	9	10
體高(cm)	58	53	62	59	57	60	63	55	56	52
體重(kg)	49	42	59	50	49	60	61	50	46	44

於 R 或 RStudio 軟體視窗內，輸入以下內容：

```
# 安裝並載入相關程式套件
install.packages("ggplot2")
library(ggplot2)
# 創建豬號、體高和體重的資料
pig_data <- data.frame(
  豬號 = 1:10,
  體高 = c(58, 53, 62, 59, 57, 60, 63, 55, 56, 52),
  體重 = c(49, 42, 59, 50, 49, 60, 61, 50, 46, 44)
)
# 進行線性回歸分析
model <- lm(體重 ~ 體高, data = pig_data)
# 查看回歸模型摘要
summary(model)
# 提取回歸模型係數
coefficients <- summary(model)$coefficients
intercept <- coefficients[1, 1]
slope <- coefficients[2, 1]
r_squared <- summary(model)$r.squared
# 計算模型的殘差
residuals <- resid(model)
# 繪製殘差圖
  residual_plot <- ggplot(data = NULL, aes(x = pig_data$體高, y
    = residuals)) + geom_point() + geom_hline(yintercept = 0,
    linetype = "dashed", color = "red") + labs(x = "體高(cm)", y
    = "體重(kg)的殘差", title = "體高與體重的樣本殘差圖") +
```

```
  theme_minimal() + theme(axis.line = element_line(color =
 "black"))
# 繪製樣本回歸線圖
  regression_plot <- ggplot(data = pig_data, aes(x = 體高, y =
    體重)) + geom_point() + geom_smooth(method = "lm", se =
    FALSE, color = "blue") + labs(title = "體高與體重的樣本
    回歸線圖", x = "體高(cm)", y = "體重(kg)") +
  theme_minimal() +
  theme(axis.line = element_line(color = "black")) +
  annotate("text", x = 52, y = 59,
             label = paste("回歸方程式:\ny = ", round(intercept,
2), "+", round(slope, 2), "* x\nR^2 =", round(r_squared, 2)),
             color = "red", size = 4, hjust = 0)
# 同時顯示兩個圖
install.packages("arrangeGrob")
install.packages("gridExtra")
library(gridExtra)
grid.arrange(residual_plot, regression_plot, ncol = 2)
```

執行結果如下：

```
> # 安裝並載入相關程式套件
> install.packages("ggplot2")
> library(ggplot2)
> # 創建豬號、體高和體重的資料
> pig_data <- data.frame(
+   豬號 = 1:10,
+   體高 = c(58, 53, 62, 59, 57, 60, 63, 55, 56, 52),
+   體重 = c(49, 42, 59, 50, 49, 60, 61, 50, 46, 44)
+ )
> # 進行線性回歸分析
> model <- lm(體重 ~ 體高, data = pig_data)
> # 查看回歸模型摘要
> summary(model)
```

```
Call:
lm(formula = 體重 ~ 體高, data = pig_data)

Residuals:
    Min      1Q  Median      3Q     Max
-3.5443 -2.1835 -0.3924  1.9146  4.7595

Coefficients:
            Estimate Std. Error t value Pr(>|t|)
(Intercept) -46.5316    15.5476  -2.993 0.017259 *
體高          1.6962     0.2699   6.284 0.000237 ***
---
Signif. codes:  0 '***' 0.001 '**' 0.01 '*' 0.05 '.' 0.1 ' '
1

Residual standard error: 2.938 on 8 degrees of freedom
Multiple R-squared:  0.8316,	Adjusted R-squared:  0.8105
F-statistic: 39.49 on 1 and 8 DF,  p-value: 0.0002368

> # 提取回歸模型係數
> coefficients <- summary(model)$coefficients
> intercept <- coefficients[1, 1]
> slope <- coefficients[2, 1]
> r_squared <- summary(model)$r.squared
> # 計算模型的殘差
> residuals <- resid(model)
> # 繪製殘差圖
> residual_plot <- ggplot(data = NULL, aes(x = pig_data$體高, y = residuals)) + geom_point() + geom_hline(yintercept = 0, linetype = "dashed", color = "red") + labs(x = "體高(cm)", y = "體重(kg)的殘差", title = "體高與體重的樣本殘差圖") + theme_minimal() + theme(axis.line = element_line(color = "black"))
> # 繪製樣本回歸線圖
```

```
> regression_plot <- ggplot(data = pig_data, aes(x = 體高, y = 體重)) + geom_point() + geom_smooth(method = "lm", se = FALSE, color = "blue") + labs(title = "體高與體重的樣本回歸線圖", x = "體高(cm)", y = "體重(kg)") + theme_minimal() +  theme(axis.line = element_line(color = "black")) + annotate("text", x = 52, y = 59, + label = paste("回歸方程式:\ny = ", round(intercept, 2), "+", round(slope, 2), "* x\nR^2 =", round(r_squared, 2)), + color = "red", size = 4, hjust = 0)
> # 同時顯示兩個圖
> install.packages("arrangeGrob")
> install.packages("gridExtra")
> library(gridExtra)
> grid.arrange(residual_plot, regression_plot, ncol = 2)
```

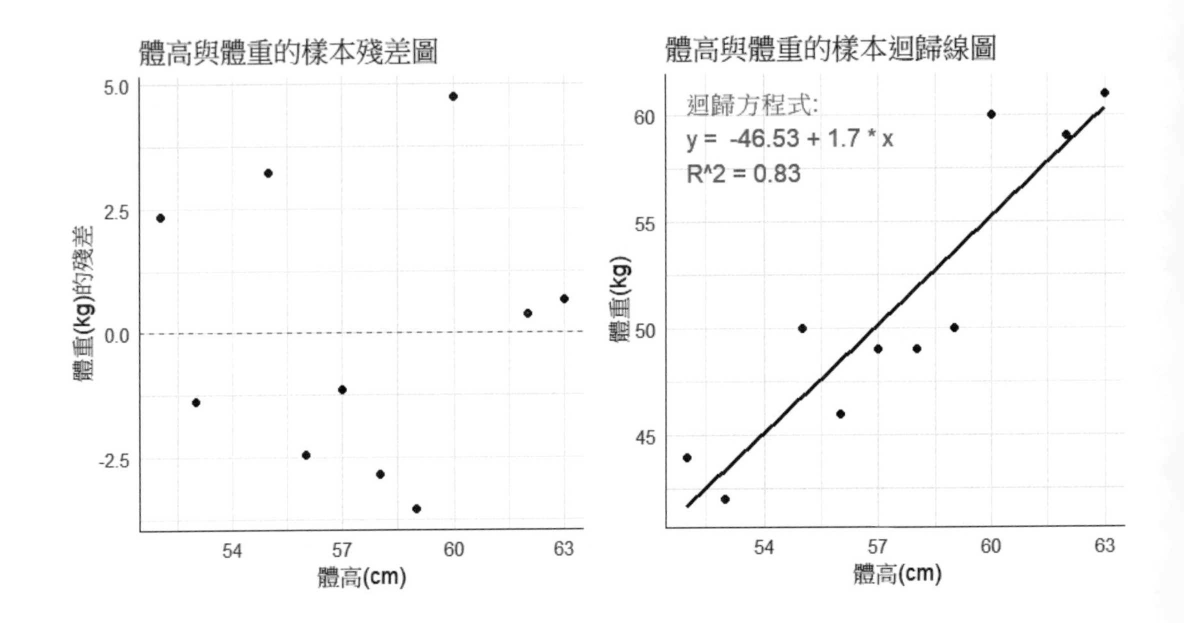

例：經由隨機取樣的十頭豬，進行其體高與體重的相關係數分析。

豬號	1	2	3	4	5	6	7	8	9	10
體高(cm)	58	53	62	59	57	60	63	55	56	52
體重(kg)	49	42	59	50	49	60	61	50	46	44

於 R 或 RStudio 軟體視窗內，輸入以下內容：

```
# 創建豬號、體高和體重的資料
pig_data <- data.frame(
  豬號 = 1:10,
  體高 = c(58, 53, 62, 59, 57, 60, 63, 55, 56, 52),
  體重 = c(49, 42, 59, 50, 49, 60, 61, 50, 46, 44)
)
# 計算相關係數
correlation <- cor(pig_data$體高, pig_data$體重)
# 列印本題答案
cat("相關係數 =", correlation)
```

執行結果如下：

```
> pig_data <- data.frame(
+   豬號 = 1:10,
+   體高 = c(58, 53, 62, 59, 57, 60, 63, 55, 56, 52),
+   體重 = c(49, 42, 59, 50, 49, 60, 61, 50, 46, 44)
+ )
> # 計算相關係數
> correlation <- cor(pig_data$體高, pig_data$體重)
> # 列印本題答案
> cat("相關係數 =", correlation)
相關係數 = 0.9118953
```

MEMO

CHAPTER 14 無母數統計檢定法

蔡添順　國立屏東科技大學生物科技系

R (RStudio) 範例

一、符號檢定法

【範例】隨機抽樣測驗 10 位學生對生物形態賞析的能力等級（1, 2, …, 10 分），如下表。試檢定學生對生物形態賞析能力等級的中位數是否顯著不同於 5？(α=0.05)

學生號碼	1	2	3	4	5	6	7	8	9	10
得分	1	10	8	8	9	6	8	7	5	6

於 R 或 RStudio 軟體視窗內，輸入以下內容：

```
Data<-c(1, 10, 8, 8, 9, 6, 8, 7, 5, 6)
if(!require(BSDA)){install.packages("BSDA")}
library(BSDA)
SIGN.test(Data, md = 5, alternative = "two.sided")
```

執行結果如下：

```
> Data<-c(1, 10, 8, 8, 9, 6, 8, 7, 5, 6)
> if(!require(BSDA)){install.packages("BSDA")}
Loading required package: BSDA
Loading required package: lattice
Attaching package: ‘BSDA’
The following object is masked from ‘package:datasets’:
        Orange
Warning message:
package ‘BSDA’ was built under R version 3.6.3
> library(BSDA)
> SIGN.test(Data, md = 5, alternative = "two.sided")
        One-sample Sign-Test
data:   Data
s = 8, p-value = 0.03906
alternative hypothesis: true median is not equal to 5
95 percent confidence interval:
  5.324444 8.675556
sample estimates:
median of x
          7.5
```

```
Achieved and Interpolated Confidence Intervals:
                      Conf.Level L.E.pt U.E.pt
Lower Achieved CI         0.8906 6.0000 8.0000
Interpolated CI           0.9500 5.3244 8.6756
Upper Achieved CI         0.9785 5.0000 9.0000
```

或者可輸入下列指令：

```
Data<-c(1, 10, 8, 8, 9, 6, 8, 7, 5, 6)
if(!require(DescTools)){install.packages("DescTools")}
library(DescTools)
SignTest(Data, mu = 5, alternative = "two.sided")
```

執行結果如下：

```
> Data<-c(1, 10, 8, 8, 9, 6, 8, 7, 5, 6)
> if(!require(DescTools)){install.packages("DescTools")}
Loading required package: DescTools
Warning message:
package 'DescTools' was built under R version 3.6.3
> library(DescTools)
> SignTest(Data, mu = 5, alternative = "two.sided")
  One-sample Sign-Test
data:   Data
S = 8, number of differences = 9, p-value = 0.03906
alternative hypothesis: true median is not equal to 5
97.9 percent confidence interval:
 5 9
sample estimates:
median of the differences
                      7.5
```

【範例】為評量新購入的生物標本教具是否能增進學生對生物形態賞析的能力等級（1, 2, ..., 10 分），分別隨機測驗 12 位學生在使用此生物標本教具前後，其對生物形態賞析能力等級如下表。試問此生物標本教具是否能增進學生對生物形態賞析能力等級？($\alpha = 0.05$)

學生號碼	1	2	3	4	5	6	7	8	9	10	11	12
使用前	1	10	8	8	9	6	8	7	5	6	1	2
使用後	2	10	9	7	8	8	9	8	8	7	3	3

於 R 或 RStudio 軟體視窗內，輸入以下內容：

```
Data1<-c(1, 10, 8, 8, 9, 6, 8, 7, 5, 6, 1, 2)
Data2<-c(2, 10, 9, 7, 8, 8, 9, 8, 8, 7, 3, 3)
Data2vs1 <- Data2-Data1
if(!require(BSDA)){install.packages("BSDA")}
library(BSDA)
SIGN.test(Data2, Data1, md = 0, alternative = "greater")
SIGN.test(Data2vs1, md = 0, alternative = "greater")
```

執行結果如下：

```
> Data1<-c(1, 10, 8, 8, 9, 6, 8, 7, 5, 6, 1, 2)
> Data2<-c(2, 10, 9, 7, 8, 8, 9, 8, 8, 7, 3, 3)
> Data2vs1 <- Data2-Data1
> if(!require(BSDA)){install.packages("BSDA")}
> library(BSDA)
> SIGN.test(Data2, Data1, md = 0, alternative = "greater")
    Dependent-samples Sign-Test
data:    Data2 and Data1
S = 9, p-value = 0.03271
alternative hypothesis: true median difference is greater than 0
95 percent confidence interval:
  0.5718182          Inf
sample estimates:
median of x-y
            1
Achieved and Interpolated Confidence Intervals:
```

```
                          Conf.Level L.E.pt U.E.pt
Lower Achieved CI             0.9270 1.0000    Inf
Interpolated CI               0.9500 0.5718    Inf
Upper Achieved CI             0.9807 0.0000    Inf
> SIGN.test(Data2vs1, md = 0, alternative = "greater")
  One-sample Sign-Test
data:  Data2vs1
s = 9, p-value = 0.03271
alternative hypothesis: true median is greater than 0
95 percent confidence interval:
 0.5718182       Inf
sample estimates:
median of x
          1
Achieved and Interpolated Confidence Intervals:
                          Conf.Level L.E.pt U.E.pt
Lower Achieved CI             0.9270 1.0000    Inf
Interpolated CI               0.9500 0.5718    Inf
Upper Achieved CI             0.9807 0.0000    Inf
```

或者可輸入下列指令：

```
Data1<-c(1, 10, 8, 8, 9, 6, 8, 7, 5, 6, 1, 2)
Data2<-c(2, 10, 9, 7, 8, 8, 9, 8, 8, 7, 3, 3)
Data2vs1 <- Data2-Data1
if(!require(DescTools)){install.packages("DescTools")}
library(DescTools)
SignTest(Data2, Data1, mu = 0, alternative = "greater")
SignTest(Data2vs1, mu = 0, alternative = "greater")
```

執行結果如下：

```
> Data1<-c(1, 10, 8, 8, 9, 6, 8, 7, 5, 6, 1, 2)
> Data2<-c(2, 10, 9, 7, 8, 8, 9, 8, 8, 7, 3, 3)
> Data2vs1 <- Data2-Data1
> if(!require(DescTools)){install.packages("DescTools")}
```

```
> library(DescTools)
> SignTest(Data2, Data1, mu = 0, alternative = "greater")
  Dependent-samples Sign-Test
data:   Data2 and Data1
S = 9, number of differences = 11, p-value = 0.03271
alternative hypothesis: true median difference is greater than 0
92.7 percent confidence interval:
    1 Inf
sample estimates:
median of the differences
                        1
> SignTest(Data2vs1, mu = 0, alternative = "greater")
  One-sample Sign-Test
data:   Data2vs1
S = 9, number of differences = 11, p-value = 0.03271
alternative hypothesis: true median is greater than 0
92.7 percent confidence interval:
    1 Inf
sample estimates:
median of the differences
                        1
```

二、Wilcoxon 符號等級檢定法

【範例】隨機抽樣測量 10 位進行心臟手術的病人之心輸出量，結果如下表。試檢定進行心臟手術病人心輸出量的中位數是否顯著不同於 5.0 公升／分鐘？

病人號碼	1	2	3	4	5	6	7	8	9	10
心輸出量（公升／分鐘）	3.8	5.9	3.2	5.4	6.3	7.2	5.8	4.7	7.5	5.4

於 R 或 RStudio 軟體視窗內，輸入以下內容：

```
Data <- c(3.8, 5.9, 3.2, 5.4, 6.3, 7.2, 5.8, 4.7, 7.5, 5.4)
wilcox.test(Data, alternative = "two.sided", mu = 5)
```

執行結果如下：

```
> Data <- c(3.8, 5.9, 3.2, 5.4, 6.3, 7.2, 5.8, 4.7, 7.5, 5.4)
> wilcox.test(Data, alternative = "two.sided", mu = 5)
   Wilcoxon signed rank test with continuity correction
data:    Data
V = 40, p-value = 0.221
alternative hypothesis: true location is not equal to 5
Warning message:
In wilcox.test.default(Data, alternative = "two.sided", mu =
5) :
   cannot compute exact p-value with ties
```

【範例】隨機抽樣測量 10 位病人於進行新型心臟手術前後的心輸出量，結果如下表。試檢定新型心臟手術是否能顯著提高病人收縮壓代表值？(α=0.01)

病人號碼	1	2	3	4	5	6	7	8	9	10
手術前心輸出量（公升／分鐘）	2.8	4.9	2.2	4.4	5.3	6.0	4.8	3.7	6.5	4.4
手術後心輸出量（公升／分鐘）	3.2	5.8	3.2	4.9	6.6	6.1	5.4	3.9	6.3	5.0

於 R 或 RStudio 軟體視窗內，輸入以下內容：

```
Data1 <- c(2.8, 4.9, 2.2, 4.4, 5.3, 6.0, 4.8, 3.7, 6.5, 4.4)
Data2 <- c(3.2, 5.8, 3.2, 4.9, 6.6, 6.1, 5.4, 3.9, 6.3, 5.0)
Data2vs1 <- Data2-Data1
wilcox.test(Data2vs1, alternative = "greater", mu = 0)
```

執行結果如下：

```
> Data1 <- c(2.8, 4.9, 2.2, 4.4, 5.3, 6.0, 4.8, 3.7, 6.5, 4.4)
> Data2 <- c(3.2, 5.8, 3.2, 4.9, 6.6, 6.1, 5.4, 3.9, 6.3, 5.0)
> Data2vs1 <- Data2-Data1
> wilcox.test(Data2vs1, alternative = "greater", mu = 0)
  Wilcoxon signed rank test
data:   Data2vs1
V = 52, p-value = 0.004883
alternative hypothesis: true location is greater than 0
```

或者可輸入下列指令：

```
Data1 <- c(2.8, 4.9, 2.2, 4.4, 5.3, 6.0, 4.8, 3.7, 6.5, 4.4)
Data2 <- c(3.2, 5.8, 3.2, 4.9, 6.6, 6.1, 5.4, 3.9, 6.3, 5.0)
wilcox.test(Data2, Data1, mu = 0, alternative = "greater",
paired = TRUE)
```

執行結果如下：

```
> Data1 <- c(2.8, 4.9, 2.2, 4.4, 5.3, 6.0, 4.8, 3.7, 6.5, 4.4)
> Data2 <- c(3.2, 5.8, 3.2, 4.9, 6.6, 6.1, 5.4, 3.9, 6.3, 5.0)
> wilcox.test(Data2, Data1, mu = 0, alternative = "greater", paired = TRUE)
    Wilcoxon signed rank test
data:   Data2 and Data1
V = 52, p-value = 0.004883
alternative hypothesis: true location shift is greater than 0
```

三、Mann-Whitney 檢定法

【範例】為進行一項養分配給的研究，隨機選出 5 頭乳牛以脫水牧草飼養，另隨機地選出 6 頭乳牛餵以枯萎的牧草。根據三個星期的飼養觀察，每日牛奶產量（磅）的資料如下表。試檢定餵食不同類型飼料的乳牛之每日牛奶產量是否顯著不同？(α=0.05)

枯萎牧草	44	56	58	53	46	
脫水牧草	35	43	39	41	51	29

於 R 或 RStudio 軟體視窗內，輸入以下內容：

```
Data1 <- c(44, 56, 58, 53, 46)
Data2 <- c(35, 43, 39, 41, 51, 29)
wilcox.test(Data2, Data1, alternative = "two.sided", paired
= FALSE)
```

執行結果如下：

```
> Data1 <- c(44, 56, 58, 53, 46)
> Data2 <- c(35, 43, 39, 41, 51, 29)
> wilcox.test(Data2, Data1, alternative = "two.sided", paired =
FALSE)
    Wilcoxon rank sum test
data:   Data2 and Data1
W = 2, p-value = 0.01732
alternative hypothesis: true location shift is not equal to 0
```

四、Kruskal-Wallis 獨立樣本檢定法

【範例】欲比較三種植物荷爾蒙(X、Y、Z)對植物根毛生長之影響，隨機選取植株在施加植物荷爾蒙兩週後，分別測量所誘導出的根毛長度(mm)，資料如下。

荷爾蒙 X	荷爾蒙 Y	荷爾蒙 Z
15	6	13
19	7	14
13	4	9
18	3	9
14	13	11
20		

試問此三種荷爾蒙誘導根毛長度效果是否相等？若不相等，則進一步進行 Bonferroni's 多重比較法。(α=0.05)

於 R 或 RStudio 軟體視窗內，輸入以下內容：

```
Data <- read.table(header = TRUE, text = "
Hormone   Length
X   15
X   19
X   13
X   18
X   14
X   20
Y   6
Y   7
Y   4
Y   3
Y   13
Z   13
Z   14
Z   9
Z   9
Z   11
")
```

```
attach(Data)
names(Data)
kruskal.test(Length ~ Hormone, data = Data)
pairwise.wilcox.test(Length, Hormone, p.adjust.method =
"bonferroni")
```

執行結果如下：

```
> Data <- read.table(header = TRUE, text = "
+ Hormone    Length
+ X    15
+ X    19
+ X    13
+ X    18
+ X    14
+ X    20
+ Y    6
+ Y    7
+ Y    4
+ Y    3
+ Y    13
+ Z    13
+ Z    14
+ Z    9
+ Z    9
+ Z    11
+ ")
> attach(Data)
> names(Data)
[1] "Hormone" "Length"
> kruskal.test(Length ~ Hormone, data = Data)
   Kruskal-Wallis rank sum test
data:    Length by Hormone
```

Kruskal-Wallis chi-squared = 10.669, df = 2, p-value = 0.004823

> pairwise.wilcox.test(Length, Hormone, p.adjust.method = "bonferroni")

Pairwise comparisons using Wilcoxon rank sum test

data: Length and Hormone

```
  X     Y
Y 0.031 -
Z 0.065 0.222
```

P value adjustment method: bonferroni

Warning messages:

1: In wilcox.test.default(xi, xj, paired = paired, ...) :
   cannot compute exact p-value with ties

2: In wilcox.test.default(xi, xj, paired = paired, ...) :
   cannot compute exact p-value with ties

3: In wilcox.test.default(xi, xj, paired = paired, ...) :
   cannot compute exact p-value with ties

五、Friedman 非獨立樣本檢定法

【範例】欲比較消費者對四種不同品牌(A、B、C、D)香水的喜好度（0~10 分），今隨機選擇 5 位測試者，其對香水的喜好度資料如下：

測試者編號	香水 A	香水 B	香水 C	香水 D
No.1	8	9	7	5
No.2	10	10	9.5	3
No.3	5	6	2	1
No.4	9	8	7.5	2
No.5	8.5	8.5	3.5	1

試問消費者對此四種不同品牌香水的喜好度是否有差異？若有差異，則進一步進行 Bonferroni's 多重比較法。(α=0.05)

於 R 或 RStudio 軟體視窗內，輸入以下內容：

```
Data <- read.table(header = TRUE, text = "
Perfume   Rater   Likert
A         1       8
A         2       10
A         3       5
A         4       9
A         5       8.5
B         1       9
B         2       10
B         3       6
B         4       8
B         5       8.5
C         1       7
C         2       9.5
C         3       2
C         4       7.5
C         5       3.5
D         1       5
D         2       3
```

```
D           3       1
D           4       2
D           5       1
")
attach(Data)
names(Data)
friedman.test(Likert ~ Perfume | Rater, data = Data)
source("https://www.r-statistics.com/wp-content/uploads/2010/02/Friedman-Test-with-Post-Hoc.r.txt")
friedman.test.with.post.hoc(Likert ~ Perfume | Rater, Data)
```

執行結果如下：

```
> Data <- read.table(header = TRUE, text = "
+ Perfume   Rater   Likert
+ A         1       8
+ A         2       10
+ A         3       5
+ A         4       9
+ A         5       8.5
+ B         1       9
+ B         2       10
+ B         3       6
+ B         4       8
+ B         5       8.5
+ C         1       7
+ C         2       9.5
+ C         3       2
+ C         4       7.5
+ C         5       3.5
+ D         1       5
+ D         2       3
+ D         3       1
+ D         4       2
```

```
+ D              5         1
+ ")
> attach(Data)
> names(Data)
[1] "Perfume" "Rater"     "Likert"
> friedman.test(Likert ~ Perfume | Rater, data = Data)
            Friedman rank sum test
data:   Likert and Perfume and Rater
Friedman chi-squared = 14.125, df = 3, p-value = 0.00274
>
source("https://www.r-statistics.com/wp-content/uploads/2010/02/
Friedman-Test-with-Post-Hoc.r.txt")
> with(Data, boxplot(Likert ~ Perfume))
> friedman.test.with.post.hoc(Likert ~ Perfume | Rater, Data)
Loading required package: coin
Loading required package: survival
Loading required package: multcomp
Loading required package: mvtnorm
Loading required package: TH.data
Loading required package: MASS
Attaching package: 'TH.data'
The following object is masked from 'package:MASS':
     geyser
Loading required package: colorspace
$Friedman.Test
            Asymptotic General Symmetry Test
data:   Likert by
            Perfume (A, B, C, D)
            stratified by Rater
maxT = 3.25, p-value = 0.006615
alternative hypothesis: two.sided
$PostHoc.Test
B - A 0.994517607
C - A 0.297851459
```

```
D - A 0.014031985
C - B 0.187860553
D - B 0.006276538
D - C 0.594894937
$Friedman.Test
            Asymptotic General Symmetry Test
data:    Likert by
            Perfume (A, B, C, D)
            stratified by Rater
maxT = 3.25, p-value = 0.006167
alternative hypothesis: two.sided
$PostHoc.Test
B - A 0.994517607
C - A 0.297851459
D - A 0.014031985
C - B 0.187860553
D - B 0.006276538
D - C 0.594894937
Warning messages:
1: package ‘coin’ was built under R version 3.6.3
2: package ‘multcomp’ was built under R version 3.6.3
3: package ‘TH.data’ was built under R version 3.6.3
```

六、Spearman 等級相關分析法

【範例】為了解兒童蛀牙比率與社區飲用水中含氟濃度的關係，隨機選擇 10 個社區進行調查並得到下表結果。試問兒童蛀牙比率與社區飲用水中含氟濃度是否呈現顯著負相關性？(α=0.05)

社區編號	兒童蛀牙率(%)	水中含氟濃度(ppm)
1	3.1	9.5
2	5.2	4.3
3	1.5	10.5
4	3.3	6.6
5	6.7	5.7
6	11.0	2.1
7	1.8	8.9
8	12.1	1.8
9	9.2	3.7
10	4.6	7.2

於 R 或 RStudio 軟體視窗內，輸入以下內容：

```
Tooth_decay <- c(3.1, 5.2, 1.5, 3.3, 6.7, 11, 1.8, 12.1, 9.2, 4.6)
Fluoride_conc <- c(9.5, 4.3, 10.5, 6.6, 5.7, 2.1, 8.9, 1.8, 3.7, 7.2)
cor.test(Tooth_decay, Fluoride_conc, alternative = "two.sided", method = "spearman", exact = FALSE)
```

執行結果如下：

```
> Tooth_decay <- c(3.1, 5.2, 1.5, 3.3, 6.7, 11, 1.8, 12.1, 9.2, 4.6)
> Fluoride_conc <- c(9.5, 4.3, 10.5, 6.6, 5.7, 2.1, 8.9, 1.8, 3.7, 7.2)
> cor.test(Tooth_decay, Fluoride_conc, alternative = "two.sided", method = "spearman", exact = FALSE)
    Spearman's rank correlation rho
data:  Tooth_decay and Fluoride_conc
S = 324, p-value = 7.321e-06
```

```
alternative hypothesis: true rho is not equal to 0
sample estimates:
        rho
-0.9636364
```

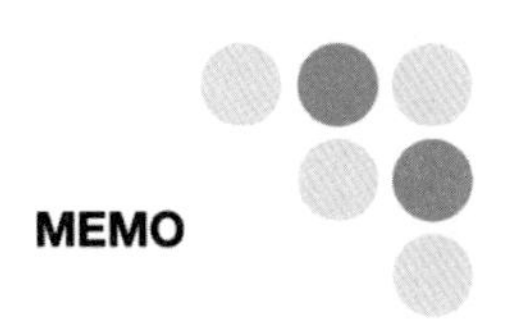

MEMO

MEMO

MEMO

國家圖書館出版品預行編目資料

生物統計實習手冊／國立屏東科技大學生物統計小組編著.－三版.－新北市：新文京開發出版股份有限公司，2024.9
面； 公分

ISBN 978-626-392-070-5（平裝）

1.CST: 生物統計學

360.13 113013538

生物統計實習手冊（第三版） （書號：**B424e3**）

編著者	國立屏東科技大學生物統計小組
出版者	新文京開發出版股份有限公司
地址	新北市中和區中山路二段 362 號 9 樓
電話	(02) 2244-8188（代表號）
FAX	(02) 2244-8189
郵撥	1958730-2
初版	西元 2020 年 06 月 05 日
二版	西元 2022 年 05 月 10 日
三版	西元 2024 年 09 月 20 日

建議售價：420 元

法律顧問：蕭雄淋律師

ISBN 978-626-392-070-5

NEW
WCDP

NEW WCDP
新文京開發出版股份有限公司
新世紀 · 新視野 · 新文京 — 精選教科書 · 考試用書 · 專業參考書